高职高专教改系列教材

焊接方法与设备

主 编 赵华新 曹文霞
副主编 程 玉 钱多德 方俊芳 张春来
主 审 汪永华

中国水利水电出版社
www.waterpub.com.cn

内 容 提 要

本书立足焊接方法与设备内容涉及三大部分：第一部分焊接基础理论部分（绪论、第1章）主要介绍焊接生产技术发展、类型特点、焊接对象材料类型、接头及表达等内容，初步明确焊接这一连接方法的基本知识；第二部分焊接设备与操作（第2章～第9章），主要讲述各种常用焊接方法的原理方法、焊接设备、工艺参数及制定，并对焊接方法的新发展作了概括介绍；第三部分主要介绍焊接生产工艺及设计和焊接缺陷、质量控制及安全生产检验（第10章～第12章），这部分是对前几章的概括又是对焊接工艺生产的总结，既有焊接实例生产设计与实施，系统介绍焊接方法选定、工艺设计、安全生产等焊接工艺流程，又对焊接缺陷做了集中介绍，并简要介绍了几种焊接生产中常用的检验方法。

本书以焊接方法与设备为线，将焊接基础理论、各种焊接操作技巧融入其中。

本书可用作高职学生、工程技术人员、各类成人教育焊接专业教材或培训用书。

图书在版编目（CIP）数据

焊接方法与设备 / 赵华新，曹文霞主编. -- 北京：中国水利水电出版社，2014.8(2023.2重印)
 高职高专教改系列教材
 ISBN 978-7-5170-2436-1

Ⅰ. ①焊… Ⅱ. ①赵… ②曹… Ⅲ. ①焊接工艺－高等职业教育－教材②焊接设备－高等职业教育－教材 Ⅳ. ①TG4

中国版本图书馆CIP数据核字(2014)第202129号

书　名	高职高专教改系列教材 **焊接方法与设备**
作　者	主　编　赵华新　曹文霞 副主编　程玉　钱多德　方俊芳　张春来 主　审　汪永华
出版发行	中国水利水电出版社 （北京市海淀区玉渊潭南路1号D座　100038） 网址：www.waterpub.com.cn E-mail：sales@mwr.gov.cn 电话：（010）68545888（营销中心）
经　售	北京科水图书销售有限公司 电话：（010）68545874、63202643 全国各地新华书店和相关出版物销售网点
排　版	中国水利水电出版社微机排版中心
印　刷	天津嘉恒印务有限公司
规　格	184mm×260mm　16开本　18.5印张　439千字
版　次	2014年8月第1版　2023年2月第2次印刷
印　数	2001—3000册
定　价	**54.00元**

凡购买我社图书，如有缺页、倒页、脱页的，本社营销中心负责调换

版权所有·侵权必究

前　言

本书是根据近年来高等职业院校教学改革需要，立足中国中部地区行业需求，在总结多年来多套教材的使用情况，充分体现高等职业教育特色和适应高等职业院校学生特点进行编写的。

根据机械设计制造、汽车类专业的培养目标和高职高专学生的年龄、理论基础特点，本书在取材上注意理论联系实际，叙述上注重深入浅出。本书内容涉及三大部分：第一部分焊接基础理论部分（绪论、第1章）主要介绍焊接生产技术发展、类型特点、焊接对象材料类型、接头及表达等内容，初步明确焊接这一连接方法的基本知识。第二部分焊接设备与操作（第2章～第9章），主要讲述各种常用焊接方法的原理方法、焊接设备、工艺参数及制定，并对焊接方法的新发展作了概括介绍。第三部分主要介绍焊接生产工艺及设计和焊接缺陷、质量控制及安全生产检验（第10章～第12章），该三章既是对前几章的概括又是对焊接工艺生产的总结，既有焊接实例生产设计与实施，系统介绍焊接方法选定、工艺设计、安全生产等焊接工艺流程，又对焊接缺陷做了集中介绍，并简要介绍了几种焊接生产中常用的检验方法。

全书以目前应用最广泛的电弧焊、电阻焊方法为讨论的主要内容，紧密结合生产实际，着重讲述常用的焊接方法应用中的基本理论和实践问题，并列出大量较实用的焊接工艺参数以供选用。每章末均附有复习思考题，供学生复习之用。

本书由赵华新、曹文霞主编，程玉、钱多德、方俊芳、张春来任副主编，汪永华主审。

第1章由程玉编写，第2章由方俊芳编写，第3章和第4章由曹文霞编写，第6章由钱多德编写，第5章和第9章由赵松编写，第7章和第8章由张春来编写，第11章和第12章由郭微编写，前言和第10章由赵华新编写。全书由赵华新进行统稿。

本书在编写和审稿过程中，除安徽水利水电职业技术学院的大力支持外，还得到了江淮汽车集团、合肥真谊机械制造有限公司、合肥技通机械设备有限公司等制造行业界的大力支持,有关同志或提出编写建议或参加审阅,在此特向他们致谢!

由于编者水平有限,书中难免有不妥之处,敬请专业同仁批评指正,不吝感谢。

编者
2014 年 4 月于合肥

目 录

前言

第一部分 基 础 理 论

绪论 ··· 1
  0.1 焊接 ·· 1
  0.2 焊接类型 ·· 4
  复习思考题 ·· 6

第 1 章 焊件的结构工艺 ·· 7
  1.1 常见的焊接材料 ··· 7
  1.2 焊件结构工艺 ··· 13
  复习思考题 ··· 24

第二部分 焊接设备与操作

第 2 章 电弧焊 ·· 25
  2.1 焊接电弧 ··· 25
  2.2 焊条电弧焊 ·· 27
  2.3 焊接工艺参数 ··· 34
  2.4 焊条电弧焊操作工艺 ·· 37
  复习思考题 ··· 45

第 3 章 气体保护焊（二氧化碳气体保护焊和氩弧焊） ································· 46
  3.1 概述 ··· 46
  3.2 二氧化碳气体保护焊 ·· 47
  3.3 MGI 氩弧焊 ··· 58
  3.4 TIG 氩弧焊 ·· 64
  复习思考题 ··· 76

第 4 章 埋弧焊 ·· 77
  4.1 埋弧焊的特点及应用 ·· 77

4.2 埋弧焊设备及工艺参数 ……………………………………………… 79
复习思考题 ………………………………………………………………… 90

第5章 气焊与气割 …………………………………………………… 91
5.1 气焊概述 ………………………………………………………………… 91
5.2 气焊用气体和焊接材料 ………………………………………………… 91
5.3 气焊设备及工具 ………………………………………………………… 94
5.4 气焊工艺 ………………………………………………………………… 96
5.5 气割 ……………………………………………………………………… 99
复习思考题 ………………………………………………………………… 103

第6章 电阻焊 …………………………………………………………… 104
6.1 概述 ……………………………………………………………………… 104
6.2 点焊 ……………………………………………………………………… 107
6.3 缝焊 ……………………………………………………………………… 115
6.4 对焊 ……………………………………………………………………… 119
6.5 螺柱焊 …………………………………………………………………… 123
复习思考题 ………………………………………………………………… 128

第7章 钎焊 ……………………………………………………………… 130
7.1 钎焊原理及特点 ………………………………………………………… 130
7.2 钎焊材料 ………………………………………………………………… 134
7.3 钎焊方法及工艺 ………………………………………………………… 138
复习思考题 ………………………………………………………………… 151

第8章 等离子弧焊接与切割 ………………………………………… 152
8.1 等离子弧 ………………………………………………………………… 152
8.2 等离子弧焊 ……………………………………………………………… 156
8.3 等离子弧堆焊与喷涂 …………………………………………………… 165
8.4 等离子弧切割 …………………………………………………………… 169
复习思考题 ………………………………………………………………… 176

第9章 其他焊接方法 ………………………………………………… 177
9.1 电渣焊 …………………………………………………………………… 177
9.2 电子束焊 ………………………………………………………………… 184
9.3 激光焊 …………………………………………………………………… 187
9.4 摩擦焊 …………………………………………………………………… 189
9.5 高频焊 …………………………………………………………………… 194
复习思考题 ………………………………………………………………… 199

第三部分 焊接工艺与生产

第 10 章 焊接生产工艺及设计 ... 201
10.1 焊接结构的焊接工艺 ... 201
10.2 焊接结构工艺性审查 ... 205
10.3 焊接工艺的制定 ... 215
10.4 焊接结构生产工艺过程分析 ... 227
10.5 桥式起重机桥架的生产工艺 ... 230
10.6 压力容器的生产工艺 ... 240
10.7 船舶及舾装件的焊接工艺 ... 251
复习思考题 ... 256

第 11 章 焊接缺陷与质量控制 ... 257
11.1 焊接缺陷 ... 257
11.2 焊接检验概述 ... 262
11.3 焊前的质量控制 ... 264
11.4 焊接过程中的质量控制 ... 268
11.5 焊接结构成品检验 ... 270
复习思考题 ... 276

第 12 章 焊接污染及控制 ... 277
12.1 焊接污染 ... 277
12.2 焊接污染物的控制途径 ... 280
12.3 焊接生产中的劳动保护 ... 281
复习思考题 ... 284

参考文献 ... 285

第一部分　基础理论

绪　论

0.1　焊　接

焊接是金工制造的主要方法之一，虽然广泛应用的时间不长，但发展非常迅猛，目前在机械制造、石油化工、交通能源、冶金、电子、航空航天等行业中获得了广泛的应用，已成为大型金属结构制造中必不可少的加工手段。

1. 焊接的定义

众所周知，现代工业中，金属是必不可少的重要材料。高速行驶的汽车、火车、载重万吨至几十万吨的轮船、耐蚀耐压的化工设备以至宇宙飞行器都离不开金属材料。在这些工业产品的制造过程中，需要把各种各样加工好的零件按设计要求连接起来制成产品。工业生产中采用的连接方法主要有螺栓、螺钉连接，销、键连接，铆接，胶接和焊接等。前两类都是机械连接，可以拆卸，后三者是不可拆卸的连接。

所谓的焊接就是通过加热或加压，或既加热又加压，使用或者不用填充金属，使两种或两种以上同种或异种母材焊件达到原子间的结合和扩散，连接成一体的成型方法。与其他制造方法相比，焊接具有下列优点：

(1) 节省金属材料，结构重量轻，经济效益好。同样尺寸的焊件会比铆接件轻36%，比铸件轻30%。

(2) 简化加工与装配工序，生产周期短，生产效率高。焊接既不像铸造那样需要进行制作木型、造砂型、熔炼、浇注等一系列工序，也不像铆接那样要开孔、制造铆钉、铆接等那样工艺复杂，只要合理以小拼大就能制造重型、复杂的机器零部件，获得最佳技术经济效果。

(3) 焊接结构强度高，而且其他性能（物理性能、耐热性、耐蚀性及密封性）都能够媲美母材，有的甚至超出母材。与胶接等相比，连接程度更牢固。

(4) 能为结构设计提供较大的灵活性，可按结构受力情况、工况需要等在不同部位制造双金属结构，使材料的性能得到充分利用。

(5) 焊接工艺过程容易实现机械化、自动化生产。

同时，焊接结构不可拆卸，往往会给维修带来不便；焊接接头的组织性能具有不均匀性；焊接结构中也会存在焊接应力、变形等缺陷；焊接过程产生高温、强光、有毒气体等。即便如此，焊接技术得到了广泛应用和飞速发展，在汽车制造、锅炉压力容器、船体和桥式起重机制造中，焊接已全部取代了铆接。据不完全统计，工业发达国家焊接结构所用钢材约占钢材总产量的50%以上。可以说，焊接技术的发展水平是衡量一个国家科学技术进步程度的重要标志之一，没有现代焊接技术的发展，就不会有现代工业和科学技术的今天。

2. 焊接技术的发展

焊接是一种古老而又年轻的成型方法。远在我国古代就有使用铸焊、锻焊和钎焊的实例。中国商朝制造的铁刃铜钺，就是铁与铜的铸焊件，其表面铜与铁的熔合线蜿蜒曲折，接合良好。春秋战国时期曾侯乙墓中的建鼓铜座上有许多盘龙，是分段钎焊连接而成的。经分析，其所用的材料与现代软钎料成分相近。战国时期制造的刀剑，刀刃为钢，刀背为熟铁，一般是经过加热锻焊而成的。据明朝宋应星所著《天工开物》一书记载：中国古代将铜和铁一起入炉加热，经锻打制造刀、斧；用黄泥或筛细的陈久壁土撒在接口上，分段煅焊大型船锚如图0.1所示。中世纪，在叙利亚大马士革也曾用锻焊制造兵器。

图0.1 《天工开物》锤锚图

然而，古代焊接技术长期停留在铸焊、锻焊和钎焊的水平上，使用的热源都是炉火，温度低、能量不集中，无法用于大截面、长焊缝工件的焊接，只能用以制作装饰品、简单的工具和武器。目前工业生产中广泛应用的焊接方法是19世纪末、20世纪初现代科学技术发展的产物。

随着冶金学、金属学以及电工学的发展才逐步奠定了焊接工艺及设备的理论基础，而工业的进步为焊接技术的长远发展提供了有力的物质和技术条件。

19世纪初，英国的戴维斯发现电弧和氧乙炔焰两种能局部熔化金属的高温热源；1885—1887年，俄国的别纳尔多斯发明碳极电弧焊钳；1900年又出现了铝热焊。

20世纪初，碳极电弧焊和气焊得到应用，同时还出现了薄药皮焊条电弧焊。电弧比较稳定，焊接熔池受到熔渣保护，焊接质量得到提高，使手工电弧焊进入实用阶段，电弧焊从20年代起成为一种重要的焊接方法。

在此期间，美国的诺布尔利用电弧电压控制焊条送给速度，制成自动电弧焊机，从而成为焊接机械化、自动化的开端。1930年美国的罗宾诺夫发明使用焊丝和焊剂的埋弧焊，焊接机械化得到进一步发展。20世纪40年代，为适应铝、镁合金和合金钢焊接的需要，钨极和熔化极惰性气体保护焊相继问世。

1951年苏联的巴顿电焊研究所创造电渣焊，成为大厚度工件的高效焊接法。1953年，苏联的柳巴夫斯基等人发明二氧化碳气体保护焊，促进了气体保护电弧焊的应用和发展，如出现了混合气体保护焊、药芯焊丝气渣联合保护焊和自保护电弧焊等。

1957年美国的盖奇发明等离子弧焊；20世纪40年代德国和法国发明的电子束焊，也在50年代得到实用和进一步发展；60年代等离子、电子束和激光焊接方法的出现，标志着高能量密度熔焊的新发展，大大改善了材料的焊接性，使许多难以用其他方法焊接的材料和结构得以焊接。

其他的焊接技术还有1887年，美国的汤普森发明电阻焊，并用于薄板的点焊和缝焊；缝焊是压焊中最早的半机械化焊接方法，随着缝焊过程的进行，工件被两滚轮推送前进；20世纪20年代开始使用闪光对焊方法焊接棒材和链条。至此，电阻焊进入实用阶段。1956年，美国的琼斯发明超声波焊；苏联的丘季科夫发明摩擦焊；1959年，美国斯坦福研究所研究成功爆炸焊；20世纪50年代末苏联又制成真空扩散焊设备。

在20世纪后半叶，焊接自动化程度也得到了很大的提高。由原来的手工操作的电弧焊为主，发展到以更加环保、经济、高效、优质的气体保护焊及自动焊为主。数字化焊接更进一步促进了焊接生产自动化、智能化的发展，并使焊接生产利用Internet实现远程控制成为现实。

截至目前，焊接技术先后有20余种基本方法和成百种派生方法，并且仍在向前继续发展。

未来的焊接工艺，一方面要研制新的焊接方法、焊接设备和焊接材料，以进一步提高焊接质量和安全可靠性，如改进现有电弧、等离子弧、电子束、激光等焊接能源；运用电子技术和控制技术，改善电弧的工艺性能，研制可靠轻巧的电弧跟踪方法。另一方面要提高焊接机械化和自动化水平，如焊机实现程序控制、数字控制；研制从准备工序、焊接到质量监控全部过程自动化的专用焊机；在自动焊接生产线上，推广、扩大数控的焊接机械手和焊接机器人，可以提高焊接生产水平，改善焊接卫生安全条件。事实上，各种新的焊接技术和方法，正是在新科技的推动下，在实际生产中不断提出的新需求的带动下向前发展起来的。

在今天，焊接作为一种传统技术正面临着21世纪的挑战。一方面，材料科学进入21世纪已显示出5个方面的变化趋势，即从黑色金属向有色金属变化、从金属材料向非金属材料变化、从结构材料向功能材料变化、从多维材料向低维材料变化、从单一材料向复合材料变化。新材料的连接对焊接技术提出了更高的要求。另一方面，基于计算机技术的先进制造技术如计算机辅助焊接（CAW）、焊接机器人、计算机集成制造系统（CIMS）等的蓬勃发展，正从信息化、集成化、系统化、柔性化等几个方面改变着焊接技术的生产面貌。

此外，Internet上的一些焊接专业网站，如中国焊接学会（www.cws.com.cn）；中国焊接信息网（www.weldnet.com.cn）。另外，国际上著名的焊接专业网站，如美国爱迪生焊接研究所（www.ewi.org）；美国焊接协会（www.amweld.org）等。这些均为广

绪 论

大焊接工作者提供了最及时、最广泛的焊接专业咨询及最便捷的交流与学习机会。

但应该看到,目前我国焊接技术的总体水平与工业化国家还有一定的差距,尚需广大焊接工作者更加奋发和努力。

3. 本课程的内容及学习方法

本书是根据高职高专机械制造类专业培养目标编写的一本介绍常用焊接方法的过程本质、工艺特点和所用设备结构及应用范围的专业课程教材,也是焊接技能训练考核的工具书,本书主要包括:

(1) 各类焊接方法的原理、特点及应用。

(2) 各类焊接方法中影响焊接质量的工艺参数及其合理选择和控制。

(3) 产用典型焊接设备的构成及操作使用方法。

(4) 焊接生产工艺设计。

本书面向的读者是大学生,概括地说就是通过本书的介绍,青年朋友们在掌握焊接基础理论和各类焊接方法的基础上能够掌握焊件生产的焊接工艺、焊接质量控制和常用焊接设备的使用维护三个方面的技能,而不仅仅是某一焊接方法的操作。

焊接方法与设备课程是一门实践性很强,又独具一格的技能课程,学习过程中要注意联系和区分各种焊接方法,同时也要理论联系实际,注重培养自己分析问题和解决问题的能力。不但应该注意学好教材本身所介绍的内容,归纳梳理焊接方法,还要注意掌握分析各种焊接方法的工艺现象、研究工艺问题、掌握设备的使用维护知识,并且要特别注意焊接生产安全操作等各环节,才会有好的学习效果。

0.2 焊 接 类 型

1. 焊接的本质

焊接是一种连接方法,通过焊接可以将两个分开的工件连接起来而达到永久性的结合。金属等固体之所以能保持固定的形状是因为其内部原子间距(晶格距离)很微小,原子之间形成了牢固的结合力。要把两个分离的金属工件连接在一起,从物理本质上来看就是要使两个工件连接表面上的原子拉近到金属晶格距离($0.3 \sim 0.5$ nm)。然而,一般情况下材料的表面是不平整的,即使经过精密磨削加工,其表面平面度(约几十微米)仍与晶格距离大得多,再加上金属表面难免存在着氧化膜和其他污物,阻碍着两个分离工作表面原子间的接近。因此,焊接过程的本质是通过适当的物理化学过程克服这两个困难,使两个分离工件表面的原子接近到晶格距离而形成结合力。这个物理化学过程归结起来不外乎是用各种能量加热或各种方法加压或两者兼而有之。

2. 焊接类型

目前,在工业生产中焊接方法多达百余种,根据其焊接过程特点可将其分为熔焊、压焊、钎焊三大类,每一大类又可按不同的方法细分为若干小类,如图 0.2 所示。

(1) 熔焊。熔焊是在焊接过程中将工件接口加热至熔化状态,不加压力完成焊接的方法。熔焊时,热源将待焊两工件接口处迅速加热熔化,形成熔池。熔池随热源向前移动,冷却后形成连续焊缝而将两工件连接成为一体。

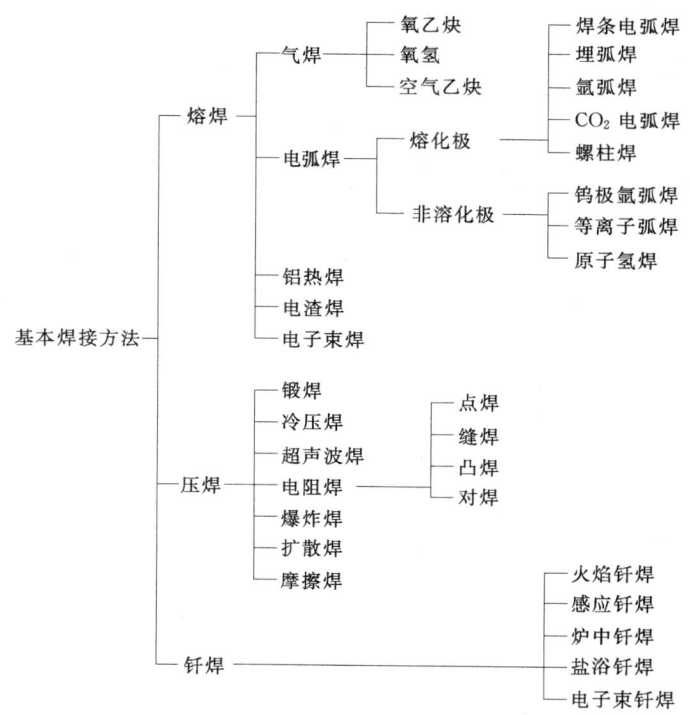

图 0.2 焊接类型

实现熔焊的关键是要有一个能量集中、温度足够高的局部热源。若温度不够高，则无法使材料熔化；而能量集中程度不够，则会加大热作用区的范围，徒然增加能量损耗。按所使用热源的不同，熔焊可分为以下一些基本方法：电弧焊（以气体导电时产生的电弧热为热源，以电极是否熔化为特征分为熔化极电弧焊和非熔化极电弧焊两大类）、气焊（以乙炔或其他可燃气体在氧中燃烧的火焰为热源）、电渣焊（以熔渣导电时产生的电阻热为热源）、电子束焊（以高速运动的电子流撞击焊件表面所产生的热为热源）、激光焊（以激光束照射到焊件表面而产生的热为热源）、铝热焊（以铝热剂的放热反应产生的热为热源）等若干种。

在熔焊过程中，如果大气与高温的熔池直接接触，大气中的氧就会氧化金属和各种合金元素。大气中的氮、水蒸气等进入熔池，还会在随后冷却过程中在焊缝中形成气孔、夹渣、裂纹等缺陷，恶化焊缝的质量和性能。为了提高焊接质量，人们研究出了各种保护方法。例如，气体保护电弧焊就是用氩、二氧化碳等气体隔绝大气，以保护焊接时的电弧和熔池率；又如钢材焊接时，在焊条药皮中加入对氧亲和力大的钛铁粉进行脱氧，就可以保护焊条中有益元素锰、硅等免于氧化而进入熔池，冷却后获得优质焊缝。

(2) 压焊。压焊是在加压条件下，使两个工件在固态下实现原子间结合，又称固态焊接。常用的压焊工艺是电阻对焊，当电流通过两个工件的连接端时，该处因电阻很大而温度上升，当加热至塑性状态时，在轴向压力作用下连接成为一体。

各种压焊方法的共同特点是在焊接过程中施加压力而不加填充材料。按所施加焊接能量的不同，压焊的基本方法可分为：电阻焊（包括点焊、缝焊、凸焊、对焊）、摩擦焊、超声波焊、扩散焊、冷压焊、爆炸焊和锻焊等。多数压焊方法如扩散焊、高频焊、冷压焊等都没有熔化过程，因而没有像熔焊那样的有益合金元素烧损，和有害元素侵入焊缝的问题，从而简化了焊接过程，也改善了焊接安全卫生条件。同时由于加热温度比熔焊低、加热时间短，因而热影响区小。许多难以用熔化焊焊接的材料，往往可以用压焊焊成与母材同等强度的优质接头。

（3）钎焊。钎焊是使用比工件熔点低的金属材料作为钎料，将工件和钎料加热到高于钎料熔点、低于工件熔点的温度，利用液态钎料润湿工件，填充接口间隙并与工件实现原子间的相互扩散，从而实现焊接的方法。钎焊时，要清除焊件表面污物，增加钎料的润湿性，这就需要采用钎剂。钎焊时，焊件母材不熔化。

按热源的不同可分为火焰钎焊（以乙炔在氧中燃烧的火焰为热源）、感应钎焊（以高频感应电流流过焊件产生的电阻热为热源）、电阻钎焊（以电阻辐射热为热源）、盐浴钎焊（以高温盐熔液为热源）和电子束钎焊等。也可按钎料的熔点不同分为硬钎焊（熔点450℃以上）和软钎焊（熔点在450℃以下）两类。钎焊时通常要进行保护，如抽真空、通保护气体和使用钎剂等。

复 习 思 考 题

1. 什么是焊接？焊接的本质是什么？
2. 简述焊接技术的发展。
3. 焊接方法与其他连接方法相比其优越性是什么？
4. 焊接方法怎样分类？熔焊、压焊、钎焊各有什么特点？
5. 熔焊时，为什么要实施保护？常用的保护方法主要哪些？主要应用在哪些焊接方法中？

第1章 焊件的结构工艺

1.1 常见的焊接材料

1.1.1 金属焊接性

金属焊接性是指材料在限定的施工条件下焊接成按规定设计要求的构件,并满足预定服役要求的能力。焊接性受材料、焊接方法、构件类型及使用要求4个因素的影响。根据上述定义,优质的焊接接头应具备两个条件:即接头中不允许存在超过质量标准规定的缺陷,同时具有预期的使用性能。根据讨论问题的着眼点不同,焊接性又分为工艺焊接性和使用焊接性。

(1)工艺焊接性。这是指金属材料对各种焊接方法的适应能力,也就是在一定的焊接工艺条件下能否获得优质致密、无缺陷焊接接头的能力。它不是金属本身所固有的性能,而是随着焊接方法、焊接材料和工艺措施的发展而变化的,某些原来不能焊接或不易焊接的金属材料,可能会变得能够焊接和易于焊接。

(2)使用焊接性。这是指焊接接头或整体结构,为满足技术条件中所规定的使用性能的能力。显然,使用焊接性与产品的工作条件有密切的关系。

1.1.2 影响焊接性的因素

影响焊接性的因素很多,对于钢铁材料来讲,可归纳为材料、工艺、结构及使用条件等4个因素。

(1)材料因素。材料因素是指焊接时直接参与物理化学反应和发生组织变化的所有材料,包括母材本身和使用的焊接材料。它们在焊接时都直接参与熔池及半熔化区的冶金过程,直接影响焊接质量。正确选用母材和焊接材料是保证焊接性良好的重要基础,必须十分重视。

(2)工艺因素。对于同一母材,当采用不同的焊接方法和工艺措施时,会表现出不同的焊接性。如钛合金对氧、氮、氢极为敏感,用气焊和焊条电弧焊不可能焊好;而用氩弧焊或真空电子束焊,因能防止氧、氮、氢的侵入,使之容易焊接。

(3)结构因素。焊接接头和结构设计会影响应力状态,从而对焊接性也发生影响。结构的刚度过大、接口的断面收缩突然变化、焊接接头的缺口效应等,均会不同程度地造成脆性破坏的条件。此外,在某些部位的焊缝过度集中和多向应力状态也会对结构的安全性有不良影响。

(4)使用条件。焊接结构的使用条件是多种多样的,有的在高温或低温下工作,有的在静载或动载条件下工作,有的则在腐蚀介质中工作等。如在高温下工作时,有可能发生蠕变;在低温或冲击载荷下工作时,会发生脆性破坏;在腐蚀介质中工作时,接头要求是有耐腐蚀性。总之,使用条件越不利,焊接性就越不容易得到保证。

金属的焊接性与材料、工艺、结构、使用条件等密切相关,所以不能脱离这些因素而单纯从材料本身的性能来评价焊接性。

1.1.3 常用的焊接材料

1. 碳钢

碳钢又称碳素钢,具有较好的力学性能和各种工艺性能,而且冶炼工艺比较简单,价格低廉,因而在焊接结构制造上得到了广泛的应用。

碳钢由于分类方法不同而有多种名称。按碳含量可分为低碳钢、中碳钢、高碳钢;按用途常分为结构钢及工具钢。在焊接结构用碳钢中,常采用按碳含量的高低来分类的方法,因为某一含碳量范围内的碳钢其焊接性比较接近,因而焊接工艺的编制原则也基本相同。

碳钢以铁为基础,以碳为合金元素,碳的质量分数一般不超过1.0%。其他常存元素因含量较低皆不作为合金元素。因此,碳钢的焊接性主要取决于碳含量的高低。随着碳含量的增加,焊接性逐渐变差,见表1.1。

表1.1 碳钢焊接性与含碳量的关系

名 称	$w(C)/\%$	典型硬度	典 型 用 途	焊 接 性
低碳钢	≤0.15	60HBS	特殊板材和型材薄板、带材、焊丝	优
	0.15~0.25	90HBS	结构用型材、板材和棒材	良
中碳钢	0.25~0.60	25HRC	机器部件和工具	中(通常需要预热和后热,推荐使用低氢焊接方法)
高碳钢	≥0.60	40HRC	弹簧、模具、钢轨	劣(必需低氢焊接方法、预热和后热)

2. 合金结构钢

用于制造工程结构和机器零件的钢统称为结构钢。合金结构钢是在碳钢的基础上加入一种或几种合金元素冶炼而成的。在综合考虑化学成分、力学性能及用途等因素的基础上,将合金结构钢分为高强度钢(GB/T 13304—1991规定,屈服点σ_s≥295MPa、抗拉强度σ_b≥390MPa的钢均称为高强度钢)和专业用钢两大类。

(1)高强度钢。高强度钢的种类很多,强度差别也很大,在讨论焊接性时,按照钢材供货的热处理状态将其分为热轧及正火钢、低碳调质钢和中碳调质钢三类。采用这样的分类方法,是因为钢的供货热处理状态是由其合金系统、强化方式、显微组织所决定的,而这些因素又直接影响钢的焊接性与力学性能,所以同一类的钢其焊接性是比较接近的。

1)热轧及正火钢。以热轧或正火状态供货和使用的钢称为热轧及正火钢。这类钢σ_s=295~490MPa,主要包括GB/T 1591—1994《低合金结构钢》中的Q295~Q460钢。这类钢通过合金元素的固溶强化和沉淀强化而提高强度,属于非热处理强化钢。它的冶炼工艺比较简单,价格低廉、综合力学性能良好,具有优良的焊接性,因而得到了广泛地应用。特别是在焊接结构制造中,是应用最广泛的一类钢种,同时其品种和质量也是发展最快的一类钢。典型热轧及正火钢的力学性能见表1.2。

表1.2　　　　　　　　　几种常用热轧及正火钢的力学性能

钢 号	热处理状态	力 学 性 能			
		σ_s/MPa	σ_b/MPa	δ/%	a_{KV}/(J·cm^{-2})
Q295	热轧	≥295	390～570	≥23	34
Q345	热轧	≥345	470～630	≥21	34
Q390	热轧	≥390	490～650	≥19	34
Q420	正火	≥420	520～680	≥18	34
18MnMoNb	正火+回火	≥490	≥637	≥16	≥69（U型）
13MnNiMoNb	正火+回火	≥392	569～735	≥18	39

2）低碳调质钢。这类钢在调质状态下供货和使用，属于热处理强化钢。它的屈服点σ_s=441～980MPa。具有较高的强度、优良的塑性和韧性，可直接在调质状态下焊接，焊后不需再进行调质处理。在焊接结构制造中，低碳调质钢越来越受到重视，是具有广阔发展前途的一类钢。

低碳调质钢中合金元素的主要作用是提高钢的淬透性，通过调质处理得到低碳马氏体或贝氏体，不但提高了强度，而且保证了塑性和韧性。对同一强度级别的钢来说，调质钢比正火钢的合金元素含量低，从而具有更好的韧性和焊接性。低碳调质钢的缺点是生产工艺复杂，成本高，进行热加工时对工艺参数限制比较严格。典型低碳调质钢的力学性能见表1.3。

表1.3　　　　　　　　　典型低碳调质钢的力学性能

钢 名	δ/mm	σ_s/MPa	σ_b/MPa	δ'/%	a_{KV}/(J·cm^{-2})（横向）
14MnMoVN	36	598	701	20	77（20℃） 56（-40℃）
14MnMoNbB	≤50	≥686	≥755	≥14	≥39（-40℃）

注　δ'表示伸长率。

3）中碳调质钢。这类钢属于热处理强化钢，其碳含量较高[$w(C)$>0.3%]，屈服点为880～1170MPa，与低碳调质钢相比，合金系统比较简单。碳含量高可有效地提高了调质处理后的强度，但塑性、韧性相应下降，而且焊接性也较差。一般需要在退火状态下进行焊接，焊后要进行调质处理。这类钢主要用于制造大型机器上的零件和要求强度高而自重小的构件。典型中碳调质钢的力学性能见表1.4。

表1.4　　　　　　　　　几种中碳调质钢的力学性能

钢 号	热处理规范	σ_s/MPa	σ_b/MPa	δ/%	ψ/%	a_K/(J·cm^{-2})	HBS
30CrMnSiA	870～890℃油淬 510～550℃回火	≥833	≥1078	≥10	≥40	≥49	346～363
	870～890℃油淬 200～260℃回火	—	≥1568	≥5	—	≥25	≥444

续表

钢 号	热处理规范	σ_s/MPa	σ_b/MPa	δ/%	ψ/%	a_K/(J·cm^{-2})	HBS
30CrMnSiNi2A	890~910℃油淬 200~300℃回火	≥1372	≥1568	≥9	≥45	≥59	≥444
40CrMnSiMoVA	890~970℃油淬 250~270℃回火	—	≥1862	≥8	≥35	≥49	HRC≥52
35CrMoA	860~880℃油淬 560~580℃回火	≥490	≥657	≥15	≥35	≥49	197~241
35CrMoVA	880~900℃油淬 640~660℃回火	≥686	≥814	≥13	≥35	≥39	255~302
34CrNi3MoA	850~870℃油淬 580~650℃回火	≥833	≥931	≥12	≥35	≥39	285~341
40CrNiMoA	840~860℃油淬 550~650℃水或空冷	≥833	≥980	12	50	79	—

(2) 专业用钢。把满足某些特殊工作条件的钢种总称为专业用钢。按用途的不同，其分类品种很多，常用于焊接结构制造的有：

1）珠光体耐热钢。这类钢主要用于制造工作温度在 500~600℃ 范围内的设备，具有一定的高温强度和抗氧化能力。

2）低温用钢。用于制造在 -20~-196℃ 低温下工作的设备。主要特点是韧脆性转变温度低，具有好的低温韧性。目前应用最多的是低碳的含镍钢。

3）低合金耐蚀钢。主要用于制造在大气、海水、石油、化工产品等腐蚀介质中工作的各种设备，除要求钢材具有合格的力学性能外，还应对相应的介质有耐蚀能力。耐蚀钢的合金系统随工作介质不同而异。

(3) 不锈钢。在不锈钢中包括耐酸钢，这是因耐酸钢一般也具有不锈钢性能，因此，在习惯上把不锈钢与耐酸钢统称为不锈钢。其主要特征是具有优良的抗氧化性和耐蚀性，可以在特定的腐蚀环境或中温条件下工作。这种钢中 $w(Cr)≥12\%$。不锈钢之所以有良好的耐腐蚀性，是由于铬可以使钢具有高的钝化能力。

不锈钢的分类方法很多，主要按正火状态的组织分类如下：

1）马氏体钢。马氏体钢包括 Cr13 系及以 Cr12 为基的多元合金化的钢。马氏体不锈钢其典型钢号有 1Cr13、2Cr13、3Cr13、4Cr13 等，它们都有足够高的耐蚀性；但因只用 Cr 进行合金化，只在氧化性介质中耐蚀，而在非氧化性介质中不能达到良好的钝化，耐蚀性很低。低碳的 1Cr13、2Cr13 钢耐蚀性较好，且具有优良的力学性能，主要用作为耐蚀结构零件。3Cr13、4Cr13 钢因含碳量增加，强度和耐磨性提高，但耐蚀性降低，主要用于防锈的手术器械及刀具。马氏体型的不锈钢是在调质状态下使用。

2）铁素体钢。正火状态下以铁素体组织为主，含 $w(Cr)=11\%~30\%$ 的高铬钢属于此类，主要用作抗氧化钢，也可做耐热钢用。如 0Cr13A1 作为不锈钢，可用于汽轮机材料，淬火用部件、复合钢材等。再如 1Cr17 不锈钢，可用于生产硝酸、硝铵的化工设备，如吸收塔、热交换器耐酸槽、输送管道、储槽等。

3) 奥氏体钢。奥氏体钢是不锈钢中最重要的钢类,其生产量和使用量约占该钢总量的70%。钢号也最多,当今我国常用奥氏体钢的牌号就有40多个,并已有绝大部分牌号纳入国家标准。如Cr18Ni8系列(简称18—8)中的0Cr18Ni9、00Cr19Ni10、0Cr18Ni12Mo3Ti等,主要用于耐蚀条件下。

4) 铁素体-奥氏体双相钢。这类钢是在超低碳铁素体基不锈钢的基础上发展起来的双相不锈钢。钢中铁素体ϕ_α占60%~40%,奥氏体ϕ_γ占40%~60%。它具有特殊的抗点蚀及抗应力腐蚀开裂的能力。典型的$\alpha-\gamma$双相钢有00Cr18Ni5Mo3Si2、00Cr22Ni5Mo3N、0Cr25Ni5Mo3N等,化学成分与18—8钢相比,增加了Cr,降低了Ni,并加入一定的Mo和Si、N等元素。这类钢主要用于含氯离子的环境,如石油、化工、化肥、造纸等设备。

3. 铸铁

铸铁的焊接主要用于铸件缺陷的补焊、损坏铸件的修复、生产铸焊复合件等。在铸铁焊接中,应用最多的是灰铸铁的焊接,球墨铸铁次之,可锻铸铁最少。

铸铁按碳在铸铁中的存在形式分为灰铸铁(全部是G)、白口铸铁(全部是Fe3C)和麻口铸铁(G+Fe3C);按石墨的形态分为普通灰铸铁、球墨铸铁、蠕墨铸铁及可锻铸铁;按化学成分分为普通铸铁和合金铸铁。

普通灰铸铁中碳是以片状石墨的形式存在,断口呈黑灰色。它具有一定的力学性能和良好的耐磨性、减振性和切削加工性,因此是工业中应用最广泛的一种铸铁。

球墨铸铁由于石墨以球状分布而得名。它是在铁液中加入稀土金属、镁合金及硅铁等球化剂处理后使石墨球化而成。球墨铸铁的强度接近于碳钢,具有良好的耐磨性和一定的塑性,并能通过热处理改善性能,因此也被广泛应用于机械制造业中。目前铸铁的焊接主要就是针对上述两种铸铁的焊接。

白口铸铁中碳完全是以渗碳体的形式存在,断口呈亮白色。它的性质硬而脆,切削加工很困难,工业上极少应用,主要用作为炼钢原料。

可锻铸铁中石墨呈团絮状,它是由一定成分的白口铸铁经长时间的石墨化退火而得到的。与灰铸铁相比,它有较好的强度和塑性,特别是低温冲击韧性较好,耐磨性和减振性优于碳素钢,主要用于管类零件及农机具等。

蠕墨铸铁是近十几年发展起来的新型铸铁,生产方式与球墨铸铁相似,石墨呈蠕虫状。它的力学性能介于灰铸铁与球墨铸铁之间,主要用来制造大功率柴油机气缸盖、电动机外壳等。

4. 铝及铝合金

铝具有密度小,耐腐蚀性好,导电性及导热性高等良好性能。铝的资源丰富,在纯铝中加入各种合金元素而成的铝合金,强度显著提高,使用非常广泛。常用的铝及铝合金主要有:

(1) 工业纯铝。工业纯铝的含铝量高,其纯度$w(Al)=99\%~99.7\%$,还含有少量的Fe和Si等其他杂质。

(2) 铝合金。纯铝的强度比较低,不能用来制造随载荷很大的结构,所以使用受到限制。纯铝中加入少量合金元素，能大大改善铝的各项性能。如 Cu、Mg 和 Mn 能提高强度，Ti 能细化晶粒，Mg 能防止海水腐蚀，Ni 能提高耐热性，所以在工业上大量使用铝合金。铝合金的分类如图 1.1 所示。

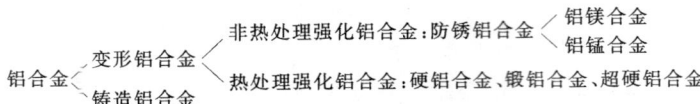

图 1.1　铝合金分类图

非热处理强化变形铝合金（铝镁、铝锰合金），通过加工硬化和固溶强化来提高力学性能。其特点是强度中等、塑性及抗蚀性好、焊接性良好，是目前铝合金焊接结构中应用最广的两种铝合金。

热处理强化变形铝合金可通过淬火＋时效等热处理工艺提高力学性能，其特点是强度高、焊接性差。熔焊时焊接裂纹倾向较大，焊接接头耐蚀性和力学性能下降严重。

铸造铝合金中，铝硅合金应用较广。其特点是有足够的强度、抗腐蚀和耐热性良好、焊接性尚好，主要进行铸造铝合金零件的补焊修复。

铝合金种类繁多，其中 5A02（LF2）、5A03（LF3）、5A05（LF5）、5A06（LF6）、3A21（LF21）等铝合金，由于强度中等、塑性和耐腐蚀性好，特别是焊接性好，而广泛用来作为焊接结构的材料。其他铝合金因焊接性较差，在焊接结构中应用较少。

5. 铜及铜合金

铜及铜合金具有尤良的导电性能、导热性能及在某些介质中优良的抗腐蚀性能，某些铜合金还具有较高的强度，因而应用十分广泛，仅次于钢铁和铝。

(1) 工业纯铜。工业纯铜呈紫色，故又称紫铜。纯铜中的杂质，主要有铅、铋、硫、氧等，它们的含量对纯铜的性能影响较大。一般来说，杂质含量越高，其塑性、韧性及传导性越差。

纯铜中含氧量高时，还会使接头的裂纹和气孔倾向增大，焊接性变差，故用做焊接结构的纯铜应严格控制含氧量，无氧铜和脱氧铜含氧量少，多用于制造焊接结构。

纯铜根据其含氧量不同可分为普通工业纯铜 [$w(O)=0.02\%\sim0.10\%$]、磷脱氧纯铜 [$w(O)\leqslant0.01\%$] 和无氧纯铜 [$w(O)\leqslant0.003\%$]，各种牌号的化学成分可见相关国家标准。

(2) 黄铜。黄铜是以锌为主要合金元素的铜合金。黄铜的耐蚀性高，冷热加工性能好，但导电、导热性能比纯铜差，其力学性能和铸造性能比纯铜好，价格也便宜，因此应用广泛。

为了进一步提高黄铜的力学性能、耐蚀性能和工艺性能，在普通黄铜中加入少量的锡、锰、铅、硅、铝、镍、铁等元素，就成为特殊黄铜，如锡黄铜、锰黄铜、铅黄铜、硅黄铜等。

(3) 青铜。不以锌或镍为主要合金元素的铜合金统称为青铜，如锡青铜、铝青铜、铍青铜、硅青铜、铅青铜等。

青铜具有较高的力学性能、耐磨性能、铸造性能和耐蚀性能，常用来铸造各种耐磨、耐蚀的零件，如轴、轴套、阀体、泵壳、涡轮等。

6. 钛及钛合金

钛及钛合金是比强度大、耐蚀性好，且具有较好韧性和焊接性的一种优良的结构材料。主要用于制造重量轻，可靠性强的结构。常用钛及钛合金主要分为：

（1）工业纯钛。工业纯钛的熔点高（1668℃）、比强度大，有一层致密的、非常稳定的氧化膜，由于该层薄膜的保护作用，使钛具有很好的耐蚀性。

我国工业纯钛的牌号有三种，即 TA1、TA2、TA3。TA1 的纯度最高，TA3 最低，随杂质含量增加，纯钛的抗拉强度增加，但伸长率下降。

（2）钛合金。由于工业纯钛强度偏低，为提高强度和改善其性能，往往须加入合金元素。根据合金元素稳定 α 和 β 相的作用不同，常将钛合金分为 α 型（包括近 α 型）、β 型（包括近 β 型）和 α+β 型三大类，其牌号分别由字母 TA、TB、TC 与编号数字组合表示。

α 型钛合金室温强度高于工业纯钛，高温强度（500～600℃）为钛合金中最高者，焊接性、耐蚀性、可切削性良好，室温塑性低，高温塑性好，间隙杂质含量低时可作超低温材料。

β 型钛合金主要特点是加入了大量的 β 稳定元素，如 Mo、Cr、V 等。水冷或空冷至室温能获得全部由 β 相组成的显微组织，β 钛合金的焊接性能较差，易形成冷裂纹，所以在焊接结构中应用甚少。

（α+β）型钛合金的基体是 α 相。这类合金中都含有 α 稳定化元素铝，常加入的 β 稳定化元素是 Mo、V、Mn、Cr、Si 等。为了进一步强化合金，添加 Sn、Zr 等中性元素。（α+β）钛合金以 TC4 为代表，是钛合金中使用最多的一个牌号。

随着焊接技术的发展和工程材料的研究，能进行焊接并能保持良好焊接质量的材料将越来越多。

1.2 焊件结构工艺

1.2.1 焊件接头

在焊件需连接的部位，用焊接方法制造而成的接头称为焊接接头，一般简称接头。现代焊接技术发展迅速，新的焊接方法不断出现，接头类型更是繁多，但应用最广的焊接方法是熔焊。本章将以熔焊接头为重点进行分析。

1. 焊接接头

焊接接头的形式较多，应根据焊件的厚度、工作条件、受力情况等因素进行选择。焊接接头形式主要有对接接头、角接接头、T 形接头和搭接接头四种，另外还有卷边接头、锁底接头、套管接头及斜 T 接头等变换形式。

（1）对接接头。它是在同一平面内两板件相对端面焊接而成的接头。这种接头从力学角度看比较理想的，它受力状况好，应力集中小；能承受较大的静载荷或动载荷，接头效率高，是焊接结构中应用最多的接头形式。工件厚度为 δ 的对接焊缝的焊接接头可变换采用卷边、平对接或加工成 V 形、U 形、X 形、K 形等坡口，如图 1.2 所示。

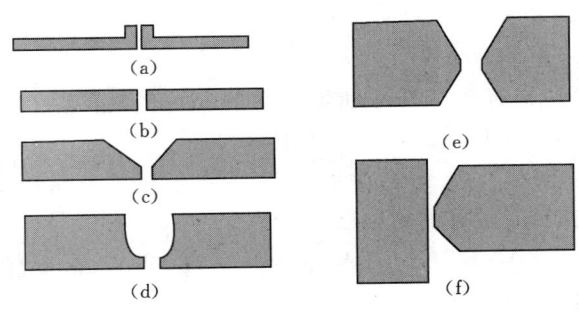

图 1.2 对接焊缝的典型坡口形式
(a) $\delta=1\sim3mm$；(b) $\delta=3\sim8mm$；(c) $\delta=3\sim26mm$；
(d) $\delta=20\sim60mm$；(e) $\delta=12\sim60mm$；(f) $\delta>12mm$

对接焊缝开坡口的根本目的，是为了确保接头的质量，同时也从经济效益考虑。坡口形式的选择取决于板材厚度、焊接方法和工艺过程。通常必须考虑以下4个方面：

1) 可焊性或便于施焊。这是选择坡口形式的重要依据之一，也是保证焊接质量的前提。一般而言，要根据构件能否翻转，翻转难易，或内外两侧的焊接条件而定。对不能翻转和内径较小的容器、转子及轴类的对接焊缝，为了避免大量的仰焊或不便从内侧施焊，宜采用 V 形或 U 形坡口。

2) 降低焊接材料的消耗量。对于同样厚度的焊接接头，采用 X 形坡口比 V 形坡口能节省较多的焊接材料、电能和工时，构件越厚，节省得越多，成本越低。

3) 坡口易加工。V 形和 X 形坡口可用氧气切割或等离子弧切割，也可用机械切削加工。对于 U 形或双 U 形坡口，一般需用刨边机加工。在圆筒体上应尽量少开 U 形坡口，因其加工困难。

4) 减少或控制焊接变形。采用不适当的坡口形状容易产生较大的变形。如平板对接的 V 形坡口，其角变形就大于 X 形坡口。因此，如果坡口形式合理，工艺正确，可以有效地减少或控制焊接变形。

上面只是列举了选择坡口的一般规则，具体选择时，则需要根据具体情况综合考虑。一般钢板厚度在 6mm 以下，采用 I 形坡口（即不开坡口），但重要结构厚度达 3mm 后就要开坡口；厚度 6~26mm 时，采用 V 形或 Y 形坡口；厚度 12~60mm 可开双 Y 形或 V 形坡口，它可比单 Y 形或 V 形坡口减少填充金属量近一半左右，焊后变形也较小。U 形或双 U 形坡口的填充金属量更少，焊后变形更小，但加工困难，一般用于重要结构件的焊接。坡口角的大小与板厚和焊接方法有关，其作用是使电弧能深入根部使根部焊透。坡口角度越大，焊缝金属量越多，焊接变形也会增大，一般在 60°左右。两连接件之间的距离称为间隙，采用间隙是为了保证根部能焊透。一般情况下，坡口角度小，需要同时增加间隙；而间隙较大时，又容易烧穿，为此，需要采用钝边防止烧穿。间隙过大时，还需要加垫板。

(2) 角接接头。角接接头是由两块板件端面构成的接头形式，如图 1.3 所示。角接接头一般可分为 I 形坡口、单边 Y 形坡口、Y 形及双单边 Y 形坡口等。

(3) T 形接头。这是指一板件与另一板件相交构成直角或近似直角以角焊缝或组合焊缝（对接焊缝加角焊缝）连接的接头形式。该接头承受载荷尤其是动载荷的能力较低。T 形接头常用的坡口形式有 I 形坡口、单边 V 形坡口、双单边 V 形坡口等，如图 1.4 所示。

(4) 搭接接头。搭接是指两板件部分重叠在一起进行焊接所形成的接头，如图 1.5 所示。该接头强度较低，尤其是疲劳强度极限低，只用于不重要的结构。

1.2 焊件结构工艺

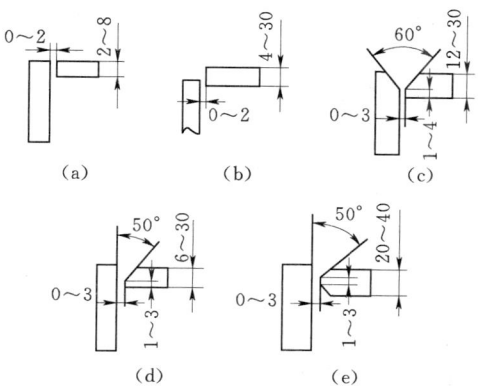

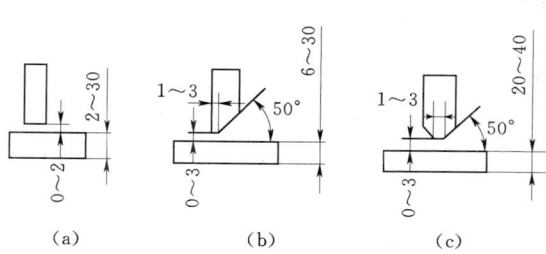

图1.3 角接接头（单位：mm）
(a) I形坡口；(b) 错边I形坡口；(c) Y形坡口；
(d) 带钝边单边V形坡口；(e) 带钝边双单边V形坡口

图1.4 T形接头（单位：mm）
(a) I形坡口；(b) 带钝边单边V形坡口；
(c) 带钝边双单边V形坡口

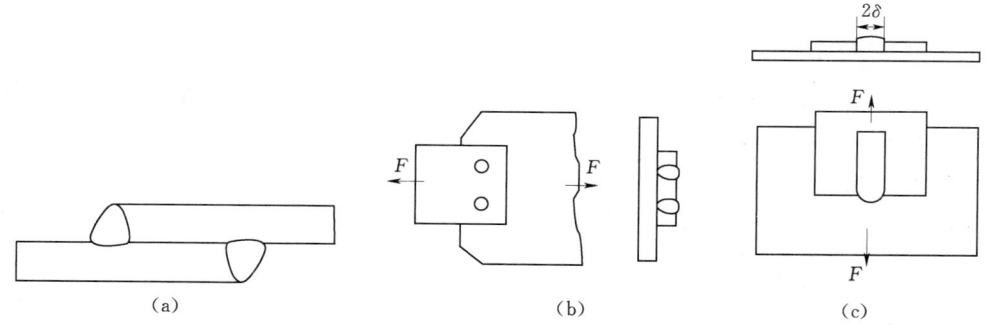

图1.5 搭接接头
(a) 普通搭接；(b) 圆孔内塞焊；(c) 开槽内角焊

搭接接头可分为不开坡口、圆孔内塞焊、开槽内角焊三种形式。不开坡口的搭接接头一般只用于厚12mm以下的钢板，重叠部分长度由设计决定。当重叠钢板面积较大时，为保证强度可分别用圆孔内塞焊或长孔内角焊的形式。

除常用的接头形式之外，焊接生产时还会根据实际情况进行适当的变化，例如，焊接不同板厚的工件，要求对接，为确保焊接件强度，可采用图1.6所示的方式。

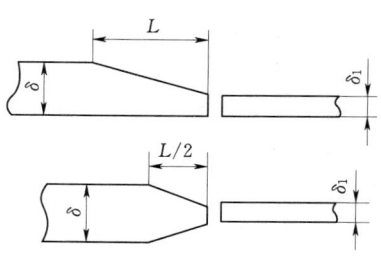

图1.6 不同板厚的对接接头

2. 焊接坡口

焊接坡口是根据设计或工艺需要，将焊件的待焊部位加工成一定几何形状，装配后形成的沟槽。

(1) 坡口的选择。开设坡口主要是为了保证接头质量和方便施焊。坡口的形式主要取决于焊接方法、焊接位置、板材的厚度、熔透要求及经济合理性等因素。同厚度的工件，采用双面 V 形或 Y 形坡口比单面 V 形或 Y 形坡口可节省较多的焊接材料、电能和工时。选择适当的坡口，配合合理的工艺，还可有效地减少焊接变形。

(2) 坡口的加工。坡口的加工方法可根据工件尺寸、形状、及加工条件选择，坡口的加工一般有以下几种方法：

1) 剪边。I 形坡口可在剪板机上剪切加工。

2) 刨边。用刨床或刨边机加工，也可采用铣床铣削。

3) 车削。用车床或车管机加工，适用于管子坡口的加工。

4) 热切削。用气体火焰或等离子弧手工切割或自动切割机加工坡口，可切割出 V 形、Y 形、双 Y 形坡口，如球罐的球壳板坡口的加工。

5) 碳弧气刨。主要用于清理焊根时的开坡口，效率高，但劳动条件较差。

6) 铲削或磨削。用手工或风动工具铲削或使用砂轮机（或角向磨光机）磨削加工坡口，此法效率较低，多用于缺陷返修时的坡口加工。

焊接坡口的加工质量（如平整度、直度、尺寸均匀性等）及坡口的清理，对于焊缝的质量有很大影响。

3. 焊接接头构造

(1) 焊缝。焊缝是指焊接接头处焊接生产后焊件中所形成的结合部分。组成焊缝的金属即焊缝金属，焊缝的形状和质量将直接影响焊件构件和结构的性能。熔焊时，焊缝金属的结晶首先从熔池底壁上许多未熔化的半个晶粒开始，沿着散热反方向向熔池中心生长，生成柱状树枝晶。最后这些柱状树枝晶前沿一直伸展到焊缝中心，相互接触后停止生长，得到铸态组织。

在焊接过程中，由于熔池体积小，冷却速度快，再加上焊缝添加金属及 S、P 等成分的控制，焊缝的力学性能一般不低于母材金属。

(2) 熔合区。熔合区是焊接接头中焊缝向热影响区过渡的区域。该区域在焊接过程中处于熔化和半熔化状态，冷却后金属组织粗大，化学成分不均匀，力学性能最差。

(3) 热影响区。在焊接热循环作用下，焊缝两侧处于固态的母材发生明显的组织和性能变化的区域，称为热影响区。热影响区各点温度不同，其组织、性能也不同，如低碳钢的焊接接头，热影响区可分为过热区、正火区和部分相变区，如图 1.7 所示。

1) 过热区。此区域距离熔池最近，温度曾达 1100℃ 以上，金属处于严重过热状态，冷却后晶粒粗大，其塑性、韧度很低，容易产生裂纹。

2) 正火区。此区域稍远，受热温度低于 1100℃，且刚好在金属的正火处理温度范围内，金属发生重结晶，晶粒细化，力学性能很好。

3) 部分相变区。此区域距离熔池最远，传递过来的热量只能使部分金属组织发生相变，故此区域金属晶粒大小不均匀，力学性能稍差。

焊接时，只要工艺、材料、操作等合乎设计要求，可适当减少热影响区的宽度，提高焊接接头的性能。

1.2 焊件结构工艺

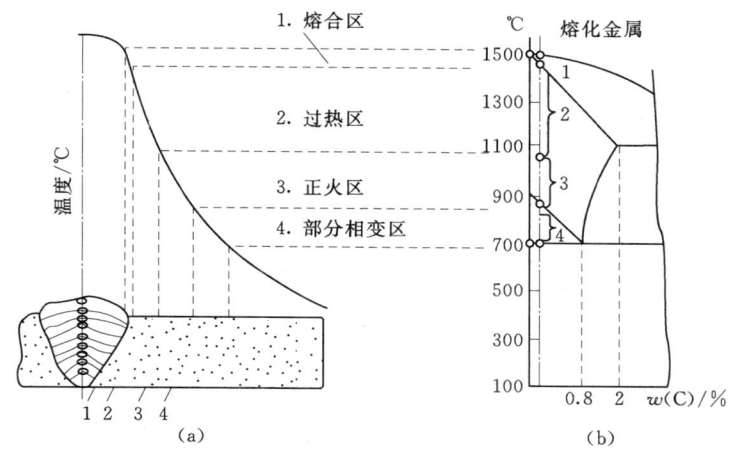

图1.7 低碳钢焊接接头的组织变化

1.2.2 焊缝符号表示法

在技术图样或文件上需要表示焊缝或接头时，需要采用一般的技术制图方法标识的焊缝符号。焊缝符号清晰表述出所要说明的信息，不用在图样上增加更多的注解。GB/T 324—2008对焊接符号的表达做了详细规定。焊缝符号中，基本符号和指引线为基本要素。完整的焊缝符号包括基本符号、指引线、补充符号、尺寸符号及数据等组成。为了简化，在图样上标注焊缝时通常只采用基本符号和指引线，其他内容一般在有关的文件（如焊接工艺规程等）中明确。

1. 基本符号

基本符号是表示焊缝横截面形式、形状的符号，具体见表1.5。

表1.5　　　　　　　　　　焊缝基本符号

序号	名　称	示　意　图	符　号
1	卷边焊缝（卷边完全熔化）		八
2	I形焊缝		‖
3	V形焊缝		V
4	单边V形焊缝		V
5	带钝边V形焊缝		Y
6	带钝边单边V形焊缝		Y
7	带钝边U形焊缝		Y

续表

序号	名称	示意图	符号
8	带钝边J形焊缝		⊢
9	封底焊缝		◡
10	角焊缝		◺
11	塞焊缝或槽焊缝		⊓
12	点焊缝		○
13	缝焊缝		⊖
14	陡边V形焊缝		⋎
15	陡边单V形焊缝		⊭
16	端焊缝		‖‖
17	堆焊缝		ϡ
18	平面连接（钎焊）		=
19	斜面连接（钎焊）		∥
20	折叠连接（钎焊）		⌒

标注双面焊缝时，基本符号可以组合使用，见表1.6。

1.2 焊件结构工艺

表1.6 焊缝基本符号组合

序号	名称	示意图	符号
1	双面V形焊缝（X焊缝）		X
2	双面单V形焊缝（K焊缝）		K
3	带钝边的双面V形焊缝		X
4	带钝边的双面单V形焊缝		K
5	双面U形焊缝		⅄

2. 指引线

指引线是由箭头线和虚、实两条基准线组成，如图1.8所示。

（1）箭头线。箭头线直接指向接头侧为"接头的箭头侧"，与之相对的则为"接头的非箭头侧"，如图1.9所示。

（2）基准线。基准线一般应与图样的底边平行，必要时也可与底边垂直。实线和虚线的位置可根据实际需要互换，如图1.10所示。

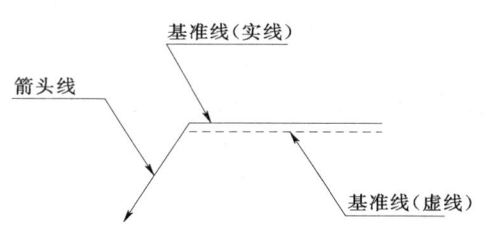

图1.8 指引线

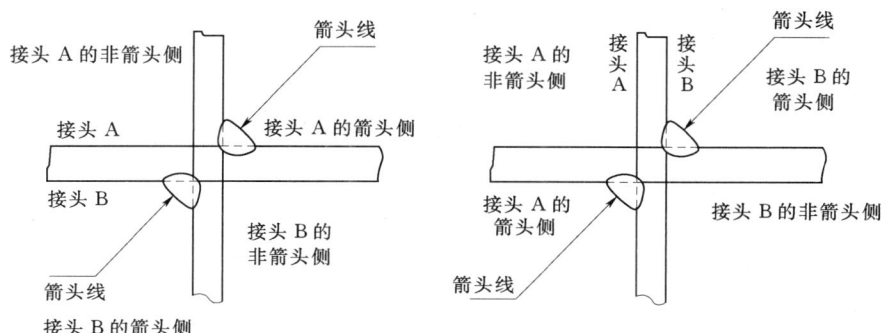

图1.9 箭头线的指向表达

基本符号在实线一侧时，表示焊缝在箭头一侧，参见图1.10（a）；在虚线一侧时表示焊缝在非箭头一侧，参见图1.10（b）；对称焊缝允许省略虚线，参见图1.10（c）；在明确焊缝分布位置的情况下，有些双面焊缝也可省略虚线，参见图1.10（d）；

综合起来，基本符号在指引线上的标注方法见表1.7。

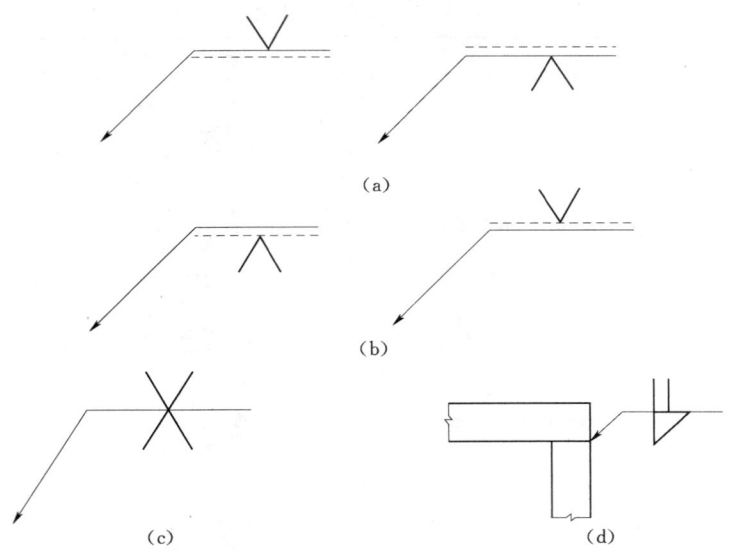

图 1.10 焊缝基本符号的表达
(a) 焊缝在接头的箭头侧；(b) 焊缝在接头的非箭头侧；(c) 对称焊缝；(d) 双面焊缝

表 1.7　　　　　　　　　　　　基本符号的标注

序号	符号	示意图	标注示例
1	V		
2	Y		
3	▷		
4	X		
5	K		

（3）为了更清楚具体表达焊接形式，还要加上补充符号和焊缝尺寸符号等。

1) 补充符号。补充符号是用来补充说明焊缝的某些特征（如表面形状、衬垫、焊缝分布、施焊地点等），见表 1.8～表 1.10。

表 1.8　　　　　　　　　　　　焊缝表达补充符号

序号	名称	符号	说明
1	平面	—	焊缝表面通常经过加工后平整
2	凹面	 ⌣	焊缝表面凹陷
3	凸面	 ⌢	焊缝表面凸起
4	圆滑过渡		焊趾处过渡圆滑
5	永久衬垫	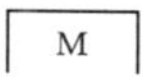 M	衬垫永久保留
6	临时衬垫	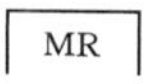 MR	衬垫在焊接完成后拆除
7	三面焊缝	⊐	三面带有焊缝
8	周围焊缝	○	沿着工件周边施焊的焊缝 标注位置为基准线与箭头线的交点处
9	现场焊缝	▶	在现场焊接的焊缝
10	尾部	 <	可以表示所需的信息

表 1.9　　　　　　　　　　　　焊缝标注符号的应用

序号	名称	示意图	符号
1	平齐的 V 形焊缝		
2	凸起的双面 V 形焊缝		
3	凹陷的角焊缝	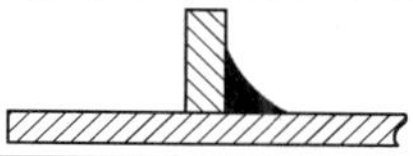	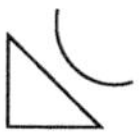
4	平齐的 V 形焊缝和封底焊缝		
5	表面过渡平滑的角焊缝	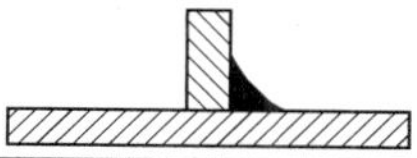	

表 1.10　　　　　焊缝补充符号的标注

序号	符号	示意图	标注示例
1	 ▽	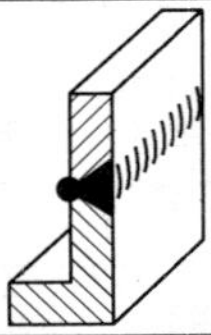	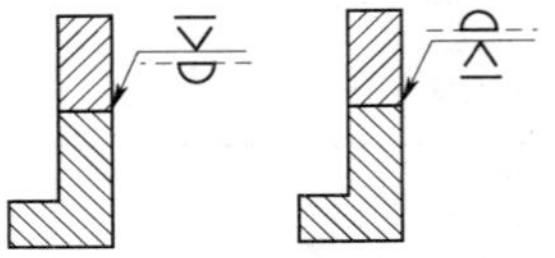
2	 ✕	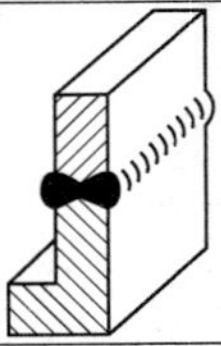	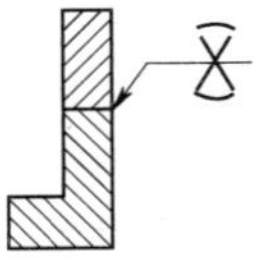
3	 ◸	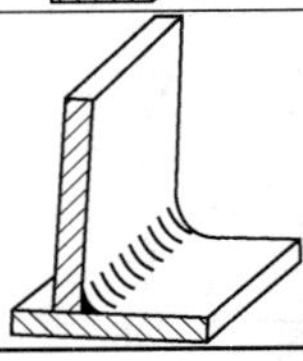	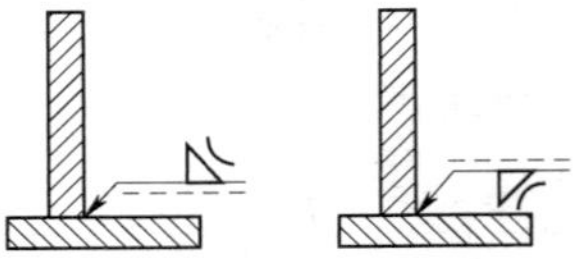

2) 尺寸符号。尺寸符号是为了表达焊缝的尺寸大小，见表 1.11。

表 1.11　　　　　焊缝尺寸符号

符号	名称	示意图	符号	名称	示意图
δ	工件厚度	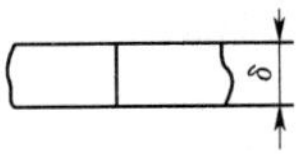	c	焊缝宽度	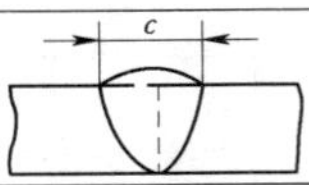
α	坡口角度	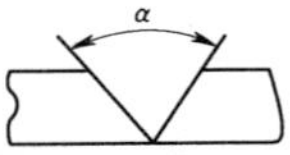	K	焊脚尺寸	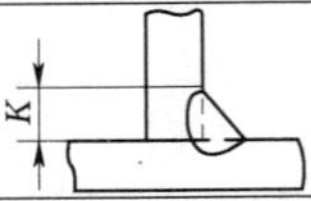
β	坡口面角度	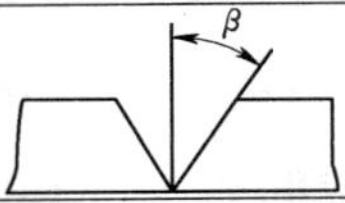	d	点焊：熔核直径 塞焊：孔径	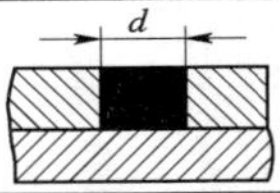
b	根部间隙	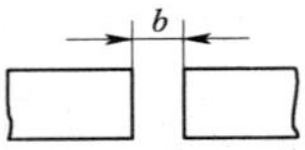	n	焊缝段数	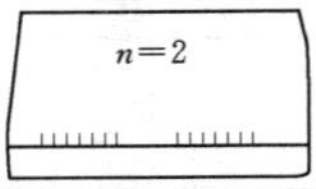 $n=2$
p	钝边	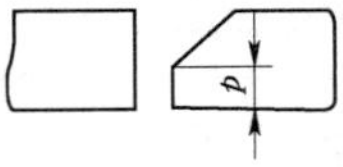	l	焊缝长度	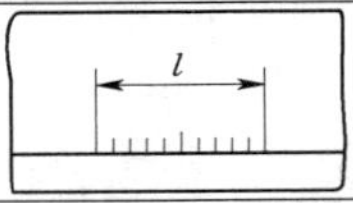
R	根部半径	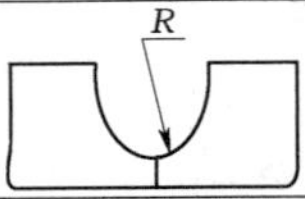	e	焊缝间距	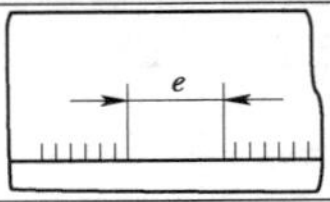
H	坡口深度	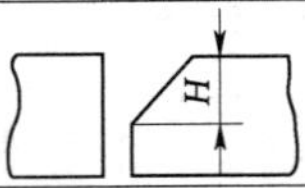	N	相同焊缝数量	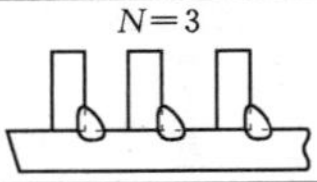 $N=3$
S	焊缝有效厚度	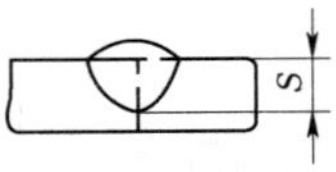	h	余高	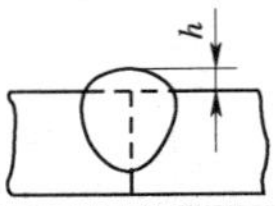

尺寸标注时,横向尺寸标注在基本符号的左侧;纵向尺寸标注在基本符号的右侧;坡口角度、坡口面角度、根部间隙标注在基本符号的上侧或下侧;相同焊缝数量标注在尾部;当尺寸较多不易分辨时可在尺寸数据前标注相应的尺寸符号。箭头线方向改变时,上述规则不变,如图1.11所示。

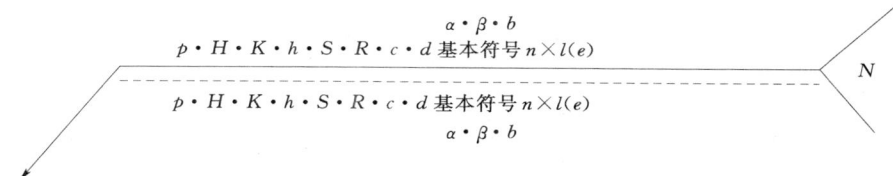

图1.11 尺寸标注的表达

另外,确定焊缝位置的尺寸不在焊缝符号中表示,应将其标注在图样上。在基本符号的右侧无任何尺寸标注又无其他说明时意味着焊缝在工件的整个长度方向上是连续的,在基本符号的左侧无任何尺寸标注又无其他说明时,意味着对焊缝应完全焊透。塞焊缝、槽焊缝带有斜边时,应标注其底部的尺寸。焊缝尺寸标注实际应用见表1.12。

表1.12　　　　　　　　　　焊缝尺寸标注

序号	名称	示意图	尺寸符号	标注方法
1	对接焊缝		S:焊缝有效厚度	
2	连接角焊缝		K:焊脚尺寸	
3	断续角焊缝		l:焊缝长度; e:间距; n:焊缝段数; K:焊脚尺寸	
4	交错断续角焊缝		l:焊缝长度; e:间距; n:焊缝段数; K:焊脚尺寸	

续表

序号	名 称	示 意 图	尺寸符号	标注方法
5	塞焊缝或槽焊缝		l：焊缝长度； e：间距； n：焊缝段数； c：槽宽	$c\ \square\ n\times l(e)$
			e：间距； n：焊缝段数； d：孔径	$d\ \square\ n\times(e)$
6	点焊缝		n：焊点数量； e：焊点距； d：熔核直径	$d\ \bigcirc\ n\times(e)$
7	缝焊缝		l：焊缝长度； e：间距； n：焊缝段数； c：焊缝宽度	$c\ \ominus\ n\times l(e)$

复习思考题

1. 什么是金属的焊接性？影响因素有哪些？
2. 常用的焊接材料有哪些？各有什么特点？
3. 焊接接头形式有哪些？
4. 坡口如何选择？如何加工？
5. 焊缝接头构造是如何的？各部分具有什么特点？
6. 焊缝是如何表达的？基本符号有哪些？
7. 焊缝表达的补充符号有哪些？
8. 焊缝表达尺寸标注有何特点？

第二部分 焊接设备与操作

第 2 章 电 弧 焊

电弧焊是应用最为广泛、也是最重要的现代焊接方法之一。焊条电弧焊、气体保护焊、埋弧焊等熔焊方法都属于电弧焊。电弧是所有电弧焊方法的能源。到目前为止,电弧焊之所以能在焊接方法中占据主要地位,一个重要的原因就是电弧能有效而简便地把弧焊电源输送的电能转换成焊接过程所需要的热能和机械能。

2.1 焊 接 电 弧

在夏天,我们常看到天空中的闪电,这是一种气体放电现象。焊接电弧也是一种气体放电现象,它是发生在电极与焊件之间的气体介质中强烈而持久的放电现象。电极可以是碳棒、钨极或焊条。焊接电弧具有两个特性,即产生强光和大量的热(温度可达 $6000℃$)。电弧焊就是利用电弧放电时产生的热量来加热,熔化焊条(焊丝)和母材,使之形成焊接接头。

2.1.1 焊接电弧的形成

中性气体原来是不能导电的,为了在气体中产生电弧而通过电流,就必须使气体分子(或原子)电离成为正离子和电子。而且,为了使电弧维持燃烧,要求电弧的阴极不断发射电子,这就必须不断地输送电能给电弧,以补充能量的消耗。气体电离和电子发射是电弧中最基本的物理现象。

1. 气体原子的激发与电离

如果气体原子得到了外加的能量,电子就可能从一个较低的能级跳跃到另一个较高能级,这时原子处于"激发"状态。使原子跃为"激发"状态所需的能量称为激发能。气体原子的电离就是使电子完全脱离原子核的束缚,形成离子和自由电子的过程。由原子形成正离子所需的能量称为电离能。

在焊接电弧中,根据引起电离的能量来源,有以下 3 种形式:

(1) 撞击电离。这是指在电场中,被加速的带电粒子(电子、离子)与中性点(原子)碰撞后发生的电离。

(2) 热电离。这是指在高温下,具有高动能的气体原子(或分子)互相碰撞而引起的电离。

(3) 光电离。这是指气体原子（或分子）吸收了光射线的光子能而产生的电离。

气体原子在产生电离的同时，带异性电荷的质点也会发生碰撞，使正离子和电子复合成中性质点，即产生中和现象。当电离速度和复合速度相等时，电离就趋于相对稳定的动平衡状态。一般地，电弧空间的带电粒子数量越多，电弧越稳定，而带电粒子的中和现象则会减少带电粒子的数量，从而降低电弧的稳定性。

2. 电子发射

在阴极表面的原子或分子，接受外界的能量而释放出自由电子的现象称为电子发射。电子发射是引弧和维持电弧稳定燃烧的一个很重要的因素。按其能量来源不同，可分为热发射、光电发射、重粒子碰撞发射和强电场作用下的自发射等。

(1) 热发射。物体的固体或液体表面受热后，其中某些电子具有大于逸出功的动能而逸出到表面外的空间中去的现象称为热发射。热发射在焊接电弧中起着重要作用，它随着温度上升而增强。

(2) 光电发射。物质的固体或液体表面接受光射线的能量而释放出自由电子的现象称为光电发射。对于各种金属和氧化物，只有当光射线波长小于能使它们发射电子的极限波长时，才能产生光电发射。

(3) 重粒子撞击发射。能量大的重粒子（如正离子）撞到阴极上，引起电子的逸出，称为重粒子撞击发射。重粒子能量越大，电子发射越强烈。

(4) 强电场作用下的自发射。物质的固体或液体表面，虽然温度不高，但当存在强电场并在表面附近形成较大的电位差时，使阴极有较多的电子发射出来，这就称为强电场作用下的自发射，简称自发射。电场越强，发射出的电子形成的电流密度就越大。自发射在焊接电弧中也起着重要作用，特别是在非接触式引弧时，其作用更加明显。

综上所述，焊接电弧是气体放电的一种形式，焊接电弧的形成和维持是在电场、热、光和质点动能的作用下，气体原子不断地被激发、电离以及电子发射的结果。同时，也存在负离子的产生、正离子和电子的复合。显而易见，引燃焊接电弧的能量来源主要靠电场及由其产生的热、光和动能，而这个电场就是由弧焊电源提供的空载电压所产生的。

焊条与焊件之间是有电压的，当它们相互接触时，相当于电弧焊电源短接，如图 2.1 所示。由于接触点很大，短路电流很大，则产生了大量电阻热，使金属熔化，甚至蒸发、气化，引起强烈的电子发射和气体电离。这时，再把焊丝与焊件之间拉开一点距离，这样，由于电源电压的作用，在这段距离内，形成很强的电场，又促使产生电子发射。同时，加速气体的电离，使带电粒子在电场作用下，向两极定向运动。弧焊电源不断的供给电能，新的带电粒子不断得到补充，形成连续燃烧的电弧。

2.1.2 焊接电弧结构

直流电弧由阴极区、阳极区和弧柱三部分组成，如图 2.2 所示。

(1) 阴极区。电弧中释放出大量电子的部分，消耗一定的能量，产生的热量较多，约占电弧总热量的 38%，温度可达 2400K。

(2) 阳极区。电弧电子撞击和吸入电子的部分，获得较大的能量，放出热量较高，约占电弧总热量的 42%，温度可达 2600K。

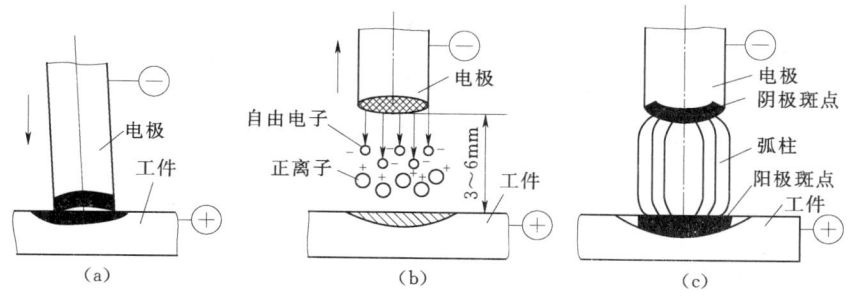

图 2.1 焊接电弧的产生
(a) 电极与工件接触；(b) 拉开电极；(c) 引燃电弧

（3）弧柱。两极之间气体空间区，约占电弧总热量的 20%，温度却可达 6000～8000K。

由于电弧发出的热量在电极区有所差异，在使用直流电弧焊电源焊接时，就有正接和反接两种方法，如图 2.3 所示。

（1）正接法。焊件接正极，焊条接负极，此时热量大部分集中在焊件上，可加

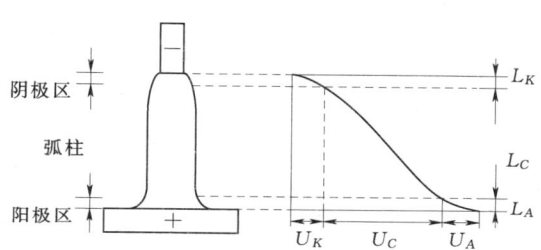

图 2.2 电弧的组成及其电压分布

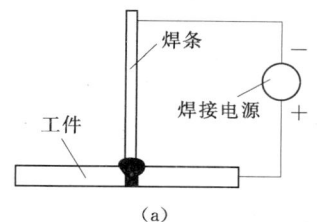 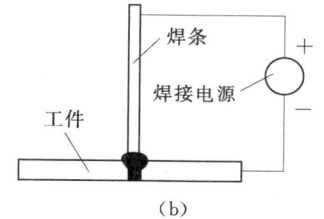

图 2.3 焊接电源的接法
(a) 正接法；(b) 反接法

速焊件熔化，有较大熔深，这种接法应用较多。

（2）反接法。焊件接负极，焊条接正极，常用于薄板钢材、铸铁、有色金属焊件，或用于低氢型焊条焊接的场合。

（3）当进行交流焊接时，由于电流方向交替变化，两极温度大致相等，不存在正接反接问题。

2.2 焊条电弧焊

焊条电弧焊是最常用的焊接方法之一，它使用的设备简单、操作方便灵活，适应在各种条件下的焊接，特别适合于形状复杂的焊接结构的焊接。因此，虽然焊条电弧焊劳动强度大、焊接生产率低，但仍然在国内外焊接生产中占据着重要位置。

2.2.1 焊条电弧焊的特点

焊条电弧焊是用手工操纵焊条进行焊接的电弧焊方法。它利用焊条与焊件之间建立起来的稳定燃烧的电弧，使焊条和焊件熔化，从而获得牢固的焊接接头，其原理如图2.4所示。

焊接过程中，药皮不断地分解、熔化而生成气体及熔渣，保护焊条端部、电弧、熔池及其附近区域，防止大气对熔化金属的有害污染。焊条芯也在电弧热作用下不断熔化，进入熔池，成为焊缝的填充金属。

焊条电弧焊与其他的熔焊方法相比，具有下列特点：

1. 操作灵活

焊条电弧焊之所以成为应用最广泛的焊接方法，主要是因为它的灵活性。由于焊条电弧焊设备简单、移动方便、电缆长、焊把轻，因而广泛应用于平焊、立焊、横焊、仰焊等各种空间位置和对接、搭接、角接、T形接头等各种接头形式的焊接。无论是在车间内，还是在野外施工现场均可采用。可以说，凡是焊条能达到的任何位置的接头，均可采用焊条电弧焊方法连接。对于复杂结构、不规则形状的构件以及单件、非定型结构的制造，由于可以不用辅助工装、变位器、胎夹具等就可以焊接，故焊条电弧焊的优越性显得尤为突出。

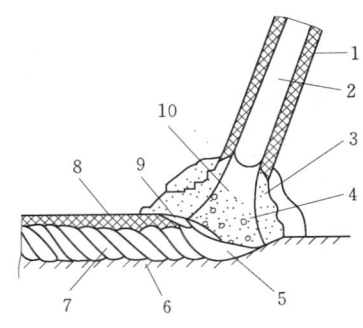

图2.4 焊条电弧焊原理
1—药皮；2—焊芯；3—保护气；
4—电弧；5—熔池；6—母材；
7—焊缝；8—焊渣；9—熔渣；
10—熔滴

2. 待焊接头装配要求低

由于焊接过程由焊工手工控制，可以适时调整电弧位置和运条姿势，修正焊接参数，以保证跟踪接缝和均匀熔透。因此，对焊接接头的装配精度要求相对降低。

3. 可焊金属材料广

焊条电弧焊广泛应用于低碳钢、低合金结构钢的焊接。选配相应的焊条，焊条电弧焊也常用于不锈钢、耐热钢、低温钢等合金结构钢的焊接，还可用于铸铁、铜合金、镍合金等材料的焊接，以及耐磨损、耐腐蚀等特殊使用要求的构件进行表面层堆焊。

4. 焊接生产率低

焊条电弧焊要更换焊条，以及因清渣而停止焊接等，故这种焊接方法的熔敷速度慢，焊接生产率低，劳动强度大。

5. 焊缝质量依赖性强

虽然焊接接头的力学性能可以通过选择与母材力学性能相当的焊条来保证，但焊缝质量在很大程度上依赖于焊工的操作技能及现场发挥，甚至焊工的精神状态也会影响焊缝质量。

2.2.2 焊接工具（设备）

焊条电弧焊又称手工电弧焊，焊接生产时用到的工具设备有弧焊机、电缆、焊钳、焊条和敲渣锤、钢丝刷等辅助工具等。

1. 弧焊机

目前，我国焊条弧焊机有三大类：弧焊变压器、直流弧焊发电机和弧焊整流器。这三大类焊机的比较见表2.1。

2.2 焊条电弧焊

表 2.1   三类焊条弧焊机的比较

项 目	弧焊变压器	直流弧焊发电机	弧焊整流器
稳弧性	较差	好	较好
电网电压波动的影响	较小	小	较大
噪声	小	大	较小
硅钢片与铜导线需要量	少	多	较少
结构与维修	简单	复杂	较简单
功率因数	较低	较高	较高
空载电压	较小	较大	较小
成本	低	高	较高
重量	轻	重	较轻

（1）弧焊变压器。弧焊变压器一般也称为交流弧焊机，它是一台特殊的降压变压器，如图 2.5 所示。与普通电力变压器相比，其区别在于为了保证电弧引燃并能稳定燃烧和得到陡降的外特性，常用的交流弧焊变压器必须具有较大的漏感，而普通变压器的漏感很小。根据增大漏感的方式和其结构特点，这类交流弧焊变压器有动铁心式（BX1—200、BX1—300、BX1—500）、动绕组式（BX3—300、BX3—500）和抽头式（BX6—120）等类型。

图 2.5 弧焊变压器   图 2.6 直流弧焊发电机

（2）直流弧焊发电机。直流弧焊发电机是由一台电动机和一台弧焊发电机组成的机组，由电动机带动弧焊发电机发出直流焊接电流，如图 2.6 所示。一般常用的直流弧焊发电机根据其磁极和励磁方式的不同，可分为裂极式（AX—320）、差复励式（AX1—500、AX7—500）、换向极去磁式（AX4—300）等几种。

（3）弧焊整流器。

1）硅弧焊整流器。硅弧焊整流器是一种直流弧焊电源，它由三相变压器和硅整流器系统组管的桥式全波整流获得直流电，并且通过电抗器（交流电抗器或磁饱和电抗器）调节焊接电流，获得陡降的外特性，原理如图 2.7 所示。

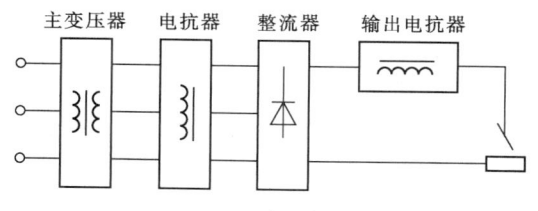

图 2.7 硅弧焊整流器的组成

常用硅弧焊整流器的型号及技术数据见表2.2。

表2.2　　　　　　　　常用硅弧焊整流器的型号及技术数据

技术数据	型号	动圈式			磁饱和电抗器式
		ZXG—160	ZXG$_1$—260	ZXG$_1$—400	ZXG—400
输出	额定焊接电流/A	160	250	400	400
	电流调节范围/A	40～192	62～300	100～480	40～480
	空载电压/V	71.5	71.5	71.5	80
	额定工作电压/V	26	30	36	36
	额定负载持续率/%	60	60	60	60
	额定输出功率/kW	4.22	7.5	14.4	14.4
输入	电网电压/V	380	380	380	380
	相数	3	3	3	3
	频率/Hz	50	50	50	50
	额定一次相电流/A	17	27	42	53
	额定容量/(kV·A)	11.2	17.8	27.7	34.9
	功率因数	0.66	0.66	0.68	
	效率/%	55	66	76.5	75
	重量/kg	138	182	238	310

2) 晶闸管式弧焊整流器。晶闸管式弧焊整流器用晶闸管作为整流元件，其组成如图2.8所示。由于晶闸管具有良好的可控性，因此，焊接电源外特性、焊接参数的调节，都可以通过改变晶闸管的导通角来实现。它的性能优于硅弧焊整流器。目前已成为一种主要的直流弧焊电源。我国生产的晶闸管式弧焊整流器有ZX5系列和ZDK—500型等。

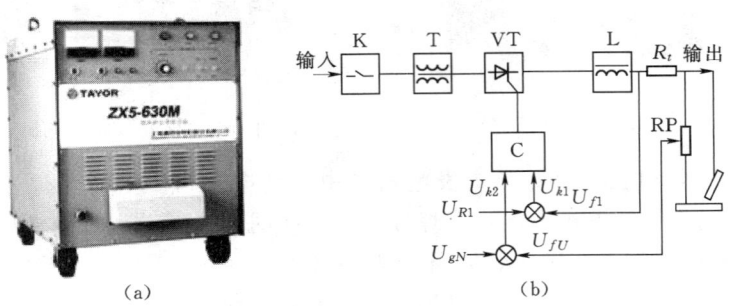

图2.8　晶闸管式弧焊整流器的实物图与原理图
(a) 实物图；(b) 原理图

(4) 弧焊逆变器。这是一种新型的弧焊电源。如图2.9所示为晶闸管式弧焊逆变器的原理方框图。单相或三相50Hz的交流网路电压先经过整流器整流和滤波器变为直流电。再经过大功率开关电子元件的交替开关作用，变成几千赫或几万赫的中频交流电；若再用输出整流器整流并经电抗器滤波，则可输出适于焊接的直流电，此逆变器便是直流电源。

这种弧焊整流器的优点是：①高效节能，效率可达80%~90%，功率因数可提高到0.99，空载损耗小，因此是一种节能效果极为显著的弧焊电源；②重量轻、体积小，整机重量仅为传统弧焊电源的1/10~1/5，体积也只有传统弧焊电源的1/3左右；③具有良好的动特性和焊接工艺性能。我国生产的弧焊逆变器有ZX7系列产品。

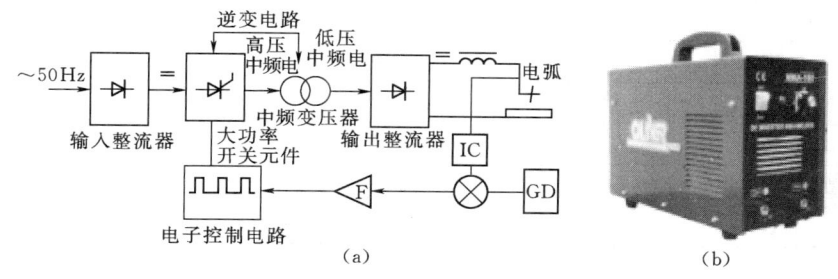

图 2.9　晶闸管式弧焊逆变器的原理图与实物图
(a) 原理图；(b) 实物图

综上所述，弧焊变压器的优点是结构简单、使用可靠、维修容易、成本低、效率高；其缺点是电弧稳定性差、功率因数低。直流弧焊发电机与弧焊变压器相比，具有引弧容易、电弧稳定、过载能力强等优点；其缺点是效率低、空载损耗大、噪声大、造价高、维修难。在我国当前大力提倡节约能源的情况下不宜继续使用。弧焊整流器与直流弧焊发电机相比，具有制造方便、价格低、空载损耗小、噪声低等优点，而且大多可以远距离调节，能自动补偿电网波动对电弧电压、焊接电流的影响。弧焊逆变器具有高效节能、体积小、功率因数高、焊接性能好等独特优点，是一种最有发展前途的普及型焊条电弧焊机。

2. 焊接电缆

连接焊钳（焊条）、弧焊机与焊件，传导焊接电流。电缆外表绝缘，导电性能好，规格按使用的电流大小选择，通常长度不超过20~30m，中间接头不超过两个，接头处要保证绝缘可靠。

3. 电焊钳

电焊钳又称焊把，是用以夹持焊条、传导电流的工具。有300A、500A两种规格，要求具有良好的绝缘性与隔热能力。焊条位于水平、45°、90°等方向时焊钳都能夹紧焊条，并保证更换焊条安全方便、操作灵活，如图2.10所示。

图 2.10　焊钳

4. 焊条

（1）焊条结构。焊条是由焊芯和药皮两部分组成。焊条中被涂料（即药皮）包覆着的金属芯称为焊芯。焊接时，焊芯有两个作用：一是传导焊接电流，产生电弧把电能转换成热能；二是焊芯本身熔化作为填充金属与液体母材金属熔合形成焊缝。

焊条种类不同，焊芯也不同，见表2.3。焊芯成分直接影响着焊缝金属的成分和性能，所以焊芯中的有害元素要尽量少，含碳量应低于0.1%，含硫量和含磷量皆不大于0.03%。

表 2.3　　　　　　　　　　　　各种焊条所用的焊芯

焊条种类	焊芯种类	备注
低碳钢	低碳钢	从涂料加合金元素
高强度钢	低碳钢	
低温钢、低合金钢	低碳钢或低合金钢	用低碳钢焊芯时，从涂料加合金元素
不锈钢	不锈钢	
Ni 及其合金	Ni 及其合金	
Cu 及其合金	Cu 及其合金	
硬质合金堆焊	低碳钢、合金钢或合金	
铸铁	Ni、Ni 合金或低碳钢、铸铁等	

压涂在焊芯表层的涂料层称为药皮。在焊接过程中药皮分解熔化后形成气体和熔渣，起到机械保护、冶金处理、改善工艺性能的作用。药皮的组成物有：矿物类（如大理石、氟石等）、铁合金和金属粉类（如锰铁、钛铁等）、有机物类（如木粉、淀粉等）、化工产品类（如钛白粉、水玻璃等）。

焊条药皮是决定焊缝质量的重要因素，在焊接过程中有以下几方面的作用：

1) 提高电弧燃烧的稳定性。无药皮的光焊条不容易引燃电弧。即使引燃了也不能稳定地燃烧。在焊条药皮中，一般含有钾、钠、钙等电离电位低的物质，这可以提高电弧的稳定性，保证焊接过程持续进行。

2) 保护焊接熔池。焊接过程中，空气中的氧、氮及水蒸气浸入焊缝，会给焊缝带来不利的影响。不仅形成气孔，而且还会降低焊缝的机械性能，甚至导致裂纹。而焊条药皮熔化后，产生的大量气体笼罩着电弧和熔池，会减少熔化的金属和空气的相互作用。焊缝冷却时，熔化后的药皮形成一层熔渣，覆盖在焊缝表面，保护焊缝金属并使之缓慢冷却、减少产生气孔的可能性。

3) 保证焊缝脱氧、去硫磷杂质。焊接过程中虽然进行了保护，但仍难免有少量氧进入熔池，使金属及合金元素氧化，烧损合金元素，降低焊缝质量。因此，需要在焊条药皮中加入还原剂（如锰、硅、钛、铝等），使已进入熔池的氧化物还原。

4) 为焊缝补充合金元素。由于电弧的高温作用，焊缝金属的合金元素会被蒸发烧损，使焊缝的机械性能降低。因此，必须通过药皮向焊缝加入适当的合金元素，以弥补合金元素的烧损，保证或提高焊缝的机械性能。对有些合金钢的焊接，也需要通过药皮向焊缝渗入合金，使焊缝金属能与母材金属成分相接近，机械性能赶上其至超过基本金属。

5) 提高焊接生产率，减少飞溅。焊条药皮具有使熔滴增加而减少飞溅的作用。焊条药皮的熔点稍低于焊芯的焊点，但因焊芯处于电弧的中心区，温度较高，所以焊芯先熔化，药皮稍迟一点熔化。这样，在焊条端头形成一短段药皮套管，加上电弧吹力的作用，使熔滴径直射到熔池上，使之有利于仰焊和立焊。另外，在焊芯涂了药皮后，电弧热量更集中。同时，由于减少了由飞溅引起的金属损失，提高了熔敷系数，也就提高了焊接生产率。另外，焊接过程中发尘量也会减少。

焊条前端药皮有 45°左右的倾角，便于引弧，尾部有一段裸焊芯，占焊条总长的

1/16，便于焊钳加持，并有利于导电。

（2）焊条类型。根据不同情况，电焊条有三种分类方法：按焊条用途分类、按药皮的主要化学成分分类、按药皮熔化后熔渣的特性分类。

按照焊条的用途，有两种表达形式：一为原机械工业部编制的规定，可以将电焊条分为结构钢焊条、耐热钢焊条、不锈钢焊条、堆焊焊条、低温钢焊条、铸铁焊条、镍和镍合金焊条、铜及铜合金焊条、铝及铝合金焊条以及特殊用途焊条；二为国家标准规定，为碳钢焊条、低合金焊条、不锈钢焊条、堆焊焊条、铸铁焊条、铜及铜合金焊条、铝及铝合金焊条。二者没有原则区别，前者用商业牌号表示，后者用型号表示。

如果按照焊条药皮的主要化学成分来分类，可以将电焊条分为：氧化钛型焊条、氧化钛钙型焊条、钛铁矿型焊条、氧化铁型焊条、纤维素型焊条、低氢型焊条、石墨型焊条及盐基型焊条。

如果按照焊条药皮熔化后，熔渣的特性来分类，可将电焊条分为酸性焊条和碱性焊条。酸性焊条药皮的主要成分为酸性氧化物，如二氧化硅、二氧化钛、三氧化二铁等。碱性焊条药皮的主要成分为碱性氧化物，如大理石、萤石等。

焊条型号按国家标准分为8类，焊条牌号按用途分为10类，见表2.4。

表 2.4　　　　　　　　　　焊 条 类 型

焊条型号序号	焊条分类	型号代号	国家标准	焊条牌号代号	焊条分类（按用途分类）	牌号代号汉字（字母）
1	碳钢焊条	E	GB/T 5117—95	1	结构钢焊条	结（J）
2	低合金钢焊条	E	GB/T 5118—95	2	钼及铬钼耐热钢焊条	热（R）
				3	低温钢焊条	温（W）
3	不锈钢焊条	E	GB/T 983—95	4	不锈钢焊条（1）铬不锈钢焊条（2）铬镍不锈钢焊条	铬（G）奥（A）
4	堆焊焊条	ED	GB/T 984—85	5	堆焊焊条	堆（D）
5	铸铁焊条	EZ	GB/T 10044—88	6	铸铁焊条	铸（Z）
6	镍及镍合金焊条	ENi	GB/T 13814—92	7	镍及镍合金焊条	镍（Ni）
7	铜及铜合金焊条	TCu	GB/T 3670—83	8	铜及铜合金焊条	铜（T）
8	铝及铝合金焊条	Tal	GB/T 3669—83	9	铝及铝合金焊条	铝（L）
—	—	—		10	特殊用途焊条	特（TS）

（3）焊条的型号及牌号。

1）焊条的型号。国家标准中对焊条规定的编号，用来区别各种焊条熔敷金属的力学性能、化学成分、药皮类型、焊接位置和焊接电流种类。标有型号的焊条，其技术要求、性能指标、检验方法都应按国家标准的规定进行。字母"E"表示焊条，第一、二位表示熔敷金属最小抗拉强度，第三位数字表示焊条的焊接位置，第三、四位数字表示焊接电流种类及药皮类型。如焊条 E4303，"43"表示熔敷金属最小抗拉强度为430MPa，"0"表示全位置焊接，"3"表示药皮为钛钙型，交直流电源、正反接均可。国家标准中通常只规定该种焊条最基本的要求。焊条国家标准不可能包括所有的焊条。

2) 焊条的牌号。焊条制造厂对作为产品出厂的每种焊条标的特定编号，用来区别不同焊条熔敷金属的力学性能、化学成分、药皮类型和焊接电流种类。与焊条的型号相比，牌号中没有区别焊接位置的编号，但增加了特殊性能的符号（如超低氢、高韧性、打底焊等）。以结构钢为例，牌号结×××，结为结构钢焊条，第一、二位数代表焊缝金属抗拉强度，第三位数字代表药皮类型，焊接电流要求。例如，J422结构钢焊条，"42"表示焊缝金属抗拉强度最小值为420MPa，"2"表示药皮为钛钙型，电源交、直流均可。

5. 面罩和护目镜

面罩和护目镜用于遮挡飞溅的金属和弧光，保护面部和眼睛，面罩一般分为手持式和头盔式两种，如图2.11所示。要求选用耐燃或不燃的绝缘材料制成，罩体应遮住焊工的整个面部，结构牢固，不漏光。护目镜按玻璃亮度的深浅不同分为6个型号（7～12号），号数越大，颜色越深。

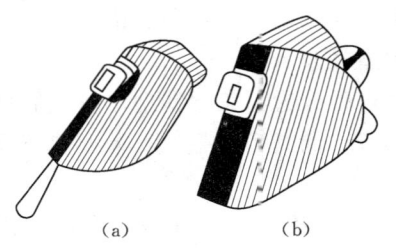

图 2.11 焊工面罩
（a）手持式；（b）头盔式

6. 焊条保温筒

用于加热存放焊条，达到防潮的目的。使用低氢型焊条焊接重要结构时，焊条必须先进烘箱烘焙，烘干温度和保温时间因材料和季节而异。焊条从烘箱内取出后，应储存在焊条保温筒内，在施工现场逐根取出使用。

7. 敲渣锤

敲渣锤用来清除焊渣的一种尖锤，可以提高清渣效率。

8. 钢丝刷

钢丝刷用来清除焊件表面的铁锈、油污等氧化物。

9. 气动打渣工具及高速角向砂轮机

用于焊后清渣、焊缝修整及坡口准备。

2.3 焊接工艺参数

焊条电弧焊的工艺参数通常包括焊条牌号，焊条直径、弧焊电源、焊接电流、电弧电压、焊接速度和焊接层数等，选择合适的焊接工艺参数对提高焊接质量和生产效率是十分重要的。

1. 焊条的选用

焊条的选用须在确保焊接结构安全、可行使用的前提下，根据被焊材料的化学成分、力学性能、板厚及接头形式、焊接结构特点、受力状态、结构使用条件对焊缝性能的要求、焊接施工条件和技术经济效益等进行综合考虑后，有针对性地选用焊条，必要时还需进行焊接性试验。

（1）同种钢材焊接时焊条选用要点。

1) 考虑焊缝金属力学性能和化学成分。对于普通结构钢，通常要求焊缝金属与母材等强度，应选用熔敷金属抗拉强度等于或稍高于母材的焊条。对于合金结构钢，有时还要求合金成分与母材相同或接近。在焊接结构刚性大、接头应力高、焊缝易产生裂纹的不利情况下，应考虑选用比母材强度低的焊条。当母材中碳、硫、磷等元素的含量偏高时，焊缝中容易产生裂纹，应选用抗裂性能好的碱性低氢型焊条。

2) 考虑焊接构件使用性能和工作条件。对承受载荷和冲击载荷的焊件，除满足强度要求外，主要应保证焊缝金属具有较高的冲击韧性和塑性，可选用塑、韧性指标较高的低氢型焊条。接触腐蚀介质的焊件，应根据介质的性质及腐蚀特征选用不锈钢类焊条或其他耐腐蚀焊条。在高温、低温、耐磨或其他特殊条件下工作的焊接件，应选用相应的耐热钢、低温钢、堆焊或其他特殊用途焊条。

3) 考虑焊接结构特点及受力条件。对结构形状复杂、刚性大的厚大焊接件，由于焊接过程中产生很大的内应力，易使焊缝产生裂纹，应选用抗裂性能好的碱性低氢焊条。对受力不大、焊接部位难以清理干净的焊件，应选用对铁锈、氧化皮、油污不敏感的酸性焊条。对受条件限制不能翻转的焊件，应选用适于全位置焊接的焊条。

4) 考虑施工条件和经济效益。在满足产品使用性能要求的情况下，应选用工艺性好的酸性焊条。在狭小或通风条件差的场合，应选用酸性焊条或低尘焊条。对焊接工作量大的结构，有条件时应尽量采用高效率焊条。例如，铁粉焊条、高效率重力焊条等，或选用底层焊条立向下焊条之类的专用焊条，以提高焊接生产率。

(2) 异种钢焊接时焊条选用要点。

1) 强度级别不同的碳钢＋低合金钢（或低合金钢＋低合金高强钢）。一般要求焊缝金属或接头的强度不低于两种被焊金属的最低强度，选用的焊条熔敷金属的强度应能保证焊缝及接头的强度不低于强度较低侧母材的强度，同时焊缝金属的塑性和冲击韧性应不低于强度较高而塑性较差侧母材的性能。因此，可按两者之中强度级别较低的钢材选用焊条。但是，为了防止焊接裂纹，应按强度级别较高、焊接性较差的钢种确定焊接工艺，包括焊接规范、预热温度及焊后热处理等。

2) 低合金钢＋奥氏体不锈钢。应按照对熔敷金属化学成分限定的数值来选用焊条，一般选用铬和镍含量较高的、塑性和抗裂性较好的 Cr25－Ni13 型奥氏体钢焊条，以避免因产生脆性淬硬组织而导致的裂纹。但应按焊接性较差的不锈钢确定焊接工艺及规范。

3) 不锈复合钢板。应考虑对基层、复层、过渡层的焊接要求选用三种不同性能的焊条。对基层（碳钢或低合金钢）的焊接，选用相应强度等级的结构钢焊条；复层直接与腐蚀介质接触，应选用相应成分的奥氏体不锈钢焊条。关键是过渡层（即复层与基层交界面）的焊接，必须考虑基体材料的稀释作用，应选用铬和镍含量较高、塑性和抗裂性好的 Cr25－Ni13 型奥氏体钢焊条。

2. 焊条直径

焊条直径是指焊芯直径。它是保证焊接质量和效率的重要因素。焊条一般要根据焊件的厚度，接头形式，焊缝位置，焊道层次来选择：

(1) 对根部要求均匀焊透的 I 形坡口角接、T 形接、搭接焊缝和背面清根封底焊的对接焊缝，焊条直径可根据焊件厚度进行选用，厚度较大选用的焊条直径较大。

(2) 焊件厚度相同但所处焊接位置不同，应选用不同直径的焊条。如在立焊焊接时，焊条直径不应超过 5mm，横焊、仰焊时焊条最大直径不超过 4mm，这样可减少熔化金属的下淌。

（3）不同的接头形式应选用不同直径的焊条。如 T 形接头、搭接接头，由于散热条件比对接接头好，所以可选用较粗直径的焊条。

（4）焊接层数是多层焊时，为防止根部焊不透，应采用多道焊。第一层打底焊时应选用直径较细的焊条，以后各层可根据焊件厚度选用较大直径的焊条，如对接接头打底焊时可选用直径 3.2mm 的焊条，其余各层可选用直径 4mm 的焊条。

（5）平焊低碳钢时，焊条的直径与焊件的厚度存在一个大体的对应关系，见表 2.5。

表 2.5　　　　　　　　焊条直径的选择

焊件厚度/mm	≤1.5	2	3	4～7	8～12	>12
焊条直径/mm	1.6	1.6，2.0	2.5，3.2	3.2，4.0	4.0，5.0	4.0～6.0

3. 焊接电源种类和极性的选择

用交流电源焊接时，电弧稳定性差。采用直流电源焊接时，电弧稳定、柔顺、飞溅少，但电弧磁偏吹较交流严重。低氢型焊条稳弧性差，通常必须采用直流弧焊电源。用小电流焊接薄板时，也常用直流弧焊电源，因为引弧比较容易，电弧比较稳定。

低氢型焊条用直流电源焊接时，一般要用反接，因为反接的电弧比正接稳定。焊接薄板时，焊接电流小，电弧不稳，因此焊接薄板时，不论用碱性焊条还是用酸性焊条，都选用直流反接。

4. 焊缝层数的选择

在焊件厚度较大时，往往需要进行多层焊。对于低碳钢和强度等级较低的低合金钢的多层焊时，每层焊缝厚度过大时，对焊缝金属的塑性（主要表现在冷弯上）有不利影响。因此，对质量要求较高的焊缝，每层厚度最好不大于 4～5mm。

焊接层数主要根据焊件厚度、焊条直径、坡口形式和装配间隙等来确定，可作如下近似估算：

$$n = \delta/d$$

式中　n——焊接层数；

　　　δ——焊件厚度，mm；

　　　d——焊条直径，mm。

5. 焊接电流

焊接电流是影响接头质量和焊接生产率的主要因素之一，必须选用得当。电流过大，会使焊条芯过热，药皮脱落，造成焊缝咬边、烧穿、焊瘤等缺陷，同时金属组织也会因过热而发生变化，若电流过小，则容易造成未焊透、夹渣等缺陷。焊接时决定焊接电流的依据很多，如焊条类型、焊条直径、焊件厚度、接头形式、焊缝位置和层数等。但主要的是焊条直径和焊缝位置。

（1）焊接电流与焊条直径的关系。焊条直径越大，熔化焊条所需要的电弧热能就越多，焊接电流应相应增大，一般可根据下面的经验公式来选择：

$$I = Kd$$

式中 I——焊接电流，A；

d——焊条直径，mm；

K——经验系数。

焊条直径与经验系数间的关系见表 2.6。

表 2.6　　　　　　　　　焊接电流经验系数的确定

焊条直径 d/mm	1~2	2~4	4~6
经验系数 K	25~30	30~40	40~60

（2）焊接电流与焊缝位置的关系。在焊接平焊缝时，由于运条和控制熔池中的熔化金属都比较容易，因此可以选择较大的焊接电流进行焊接。但在其他位置焊接时，为了避免熔化金属从熔池中流出，要使熔池尽可能小些，所以焊接电流相应要比平焊小一些，一般小 10%~20%。

（3）焊接电流与焊道层次的关系。通常打底焊时，尤其是焊接单面焊双面成形的焊道时，使用的电流要小些，这样才便于操作并保证背面焊道的质量。焊接填充焊道时，为提高效率，通常使用较大的电流。盖面焊时，为防止咬边获取较美观的焊缝使用的电流稍小些。

另外，一般在使用碱性焊条时，焊接电流要比酸性焊条小 10% 左右，不锈钢焊条选用的电流比碳钢焊条的电流小 20% 左右。

6. 焊接电压

电弧电压一般是根据焊接生产操作时的具体情况灵活掌握的。

焊接电压与弧长有关，一般长弧电压高，短弧电压低（短弧指弧长为 0.5~1.0 倍的焊条直径，超过此值为长弧）。在焊接过程中，一般希望弧长始终保持一致，而且尽可能用短弧焊接。

有一经验公式可供参考：当电流 I 小于 600A 时，一般取电压为 $20+0.04I$（V），当电流大于 600A 时，取电压为 44V。

7. 焊接速度

在保证焊缝所要求的尺寸和质量的前提下，焊接速度应根据焊接操作实际灵活应用。速度过慢，热影响区加宽，晶粒粗大，变形也较大，速度过快，容易造成未焊透、未熔合、焊缝成形不良等缺陷。

2.4　焊条电弧焊操作工艺

焊条电弧焊生产不是简单地握持焊钳进行焊接操作，而是系统、规范地分步骤进行。

2.4.1　焊条电弧焊操作工艺

1. 焊前准备

焊前准备一般包括坡口的选择和制备、焊接区域的清理、焊条烘干、工件装配定位和焊前预热等系列工作。焊前准备工作不充分，就会影响焊接质量，严重时还会造成焊后返工或使工件报废。工件材料不同，焊前准备工作也所不同。现以碳钢及普通低合金钢为例简要说明。

（1）坡口的选择与制备。坡口形式根据板厚的不同可分为 I 形、Y 形、X 形、U 形等，坡口的制备可根据工件的尺寸、形状与加工条件综合考虑进行选择。目前生产中常用剪切、气割、刨边、车削、碳弧气刨等方法。

（2）焊接区域的清理。主要是对接头坡口及其附近表面的油、锈、漆、水等污染的清理。用碱性焊条焊接时，要求更为严格和彻底，否则极易产生气孔和延迟裂纹。清理时，可根据污物的种类及具体条件，分别采用钢丝刷刷、砂轮磨或喷丸处理等金工方法，也可采用除油剂（汽油、丙酮）清洗，必要时还可用氧—乙炔焰烘烤清理的部位，去除工件表面油污和氧化皮。酸性焊条对锈不敏感，若锈蚀较轻，而且对焊缝质量要求不高，可以不清理。

（3）焊条烘干。焊条出厂前经过高温烘干，并用防潮材料包装，起到一定的防止药皮吸潮作用，一般在使用前拆封。考虑到焊条长期储运过程中焊条往往会因吸潮而使工艺性能变坏，造成电弧不稳、飞溅增大，并容易产生气孔、裂纹等缺陷。因此，焊条使用前必须严格烘干。一般酸性焊条的烘干温度 150～200℃，时间为 1h；碱性焊条的烘干温度 350～400℃，时间为 1～2h，烘干后放在 100～150℃ 的保温箱内，随用随取。烘干时，温度要适宜，温度太低，达不到去除水分的目的，温度过高，容易引起药皮开裂、焊接时成块脱落，而且药皮中的组成物会分解或氧化，直接影响焊接质量。

焊条烘干一般采用专用的烘箱，应遵循使用多少烘多少，随烘随用的原则。烘后的焊条可放在低温烘箱或专用的焊条保温筒内，不宜在露天中放置太久。低氢型焊条对水分比较敏感，使用前一定要烘干，原则上重复烘干不能超过两次。酸性焊条药皮中允许的含水量较高，是否要烘干，可视焊条存放时间和受潮程度而定。

（4）工件的装配定位。焊前的装配定位主要是使工件定位对正达到预定的坡口形状和尺寸。装配间隙的大小和沿接头长度上的均匀程度对焊接质量、生产率及制造成本至关重要。

装配工件的位置确定好后可以用夹具或定位焊缝将它们固定下来，再进行后续的焊接。定位焊是正式焊缝的组成部分，其质量直接影响整条焊缝的质量。因其焊道短、冷却快，比较容易产生缺陷，定位焊后要细致检查焊点质量，以免造成隐患。一般定位焊的焊接电流比正常焊接的电流大 15%～20%。

（5）焊前预热。它是焊接开始前对工件整体或局部进行加热的工艺措施。预热的目的是降低焊接接头的冷却速度，改善焊后组织，减少应力，防止焊接裂纹等。工件是否需要预热主要由工件材料、结构形状和尺寸决定。对于刚性大或焊接性差而且容易产生裂纹的结构，焊前必须预热。对于刚性不大的低碳钢和强度级别较低的低合金高强度钢结构，一般不需要预热。

工件整体预热一般在加热炉内进行，局部预热可以通过火焰加热、工频感应加热或红外线加热。

2. 引弧

电弧焊开始时，引燃焊接电弧的操作叫引弧。焊条电弧焊通常采用接触引弧法，它是先将焊条与工件接触形成短路，再拉开焊条引燃电弧的方法。根据操作手法不同又可分为：直击引弧法和划擦引弧法，如图 2.12 所示。

直击引弧法是使焊条与焊件表面垂直地接触，当焊条的末端与焊件表面轻轻一碰后，便迅速提起焊条，并保持一定距离，而将电弧引燃的方法，如图 2.12（a）所示。划擦引弧法与划火柴有些类似，先将焊条末端对准焊件，然后将焊条在焊件表面划擦一下，当电弧引燃后立即将焊条末端与被焊焊件表面距离保持在 2~4mm，电弧就能稳定地燃烧，如图 2.12（b）所示。

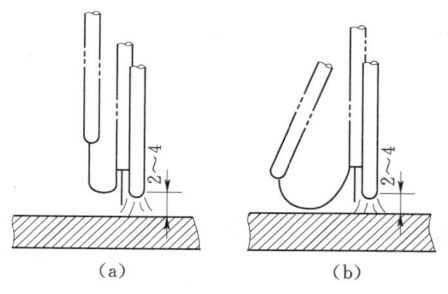

图 2.12 引弧方法（单位：mm）
（a）直击引弧法；（b）划擦引弧法

以上两种接触式引弧方法中，划擦法比较容易掌握，但在狭小工作面上或不允许焊件表面有划痕时，应采用直击法。在使用碱性焊条时，为防止引弧处出现气孔，宜采用划擦法。

引弧的位置应选在焊缝起点前约 10mm 处。引燃后将电弧适当拉长并迅速移到焊缝的起点，同时逐渐将电弧长度调到正常范围。这样做的目的是对焊缝起点处起预热作用，以保证焊缝始端熔深正常，并有消除引弧点气孔的作用。重要的结构往往需增加引弧板。

3. 运条

运条是焊接过程中焊条相对焊缝所做的各种运动的总称。运条包括沿焊条轴线的送进 1、沿焊缝轴线方向的纵向移动 3 和横向摆动 2 三个动作，如图 2.13 所示。

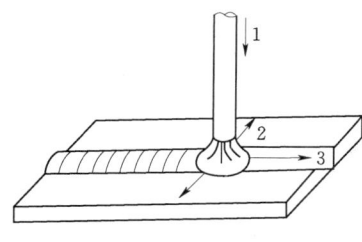

图 2.13 运条的基本动作

焊条轴线方向的送进的作用是保证焊条在不断熔化时电弧的长度保持一定，因此其送进速度应该等于焊芯熔化的速度。焊条沿焊接方向运动的作用是形成一定长度、一定尺寸的焊缝，其运动速度实际上就是焊接速度。为了保证焊缝的宽度，焊条还必须作横向摆动。适当的横向摆动不仅可以保证焊缝的宽度，而且还可根据焊缝的位置及要求，合理控制电弧对各部分的加热程度，从而获得良好的焊缝。

运条的方法很多，选用时应根据接头的形式、装配间隙、焊缝的空间位置、焊条直径与性能、焊接电流及焊工技术水平等方面而定。常用运条方法及适用范围见表 2.7。表中所示的运条形式，实际上是焊条前进与摆动的合成，其中以锯齿形、月牙形和环形应用较多。

表 2.7　　　　　　　　　常用运条方法及适用范围

运条方法	运条示意图	适 用 范 围
直线形运条法	→→→→→	（1）3~5mm 厚度，I 形坡口对接平焊。 （2）多层焊的第一层焊道。 （3）多层多道焊

续表

运条方法		运条示意图	适 用 范 围
直线往返形运条法			(1) 薄板焊。 (2) 对接平焊（间隙较大）
锯齿形运条法			(1) 对接接头（平焊、立焊、仰焊）。 (2) 角接接头（立焊）
月牙形运条法			同锯齿形运条法
三角形运条法	斜三角形		(1) 角接接头（仰焊）。 (2) 对接接头（开 V 形坡口横焊）
	正三角形		(1) 角接接头（立焊）。 (2) 对接接头
圆圈形运条法	斜圆圈法		(1) 角接接头（平焊、仰焊）。 (2) 对接接头（横焊）
	正圆圈法		对接接头（厚焊件平焊）
八字形运条法			对接接头（厚焊件平焊）

焊接时三个基本运动必须配合得当，以保证焊接电弧长度稳定、焊接速度适当而均匀、摆幅前后一致，才能得到外观与尺寸合格的焊缝。

4. 焊缝的连接

由于受焊条长度的限制，焊缝前后两段出现连接接头是不可避免的，但焊缝接头应力求均匀，防止产生过高、脱节、宽窄不一致等缺陷。焊缝的连接有以下四种情况，如图 2.14 所示。

(1) 中间接头。后焊的焊缝从先焊的焊缝尾部开始焊接，如图 2.14（a）所示。要求在弧坑前约 10mm 附近引弧，电弧长度比正常焊接时略长些，然后回移到弧坑，压低电弧，稍作摆动，再向前正常焊接。这种接头的方法是使用最多的一种，适用于单层焊及多层焊的表层接头。

(2) 相背接头。两焊缝起头处相接，如图 2.14（b）所示。要求先焊焊缝起头处略低些，后焊焊缝必须在先焊焊缝始端稍前处引弧，然后稍拉长电弧将电弧逐渐引向前条焊缝的始端，并覆盖前条焊缝的端头，待焊

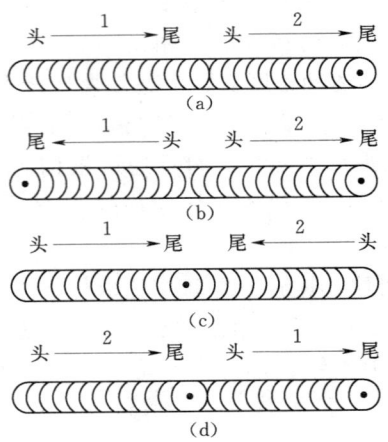

图 2.14 焊缝连接的四种情况
(a) 中间接头；(b) 相背接头；(c) 相向接头；(d) 分段退焊接头
1— 先焊焊缝；2—后焊焊缝

平后，再向焊接方向移动。

（3）相向接头。相向接头是两条焊缝的收尾相接，如图2.14（c）所示。当后焊的焊缝焊到先焊的焊缝收尾处时，焊接速度应稍慢些，填满先焊焊缝的弧坑后，以较快的速度再向前焊一段，然后熄弧。

（4）分段退焊接头。该接头是先焊焊缝的起头和后焊焊缝的收尾相接，如图2.14（d）所示。要求后焊的焊缝焊至靠近前条焊缝始端时，改变焊条角度，使焊条指向前条焊缝的始端，拉长电弧，待形成熔池后，再压低电弧，往回移动，最后返回原来熔池处收弧。

接头连接得平整与否，不仅和焊工操作技术有关，同时还和接头处的温度高低有关。温度越高，接头处越平整。因此中间接头要求电弧中断的时间要短，换焊条动作要快。多层焊时，层间接头处要错开，以提高焊缝的致密性。除中间焊缝接头焊接时可不清理焊渣外，其余接头连接处必须先将焊渣打掉，必要时还可将接头处先打磨成斜面后再接头。

5. 收尾（熄弧）

焊缝的收尾是指一条焊缝焊完后如何收弧（熄弧）。焊接结束时，如果将电弧突然熄灭，则焊缝表面留有凹陷较深的弧坑，会降低焊缝收尾处的强度，并容易引起弧坑裂纹。过快拉断电弧，液体金属中的气体来不及逸出，还容易产生气孔等缺陷。为克服弧坑缺陷，可采用下述方法收尾。

（1）反复收尾法。焊条移到焊缝终点时，在弧坑处反复熄弧、引弧数次，直到填满弧坑为止，此方法适用于薄板和大电流焊接时的收尾，不适用于碱性焊条。

（2）划圈收尾法。焊条移到焊缝终点时，在弧坑处做圆圈运动，直到填满弧坑再拉断电弧，此方法适用于厚板。

（3）转移收尾法。焊条移到焊缝终点时，在弧坑处稍作停留，将电弧慢慢拉长，引到焊缝边缘的母材坡口内，这时熔池会逐渐缩小，凝固后一般不出现缺陷，此方法适用于换焊条或临时停弧时的收尾。

2.4.2 焊条电弧焊操作生产实例

下面以尺寸为300mm×200mm×14mm的Q235板平焊对接为例进行说明。

1. 工艺分析

14mm的Q235属于中厚板，需要气割加工60°V形坡口，装配钝边1mm。采用E4303焊条，ZX7-250ST焊机，单面焊双面成形，如图2.15所示。

2. 试件装配

（1）清除坡口面及两侧20mm范围内的油、锈、水分及其他污物，至露出金属光泽。

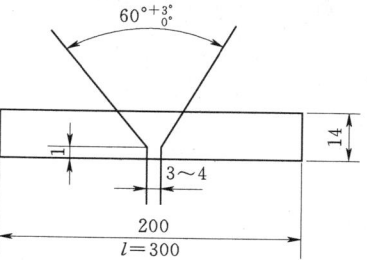

图2.15 焊件与坡口尺寸
（单位：mm）

（2）装配。装配间隙：始端为3mm，终端为4mm。定位焊：采用与焊接相同的E4303焊条进行定位焊，在焊件反面两端点焊，焊点长度为10~15mm。预置反变形量3°~4°。错边量小于等于1.4mm。

(3) 焊接工艺参数见表2.8。

表2.8　　　　　　　　　　中厚板的焊接工艺参数

焊 接 层 次	焊条直径/mm	电流/A
打底焊（1）	3.2（2.5）	90～120（70～80）
填充焊（2、3、4）	4（3.2）	140～170（100～120）
盖面焊（5）		130～160（90～110）

3. 打底焊

打底焊应保证得到良好的背面成形。单面焊双面成型的打底焊，操作方法有连弧法与断弧法两种。连弧法特点是焊接时，电弧燃烧不间断，具有生产效率高，焊接熔池保护的好，产生的缺陷少，但它对装配质量要求高，参数选择要求严，故其操作难度较大，易产生烧穿和未焊透等缺陷。断弧焊特点是依靠电弧时燃时灭的时间长短来控制熔池的温度，因此，焊接工艺参数的选择范围较宽，易掌握，但生产效率低，焊接质量不如连弧法易保证，且易出现气孔、冷缩孔等缺陷。

置试板大装配间隙于右侧，在试板左端定位焊缝处引弧，并用长弧稍作停留进行预热，然后压低电弧两钝边兼作横向摆动。当钝边熔化的铁水与焊条金属熔滴连在一起，并听到"噗噗"声响时，便形成第一个熔池，灭弧。它的运条动作特点是：每次接弧时，焊条中心应对准熔池的2/3左右处，电弧同时熔化两侧钝边。当听到"噗噗"声后，果断灭弧，使每个熔池覆盖前一个熔池的2/3左右。操作时必须注意，当接弧位置选在熔池后端，接弧后再把电弧拉至熔池前端灭弧，则易造成焊缝夹渣。此外，在封底焊时还易产生缩孔。解决办法是提高灭弧频率，由正常的50～60次/min提高到80次/min。更换焊条时，在收弧前在熔池前方做一熔孔，然后回焊10mm左右，再收弧，以使熔池缓慢冷却，快速更换焊条，在弧坑后部后部20mm左右处起弧，用长弧对焊缝预热，在弧坑后10mm左右处压低电弧，用连弧手法运条到弧坑根部，并将焊条往熔孔中压下，听到"噗噗"击穿声后，停顿2s左右灭弧，即可按断弧封底法进行正常操作。

4. 填充焊

施焊前先将前一道焊缝熔渣、飞溅清除干净，修正焊缝的过高处与凹槽。填充焊时选用大一点的电流，采用如图2.16所示的焊条倾角。焊条的运条方法可采用月牙形或锯齿形，摆动幅度应逐层加大，并在两侧稍作停留。

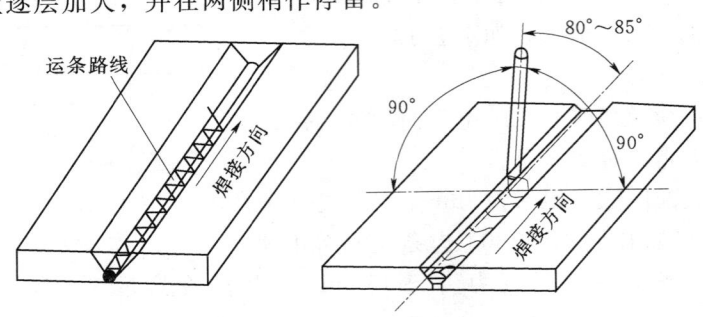

图2.16　填充焊运条路线与焊条角度

2.4 焊条电弧焊操作工艺

在焊接第四层填充层时，应控制整个坡口内的焊缝比坡口边缘低 0.5～1.5mm，最好略呈凹形，以便盖面焊时看清坡口，不使焊缝高度超高。

5. 盖面焊

此时焊接电流应稍小一些，要使熔池形状和大小保持均匀一致，焊条与焊接方向夹角保持在 75°左右，焊条摆动到坡口边缘时稍作停顿，避免产生咬边。换焊条收弧时，应对熔池稍填熔滴铁水，迅速更换焊条，并在弧坑前 10mm 左右处引弧，然后将电弧退至弧坑的 2/3 处，填满弧坑后就可以正常焊接。接头时注意位置，若接头位置偏后，则使接头部位焊缝过高，若偏前，则造成焊道脱节。

盖面层的收弧可采用 3～4 次断弧引弧收尾，以保证填满弧坑，焊缝平滑。

6. 焊接质量要求

焊接质量的评判标准一般有严格的标准，主要涉及焊缝的外观、焊后变形、内部质量、表面形状等方面，具体要求见表 2.9。

表 2.9 焊条电弧焊焊缝质量要求

序号	评定项目	质 量 要 求
1	焊缝的外观质量	(1) 焊缝余高 0～3mm，余高差不大于 2mm。 (2) 焊缝宽度比坡口每侧增宽 0.5～2.5mm，宽度差不大于 3mm。 (3) 焊缝咬边深度不大于 0.5mm，焊缝两侧咬边累计总长度不超过焊缝有效长度的 10%。 (4) 未焊透深度不超过 1.5mm，总长度不超过焊缝有效长度的 15%。 (5) 背面凹坑深度不大于 2mm，总长度不超过焊缝有效长度的 10%。 (6) 焊缝边缘直线度误差不超过 2mm
2	焊缝的表面形状	(1) 焊缝的表面应是原始形状，不得加工、补焊或返修。 (2) 焊缝的表面不得有裂纹、未熔合、夹渣、气孔和焊瘤等缺陷
3	焊后变形	(1) 焊后角变形误差不大于 3°。 (2) 焊件错边量不大于 1.4mm
4	焊缝内部质量	射线探伤达到 GB 50205《钢结构工程施工质量验收规范》中三级
5	焊缝的抗弯曲性能	将焊件试样冷弯至 90°后其拉伸面上不得有任何一个横向裂纹或缺陷的长度大于 1.5mm，或纵向裂纹或缺陷的长度大于 3mm

2.4.3 安全文明生产

焊条电弧焊生产伴随着强光等辐射，生产操作时务必做好安全防患措施。

1. 焊接生产安全操作规程

(1) 电焊工为特殊工种，身体健康检查合格，并经专业安全技术学习、训练和考试合格，颁发《特殊工种操作证》后，方能独立操作。

(2) 必须熟练掌握岗位所使用设备的《安全操作规程》。

(3) 作业人员必须穿戴好规定的劳动保护用品。

(4) 工作时不准聊天、离岗或干与生产无关的事，在班前、班上不准喝酒。

(5) 焊接场地禁止堆放易燃易爆物品，现场应备有消防器材，保证足够的照明和良好的通风。

(6) 操作场地 10m 内，不应储存油类或其他易燃易爆物品，(包括有易燃易爆气体产生的器皿管线)。临时工地若有此类物品，而有必须在此操作时应通知消防部门和安技部门到现场检查，采取临时性安全措施后方可进行操作。

(7) 对受压力容器、密闭容器、各种油桶、管道、沾有可燃气体和溶液的工件进行操作时，必须事先进行检查，并经过冲洗掉有毒、有害、易燃、易爆物质，解除容器及管道压力，消除容器密闭状态（敞开口、旋开盖），再进行工作。

(8) 在焊接、切割密闭空心工件时，必须留有出气孔。在容器内焊接，外面必须设人监护，并有良好通风措施，照明电压应采用 12V。禁止在已做油漆或喷过塑料的容器内焊接。

(9) 电焊机接地零线及电焊工作回线都不准接在管道和机床设备上。工作回线应绝缘良好，机壳接地必须符合安全规定。

(10) 高空作业应系安全带，采取好防范设施并不准将焊把线、胶管带缠在身上工作，地面应有人监护。

(11) 工作完毕后应检查场地、灭绝火种、关闭电源、清洁设备，按规定恢复设备各部位置，填写好交班记录。

2. 焊接操作评判

焊接操作是系列工程，自始至终都要遵循严格的规范，一般焊接生产的评判简要列举见表 2.10。

表 2.10 焊接操作考核标准

序号	考核内容	考核要点	配分	评分标准	检测结果	得分
1	焊前准备	劳保着装及工具准备齐全，并符合要求，参数设置、设备调试正确	10	工具及劳保着装不符合要求，参数设置、设备调试不正确有一项扣1分		
2	焊接操作	试件固定的空间位置符合要求，清理板料	10	超出规定范围，未清理不得分		
3	焊缝外观	焊缝表面不允许有焊瘤	8	如有不得分		
		焊缝表面单个气孔 $D \leqslant 2mm$	8	1个得4分，2个不得分，$D > 2mm$ 不得分		
		焊缝咬边深度不大于 0.5mm，两侧咬边总长度不超过焊缝有效长度的 10%	8	1. 咬边深度不大于 0.5mm (1) 累计长度每 5mm 扣 1 分； (2) 累计长度超过焊缝有效长度的 15% 不得分； 2. 咬边深度大于 0.5mm 不得分		
		焊缝接头重叠高度超过不大于 2mm	8	2mm 以上不得分		
		未焊透深度不大于 15%t，且不大于 1.5mm 总长度不超过焊缝有效长度的 10%	8	1. 未焊透深度不大于 15%t，且不大于 1.5mm 累计长度超过焊缝有效长度的 10% 不得分； 2. 未焊透深度超标不得分		

续表

序号	考核内容	考核要点	配分	评分标准	检测结果	得分
3	焊缝外观	焊脚尺寸（1～1.2）L且超差部分总长度不超过焊缝有效长度的10%	8	超差不超过10%得4分，超过10%不得分		
		焊缝宽度差不大于4mm，且总长度不超过焊缝有效长度的10%	8	超差不超过10%得4分，超过10%不得分		
		焊接收弧时应填满凹坑，凹下的深度不大于1mm为合格	8	凹下的深度大于1mm不得分		
4	焊后清理	飞溅，焊渣等影响外观的因素	8	清理光干净得2分，未清理不得分		
5	其他	安全文明生产	8	设备、工具复位，试件、场地清理干净，有一处不符合要求扣1分		
6	定额	操作时间		每超1分钟从总分中扣2分		
	合计		100			

注 1. 直接不合格项：①焊缝表面存在裂纹；②任意更改试件焊接位置；③板料表面灼伤；④漏焊；⑤焊接时间超出定额的30%。

2. t 为焊件厚度。

复习思考题

1. 焊接电弧是如何形成的？
2. 电弧结构组成有何特点？
3. 电极接法有几种？应用在什么场合？
4. 焊条电弧焊的特点是什么？
5. 焊条电弧焊所需设备有哪些？
6. 弧焊机的类型有哪些？有何特点？
7. 焊条药皮具有什么作用？
8. 焊条类型有哪些？
9. 焊条是如何表达的？
10. 如何选用焊条进行焊接生产？
11. 焊接参数如何选定？
12. 焊条电弧焊焊前做什么准备工作？
13. 电弧如何引弧？运弧方式有哪些？
14. 打底焊、填充焊、盖面焊的焊接参数有何区别？
15. 焊接安全生产注意哪些问题？
16. 焊条电弧焊操作标准有哪些？

第3章　气体保护焊（二氧化碳气体保护焊和氩弧焊）

3.1　概　　述

1. 气体保护焊的特点

气体保护焊是利用气体作为电弧介质并保护电弧和焊接区的电弧焊称为气体保护电弧焊，简称气体保护焊。

气体保护焊与其他焊接方法相比，具有以下特点：

(1) 可见性好。气体保护焊不用焊剂，没有焊渣，电弧和熔池的可见性好，便于操作。在焊接过程中可根据熔池的实际情况来调节焊接参数。

(2) 操作方便。在气体保护焊中操作方便，没有熔渣，焊后基本上不需要清渣。而且保护气体是喷射的，适宜进行全位置焊接，不受空间位置的限制，有利于实现焊接过程的机械化和自动化。

(3) 焊接质量较好。电弧在保护气流的压缩下热量集中，焊接速度较快，熔池较小，热影响区窄，焊件焊后变形小、焊接裂纹倾向不大。

(4) 焊接范围广。如采用氩、氦等惰性气体保护，可以焊接化学活泼性强和易形成高熔点氧化膜的镁、铝、钛及其合金，可获得高质量的焊接接头。若采用二氧化碳作为保护气体，则可以用于焊接低碳钢及低合金钢等黑色金属。焊接范围比较广，并且对于薄板、中厚板甚至厚板都能焊接。

(5) 抗风能力差。在室外作业时，需设挡风装置，否则气体保护效果不好，甚至很差。

(6) 电弧的光辐射很强。因为是明弧操作，电弧的光辐射很强，要防止焊接飞溅、弧光及高温对焊工面部及颈部的灼伤。

(7) 设备成本高。气体保护焊设备比较复杂，比焊条电弧焊设备价格高。

2. 气体保护焊的类型

(1) 按保护气体种类来分。分为氩弧焊、二氧化碳、氦弧焊及混合气体保护焊等。

(2) 按电极材料来分。可分为非熔化极气体保护焊和熔化极气体保护焊。非熔化极气体保护焊采用的电极是钨极，气体可以是惰性气体或混合气体；熔化极气体保护焊采用的电极是可以熔化的金属焊丝，气体可以是惰性气体、二氧化碳气体或混合气体。

(3) 按操作方式来分。可分为手工气体保护焊、半自动气体保护焊和自动气体保护焊。

3. 气体保护焊的应用

被焊金属材料的范围受保护气体性质、焊丝供应和制造成本等因素的影响。如果用惰性气体作为保护气，则可以焊接黑色金属又可以焊接有色金属，但从焊丝供应以及制造成本考虑主要用于铝、铜、钛及其合金，以及不锈钢、耐热钢的焊接。

3.2　二氧化碳气体保护焊

二氧化碳（CO_2）气体保护焊是利用CO_2气体作为保护气体，依靠焊丝与焊件之间产生的电弧热来熔化金属和焊丝形成焊缝的一种电弧焊方法。

（1）按焊丝的粗细可分为细丝焊（焊丝直径小于等于1.2mm）和粗细焊（焊丝直径大于等于1.6mm）。

（2）按保护气体的纯度可分为纯CO_2气体保护焊和混合气体保护焊。

（3）按操作方法的自动化程度可分为CO_2气体保护半自动焊和自动焊。半自动焊具有手工电弧焊的机动性，使用于较短且不规则的焊缝焊接，自动焊主要用于较长的直缝和环缝的焊接。

1. CO_2气体保护焊的特点

（1）生产率高。由于焊接电流密度较大，焊接速度快，焊后不需清渣，生产效率高。

（2）成本低。电能消耗少，CO_2气体价格较便宜，成本只有埋弧焊和手工焊的一半。

（3）焊接应力和变形小。电弧加热集中，工件受热小，CO_2气体有较强的冷却作用，所以焊接变形和应力都较小。

（4）焊接质量高。焊缝含氢量少，抗裂性能好，不易产生气孔，所以机械性能也良好。

（5）操作简便，由于是明弧焊接，便于观察和操作。飞溅较大、焊缝成形较差，不能采用交流电源，焊接设备比较复杂。

2. CO_2气体保护焊的应用范围

CO_2气体保护焊主要用于焊接低碳钢及低合金钢等黑色金属。还可用于耐磨零件的堆焊、补焊等。CO_2气体保护焊在造船、机车制造、汽车制造、石油化工、工程机械、农机制造等领域广泛应用，是发展较快的一项焊接技术。

3.2.1　焊接工具（设备）

CO_2气体保护焊可分为半自动焊和自动焊两类。图3.1为半自动CO_2气体保护焊全套设备的示意图，图3.2为全自动CO_2气体保护焊设备的示意图。半自动焊主要由焊接电源、焊枪、送丝系统、供气系统和控制系统五个部分组成。自动焊则需要增加行走机构，它往往和焊枪及送丝机构组成焊接小车（机头）。

焊接电源提供焊接过程所需要的电源，维持焊接电弧的稳定燃烧。

送丝机将焊丝从焊丝盘中拉出并将其送给焊枪，焊丝通过焊枪时，通过与铜导电嘴的接触而带电，导电嘴将电流由焊接电源输送给电弧。

供气系统提供焊接时所需要的保护气体，将电弧、熔池保护起来。如采用水冷焊枪，则还配有冷却水系统。

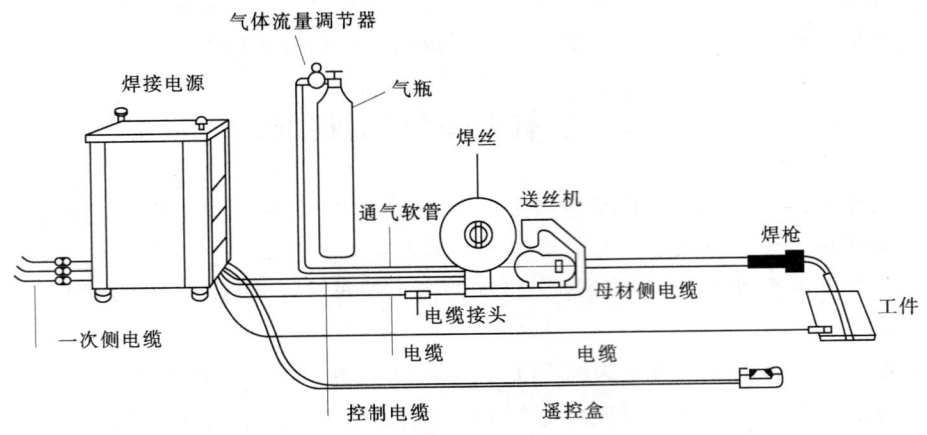

图 3.1 半自动 CO_2 气体保护焊设备

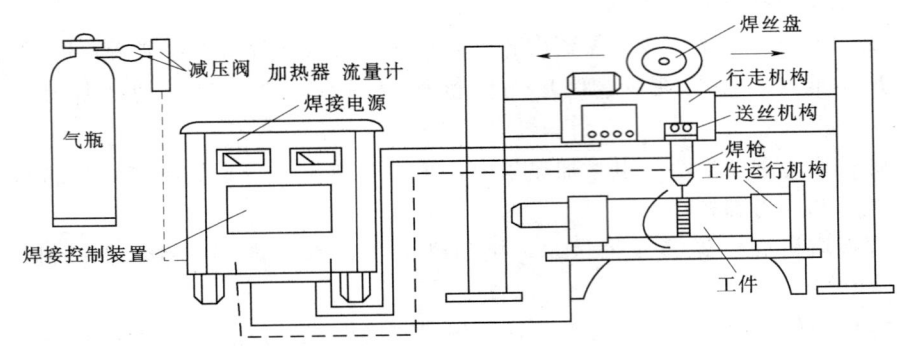

图 3.2 全自动 CO_2 气体保护焊设备

控制系统主要是控制和调整整个焊接程序：开始和停止输送保护气体和冷却水，启动和停止焊接电源接触器，以及按要求控制送丝速度和焊接小车行走方向、速度等。

3.2.1.1 焊接电源

CO_2 气体保护焊一般采用直流电源反极性连接。根据不同直径焊丝 CO_2 焊的焊接特点，来选择不同的工艺参数。

平特性电源——用于细丝（焊丝直径小于等于 1.2mm）焊接，小电流、小电压，短路过渡，配用等速送丝系统；实际上用于焊接的平特性电源，其外特性都有一些缓降，其缓降程度一般不大于 4V/100A。

下降特性电源——用于粗丝（焊丝直径大于等于 1.6mm）焊接，较高电压、较高电流，细滴过渡，配用变速送丝系统。

电源动特性是衡量焊接电源在电弧负载发生变化时，焊接电压和电流的动态响应品质。焊接过程稳定的重要保证是电源要具有良好的动特性。

粗焊丝细滴过渡时，焊接电流的变化比较小，所以对焊接电源的动特性要求不高。

细丝短路过渡焊机对动特性有特别的要求,因为在短路过渡时,焊接电流不断发生较大的变化。即对短路电流上升速度、短路电流峰值、电弧电压恢复速度三个指标有一定的要求,目的是保证短路过渡过程可靠的同时又控制飞溅。

短路过渡频率越高,每秒钟内熔滴过渡次数越多,则在焊丝端部形成的熔滴尺寸越小,过渡过程就越稳定,飞溅也越小,可以提高生产率。一般气体保护电弧焊时,为获得短路过渡最高频率,有一个最佳的电弧电压值,对于直径为1.2mm以下的焊丝,该值约为20V左右。

增大电弧电压,减小焊接电流或送丝速度,都使熔滴经较长时间才能与熔池接触短路。这样燃弧时间长、熔滴尺寸大、短路频率低,将降低电弧的稳定性和增大飞溅。但当电弧电压过低,或送丝速度过快,则会造成熔滴尚未脱离焊丝时,焊丝未熔化部分就可能已插入熔池,造成固态短路,并产生大段爆断,使飞溅增大。

因此,在电源方面,不仅要求电源有合适的静特性,同时要求有合适的动特性,即:

(1) 对不同直径和工艺参数,要有合适的短路电流上升速度 $\frac{di}{dt}$。如果 $\frac{di}{dt}$ 过小,短路时电流不能及时增到相应数值,则熔滴不能及时过渡,熄弧时间拉长,电弧空间温度下降过多,造成电弧复燃困难。此外,在等速送丝条件下,还可能引起固态焊丝插入熔池而破坏电弧稳定。甚至使焊接无法进行。若 $\frac{di}{dt}$ 过大,则短路峰值电流也过大,造成短路过程不稳定,引起大量飞溅。

(2) 要有适当的短路峰值电流 I_{max},一般 I_{max} 为平均电流 I 的 2~3 倍。过大会引起飞溅,过小则对引弧不利短路结束之后,空载电压恢复速度快,以保证电弧及时复燃,避免断弧现象。

(3) 短路电流上升速度及短路峰值电流主要靠串联在焊接回路中的电感来调节。电感大时短路电流上升速度慢,短路时间长,同样短路峰值电流也较小;电感小时,短路电流上升速度快,短路时间短,短路峰值电流大,短路频率增加。

3.2.1.2 送丝系统

根据使用焊丝直径的不同,送丝系统可分为等速送丝式和变速送丝式。通常焊丝直径大于和等于3mm时采用变速送丝方式,焊丝直径不大于2.4mm时采用等速送丝式。用 CO_2 气体保护焊时采用的弧压反馈送丝式与埋弧焊时的设备类似,下面介绍 CO_2 电弧焊时普遍使用的等速送丝系统。对等速送丝系统的基本要求是:能稳定、均匀地送进焊丝,调速要方便,结构应牢固轻巧。送丝方式可分为三种类型:拉丝式、推丝式和推拉丝式(图3.3)。

1. 送丝方式

(1) 推丝式。主要用于直径为 0.8~2.0mm 的焊丝,推丝式是焊丝被送丝轮推送经过软管而达到焊枪,是半自动熔化极气体保护焊的主要送丝方式。这种送丝方式的焊枪结构简单、轻便、操作维修都比较方便,但焊丝送进的阻力较大。随着软管的加长,送丝稳定性变差,一般送丝软管长为 3.5~4m 左右。

(2) 拉丝式。主要用于直径小于或等于 0.8mm 的细焊丝,因为细焊丝刚性小,难以

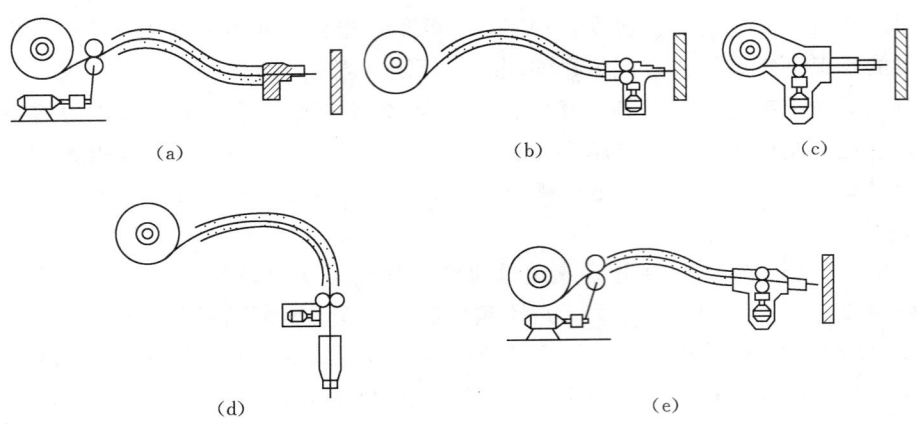

图 3.3 送丝方式示意图
(a) 推丝式；(b)、(c)、(d) 拉丝式；(e) 推拉丝式

推丝。拉丝式可分为三种形式。一种是将焊丝盘和焊枪分开，两者通过送丝软管连接。另一种是将焊丝盘直接安装在焊枪上。这两种都适用于细丝半自动焊，但前一种操作比较方便。还有一种是不但焊丝盘与焊枪分开，而且送丝电动机也与焊枪分开，这种送丝方式可用于自动熔化极气体保护焊。

（3）推拉丝式。这种送丝系统中同时有推丝机和拉丝机，推丝为主要动力，拉丝是将焊丝校直，送丝软管可加长到 10m，但结构复杂，实际应用不多；多用于机器人焊接和铝的熔化极气体保护焊。

2. 送丝机构

送丝机构由送丝电动机、减速装置、送丝滚轮和压紧机构等组成。送丝电动机一般采用他励直流伺服电动机。选用伺服电动机时，因其转速较低，所以减速装置只需一级蜗轮蜗杆和一级齿轮传动。其传动比应根据电动机的转速、送丝滚轮直径和所要求的送丝速度来确定。送丝速度一般应在 2～16m/min 范围内均匀调节。为保证均匀、可靠的送丝，送丝轮表面应加工出 V 形槽，滚轮的传动形式有单主动轮传动和双主动轮传动。送丝机构工作前要仔细调节压紧轮的压力，若压紧力过小，滚轮与焊丝间的摩擦力小，如果送丝阻力稍有增大，滚轮与焊丝间便打滑，致使送丝不均匀。如压紧力过大，又会在焊丝表面产生很深的压痕或使焊丝变形，使送丝阻力增大，甚至造成导电嘴内壁的磨损。

3. 调速器

用调速器调节送丝速度，一般采用改变送丝电动机电枢电压的方法，实现送丝速度的无级调节。

4. 送丝软管

送丝软管是导送焊丝的通道，要求软管内壁光滑、规整及内径大小要均匀合适；焊丝通过的摩擦阻力小；应具有良好的刚性和弹性。

3.2.1.3 焊枪

1. 焊枪具有的功能

焊枪应起到送气、送丝和导电的功能。因此对焊枪的要求如下：

(1) 送丝速度均匀、导电可靠和气体保护良好，不泄露气体。

(2) 结构简单、经久耐用和维修方便。

(3) 使用性能良好。

2. 焊枪的类型

气体保护焊的焊枪分为半自动焊焊枪（手握式）和自动焊焊枪（安装在机械装置上）。在焊枪内部装有导电嘴（紫铜或铬铜等）。

焊枪还有一个向焊接区输送保护气体的通道和喷嘴。喷嘴和导电嘴根据需要都可方便地更换。

焊接电流通过导电嘴等部件时产生的电阻热和电弧辐射热一起，会使焊枪发热，故需要采取一定的措施冷却焊枪。冷却方式有：空气冷却，内部循环水冷却，或两种方式相结合。对于空气冷却焊枪，在 CO_2 气体保护焊时，断续负载下一般可使用高达 600A 的电流。

(1) 半自动焊枪。

1) 鹅颈式焊枪（图 3.4）。使用灵活方便，特别适合于紧凑部位、难以达到的拐角处和某些受限制区域的焊接；多用于直径 1mm 以上的焊丝焊接。

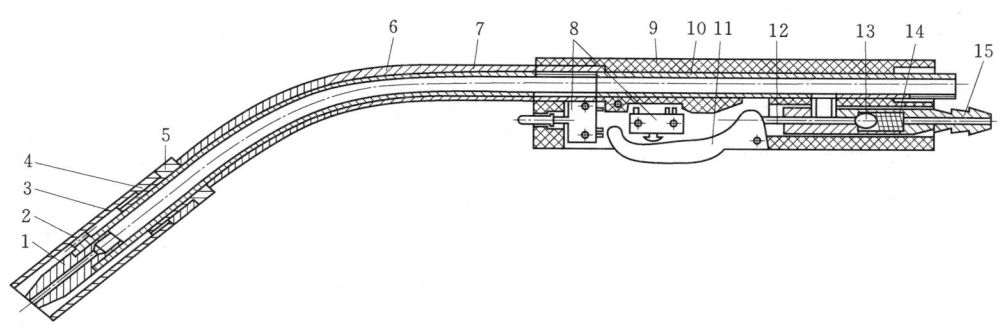

图 3.4 鹅颈式焊枪结构示意图

1—导电嘴；2—分流环；3—喷嘴；4—弹簧管；5—绝缘套；6—鹅颈管；7—乳胶管；8—微动开关；9—焊把；10—枪体；11—扳机；12—气门推杆；13—气门球；14—弹簧；15—气阀嘴

2) 手枪式焊枪（图 3.5）。这些焊枪的主要特点是结构简单、操作灵活，但焊丝经过软管产生的阻力较大，故所用的焊丝不宜过细，多用于直径 1mm 以上焊丝的焊接。焊枪的冷却方法一般采用自冷式，水冷式焊枪不常用。

(2) 自动焊焊枪。自动焊焊枪的基本构造与半自动焊焊枪相同，但其载流容量较大（可达 1500A），所以枪体尺寸都比较大，工作时间较长，采用内部循环水冷却，多用于专用焊机上。

(3) 焊枪的喷嘴和导电嘴。喷嘴是焊枪上的重要零件，其作用是向焊接区域输送保护

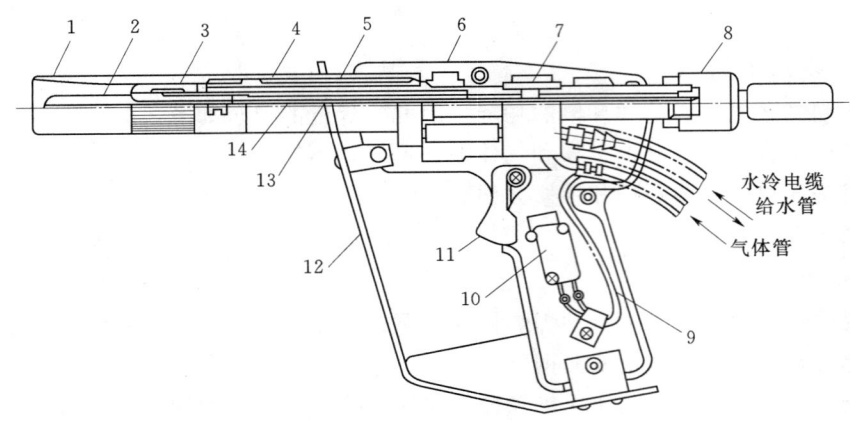

图 3.5 手枪式焊枪结构示意图

1—焊枪；2—焊嘴；3—喷管；4—水筒装配件；5—冷却水通路；6—焊枪架；7—焊枪主体装配件；
8—螺母；9—控制电缆；10—开关控制杆；11—微动开关；12—防弧盖；
13—金属丝通路；14—喷嘴内管

气体，以防止焊丝端头、电弧和熔池与空气接触。喷嘴形状多为圆柱形，也有圆锥形，喷嘴内孔直径与电流大小有关，通常为 12～24mm。电流较小时，喷嘴直径也小；电流较大时，喷嘴直径也大。喷嘴采用紫铜或陶瓷材料制作。

导电嘴的材料要求导电性良好、耐磨性好和熔点高，一般选用紫铜、铬紫铜或钨青铜。导电嘴孔径的大小对送丝速度和焊丝伸出长度有很大影响。如孔径过大或过小，会造成工艺参数不稳定而影响焊接质量。喷嘴和导电嘴都是易损件，需要经常更换，所以应便于装拆。并且应结构简单、制造方便和成本低廉。

3.2.1.4 供气系统

CO_2 供气系统由气瓶、预热器、干燥器、减压器、流量计及电磁气阀等组成（图 3.6）。

1. CO_2 气瓶

用以储存液态 CO_2，钢瓶表面通常涂灰色并写有黑字"二氧化碳"标

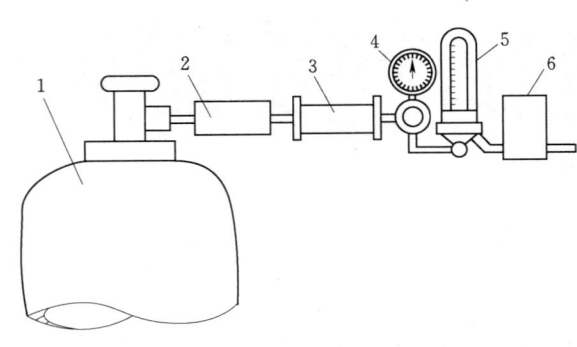

图 3.6 供气系统示意图

1—CO_2 气瓶；2—预热器；3—干燥器；
4—减压阀；5—流量计；6—电磁气阀

志，瓶装压力为 490～686MPa。液态 CO_2 中可溶解约 0.05%（质量分数）的水分，另外还有一部分自由状态的水沉于钢瓶的底部，这些水分在使用过程中和 CO_2 一起挥发成水汽后便混入 CO_2 气体中一起进入焊接区。通常可采取如下措施减少 CO_2 气体中水分的含量。

（1）洗瓶后在钢瓶中往往残留较多的自由状态水，因此先用热空气吹干瓶子。

（2）将新灌气瓶倒立静置 1～2h，然后打开阀门，把沉积在下部的自由状态的水排

出，根据瓶中含水量的不同，可放水 2～3 次，每隔 30min 左右放一次。放水结束后，仍将气瓶放正。

（3）经放水处理后的气瓶，将气瓶正着放置 2h 后先放气 2～3min，放掉气瓶上面部分的气体，因为这部分气体含有较多的空气和水分。

（4）当液态瓶 CO_2 使用完后，气体的压力将随着气体的消耗而下降，当气压降至 10^6 Pa 时不再使用。此时随着压力的降低，气体的含水量急剧增加，这是 CO_2 焊接时产生气孔的主要原因之一。

2. 预热器

防止 CO_2 气体温度下降而使管路冻结。因为在 CO_2 液态变为气态时会吸收大量的热，使得管路温度下降，因此要进行预热。

3. 干燥器

防止 CO_2 气体中因含水量太高而使得焊缝产生气孔。高压干燥器内装有干燥剂，如硅胶、脱水硫酸铜和无水氯化钙等。

4. 减压阀和气体流量计

减压阀是将高压 CO_2 气体变成低压气体（0.1～0.2MPa）。气体流量计是用来调节气体流量的大小。

5. 电磁气阀

电磁气阀装在气路上，利用电磁信号控制的气体开关，用来接通或切断保护气体。

3.2.1.5 控制系统

控制系统由焊接参数控制系统和焊接过程程序控制系统组成。焊接参数控制系统主要包括：焊接电源输出调节系统、送丝速度调节系统、小车（或工作台）行走速度调节系统（自动焊）和气流量调节系统组成。它们的作用是在焊前或焊接过程中调节焊接电流或电压、送丝速度、焊接速度和气流量的大小。焊接设备的程序控制系统的主要作用是：

（1）控制焊接设备的启动和停止。

（2）控制电磁气阀动作，实现提前送气和滞后停气，使焊接区受到良好保护。

（3）控制水压开关动作，保证焊枪受到良好的冷却。

（4）控制引弧和熄弧。熔化极气体保护焊的引弧方式一般有三种：爆断引弧（焊丝接触工件，通电使焊丝与工件接触处熔化，焊丝爆断后引燃电弧）、慢送丝引弧（焊丝缓慢送向工件直到电弧引燃，然后提高送丝速度）和回抽引弧（焊丝接触工件，通电后回抽焊丝引燃电弧）。熄弧方式有两种：电流衰减（送丝速度也相应衰减，填满弧坑，防止焊丝与工件粘连）和焊丝返烧（先停止送丝，经过一定时间后切断焊接电源）。

（5）控制送丝和小车（或工作台）移动（自动焊时）。

3.2.2 焊接工艺参数

合理地选择焊接规范参数是保证焊接质量，提高效率的重要条件。

CO_2 气体保护焊的工艺参数主要包括：焊丝直径、焊接电流、电弧电压、焊接速度、焊丝伸出长度、气体流量、电源极性、焊枪倾角、喷嘴高度等。

1. 焊丝直径

焊丝直径应根据工件厚度，施焊位置及生产率的要求来选择。焊接薄板或厚板的立、横、仰焊时，多采用 1.2mm 以下焊丝；在平焊位置焊接中厚板时，可采用 1.6mm 以上焊丝。见表 3.1。

表 3.1　　　　　　　　　　CO_2 气体保护焊焊丝直径的选择

焊丝直径/mm	熔滴过渡形式	施焊位置	焊件厚度/mm
0.5～0.8	短路过渡	全位置	1.0～2.5
	细滴过渡	平焊位置	2.5～4.0
1.0～1.4	短路过渡	全位置	2.0～8.0
	细滴过渡	平焊位置	2.0～12.0
1.6	短路过渡	全位置	3.0～12
≥1.6	细滴过渡	平焊位置	>6

2. 焊接电流

焊接电流根据工件厚度、材质、焊丝直径、施焊位置来决定焊接电流（表 3.2）。CO_2 保护焊时，焊接电流是最重要的参数。因为焊接电流的大小，决定了焊接过程的熔滴过渡形式，从而对飞溅程度、电弧稳定性有很大的影响，同时，焊接电流对于熔深及生产率，也有着决定性的影响。电流增大，熔深增加，熔宽略增加，焊丝熔化速度增加，生产率提高，但电流太大时，会使飞溅增加，并容易产生烧穿及气孔等缺陷。反之，若电流太小，电弧不稳定，而产生未焊透，焊缝成形差。

焊接电流过大，容易引起焊穿、咬边等，且工件的变形大，焊接过程中飞溅大；电流过小，容易产生未熔合、未焊透，焊缝成形不良。通常在保证焊透、成形良好的情况下，尽可能采用大电流，以提高生产效率。

表 3.2　　　　　　　　　不同焊丝直径的焊接电流选用范围表

焊丝直径/mm	焊接电流/A	
	细滴过渡（30～45V）	短路过渡（16～22V）
0.8	150～250	50～100
1.0	150～300	70～120
1.2	160～350	90～150
1.6	200～500	140～200
2.0	350～600	160～250
2.4	500～750	180～280

3. 电弧电压

电弧电压与焊接电流一样，也是一个非常重要的焊接参数。当送丝速度不变时，调节电源特性，此时电流几乎不变，弧长发生变化，电弧电压也发生变化。

为保证焊接成形，电弧电压和焊接电流是相配合使用的。当电压确定了，电流的范围确定了（也就是说送丝速度确定了）。电弧电压小时，焊接电流也小；电弧电压大时，焊接电流也相应大。立焊、仰焊时，电弧电压、焊接电流应低于平焊时的电弧电压、焊接电流。通常细丝焊接时电弧电压为 16～24V，粗丝（ϕ1.6 以上）焊接时电弧电压为 25～36V。采取短路过渡形式时，其电弧电压与焊接电流的最佳配合范围见表 3.3。

表 3.3　　　　　　　　CO_2 短路过渡时电弧电压最佳范围

焊接电流/A	电弧电压/V		焊接电流/A	电弧电压/V	
	平焊	立焊和仰焊		平焊	立焊和仰焊
75～120	18～21.5	18～19	180～210	20～24	18.5～22
130～170	19.5～23.0	18～21	220～260	21～25	19～23.5

4. 焊接速度

焊接速度在焊接过程中起一个非常重要的作用。焊接速度会影响焊缝成形、气体保护效果、焊接质量及效率。在一定的焊丝直径、焊接电流和电弧电压的工艺条件下，速度增快，焊缝熔深及熔宽都有所减小。如果焊速太快，则可能产生咬边或未熔合缺陷，同时，气体保护效果变坏，出现气孔。反之若焊速太慢，效率低，焊接变形大。通常，CO_2 半自动焊速在 15～30m/h 范围内；自动焊时，速度稍快些，常见焊速为 40～60m/h。

5. 焊丝伸出长度

焊丝伸出长度是指从导电嘴端部到焊丝端头的距离（伸出长度为焊丝直径的 10 倍），保持焊丝伸出长度不变是保证焊接过程稳定的基本条件之一。

一般按下式选定

$$L=10d$$

式中　L——焊丝伸出长度，mm；
　　　d——焊丝直径，mm。

如果焊接电流取上限值，则伸出长度也可稍大一些。当送丝速度不变时，若焊丝伸出长度增加，因预热作用强，焊丝会成段熔断，飞溅严重，气体保护效果差。相反，当焊丝伸出长度减小时，不但易造成飞溅物堵塞喷嘴，影响保护效果，也影响焊工视线，阻碍焊接。

6. 电源极性

CO_2 气体保护焊基本上都采用直流反接，工件接阴极，焊丝接正极。焊接过程电弧稳定、飞溅小、熔深大。只有在堆焊及铸铁补焊时才采用正极性，正极性时焊丝熔化速度大大提高，大约为反极性时的 1.6 倍，可以提高熔敷速度。

7. 气体流量

气体保护焊时，保护效果不好将会发生气孔，甚至使焊缝成形变坏。CO_2 气体流量的大小，应根据焊接电流、电弧电压、焊接速度等因素来选择。细丝 CO_2 时气体流量需为 10～15L/min，粗丝 CO_2 时气体流量需为 15～25L/min。流量过大或过小都会影响保护效果。

8. 回路电感

焊接回路中串联的电感量应根据焊丝直径、焊接电流和电弧电压来选择。合适的电感，可以调节短路电流的增长速度，使飞溅减少，还可以调节短路频率，调节燃弧时间，控制电弧热量；电感值太大时，短路过渡慢，短路次数少，引起大颗粒的金属飞溅或焊丝成段炸断，造成熄弧或引弧困难；电感值太小时，短路电流增长速度快，造成很细的颗粒飞溅，使焊缝边缘不齐。

通常，可采取试焊法，来调整电感量，当达到焊接过程电弧稳定、短路频率较高，飞溅最小时，则此电感量值是合适的。电感的选择见表3.4。

表 3.4　　　　　　　　CO_2 气体保护焊回路电感的范围

焊丝直径/mm	焊接电流/A	电弧电压/V	电感量/mH
0.8	100	18	0.01～0.08
1.2	130	19	0.01～0.16
1.6	160	20	0.3～0.7

3.2.3　焊接操作工艺

1. 焊前清理与装配定位

CO_2 半自动焊时，对焊件与焊丝表面的清洁度要比电弧焊时严格，焊前应对焊件、焊丝表面的油、锈、水及污物进行仔细清理。检查装配间隙和搭焊质量，检查焊缝边缘清洁度，做好设备和焊机规范调试以及做好防风等准备工作。

定位焊是为了保证坡口尺寸，防止由于焊接引起的变形。定位焊可使用优质焊条进行手工电弧焊或者直接采用 CO_2 半自动焊进行，定位焊的长度和间距，要根据板厚和焊件结构形式而定。一般定位焊缝长度约为 30～250mm，间距以 100～300mm 为宜。定位焊缝本身易产生气孔和夹渣，因此必须认真地进行定位焊接。

2. 引弧与熄弧

在 CO_2 半自动焊中，常用直接短路接触法引弧，引弧和熄弧比较频繁，操作不当时易产生焊接缺陷。由于 CO_2 焊机的空载电压较低，引弧比较困难，往往造成焊丝成段爆断，所以引弧时要把焊丝长度调整好，焊丝与焊件保持 2～3mm 的距离。如果焊丝端部有球状头，应当剪掉。因为球状头的存在，等于加粗了焊丝直径，并且球头表面有一层氧化膜，对引弧不利。为了消除未焊透、气孔等引弧的缺陷，对接焊缝应采用引弧板，或在距焊缝端部 2～4mm 处引弧，然后再缓慢将电弧引向焊缝起始端，待焊缝金属熔合后，再以正常焊接速度前进。

焊缝结尾熄弧时应填满弧坑。采用细丝短路过渡焊时，其电弧长度短，弧坑较小，不需作专门处理，若采用粗丝大电流并使用长弧时，由于电流大，电弧吹力也大，熄弧过快会产生弧坑。因此在熄弧时要在弧坑处停留片刻，然后缓慢抬起焊枪，以使熔滴金属填满弧坑，并使弧坑处得到气体的充分保护，以防止弧坑处产生气孔或裂纹。当然，若用电流衰减收弧装置，效果更好。

3. 左焊法和右焊法

CO_2 半自动焊根据焊丝的运动方向有左焊法和右焊法。左焊法电弧对焊件有预热作用，熔深大，焊缝成形较美观，能清楚地掌握焊道方向，不易焊偏，一般 CO_2 气体保护焊都采用左焊法。采用右焊法时，气体对熔池的保护效果好，由于电弧的吹力作用，把熔池的熔化金属推向后方，使焊缝成形饱满。但焊道方向不易掌控，如图 3.7 所示。

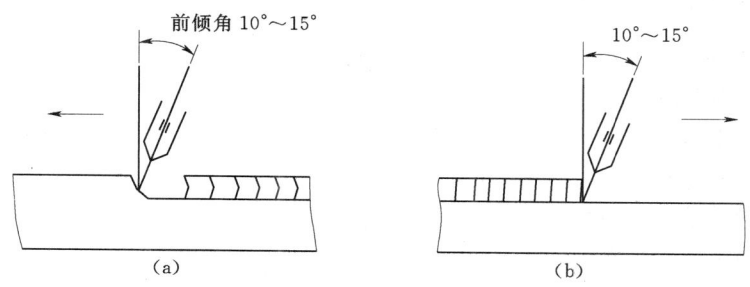

图 3.7 左焊法和右焊法
(a) 左焊法；(b) 右焊法

4. 平焊

根据焊枪的运动方向分右焊法和左焊法两种。对不开坡口的平对接，用小电流焊接时，多采用左焊法。这种焊法容易看清对接缝隙，其焊缝成形较平。对开坡口的平对接，用较大电流焊接时，多采用右焊法，这种焊法熔深大，熔池可见度高，气体对熔池的保护性较好。

在焊接水平角焊缝时，若焊脚高度在 5mm 以下，可将焊丝直接对准两板的交叉处。若焊脚高度在 5mm 以上，则将焊丝对准距焊缝中心 1～2mm 处。在焊接过程中，焊枪以直线运动为好。在焊接厚板时，焊丝可作适当的横向摆动，但摆动的幅度不宜过大。

5. 立焊

立焊分立向上焊和立向下焊两种。采用立向下焊，操作更方便，焊缝成形美观，生产效率高，但其焊法熔深浅，焊厚较小。在操作中要十分注意，防止产生熔合不良的缺陷，焊脚不宜超过 5～6mm；采用立向上焊，其操作方法与手工焊相似，根据焊脚尺寸大小，焊枪可作左右摆动。

6. 横焊

横焊与平焊相似，在多层焊时，其焊枪要根据各层排列位置，适当调整角度。

7. 仰焊

仰焊时，应选择较小的焊接电流及较大的气体流量。焊枪可作小幅度的前后往复摆动，以防止铁水下淌。

8. CO_2 气体保护焊安全技术操作规程

气体保护焊在焊接过程中,除了排出较多的 CO_2 气体外,还产生金属烟尘及二氧化碳分解出的一氧化碳气体等有害物质,对人体的呼吸和健康有一定影响。另外,气体保护焊在焊接过程中,还产生较强的紫外线,对人的眼睛、皮肤等有不良影响。因此,焊工在焊接过程中应采取防护措施,在焊接现场,应采用局部排气装置进行通风。在狭小舱室焊接时,要有专人监护和通风措施。当然,在通风时以不破坏气体保护为宜。

(1) 操作者必须经专门的安全技术培训并考核合格,取得特种作业操作证后,方可上岗作业。

(2) 焊工必须穿戴好个人防护用具,不要将颈、脖、手臂等外露。工作服和手套如有破洞,应及时修补或更换。

(3) 注意身上和工作服尽可能不要被汗水或雨水弄湿,工作服潮湿时,身体不要靠在钢板上,避免意外触电。

(4) 焊接设备的安装及修理由电工负责,焊机在使用中如发生故障,焊工应立即切断电源,然后通知电工检查修理。

(5) 焊机进线接头和焊接电缆接头必须旋紧螺纹,使其接触良好,外露部分必须用绝缘胶带进行包扎,使绝缘良好。

(6) CO_2 气体保护焊的机壳必须有良好的接地,接地线必须使用 $14mm^2$ 以上的导线。

(7) 禁止在储存有易燃、易爆物品的容器、房屋和场地上进行焊接,易燃易爆物品必须移开焊接区至少 5m 以外,并要有防火材料遮挡。

(8) CO_2 液化气瓶必须竖立放置,不得横卧,以防液态 CO_2 流出。

(9) 开启气瓶阀门时,要用专用工具,动作要缓慢,操作者面部不要面对减压器,但要仔细观察压力表的指针是否灵敏正常,移动气瓶时,避免压坏焊机电源线,以免漏电事故发生。

(10) 经常检查 CO_2 管路的接头是否漏气,如有泄漏应及时修理。

(11) 减压流量调节器和 CO_2 液化气瓶连接应良好,防止 CO_2 泄漏。

(12) 操作过程中,要密切注意焊缝的质量,发现问题要及时处理,焊接完后,切勿用手直接触及焊缝及其周围区域、以防烫伤。

(13) 焊接工作结束,必须认真检查现场是否有火苗,在确信无火苗,且加热的结构件部分完全冷却后,才可离开现场。在离开现场前,必须切断焊机的电源开关,并清扫工作现场。

3.3 MIG 氩弧焊

熔化极惰性气体(MIG)氩弧焊采用焊丝做电极,在氩气保护下,电弧在焊丝与焊件之间燃烧,焊丝连续送给并不断熔化,熔滴不断进入熔池,与液态焊件结合,冷却后形成焊缝。

1. MIG 氩弧焊的特点

MIG 氩气保护焊是采用氩气作为保护气体,氩气是惰性气体,不跟外界空气和焊件发生反应。因此与CO_2气体保护焊、焊条电弧焊相比，具有以下特点：

（1）焊接效率高。因为采用焊丝做电极，克服了钨极氩弧焊焊接下，钨极在高温下的熔化和烧损的限制，焊接电流可以大大提高，焊丝熔化速度快，一次焊接的焊缝厚度显著增加。

（2）焊接质量好。采用氩气作为保护气，保护效果好，焊接过程稳定、变形小、飞溅少，焊接质量高。

（3）使用范围广。与焊条电弧焊、二氧化碳电弧焊及埋弧焊相比可焊接几乎所有金属，这一点与TIG焊惰性气体钨极氩弧焊比较相近。

（4）生产成本较高。由于惰性气体较贵，与其他焊接方法比，生产成本较高，因此用于对产品质量要求较高的产品焊接。

（5）抗风能力差，不适合野外焊接。采用氩气来保护，由于氩气是气体，在有风的场所不方便焊接，保护效果随着风速的增大而降低。

2. MIG氩弧焊的应用范围

按照操作方式不同，MIG氩弧焊可以分为熔化极半自动氩弧焊和熔化极自动氩弧焊。熔化极自动氩弧焊适用于长焊缝、大的环焊缝，熔化极半自动氩弧焊用于短焊缝、断续焊缝及定位焊中。

MIG氩弧焊适用于焊接低碳钢、低合金钢、耐热钢、不锈钢、有色金属及其合金，而且广泛应用于中等厚度和大厚度的铝及铝合金的焊接；焊接厚度最薄能到1mm。

3.3.1 焊接工具（设备）

熔化极半自动氩弧焊设备主要是由焊接电源、供气系统和冷却系统、送丝系统、控制系统、半自动焊枪等组成，如图3.8所示。熔化极自动氩弧焊比半自动氩弧焊设备多了一套行走装置，并且经常将送丝机构与焊枪安装在焊接小车上或专用的焊接机头上，这样可使送丝机构更为简单可靠。

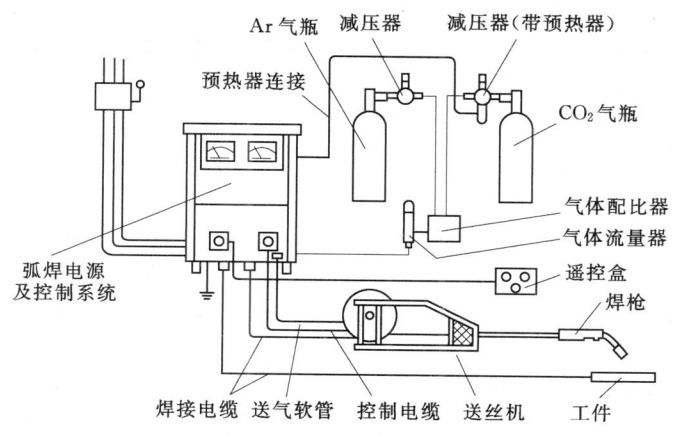

图3.8 MIG氩弧焊的设备组成示意图

1. 焊接电源

MIG氩弧焊的焊接电源采用直流反接，这样电弧稳定，熔滴过渡均匀和飞溅小，焊缝成形好。熔化极半自动氩弧焊时，焊丝直径小于2.5mm的细焊丝，采用平外特性的电源配等速送丝系统；在熔化极自动氩弧焊中，焊丝直径大于3mm，采用下降外特性的电源配变速送丝系统。

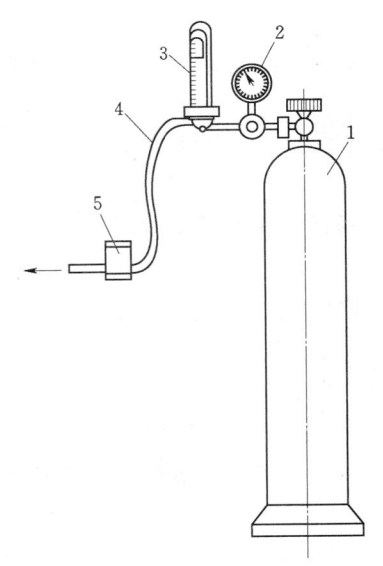

图3.9 供气系统
1—高压气瓶；2—减压阀；3—浮子流量计；4—软气管；5—电磁气阀

2. 送丝系统

送丝系统跟本章前部分的CO_2气体保护焊的送丝系统一样，分为推丝式、拉丝式和推拉丝式。

3. 焊枪

焊枪有自动焊枪和半自动焊枪两种。当焊接电流小于150A时，半自动焊枪采用气冷式，自动焊枪采用水冷式；当焊接电流大于150A时，半自动焊枪和自动焊枪都采用水冷式。

4. 控制系统

控制系统与CO_2气体保护焊的送丝系统一样，主要作用是：提前送气和滞后停气；控制焊丝的送进、回抽和停止；控制主回路的通断，引弧时可以在送丝开始以前或同时接通电源，焊接停止时，应采用先停丝后断电的返烧控制法，这样可以填满弧坑，又避免粘丝。

5. 供气和供水系统

供水系统就是在电流大于150A焊接时冷却焊枪的，防止焊枪烧损。供气系统是提供氩气作为保护气的，主要由氩气瓶、减压阀、流量计和电磁气阀组成，如图3.9所示。

氩气瓶的标称容量为40L，满瓶压力为15.2MPa，气瓶外涂灰色，并标以"氩气"字样。减压阀将高压气瓶中的压力降至焊接所要求的压力；流量计用来调节和标示气体流量大小；电磁阀控制气流的通断。减压阀和流量计常组合成一体，这样使用方便可靠。

3.3.2 焊接工艺参数

氩气是惰性气体，不与任何金属产生化学作用，也不熔于金属中，氩气可以在焊接中起到很好的保护作用，而且在氩气的保护下电弧燃烧非常稳定，因此几乎可以焊接所有金属。但是由于氩气的成本较高，现在主要用于焊接铝、镁及其合金、不锈钢和某些低合金钢。焊丝外层没有药皮，因此焊接电流可以大大提高，这样焊丝熔化速度加快，母材的熔深也较大，生产效率较高。

MIG氩弧焊的熔滴过渡形式不同于CO_2保护焊，短路过渡仅限于薄板焊接时采用，可以进行全位置焊接，但其焊接效率不及平焊和横焊。主要过渡形式是射流过渡。铝、镁及其合金焊接时，因焊接电流大，电弧功率高，对熔池的冲击太大，容易在焊缝根部产生气孔和裂纹等缺陷。而且电弧长度较大，气体的保护效果变差，因此采用亚射流过渡。这种过渡方式是介于短路过渡和射流过渡之间的一种过渡形式，电弧电压较

3.3 MIG 氩弧焊

小，弧长较短，当熔滴长大即将以射流过渡形式脱离焊丝端部时，与熔池发生短路接触，电弧熄灭，熔滴在电磁力及表面张力的作用下产生缩颈断开，电弧复燃完成熔滴过渡。因阴极雾化区大，熔池保护效果好，且焊缝成形好、缺陷小。在生产中很少采用滴状过渡。

1. 焊丝直径

焊丝直径的选择与焊件的厚度、焊接结构、焊缝位置和熔滴过渡方式来决定。直径小于 1.6mm 的细焊丝以短路过渡为主，主要用来焊接薄板和全位置焊接。直径大于 1.6mm 的粗焊丝多用于厚板平焊位置。

2. 焊接电流

焊接电流要根据焊件的厚度、焊接位置、焊丝直径及熔滴过渡形式来选择。当焊丝直径选定后，根据熔滴过渡形式来选择焊接电流。

在焊丝直径选定之后，要想获得连续喷射过渡，焊接电流必须超过某一临界值，若焊丝直径增大其临界值也增大；焊丝直径一定，改变焊接电流就会得到不同的熔滴过渡形式；在不同的熔滴过渡形式下电流范围有一部分是重叠的；短路过渡和喷射过渡下，焊接电流都很小，因此，对母材的热输入也很小。在焊接铝和铝合金时，为获得优质的焊接接头，熔化极氩弧焊一般采用亚射流过渡，在这种过渡下，电弧稳定，气体保护效果较好，飞溅少、熔深大、焊缝成形美观。

图 3.10 为不同熔滴过渡形式下的焊丝直径和焊接电流范围。

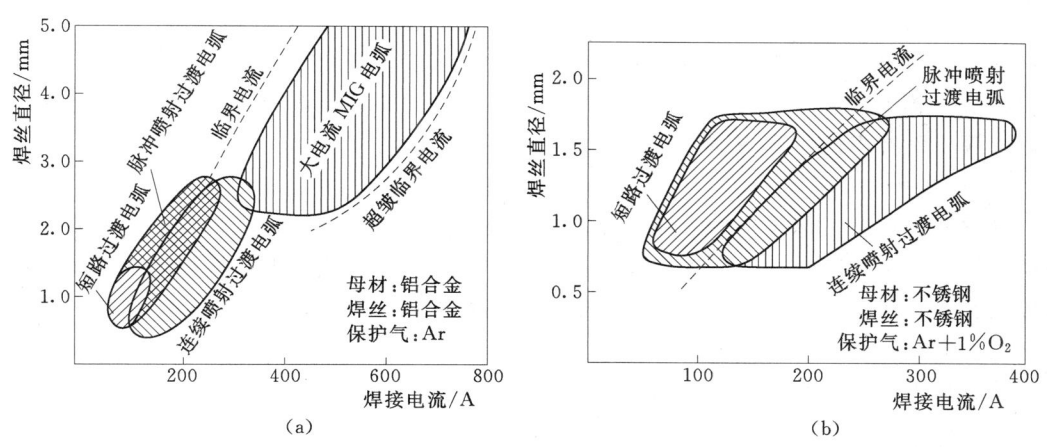

图 3.10　MIG 焊中不同熔滴过渡形式对应的焊丝直径及使用电流范围
(a) 铝合金焊；(b) 不锈钢焊

3. 电弧电压

当其他参数一定时，改变电弧电压，影响最大的焊缝的宽度。随着电弧电压的增大，焊缝宽度大大增加，熔深和余高稍微减少，反之，电弧电压减小，焊缝宽度大大减少，熔深和宽度稍微增大。在熔化极氩弧焊中，要想获得稳定的熔滴过渡，在焊丝直径一定时，要有与焊接电流相匹配的电弧电压。图 3.11 为在熔化极氩弧焊时电弧电压与焊接电流最佳的匹配方式，不在此范围内，则是：当电弧电压过高，可能产生气孔和飞溅，如电弧电压过低，就可能出现短接，产生熄弧。

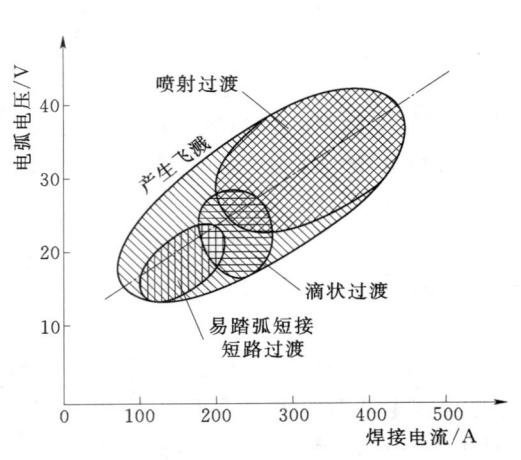

图 3.11　MIG 焊中电弧电压与焊接电流的最佳关系

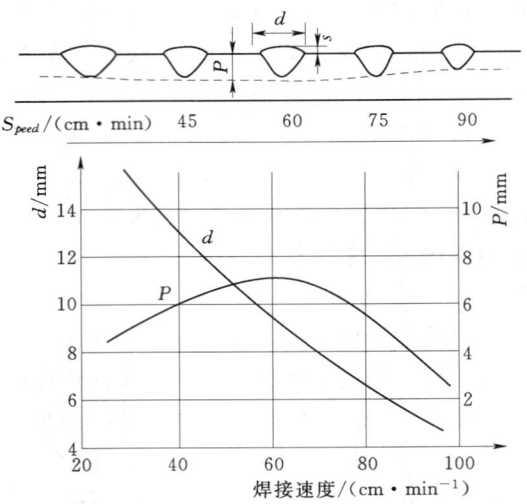

图 3.12　焊接速度对焊缝形状的影响

4. 焊接速度

焊接速度也是 MIG 焊中主要参数之一。在焊接电流和电弧电压选定后，焊接电流需要与它们密切配合，才能获得比较满意的焊缝质量。因为在其他条件确定的条件下，提高焊接速度，则单位长度上电弧传给母材的热量显著减少，母材熔化速度减慢，其熔深和熔宽就减少。若焊接速度过快，就会引起咬边；若速度过慢，则焊接时间增加，熔池体积增大，熔深反而减小而熔宽增加，如图 3.12 所示。

5. 焊丝伸出长度

焊丝伸出长度是指导电嘴端部到焊丝端头的距离。焊丝伸出长度越长，产生的电阻热越高，焊丝熔化速度越快。当焊丝伸出长度过大，则电弧电压下降，熔敷金属过多，焊缝成形不良，熔深减少，电弧不稳定；若焊丝伸出长度过短，则电弧易烧导电嘴，且容易堵塞喷嘴。在短路过渡中，焊丝伸出长度 6.4～13mm 比较合适，而其他形式的熔滴过渡，伸出长度在 13～25mm 之间较好。

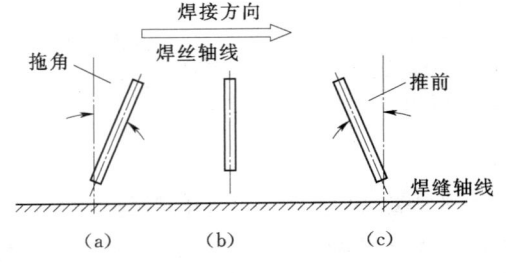

图 3.13　焊丝位置示意图
(a) 前倾焊法（右焊法）；(b) 垂直焊法；
(c) 后倾焊法（左焊法）

6. 焊丝位置

焊丝轴线相对于焊缝轴线的角度和位置会影响焊缝的形状和熔深。焊丝的相对位置有前倾、垂直和后倾三种。前倾是焊丝向前进方向倾斜焊接，后倾则是焊丝向前进方向相反方向的倾斜焊接，垂直焊则是焊丝轴线与焊缝轴线垂直。图 3.13 为焊丝位置示意图。

前倾焊时熔深大、焊道窄、余高增加，后倾焊时正好相反，垂直焊介于两者之间。

当拖角在 15°～20°之间熔深最大,一般不超过 25°拖角。图 3.14 为三种焊接方法对焊缝形状的影响。

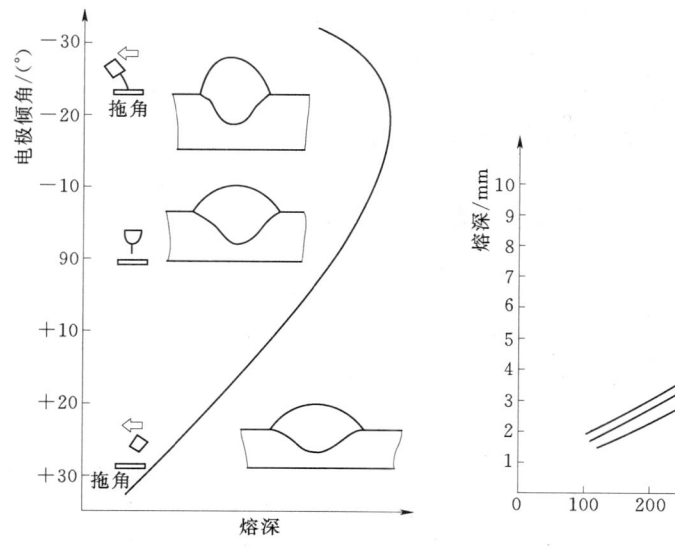

图 3.14　焊枪倾角对熔深的影响　　　图 3.15　电源极性对焊缝熔深的影响

7. 电源极性

直流电源焊接分为正接和反接。正接是焊件接正极,焊丝接负极;反接则是焊件接负极,焊丝接正极。在直流电源焊接时,极性对焊缝熔深有一定的影响,正接比反接熔深小。交流焊时熔深介于正接和反接之间。图 3.15 就是电源极性对焊缝熔深的影响。

在焊接过程中,各焊接参数之间是需要相互配合的,这样可以获得稳定的焊接过程及良好的焊接质量。

3.3.3　焊接操作工艺

1. 铝和铝合金焊接操作工艺

纯铝的化学性活泼,在空气中放置,会很快在表面生产一层 Al_2O_3 薄膜,杂质越少,形成氧化膜的能力越强。氧化膜组织致密,保护着母材表面。焊接时该氧化膜妨碍母材熔化和熔合,易出现未焊透缺陷,且氧化膜密度大,不易浮出熔池表面,容易在焊缝中形成夹渣缺陷。

因此,在 MIG 焊铝和铝合金时,需要保护气体纯度足够高,大约为 99.9% 以上。焊前要仔细清理焊丝和焊件坡口位置。焊丝的清理采用化学法和电解腐蚀法,焊件坡口一般用机械方法清理。因为铝和铝合金非常容易氧化,清理后的焊丝和工件要求在 8～12h 内使用,否则应存放在充满氩气的密封箱内。

电源一般采用直流反接,焊接薄板和中厚板时用纯氩气,焊大厚度件则加入一定量的氦气或者全部用氦气。根据板厚和接头形式可以采用短路过渡法、喷射过渡法、脉冲射流过渡法和大电流 MIG 焊接方法进行焊接。

2. 不锈钢焊接操作工艺

一般来说,重要不锈钢结构的焊接宜采用 MIG 焊,因为这类钢在耐腐蚀性能方面有较高的要求。如果是奥氏体不锈钢焊接主要要求是获得无裂纹的焊缝。在焊接时，尽量减少焊缝中的氢和焊接时产生的应力。如果用纯氩气进行不锈钢焊接，容易出现产生气孔和阴极斑点漂移而电弧不稳的情况，是因为液体金属黏度和表面的张力大。最好在焊接时在纯氩气中加入氧化性气体 O_2 或 CO_2，这样工艺性能能获得较大改善。

焊接电源一般采用直流反接，这样可以获得较大的熔深。如果是直流正接的话，主要用于要求熔深浅的焊件。常见过渡方式有短路过渡、射流过渡或脉冲射流过渡等。

3.4 TIG 氩弧焊

氩弧焊是使用氩气作为一种保护方式的气体保护焊。在氩气的保护下，利用钨极与工件之间产生的电弧热熔化焊件和焊丝的方法称为惰性气体钨极氩弧焊，这里简称 TIG 焊（tungsten Inert gasarc welding）。常用钨极为纯钨、钍钨和铈钨。钍钨和铈钨分别是在纯钨中加入微量稀土元素钍或铈的氧化物制成。

TIG 焊有手工焊、半自动焊和自动焊三种。手工焊时，焊枪的运动由焊工右手操作，焊丝的送进则由焊工左手操作，都是人工操作；半自动焊时，焊枪仍然是人工操作，但焊丝的送进有专门的送丝机构来完成；自动焊时，不需要人工操作，由行走机构和送丝机构来完成即可。

1. TIG 焊的特点

（1）焊接范围广。因为是氩气保护，氩气是惰性气体，不与任何金属发生反应，能够有效隔绝焊接周围的空气，起到很好的保护效果，不需加入任何焊剂就可获得良好的焊缝质量。因此，可以很好的用于易氧化、氮化和化学活泼性强的有色金属、不锈钢和各种合金。

（2）焊缝质量高。采用氩气作为保护气体，氩气不与金属发生反应，同时氩气不溶解于金属，是明弧，能够很好地查看电弧及熔池，及时发现缺陷并能调整焊接过程。电弧燃烧稳定，无飞溅，焊后不须去渣，焊缝成形美观。焊接变形与应力小，尤其适用于焊接较薄的金属。

（3）焊接生产率低。钨极熔点是 3380℃，因此电流不能过大，一旦电流过大，超过钨极熔点，钨极容易熔化和蒸发，这样钨极颗粒就进入熔池，造成夹钨。因此 TIG 焊使用的电流小，焊缝熔深浅，焊接速度慢，焊接生产率低。

（4）生产成本高。惰性气体成本高，使得氩弧焊成本较高。

（5）需要采取防风措施。TIG 焊是气体保护，为了提高焊接质量，需要采取防风措施。

2. TIG 的适用范围

TIG 焊应用范围广，几乎可以焊接所有的金属，但是由于成本较高，在使用中主要用于铝、镁、钛等有色金属及其合金、不锈钢和耐热钢。TIG 焊可以适用于对接、搭接、T 形接和角接，适用范围广，在薄板焊时，可以不需填充金属。一般来说，焊接 3mm 以下的焊件比较合适。

手工 TIG 焊宜用于结构形状较复杂的焊件和难以触及的部位的短焊缝的焊接。自动

TIG 焊则用于长焊缝的焊接。

3.4.1 焊接工具（设备）

手工钨极氩弧焊设备包括焊接电源、焊枪、电极、供气系统、冷却系统、控制系统和引弧、稳弧系统组成。自动氩弧焊机设备则在手工焊机设备的基础上，再增加焊接小车（或转动设备）和焊丝送给机构等组成。图 3.16 为手工钨极氩弧焊设备图。

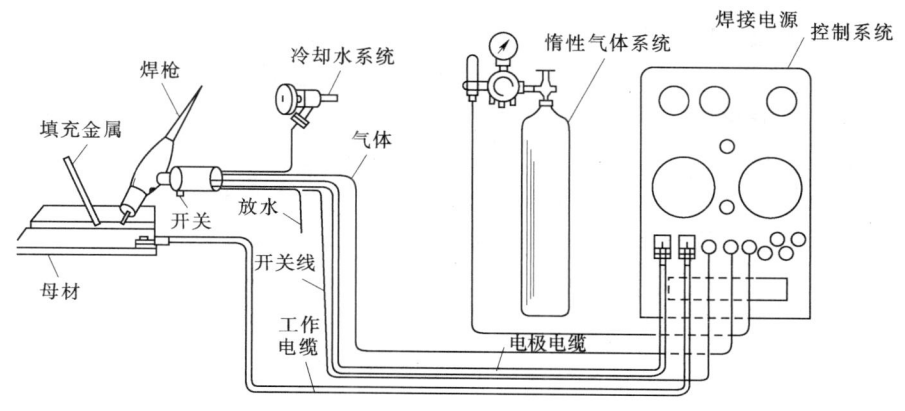

图 3.16 手动钨极氩弧焊机图

3.4.1.1 焊接电源

在 TIG 焊中，由于钨极氩弧焊电弧静特性曲线在水平段，所以需选用具有陡降或垂直下降外特性的电源，以保证弧长变化时焊接电流的波动较小。近年来，直流电源常用晶闸管式整流弧焊电源、晶体管弧焊电源和逆变式弧焊整流器，这些电源都可给出恒流的外特性，并能自动补偿电网电压的波动和宽广的电流调节范围。交流电源采用具有较高空载电压的动圈式弧焊变压器。由于交流电在每秒钟要 100 次过零点，使得交流电弧过零点后复燃困难，不如直流电弧稳定，故实际的交流 TIG 焊机除以弧焊变压器作电源外，还需要有引弧和稳弧装置。

3.4.1.2 焊枪

在 TIG 焊中，焊枪用于夹持电极、导电和输送氩气。焊枪应满足以下要求。

(1) 保护气流具有良好的流动状态和一定的挺度，以获得可靠的保护。
(2) 有良好的导电性能。
(3) 充分的冷却，以保证持久工作。
(4) 喷嘴与钨极间绝缘良好，以免喷嘴和焊件接触时产生短路，打弧。
(5) 重量轻，结构紧凑，可达性好；装拆维修方便。

焊枪分气冷式和水冷式两种，前者用于小电流（不大于 150A）焊接，其冷却作用主要是由保护气体的流动来完成，焊枪重量轻、尺寸小、结构紧凑。后者用于大电流和自动焊接使用，由流过焊枪内导电部分和焊接电缆的循环水来实现，这种焊枪结构比较复杂，重量较重。

为了取得较好的保护效果，通常使焊枪的喷嘴下部为圆柱形通道，通道越长保护效果越好，通道直径越大，保护范围越宽。

喷嘴的材料有陶瓷、紫铜和石英三种。高温陶瓷喷嘴既绝缘又耐热,应用广泛,但通常焊接电流不能超过350A。紫铜喷嘴使用电流可达500A,需用绝缘套将喷嘴和导电部分隔离。石英喷嘴较贵,但焊接时可见度好。

3.4.1.3 电极

在TIG焊中,钨极是易耗材料,钨极熔点是3380℃,是熔点最高的金属。因为钨的熔点比其他金属高,在焊接过程中不易损耗。且钨的逸出功低,才4.54eV,在高温下电子发射能力强,引弧及稳弧性能良好。

钨的纯度约99.5%,纯钨极价格比较便宜,焊接时电弧稳定,但引弧及导电性能差,载流能力小,使用寿命短,一般用于对焊接质量要求不高的焊件。

为了改善钨极特性,在纯钨中加入微量逸出功较小的稀土元素,如钍和铈或它们的氧化物,如氧化钍、氧化铈,就能显著提高电子发射能力,铈钨逸出功为2.4eV,钍钨逸出功为2.7eV。这样,引弧和稳弧性能都有较大提高,且载流能力也较好,寿命比较长,抗污染性能较好,电弧稳定性好。缺点是价格较贵,有一定的放射性。铈钨极放射性较小,弧束细长,热量集中,烧失率低,寿命长,在我国受到了广泛应用。

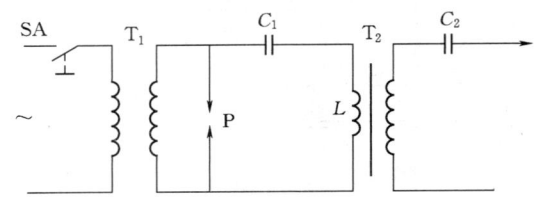

图3.17 高频振荡器原理电路图

3.4.1.4 引弧和稳弧系统

为了改善交流电弧过零点后复燃困难和焊接回路中产生直流分量的问题,必须采取引弧和稳弧措施,在TIG焊中采用高频振荡和高压脉冲的引弧和稳弧装置,以使电弧继续引燃并达到连续稳定燃烧。

1. 高频振荡引弧器

电气原理图如图3.17所示,它是一个高频高压发生器,其输出电压一般为2000~3000V,频率为150~260kHz。T_1是高漏抗升压变压器,P是火花放电器,由两小段钨棒构成,两者之间留有可调间隙,大约为1mm左右;C_1为高压振荡电容;L为振荡电感兼高频输出变压器T_2的初级绕组;T_2为高频升压变压器。

振荡器工作原理是:当合上电源开关SA后,变压器T_1次级电压可达2500~3000V。在升压过程中,电容C_1充电,端电压不断升高,当达到P的击穿电压时,其间空气隙被击穿而产生火花放电,这时P处于短路状态。于是C_1通过P和L构成的LC振荡电路放电而使电路发生振荡。产生的高频高压通过T_2输出至焊接回路用于引弧。因振荡电路中存在电阻,所以振荡是衰减的。一旦振荡电压低于P的击穿电压,振荡过程亦随之结束。这时变压器T_1又重新给C_1充电,使之重复前述的振荡过程,振荡波形如图3.18所示。可见振荡器的振荡过程为振荡—间歇—振荡。

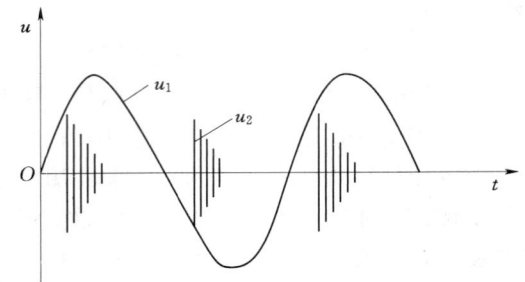

图3.18 高频振荡波形示意图
u_1—电源电压;u_2—高频电压

振荡器与焊接回路的连接方式有两种：串联和并联，如图 3.19 所示。

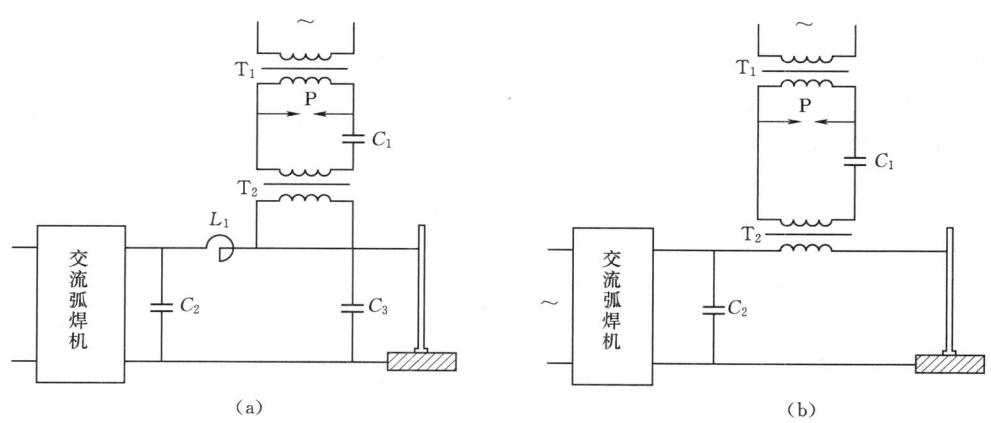

图 3.19　高频振荡的连接方法
（a）与焊接回路并联；（b）与焊接回路串联

并联时，为防止高频高压窜入焊接电源造成损坏，需要焊接回路中串联电抗器 L_1，并联高频旁路电容 C_2。这种连接方式由于有部分高频通过焊接电源和 L_1、C_2 而分流，消耗部分能量，因而减弱了引弧效果。图 3.19 中电容 C_3 起隔离作用，可防止焊接电流通过 T_2 的二次绕组形成通路。

采取串联可避免上述缺陷，提高引弧可靠性。由于高频串联于回路中，因此可无衰减地通过电弧区。图 3.19 中 C_2 为高频旁路电容，它可使高频不通过阻抗大的焊接变压器，从而避免了高频窜入焊接电源引起的不良后果。由于高频高压输出变压器 T_2 的次级为焊接主回路一部分，有焊接电流流过，所以次级导线截面要选粗些。

但是高频振荡器产生的高频电磁波对周围电子仪器有干扰作用，且对工作人员的身体健康有不良影响。因此，必须对高频振荡器采取隔离屏蔽等措施。

2. 高压脉冲引弧和稳弧器

在钨极与工件之间加一高压脉冲，使两极间气体介质电离而引弧，如图 3.20 所示。

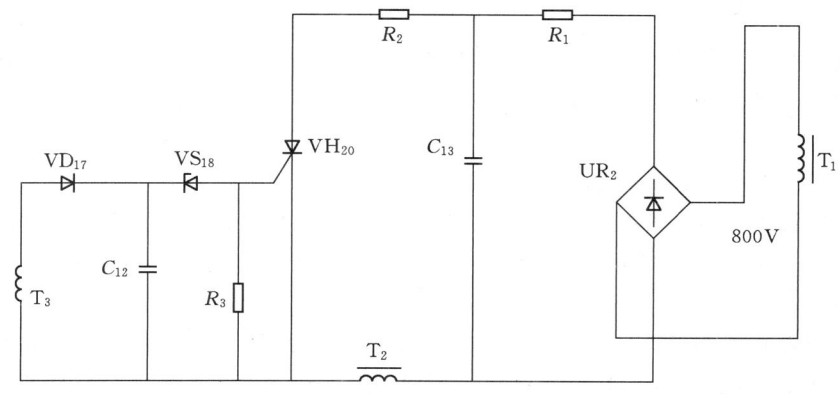

图 3.20　脉冲引弧和稳弧主电路

利用高压脉冲引弧是一种较好的引弧方法。在交流钨极氩弧焊时，往往是既用高压脉冲引弧，又用高压脉冲稳弧。引弧和稳弧脉冲由共用的主电路产生，但有各自的触发电路。该电路的设计能保证空载时，只有引弧脉冲，而不产生稳弧脉冲；电弧一旦引燃，即产生稳弧脉冲，而引弧脉冲自动消失。

引弧和稳弧器的工作原理：变压器 T_1 为升压变压器，二次电压可达到 800V，经桥式整流后对电容 C_{13} 充电。当需要脉冲时，晶闸管 VH_{20} 被引弧或稳弧脉冲触发电路的信号触发导通，C_{13} 经过 R_2、VH_{20} 向变压器 T_1 一次侧放电，T_1 二次侧即可感应出 $2000\sim3000V$ 的高压脉冲，用于引弧和稳弧。

3.4.1.5 供气系统

供气系统主要包括氩气瓶、减压器、流量计及电磁气阀，其组成如图 3.21 所示。

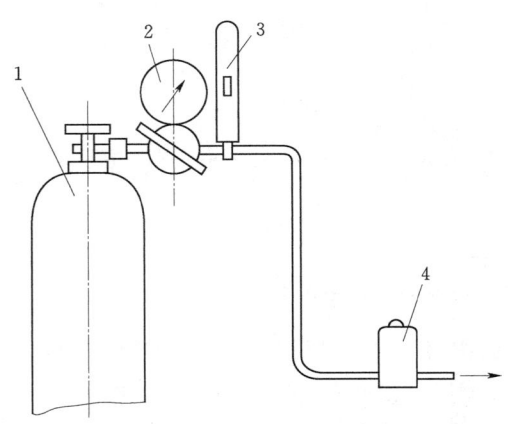

图 3.21 氩弧焊气路系统
1—气瓶；2—减压阀；3—流量计；4—电磁气阀

（1）氩气瓶。氩气瓶的构造和氧气瓶相似，外表涂为灰色，并标以"氩气"字样。氩气瓶最大压力为 14700kPa，容积一般为 40L。氩气在钢瓶中呈气体状态，从钢瓶中引出后，不需要预热和干燥。

（2）减压器。减压器用以减压和调压，将高压气瓶中的气体压力降至焊接所要求的压力。

（3）气体流量计。气体流量计是检测通过气体流量大小的装置。目前采用的 301-1 型浮标式流量计将减压器和流量计制成一体，使用方便可靠。另一种为 LZB 型转子流量计，是单独使用的，一般转子流量计上的刻度是用空气来标定的。由于实际所使用的保护气体密度与空气不同，实际的流量也不同。因此，要知道所用气体准确的流量，则必须经过换算。

（4）电磁电阀。电磁气阀的开启和关闭受控于控制系统，从而达到提前送气和滞后断气的目的。它为一般的通用元件，与 CO_2 气路上的一样。

电磁气阀有交流和直流两种，通常采用 6V、110V 交流气阀或 24V、36V 直流电磁气阀，它的开与关受控制系统控制。

3.4.1.6 冷却系统

供水系统主要用来冷却焊接电缆、焊枪和钨棒。如果焊接电流小于 150A 时，就不需要水冷。为保证冷却水可靠接通并有一定的压力才能启动焊接设备，通常在氩弧焊机中设有保护装置——水压开关 SW，如 NSA-500-1 型焊机中就置有这种装置。

3.4.1.7 控制系统

钨极氩弧焊机的控制系统在小功率焊机中和焊接电源装在同一箱子里，称为"一"体式结构。大功率焊机中，控制系统与焊接电源则是分立的，为一单独的控制箱，如 NSA-500-1 型交流手工钨极氩弧焊机便是这种结构。

控制系统由引弧器、稳弧器、行车（或转动）速度控制器、程序控制器、电磁气阀和水压开关等构成。

对控制系统的要求如下：

(1) 提前送气和滞后停气，以保护钨极和引弧、熄弧处的焊缝。

(2) 自动控制引弧器、稳弧器的起动和停止。

(3) 手工或自动接通和切断焊接电源。

(4) 焊接电流能自动衰减。

图 3.22 为手工钨极氩弧焊控制程序。

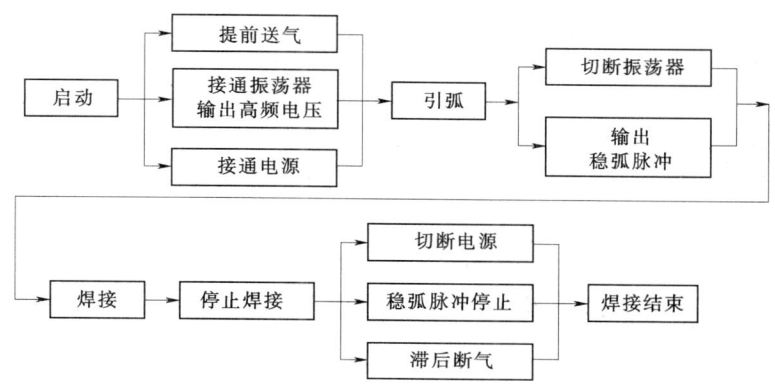

图 3.22　手工钨极氩弧焊控制程序

3.4.2　焊接工艺参数

3.4.2.1　焊接电流种类及大小

一般根据工件材料选择电流种类，焊接电流大小是决定焊缝熔深的最主要参数，它主要根据工件材料、厚度、接头型式、焊接位置、有时还考虑焊工技术水平（手工焊时）等因素选择。

钨极气体保护焊使用的电流种类可分为直流正接，直流反接及交流三种，它们的特点见表 3.5。

表 3.5　各种电流钨极惰性气体保护焊的特点

电流种类	直流正接（工件接正）	直流反接（工件接负）	交流（对称的）
两极热量比例（近似）	工件 70% 钨极 30%	工件 30% 钨极 70%	工件 50% 钨极 50%
熔深特点	深、窄	浅、宽	中等
钨极许用电流	最大	小	较大
阴极清理作用	无	有	有（工件为负的半周时）
适用材料	氩弧焊：除铝、镁合金、铝青铜外，其余金属。氦弧焊：几乎所有金属	一般不采用	铝、镁合金、铝青铜等

1. 直流钨极氩弧焊

直流钨极氩弧焊时，阳极的发热量远大于阴极。所以，用直流正接焊接时，钨极因发热量小，不易过热，同样大小直径的钨极可以采用较大的电流，工件发热量大，熔深大，生产率高。而且，由于钨极为阴极，热电子发射能力强，电弧稳定而集中。因此，大多数金属宜采用直流正接焊接。反之，直流反接时，钨极容易过热熔化，同样大小直径的钨极许用电流要小得多，且熔深浅而宽，一般不推荐使用。

铝、镁及其合金和易氧化的铜合金（铝青铜、铍铜等）焊接时，可形成一层致密的高熔点氧化膜覆盖在熔池表面和焊口边缘。该氧化膜如不及时清除，就会妨碍焊接正常进行。当工件为负极时，其表面氧化膜在电弧的作用下可以被清除掉而获得表面光亮美观、成形良好的焊缝。这是因为金属氧化膜逸出功小，易发射电子，阴极斑点总是优先在氧化膜处形成，在质量很大的氩正离子的高速撞击下，表面氧化膜破坏、分解，而被清除掉，这就是"阴极清理作用"。

为了同时兼顾阴极清理作用和两极发热量的合理分配，对于铝、镁、铝青铜等金属和合金，一般都采用同时具有正接和反接特点的交流钨极氩弧焊。

2. 交流钨极氩弧焊

交流电源主要用于焊接铝、镁及其合金和铝青铜，其特点是负半波（工件为负）时，有阴极清理作用，正半波（工件为正）时，钨极因发热量低，不易熔化，同样大小的钨极可比直流反接的许用电流大得多。

交流钨极氩弧焊的主要问题是直流分量和电弧稳定性问题。

3.4.2.2 钨极直径及端部形状

钨极端部形状是一个重要工艺参数。根据所用焊接电流种类，选用不同的端部形状。钨极末端形状对电弧稳定性有影响，端面凹凸不平，则产生的电弧不集中又不稳定，因此使用前必须磨尖（图3.23）。

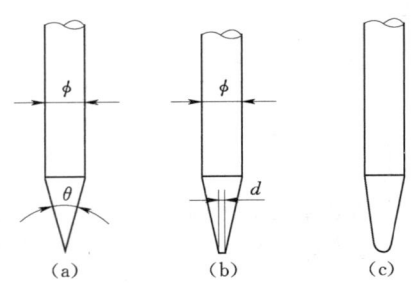

图 3.23 TIG焊钨极末端的形状
(a) 尖端状；(b) 平顶的锥状；(c) 圆头的锥状

尖端角度的大小会影响钨极的许用电流、引弧及稳弧性能。小电流焊接时，选用小直径钨极和小的锥角，可使电弧容易引燃和稳定；在大电流焊接时，增大锥角可避免尖端过热熔化，减少损耗，并防止电弧往上扩展而影响阴极斑点的稳定性。当采用交流焊时，钨极末端常常磨成半圆球状，电流越大，球径越大。钨极尖端角度对焊缝熔深和熔宽也有一定影响。减小锥角，焊缝熔深减小、熔宽增大。反之则熔深增大、熔宽减小。

3.4.2.3 电弧电压

电弧电压的大小由电弧长度决定，弧长越长，电弧电压越高，弧长越短，电弧电压越低。在氩弧焊中，弧长还会影响其他保护效果。增加弧长会降低气体保护效果，在选择时，要视钨极直径与末端形状及填充焊丝粗细灵活掌握，并与焊接电流进行匹配。

3.4.2.4 气体流量和喷嘴直径

在一定条件下，气体流量和喷嘴直径有一个最佳范围，此时，气体保护效果最佳，有效保护区最大。如气体流量过低，气流挺度差，排除周围空气的能力弱，保护效果不佳；

流量太大,容易变成紊流,使空气卷入,也会降低保护效果。同样,在流量一定时,喷嘴直径过小,保护范围小,且因气流速度过高而形成紊流;喷嘴过大,不仅妨碍焊工观察,而且气流流速过低,挺度小,保护效果也不好。所以,气体流量和喷嘴直径要有一定配合。一般手工氩弧焊喷嘴内径范围为 5~20mm,流量范围为 5~25L/min 范围。

为获得最佳的保护效果,气体流量与喷嘴孔径的关系有一定的规律且交流焊接比直流焊接所需的流量大。气流量 q 和喷嘴直径 D 与气体保护有效直径 $\underline{D}$ 之间的关系是:

无论是气体流量 q 或是喷嘴直径 D,在一定条件下,都有一个最佳值点,在这个最佳点,气体保护有效直径 D_4 最大,其保护效果最好,如图 3.24 所示。

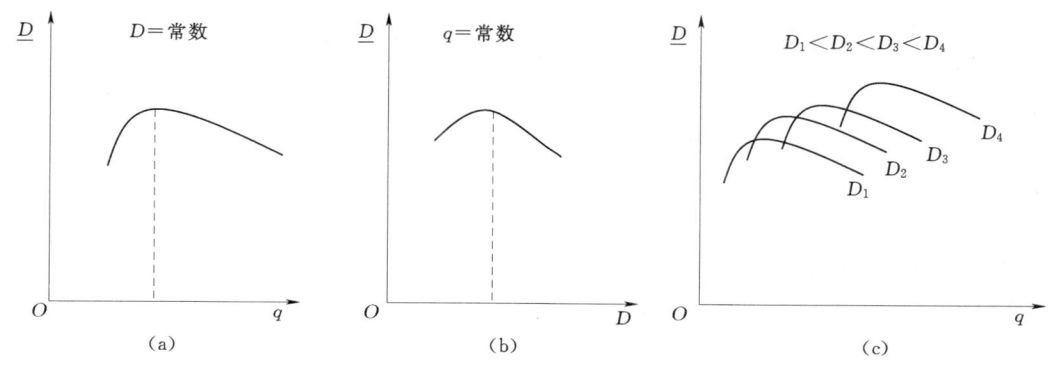

图 3.24 气体流量、喷嘴直径与有效保护直径的关系
(a) D 为常数,q 对 $\underline{D}$ 的影响;(b) q 为常数,D 对 $\underline{D}$ 的影响;(c) q 对 D 和 $\underline{D}$ 的综合影响

3.4.2.5 焊接速度

焊接速度的选择主要根据工件厚度决定并和焊接电流、预热温度等配合以保证获得所需的熔深和熔宽。在高速自动焊时,还要考虑焊接速度对气体保护效果的影响。焊接速度过大,保护气流严重偏后,可能使钨极端部、弧柱、熔池暴露在空气中,如图 3.25 所示。因此必须采取相应措施如加大保护气体流量或将焊炬前倾一定角度,以保持良好的保护作用。

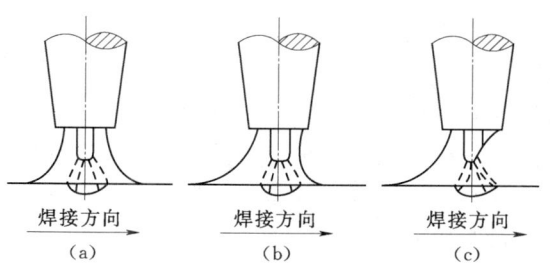

图 3.25 焊接速度对气体保护效果的影响
(a) 焊枪不动;(b) 正常速度;(c) 速度过大

3.4.2.6 喷嘴与工件的距离

距离越大,气体保护效果越差,但距离太近会影响焊工视线,且容易使钨极与熔池接触,产生夹钨。一般喷嘴端部与工件的距离在 8~14mm 之间。

3.4.2.7 钨极伸出长度

为防止电弧过热烧坏喷嘴,通常钨极端部应伸出喷嘴以外。钨极端头至喷嘴端面的距离为钨极伸出长度,钨极伸出长度越小,喷嘴与工件间距离越近,保护效果越好,但过小会妨碍观察熔池。通常焊对接缝时,钨极伸出长度为 5~6mm 较好;焊角焊缝时,钨极伸出长度为 7~8mm 较好。

3.4.2.8 气体保护方式及流量

钨极氩弧焊除采用圆形喷嘴对焊接区进行保护外，还可以根据施焊空间将喷嘴制成扁状（如窄间隙钨极氩弧焊）或其他形状。

焊接根部焊缝时，焊件背部焊缝会受空气污染氧化，因此必须采用背部充气保护。氩气和氮气是所有材料焊接时，背部充气最安全的气体。而氮气是不锈钢和铜合金焊接时，背部充气保护最安全的气体。一般惰性气体背部充气保护的气体流量范围为0.5～42L/min。

3.4.3 焊接操作工艺

3.4.3.1 接头及坡口形式

钨极氩弧焊的接头形式有对接、搭接、角接、T形接和端接五种基本类型。端接接头仅在薄板焊接时采用。

3.4.3.2 工件和填充焊丝的焊前清理

氩弧焊时，对材料的表面质量要求很高，焊前必须经过严格清理，清除填充焊丝及工件坡口和坡口两侧表面至少20mm范围内的油污、水分、灰尘、氧化膜等，否则在焊接过程中将影响电弧稳定性，恶化焊缝成形，并可能导致气孔、夹杂、未熔合等缺陷。常用清理方法如下：

1. 去除油污、灰尘

可以用有机溶剂（汽油、丙酮、三氯乙烯、四氯化碳等）擦洗，也可配制专用化学溶液清洗。

2. 除氧化膜

（1）机械清理。此法只适用于工件，对于焊丝不适用。通常是用不锈钢丝或铜丝轮（刷），将坡口及其两侧氧化膜清除。对于不锈钢及其他钢材也可用砂布打磨。铝及铝合金材质较软，用刮刀清理也较有效。但机械清理效率低，去除氧化膜不彻底，一般只用于尺寸大、生产周期长或化学清洗后又局部玷污的工件。

（2）化学清理。依靠化学反应的方法去除焊丝或工件表面的氧化膜，清洗溶液和方法因材料而异。

3.4.3.3 TIG操作技术

手工TIG的基本操作技术包括：引弧、运弧与焊炬运动方式、停弧和熄弧、焊缝接头操作方法等。

1. 引弧

引弧有两种方法：击穿引弧法和接触引弧法。普通钨极氩弧焊电源均有高频或脉冲引弧和稳弧装置。手握焊炬垂直于工件，使钨极与工件间保持3～5mm距离，接通电源，在高频或高压脉冲作用下，击穿间隙放电，使保护气体电离形成离子流而引燃电弧。该法保证钨极端部完好，烧损小，引弧质量好，因此应用广泛。

接触引弧法多用于简易氩弧焊设备。使钨极与引弧板接触引燃电弧，然后将电弧转向焊缝进行焊接。但接触引弧法的接触瞬间会产生很大的短路电流，钨极端部容易烧损或母材容易造成电弧擦伤，但由于设备简单（不需要高频或脉冲引弧和稳弧装置），所以在氩弧焊打底及薄板焊接中也常有应用。电弧引燃后，焊炬停留在引弧处不动，当获得一定大小、明亮清晰和保护良好的熔池后（约需 3~5s），就可以添加焊丝开始焊接过程。

2. 运弧与焊炬运动方式

（1）运弧的要求和规律。它与气焊有相似之处，但要求严格得多。焊炬、焊丝、工件间均有一定的位置关系，如图 3.26 所示。焊炬轴线与已焊表面的夹角称为焊炬倾角，它直接影响热量输入、保护效果和操作视野，一般焊炬倾角为 70°~85°，焊炬倾角为 90°时保护效果最好，但从焊炬喷出的保护气流随着焊炬移动速度的增加而向后偏离，可能使熔池得不到充分的保护，所以焊速不能太快。

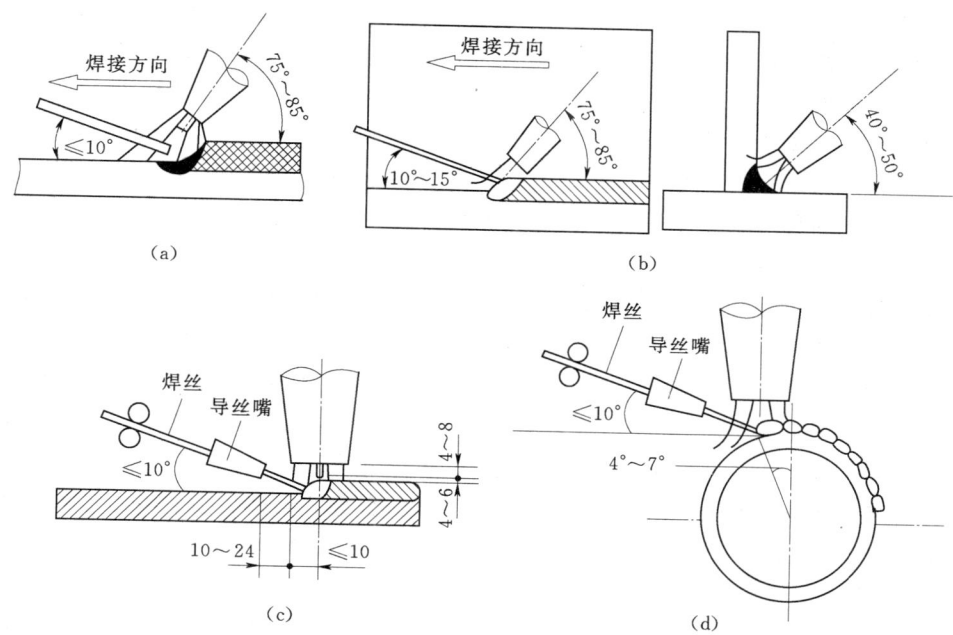

图 3.26　焊炬、焊丝和工件间的相对位置

TIG 焊一般采用左向焊法，焊炬多作直线移动，大厚度的工件有时也作横向摆动。直线移动有两种形式：匀速直线移动，电弧稳定，保护良好，避免重复加热，适用于不锈钢、耐热钢薄件焊接；断续直线移动，焊炬间隔一定的时间停留和前移，一般在焊炬停留时加入焊丝，然后焊炬前移一定距离后再停留加入焊丝。断续直线移动方法适合于中等厚度（3~6mm）材料焊接。

大厚度的工件必须横向摆动时，焊炬应保持高度不变，平稳地作小幅度的横向摆动，也可分成两种形式：一种是月牙形摆动，在两侧略停顿而平稳前移，通过焊缝中心时摆动加快，以保证熔池温度均匀，此法适合于 T 形角焊接以及等厚较宽焊缝的对接焊；另一种是斜圆弧形摆动，此法适合于不等厚对缝和角缝焊接，焊炬轨迹呈斜圆弧平稳前移，焊炬向厚侧倾斜，并在厚侧停留时间略长。

深坡口打底焊使用陶瓷喷嘴时，可以将喷嘴靠在坡口边缘上，有规则地向前横摆着移动。为了保证两侧钝边熔化良好，可以靠在坡口边缘向两侧稍作弧形摆动。焊丝要送到熔池的根部，连续送丝不要间断，并与焊炬作反方向摆动。但小管打底焊都采用直线移动。

第3章 气体保护焊（二氧化碳气体保护焊和氩弧焊）

（2）焊炬的握法。此握法是用右手拇指和食指握住焊炬手柄，其余三指触及工件作为支点（不能将喷嘴靠在坡口边缘上时）。焊接小管时，手腕沿管壁转动，指尖始终贴在管壁上。焊接大管时，作为支点的三个手指交替沿管壁行走，以保持运弧平稳。

（3）焊丝的握法。此握法是左手中指在上，无名指在下夹持焊丝，拇指和食指捏住焊丝向前移动送入熔池，然后拇指食、指松开，后移再捏住焊丝前移，这样反复持续下去，整根焊丝可不停顿地输送完毕。

焊丝送入角度、送入方式与熟练程度有关，它直接影响到焊缝的几何形状。焊丝应低角度送入，一般为 $10°\sim15°$ 通常不大于 $20°$。这样有助于熔化端被保护气覆盖并避免碰撞钨极，使焊丝以滴状过渡到熔池中的距离缩短。送丝动作要轻，不要扰动气体保护层，以免空气侵入。焊丝在进入熔池时，要避免与钨极接触短路，以免钨极烧损落入熔池，引起焊缝夹钨。焊丝末端不要伸入弧柱内，即在熔池和钨极中间，否则，在弧柱高温作用下，焊丝剧烈熔化滴入熔池，引起飞溅并发出乒乒乓乓的响声，从而破坏了电弧的稳定燃烧，结果会造成熔池内部污染，也使得焊缝外观成形不好，灰黑不亮。

3. 停弧和熄弧

（1）停弧。停弧就是由于某种原因而中途停下来，然后再继续进行焊接。正确的停弧方法，就是采用逐渐加快运弧速度后（缩小熔池面积），再收弧的方法，这样可以没有弧坑和缩孔，给下次引弧继续焊接创造了条件，加快运弧的长度为 20mm 左右。再引弧焊接时，待熔池形成后，向后压 $1\sim2$ 个波纹，接头起点不加或少加焊丝，然后转入正常焊接，为了防止产生气孔，保证焊缝质量，起点或接头处应适当放慢焊接速度。

（2）熄弧。熄弧是焊接终止的必须手法。熄弧很重要，应高度重视。若熄弧不当，易引起弧坑裂纹，缩孔等缺陷。常用熄弧方法有：焊接电流衰减法、增加焊速法、反复熄弧法。

实际操作证明：有衰减装置用电流衰减法收弧最好，无衰减装置用增加焊速法收弧最好，可避免弧坑和缩孔，熄弧后不能马上把焊炬移走，应停留在收弧处 $2\sim5$min，用滞后气保护高温下的收弧部位不受氧化。

4. 焊缝接头操作方法

当更换焊丝、修磨钨极等停弧而需要重新接头时，必须在待焊处的前方 $5\sim10$mm 处引弧，稳定之后将电弧拉回焊接处。重叠处要少加焊丝，以保证与原焊缝厚薄宽窄均匀一致。接头处如操作不当，往往不容易保证质量，所以应尽量减少接头。

焊接中由于位置变换、逆向分段退焊等原因必须停弧，而出现两段焊缝交接的接头，常见的前后段焊缝接头的类型有：头头相接（水平固定管仰位）、尾尾相接（水平固定管平位）、头尾相接（分段退焊）、尾头相接（转动管）。这些接头由于温度的差别和填充金属量的变化，容易出现未焊透、夹渣、气孔等缺陷。因此要求做到：接头处要修磨成斜坡，不能有死角；重新引弧的位置应重叠 $20\sim30$mm，重叠处只加少许焊丝；熔池要贯穿到接头的根部，确保接头处熔透。

3.4.4 混合气体保护焊（MAG）

熔化极活性气体保护焊（MAG 焊）是由惰性气体和少量氧化性气体（如 CO_2、Ar＋

CO_2、$Ar+CO_2+O_2$ 等）作为保护气体的金属气体保护电弧焊方法。在惰性气体中混合少量氧化性气体的目的（一般 O_2 为 2%～5%；CO_2 为 5%～20%）是在基本不改变惰性气体电弧基本特性的条件下，以进一步提高电弧稳定性，改善焊缝成形，降低电弧辐射强度。

MAG 焊可采用短路过渡、喷射过渡和脉冲喷射过渡进行焊接，能获得稳定的焊接工艺性能和良好的焊接接头，可用于各种位置的焊接，尤其适用于碳钢、合金钢和不锈钢等黑色金属材料的焊接。

3.4.4.1 MAG 焊的特点

1. 焊接生产率高

与氩弧焊比较，MAG 焊的熔滴温度高，焊接电流密度大，因此焊缝熔深有所增加，焊缝厚度也增大，且焊丝熔化速度快，熔敷效率高。与 CO_2 保护焊比较，电弧温度高，易形成喷射过渡，电弧燃烧稳定，飞溅减少，熔敷效率提高。因此 MAG 焊有利于提高生产率。

2. 接头力学性能好

在 MAG 焊中，加入了一定量的氧气，克服了纯氩气保护时表面张力大、液态金属黏稠、易咬边和斑点漂移等问题，改善了焊缝成形，由纯氩的指状熔深成形改变为深圆弧状成形。与 CO_2 保护焊比较，因为加入了惰性气体，对熔池的保护性能更好，且产生气孔机率下降，接头的力学性能会更好。

3. 降低焊接成本

氩气成本较高，而氧气和二氧化碳较便宜，加入氧和二氧化碳后，能够降低一定的成本。

3.4.4.2 MAG 焊的适用范围

1. $Ar+O_2$

Ar 中加入 O_2 的活性气体可用于碳钢、不锈钢等高合金钢和高强度钢的焊接。其最大的优点是克服了纯 Ar 保护焊接不锈钢时存在的液体金属黏度大、表面张力大而易产生气孔，焊缝金属润湿性差而易引起咬边，阴极斑点飘移而产生电弧不稳等问题。焊接不锈钢等高合金钢及强度级别较高的高强度钢时，O_2 的含量（体积）应控制在 1%～5%，否则合金元素氧化烧损多，容易产生夹渣和飞溅等缺陷。用于焊接碳钢和低合金结构钢时，Ar 中加入 O_2 的含量可达 20%。

2. $Ar+CO_2$

这种气体被用来焊接低碳钢和低合金钢。常用的混合比（体积）为 Ar 80%＋CO_2 20%，它既具有 Ar 电弧稳定、飞溅小、容易获得轴向喷射过渡的优点，又具有氧化性。克服了 Ar 焊接时表面张力大、液体金属黏稠、阴极斑点易飘移等问题，同时对焊缝蘑菇形熔深有所改善。CO_2 含量不能超过 25%，一旦超过，工艺特性就与纯二氧化碳焊相似，容易产生气孔、飞溅和烧损等问题。

3. $Ar+CO_2+O_2$

用 Ar 80%＋CO_2 15%＋O_2 5%混合气体（体积比）焊接低碳钢、低合金钢时，无论焊缝成形、接头质量以及金属熔滴过渡和电弧稳定性方面都比上述两种混合气体要好。

复 习 思 考 题

1. 气体保护焊的特点是什么?
2. 气体保护焊的类型有哪些?
3. 二氧化碳气体保护焊的特点是什么?
4. 二氧化碳气体保护焊的焊接设备有哪些?
5. 二氧化碳气体保护焊送丝方式有哪些?送丝机构有几部分组成?
6. 二氧化碳气体保护焊焊枪的类型有哪些?各自结构特点是什么?
7. 二氧化碳气体保护焊供气系统组成及特点是什么?
8. 二氧化碳气体保护焊的工艺参数有哪些?如何确定?
9. 二氧化碳气体保护焊操作时注意哪些方面?
10. 熔化极氩弧焊的特点是什么?应用在什么场合?
11. 熔化极氩弧焊的焊接设备有哪些?
12. 熔化极氩弧焊的工艺参数有哪些?如何确定?
13. 熔化极氩弧焊操作时注意哪些事项?
14. 钨极氩弧焊的特点是什么?
15. 钨极氩弧焊的设备有哪些?
16. 钨极氩弧焊的工艺参数如何确定?
17. 钨极氩弧焊的操作工艺要点是什么?
18. 简要说说混合气体保护焊的特点与应用。

第4章 埋 弧 焊

4.1 埋弧焊的特点及应用

埋弧焊是利用焊剂层下燃烧的电弧的热量熔化焊丝，焊剂和母材而形成焊缝的一种电弧焊焊接方法。其固有的焊接质量稳定、焊接生产率高、无弧光及烟尘很少等优点，使其成为压力容器、管段制造、箱型梁柱等重要钢结构制作中的主要焊接方法。近年来，虽然先后出现了许多种高效、优质的新焊接方法，但埋弧焊的应用领域依然未受任何影响。

埋弧焊有自动埋弧焊和手工埋弧焊两种方式，前者焊丝的送进和电弧的移动均由专用焊接小车完成，后者焊丝送进由机械完成，而电弧的移动则由手持焊枪移动完成。但不管哪种方式，焊接时都要求被焊工件的定位要满足焊剂和熔池金属在凝固前必须保持在原位置，有许多固定和定位装置可以保证这一要求。

生产中普遍应用埋弧自动焊，它的全部焊接操作包括引燃焊丝、焊丝送进、电弧移动、焊缝收尾等均有机器控制，方便快捷。

埋弧焊焊缝形成过程如图4.1所示：焊丝末端与焊件之间产生电弧后，电弧的热量使焊丝，焊剂和焊件熔化，有一部分甚至蒸发。金属与焊剂的蒸发气体形成一个包围电弧与熔池金属的密闭空间，电弧就在这个气泡内持续燃烧，气泡的顶部被一层熔融状焊剂——熔渣所构成的外膜所包围。这层外膜不仅很好地隔离了空气与电弧和熔池的接触，而且使有碍操作的弧光辐射不再散射出来。气泡的底后部则为焊接熔池，随着电弧向前移动，电弧不断熔化前方的焊件、焊丝和焊剂，而熔池的后部边缘开始冷凝形成焊缝。密度较小的熔渣浮在熔池表面，冷却形成渣壳。

在焊接过程中，焊剂在高温下熔化形成的熔渣，除了对熔池和焊缝金属起机械保护作用外，还与熔化金属发生冶金反应，影响焊缝金属的化学成分。

4.1.1 埋弧焊的特点

1. 生产效率高

与焊条电弧焊相比，埋弧焊所用焊接电流大相应电流密度也大。因为焊条外层有药皮包裹，温度一旦升高，药皮就会受热熔化并且脱落，而且埋弧焊有焊剂和熔渣的保护，热量不易散失，电弧的熔渣能力和焊丝的熔敷速度都大大提高。以板厚8~10mm的钢板对接为例，单丝埋弧焊焊接速度可达30~50m/h，若采用双丝和多丝焊，速度还可提高1倍以上，而焊条电弧焊接速度则不超过6~8m/h。同时由于埋弧焊热效率高，熔深大，单丝埋弧焊不开坡口一次熔深可达20mm。

2. 焊接质量好

因焊剂和熔渣的保护，熔化金属不与空气接触，焊缝金属中含氮量、含氧量降低。以低碳钢焊缝的含氮量来分析，焊条电弧焊中氮含量为0.02%~0.03%，而埋弧焊中氮含

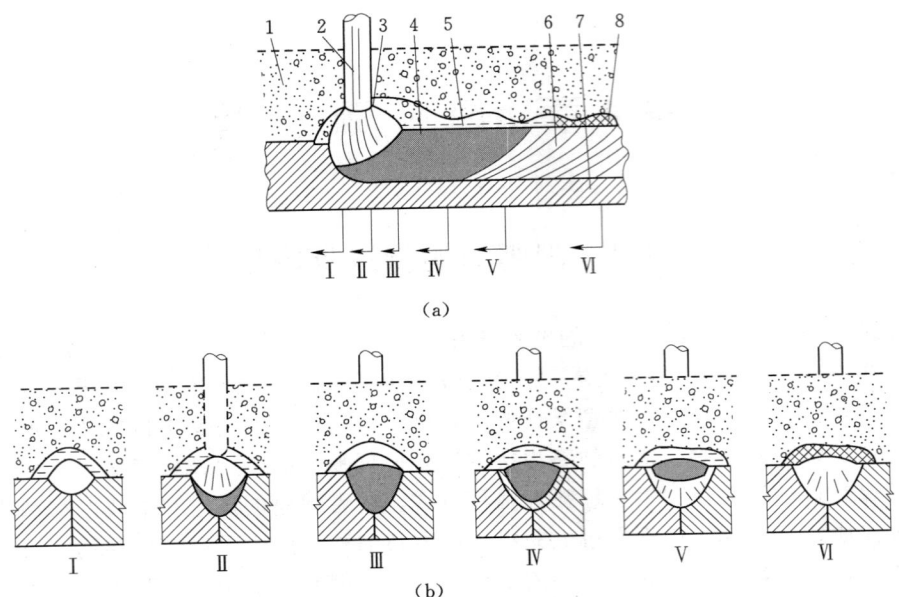

图 4.1 自动埋弧焊电弧和焊缝的形成
1—焊剂；2—焊丝；3—电弧；4—熔池；5—熔渣；6—焊缝；7—焊件；8—渣壳

量为 0.002%。由于熔池金属凝固较慢，液体金属和熔化焊剂间的冶金反应充分，减少了焊缝中产生气孔、裂纹的可能性。焊接工艺参数通过自动调节保持稳定，焊工操作技术要求不高，焊缝成形好，成分稳定，力学性能好，焊缝质量高。

3. 劳动条件好

埋弧焊弧光不外露，没有弧光辐射，且由于放出的烟尘和有害气体少，焊工的劳动条件得到了改善。由于埋弧焊基本都是自动焊，机械化的焊接方法使工人的劳动强度大大降低。

4. 焊接成本相对较低

在埋弧焊中，焊接电流大，较厚的焊件不开坡口也能熔透，因此焊缝中填充金属显著减少，省去了开坡口和填充坡口所需材料和时间。此外，埋弧焊金属飞溅极少，没有焊条电弧焊焊条头的损失，也节约了填充金属。

5. 施焊位置受到限制

埋弧焊采用颗粒状焊剂进行保护，一般只适用于平焊和倾斜角不大的位置的焊接，其他位置的焊接，则需采用特殊装置来保证焊剂对焊缝区的覆盖和防止熔池金属的漏淌。

6. 焊枪装配要求高

焊接时不能直接观察电弧与坡口的相对位置，当焊件装配质量不好时易焊偏而影响焊接质量。因此对埋弧焊的装配质量要求高：接口处间隙均匀，焊件平整无错边。

7. 适合焊接长焊缝和大圆弧焊缝

埋弧焊使用电流较大，电弧的电场强度较高，电流小于 100A 时，电弧的电场稳定性较差。因此不适宜焊厚度小于 1mm 的薄件，且是自动焊，只适合焊长直焊缝或大圆弧焊缝，而弯曲、不规则和短焊缝均不适合。

4.1.2 埋弧焊的应用

埋弧焊是焊接生产中应用最广泛的工艺方法之一。由于焊接熔深大、生产效率高、机械化程度高，因而特别适用于中厚板长焊缝的焊接。造船、锅炉与压力容器、化工、桥梁、起重机械、工程机械、冶金机械以及海洋结构、核电设备等制造中都是主要的焊接生产手段。

随着焊接冶金技术和焊接材料生产的发展到低合金结构钢、不锈钢、耐热钢以及一些有色金属材料。如镍基合金、铜合金的焊接等。此外，埋弧焊用于抗磨损耐腐蚀材料的堆焊，也是十分理想的工艺方法。

4.2 埋弧焊设备及工艺参数

4.2.1 焊接工具（设备）

4.2.1.1 埋弧焊机

埋弧焊机分为自动焊机和半自动焊机两大类。

1. 半自动埋弧焊机

半自动埋弧焊机的主要功能是：①将焊丝通过软管连续不断地送入电弧区；②传输焊接电流；③控制焊接起动和停止；④向焊接区铺施焊剂。

因此它主要由送丝机构、控制箱、带软管的焊接手把及焊接电源组成。软管式半自动埋弧焊机兼有自动埋弧焊的优点及手工电弧焊的机动性。在难以实现自动焊的工件上（例如，中心线不规则的焊缝、短焊缝、施焊空间狭小的工件等），可用这种焊机进行焊接。

2. 自动埋弧焊机

自动埋弧焊机的主要功能如下：

（1）连续不断地向焊接区送进焊丝。

（2）传输焊接电流。

（3）使电弧沿接缝移动。

（4）控制电弧的主要参数。

（5）控制焊接的起动与停止。

（6）向焊接区铺施焊剂。

（7）焊接前调节焊丝端位置。

常用的自动埋弧焊机有等速送丝和变速送丝两种。它们一般都由机头、控制箱、导轨（或支架）以及焊接电源组成。等速送丝自动埋弧焊机采用电弧自身调节系统；变速送丝自动埋弧焊机采用电弧电压自动调节系统。

自动埋弧焊机按照工作需要，做成不同的形式。常见的有：焊车式、悬挂式、机床式、悬臂式、门架式等。使用最普遍的是 MZ-1000 焊机，该焊机为焊车式。MZ-1000 焊机采用电弧电压自动调节（变速送丝）系统，送丝速度正比于电弧电压。

4.2.1.2 埋弧焊机的分类

在生产中焊机按照不同的标准可以有很多种分类方式。

第4章 埋 弧 焊

埋弧焊机按用途可分为专用焊机和通用焊接两种，通用焊机如小车式的埋弧自动焊机，专用焊机如埋弧角焊机、埋弧堆焊机等。

按送丝方式可分为等速送丝式埋弧焊机和变速送丝式埋弧焊机两种，等速送丝式埋弧焊机适用于细焊丝高电流密度条件的焊接，变速送丝式适用于粗焊丝低电流密度条件的焊接。

按焊丝的数目和形状可分为单丝埋弧焊机、双丝埋弧焊机、多丝埋弧焊机和带极埋弧焊机。单丝埋弧焊机适用于常规对接、角接、筒体纵缝和环焊缝等；双丝埋弧焊机适用于高生产率对接、角接焊；多丝埋弧焊机适用于螺旋焊管等超高生产率对接焊；带极埋弧焊机适用于耐磨、耐蚀合金堆焊。

按焊缝成形条件分双面埋弧焊机和单面焊双面成形埋弧焊机。单面埋弧焊机适用于常规对接焊，单面焊双面成形埋弧焊适用于高生产率对接焊和难以双面焊的对接焊。

按焊机的结构形式可分为小车式、悬挂式、车床式、门架式、悬臂式等（图4.2）。目前小车式和悬臂式用得较多。

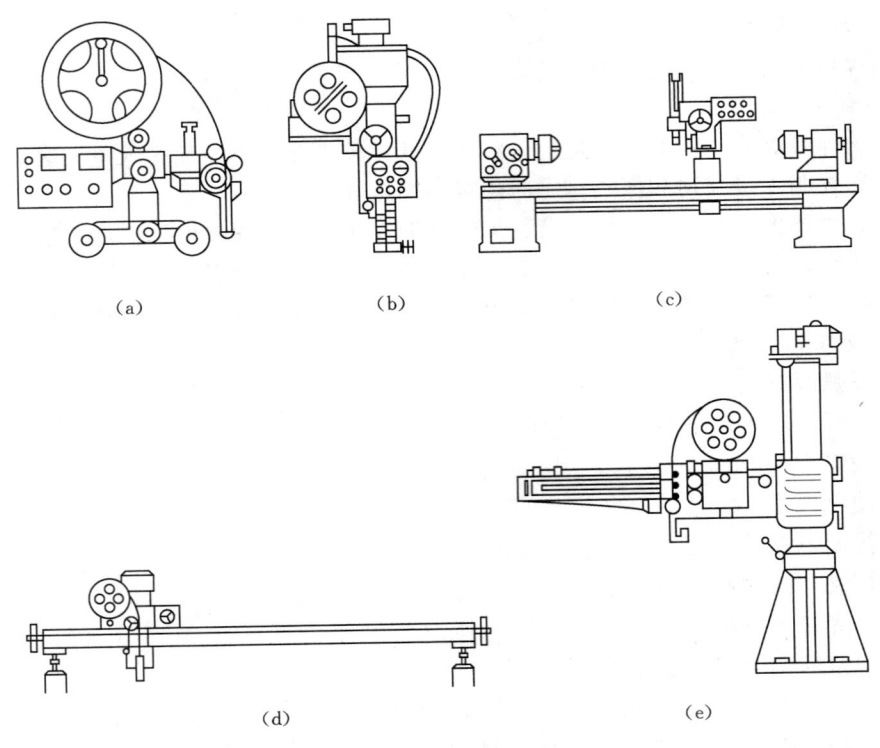

图 4.2 常见埋弧焊机的形式
(a) 焊车式；(b) 悬挂式；(c) 车床式；(d) 门架式；(e) 悬臂式

4.2.1.3 埋弧焊机的结构

图 4.3 所示为自动埋弧焊装置示意图，焊剂漏斗在焊接区前方不断输送焊剂到焊件的表面上，送丝机构则由电动机带动压轮，保证焊丝不断向焊接区输送；焊丝经导电嘴而带电，使得焊丝与工件之间形成电弧。通常焊剂漏斗、送丝机构、导电嘴等安装在一个焊接

机头上或小车上，通过机头或小车上的行走机构以一定的焊接速度向前移动，控制箱对送丝速度、机头行走速度和焊接工艺参数等进行控制和调节，电源是产生电弧的条件。

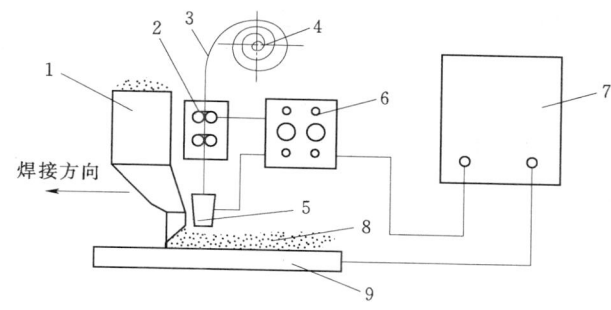

图 4.3 自动埋弧焊装置示意图
1—焊剂漏斗；2—送丝机构；3—焊丝；4—焊丝盘；5—导电嘴；
6—控制箱；7—弧焊电源；8—焊剂；9—焊件

由以上可知，完整的埋弧焊机一般包括弧焊电源、送丝机构、行走机构、控制箱、焊枪头调整机构和易损件及辅助装置等组成。

4.2.1.4 埋弧焊电源

一般埋弧焊多采用粗焊丝，电弧具有水平的静特性曲线。按照前述电弧稳定燃烧的要求，电源应具有下降的外特性。在用细焊丝焊薄板时，电弧具有上升的静特性曲线，宜采用平特性电源。

埋弧焊电源可以用交流（弧焊变压器）、直流（弧焊发电机或弧焊整流器）或交直流并用。要根据具体的应用条件，如焊接电流范围、单丝焊或多丝焊、焊接速度、焊剂类型等选用。

一般直流电源用于小电流范围、快速引弧、短焊缝、高速焊接，所采用焊剂的稳弧性较差及对焊接工艺参数稳定性有较高要求的场合。采用直流电源时，不同的极性将产生不同的工艺效果。当采用直流正接（焊丝接负极）时，焊丝的熔敷率最高；采用直流反接（焊丝接正极）时，焊缝熔深最大。

采用交流电源时，焊丝熔敷率及焊缝熔深介于直流正接和反接之间，而且电弧的磁偏吹最小。因而交流电源多用于大电流埋弧焊和采用直流时磁偏吹严重的场合。一般要求交流电源的空载电压在 65V 以上。

为了加大熔深并提高生产率，多丝埋弧自动焊得到越来越多的工业应用。目前应用较多的是双丝焊和三丝焊。多丝焊的电源可用直流或交流，也可以交、直流联用。双丝埋弧焊和三丝埋弧焊时焊接电源的选用及连接有多种组合。

4.2.1.5 埋弧焊送丝系统

送丝系统包括送丝电动机、传动系统、送丝滚轮和矫直滚轮，分为直流电动机拖动和交流电动机拖动两种形式。送丝系统要求能可靠地送进焊丝并且有较宽的调速范围，保证在焊接过程中电弧燃烧稳定。

4.2.1.6 埋弧焊行走系统

行走系统的组成部分是行走电动机及传动系统、行走轮及离合器等。

4.2.1.7 埋弧焊辅助设备

埋弧焊时,为了调整焊接机头与工件的相对位置,使接缝处于最佳的施焊位置或为达到预期的工艺目的,一般都需有相应的辅助设备与焊机相配合。埋弧焊的辅助设备大致有以下几种类型:

1. 焊接夹具

使用焊接夹具的目的在于使工件准确定位并夹紧,以便于焊接。这样可以减少或免除定位焊缝并且可以减少焊接变形。有时为了达到其他工艺目的,焊接夹具往往与其他辅助设备联用,如单面焊双面成形装置等。

2. 工件变位设备

这种设备的主要功能是使工件旋转、倾斜、翻转以便把待焊的接缝置于最佳的焊接位置,达到提高生产率、改善焊接质量、减轻劳动强度的目的。工件变位设备的型式、结构及尺寸因焊接工件而异。埋弧焊中常用的工件变位设备有滚轮架、翻转机等。

3. 焊机变位设备

这种设备的主要功能是将焊接机头准确地送到待焊位置,焊接时可在该位置操作;或是以一定速度沿规定的轨迹移动焊接机头进行焊接。这种设备也叫做焊接操作机。它们大多与工件变位机、焊接滚轮架等配合使用,完成各种工件的焊接。基本形式有平台式、悬臂式、伸缩式、龙门式等几种。

4. 焊缝成形设备

埋弧焊的电弧功率较大,钢板对接时为防止熔化金属的流失和烧穿并促使焊缝背面成形,往往需要在焊缝背面加衬垫。最常用的焊缝成形设备除前面已提到的铜垫板外,还有焊剂垫。焊剂垫有用于纵缝的和用于环缝的两种基本型式。

5. 焊剂回收输送设备

该设备用来在焊接中自动回收并输送焊剂,以提高焊接自动化的程度。采用压缩空气的吸压式焊剂回收输送器可以安装在小车上使用。

4.2.2 焊接工艺参数

4.2.2.1 埋弧焊的焊接材料

1. 焊丝

焊丝在焊接中既是作为电极又具有填充金属的作用,是焊缝金属的组成部分,对焊缝质量有直接影响。埋弧焊的焊接材料是焊丝和焊剂,选择焊丝时,必须考虑到与焊剂的正确配合。根据焊丝的成分和用途,焊丝主要有碳素结构钢焊丝、合金结构钢焊丝和不锈钢焊丝等常用焊丝,还有一些新品种如高合金钢焊丝、各种有色金属焊丝和堆焊用的特殊合金焊丝等。

在选择焊丝时,主要考虑焊丝中硅和锰的含量,因为在熔敷金属中硅和锰对金属力学性能有较大的影响。硅锰是低碳钢焊缝金属中最重要的合金元素。锰可以降低焊缝中产生热裂纹的危险性,提高焊缝力学性能。硅可镇静焊接熔池,加快其脱氧过程,并保证焊缝金属的致密性。因此要想焊缝金属有相应的合金成分和力学性能,则必须有效控制熔池的冶金过程,保证焊缝金属中适当的硅锰含量。

4.2 埋弧焊设备及工艺参数

埋弧焊的焊丝常用直径有 2mm、3mm、4mm、5mm、6mm 五种。有些焊丝表面镀有一层薄铜，可防止焊丝生锈并使导电嘴与焊丝间的导电更为可靠，提高电弧的稳定性。

2. 焊剂

埋弧焊时，焊剂能够熔化形成熔渣和气体，对熔化金属起保护作用并进行复制的冶金反应的颗粒状物质。

(1) 焊剂的作用。

1) 具有良好的冶金性能。焊接时熔化的焊剂产生气体和熔渣，有效地保护了电弧和熔池，防止空气中氮、氧等有害气体侵入熔池，焊后熔渣覆盖在焊缝上，减缓了焊缝金属的冷却速度，改善了焊缝的结晶状况及气体逸出的条件。

2) 具有良好的工艺性能。焊剂有良好的稳弧性能，熔渣有合适的密度、黏度、熔点、颗粒度和透气性，保证焊缝良好的成形，且熔渣凝固后有良好的脱渣性能。

3) 具有良好的力学性能。对焊缝金属进行渗合金，改善焊缝的化学成分，提高了焊缝的力学性能。

(2) 焊剂的分类。焊剂有许多分类方法，每一种分类方法只能反映焊剂某一方面的特性。

按制造方法不同来分主要熔炼焊剂和非熔炼焊剂。

熔炼焊剂是将一定比例的各种配料放在炉内熔炼，然后经水冷粒化、烘干和筛选而制成的一种焊剂。一般烘干温度在 1500～1600℃ 之间，在熔炼焊剂这种制造过程中的高温熔化，因此焊剂中不能加入碳酸盐、脱氧剂和合金剂，制造高碱度焊剂也很困难。在焊剂中无法加入脱氧剂和铁合金，因为高温熔炼烧损非常严重。

非熔炼焊剂是所用原料粉不经过熔炼，而是将原料粉按配方比例搅拌均匀后，加入黏结剂调制成湿料，再经烘干、粉碎和筛选而成。分为烧结焊剂和黏结焊剂。烧结焊剂是在 400～1000℃ 温度下烘干而成，而黏结焊剂是在 400℃ 以下的低温下烘干而成。非熔炼焊剂在制造中未经高温熔炼，焊剂中加入的脱氧剂和铁合金等几乎没有损失，可以通过焊剂向焊缝过渡大量合金成分，补充在焊接过程中合金元素的烧损。

按化学成分不同分为高锰焊剂、中锰焊剂、低锰焊剂和无锰焊剂，并根据焊剂中二氧化硅和氟化钙的含量高低，分成不同的类型。

(3) 焊剂的牌号。

1) 熔炼焊剂牌号的表示方法（图 4.4）。

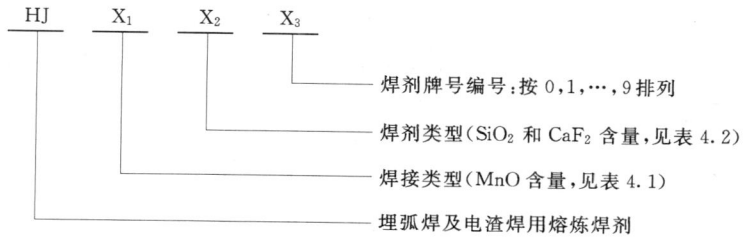

图 4.4 熔炼焊剂牌号的表示图

X_1 表示焊剂中氧化锰的平均含量，见表 4.1。

表 4.1　　　　　　　　　　焊剂类型（X_1）

X_1	焊剂类型	MnO 平均含量
1	无锰	<2
2	低锰	2～15
3	中锰	15～30
4	高锰	>30

X_2 表示焊剂中二氧化硅和氟化钙的含量，见表 4.2。

表 4.2　　　　　　　　　　焊剂类型（X_2）

X_2	焊剂类型	SiO_2 平均含量	CaF_2 平均含量
1	低硅低氟	<10	<10
2	中硅低氟	10～30	
3	高硅低氟	>30	
4	低硅中氟	<10	10～30
5	中硅中氟	10～30	
6	高硅中氟	>30	
7	低硅高氟	<10	>30
8	中硅高氟	10～30	
9	其他	不规定	不规定

X_3 表示同一类型焊剂的不同牌号。对同一牌号，焊剂生产有两种颗粒度，在细颗粒度产品后面加"X"。

2）烧结焊剂的牌号表示方法（图 4.5）。

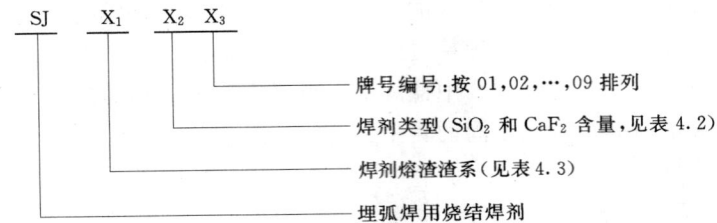

图 4.5　烧结焊剂牌号的表示图

表 4.3　　　　　　　　烧结焊剂熔渣渣系（X_1）

X_1	熔渣渣系类型	主要化学成分 w_B/%
1	氟碱型	≥15(CaF_2) >50($CaO+MgO+MnO+CaF_2$) <20(SiO_2)
2	高铝型	≥20(Al_2O_3) >45($Al_2O_3+CaO+MgO$)

续表

X_1	熔渣渣系类型	主要化学成分 $w_B/\%$
3	硅钙型	>60(SiO_2+CaO+MgO)
4	硅锰型	>50(SiO_2+MnO)
5	铝钛型	>45(Al_2O_3+TiO_2)
6、7	其他型	不规定

3. 焊丝与焊剂的选配

为保证焊缝金属的化学成分和力学性能与焊件基本相近，合理选配焊剂和焊丝是非常重要的。

焊接低碳钢和强度较低的低合金高强度钢时，为保证焊缝金属的力学性能，宜采用低锰或含锰焊丝，配合高锰高硅焊剂。如 HJ431、HJ430 配 H08A 或 H08MnA 焊丝。或者采用高锰焊丝配合无锰高硅或低锰高硅焊剂，如 HJ130、HJ230 配 H10Mn2 焊丝。

焊接有特殊要求的合金钢如低温钢、耐热钢、耐蚀钢等，为保证焊缝金属的化学成分，要选用相应的合金钢焊丝，配合碱性较高的中硅、低硅型焊剂。

4.2.2.2 埋弧焊焊接工艺参数

影响埋弧焊焊缝形状和尺寸的焊接工艺参数有焊接电流、电弧电压、焊接速度和焊丝直径等。

1. 焊接电流

当其他条件不变时，增加焊接电流对焊缝熔深的影响（图 4.6），无论是 Y 形坡口还是 I 形坡口，正常焊接条件下，熔深与焊接电流变化成正比，即对焊缝断面形状的影响，如图 4.7 所示。电流小，熔深浅，余高和宽度不足；电流过大，熔深大，余高过大，易产生高温裂纹。

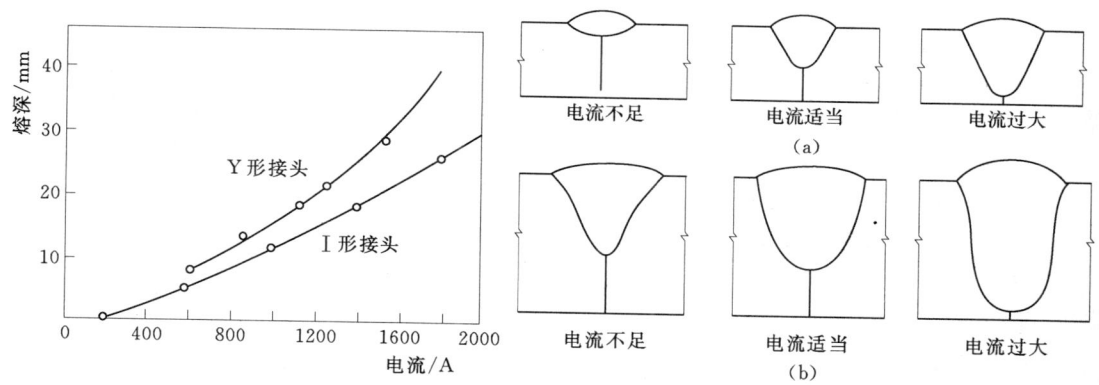

图 4.6 焊接电流与熔深的关系（ϕ4.8mm）

图 4.7 焊接电流对焊缝断面形状的影响
(a) I 形接头；(b) Y 形接头

2. 电弧电压

电弧电压和电弧长度成正比，在相同的电弧电压和焊接电流时，如果选用的焊剂不同，电弧空间电场强度不同，则电弧长度不同。如果其他条件不变，改变电弧电压对焊缝

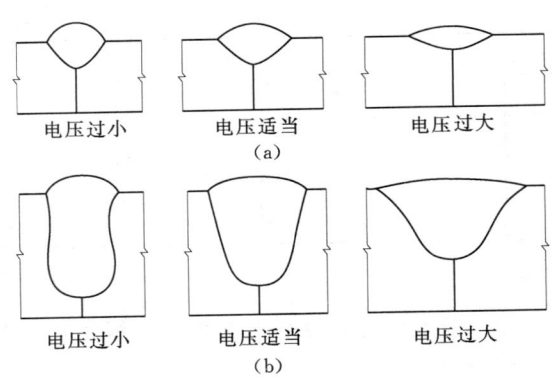

图 4.8 电弧电压对焊缝断面形状的影响
(a) I形接头；(b) Y形接头

形状的影响如图 4.8 所示。电弧电压低，熔深大，焊缝宽度窄，易产生热裂纹；电弧电压高时，焊缝宽度增加，余高不够。埋弧焊时，电弧电压是依据焊接电流调整的，即一定焊接电流要保持一定的弧长才可能保证焊接电弧的稳定燃烧，所以电弧电压的变化范围是有限的。

3. 焊接速度

焊接速度对熔深和熔宽都有影响，通常焊接速度小，焊接熔池大，焊缝熔深和熔宽均较大，随着焊接速度增加，焊缝熔深和熔宽都将减小，即熔深和熔宽与焊接速度成反比，如图 4.9 所示。

焊接速度对焊缝断面形状的影响，如图 4.10 所示。焊接速度过小，熔化金属量多，焊缝成形差；焊接速度较大时，熔化金属量不足，容易产生咬边。实际焊接时，为了提高生产率，在增加焊接速度的同时必须加大电弧功率，才能保证焊缝质量。

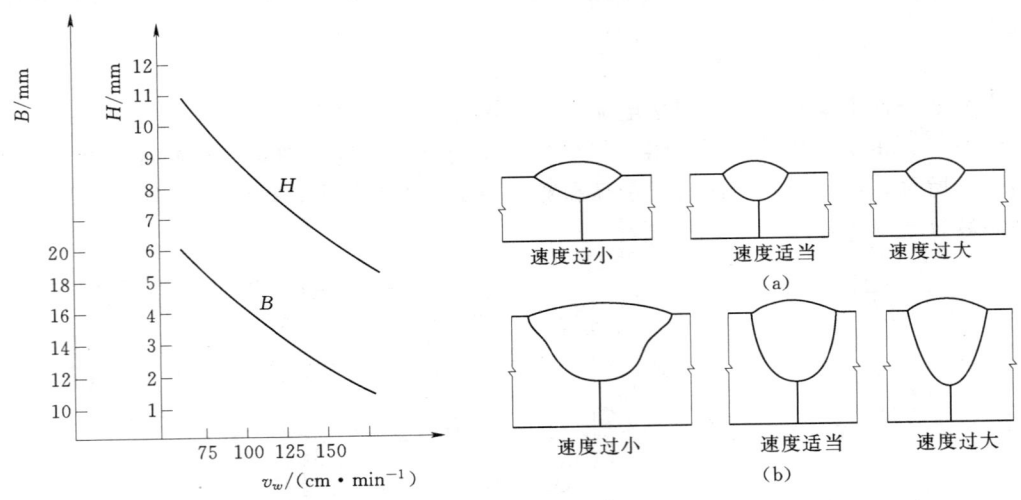

图 4.9 焊接速度对焊缝形成的影响
H—熔深；B—熔宽

图 4.10 焊接速度对焊缝断面形状的影响
(a) I形接头；(b) Y形接头

4. 焊丝直径

焊接电流、电弧电压、焊接速度一定时，焊丝直径不同，焊缝形状会发生变化。表 4.4 所示的电流密度对焊缝形状尺寸的影响。从表中可见，其他条件不变，熔深与焊丝直径成反比关系。但这种关系随电流密度的增加而减弱，这是由于随着电流密度的增加，熔池熔化金属量不断增加，熔融金属后排困难，熔深增加较慢，并随着熔化金属量的增加，余高增加焊缝成形变差，所以埋弧焊时增加焊接电流的同时要增加电弧电压，以保证焊缝成形质量。

表 4.4　电流密度对焊缝形状尺寸的影响 ($U=30\sim32V$，$U_w=33cm/min$)

项目	焊接电流/A							
	700～750			1000～1100			1300～1400	
焊丝直径/mm	6	5	4	6	5	4	6	5
平均电流密度/(A·mm^{-2})	26	36	58	38	52	84	48	68
熔深 H/mm	7.0	8.5	11.5	10.5	12.0	16.5	17.5	19.0
熔宽 B/mm	22	21	19	26	24	22	27	24
形状系数 B/H	3.1	2.5	1.7	2.5	2.0	1.3	1.5	1.3

5. 焊丝倾角和工件斜度的影响

焊丝的倾斜方向分为前倾和后倾两种，如图 4.11 所示。倾斜的方向和大小不同，电弧对熔池的吹力和热的作用就不同，对焊缝成形的影响也不同。图 4.11（a）为焊丝前倾，图 4.11（b）为焊丝后倾。焊丝在一定倾角内后倾时，电弧力后排熔池金属的作用减弱，熔池底部液体金属增厚，故熔深减小。而电弧对熔池前方的母材预热作用加强，故熔宽增大。图 4.11（c）是后倾角对熔深、熔宽的影响。实际工作中焊丝前倾只在某些特殊情况下使用，例如，焊接小直径圆筒形工件的环缝等。

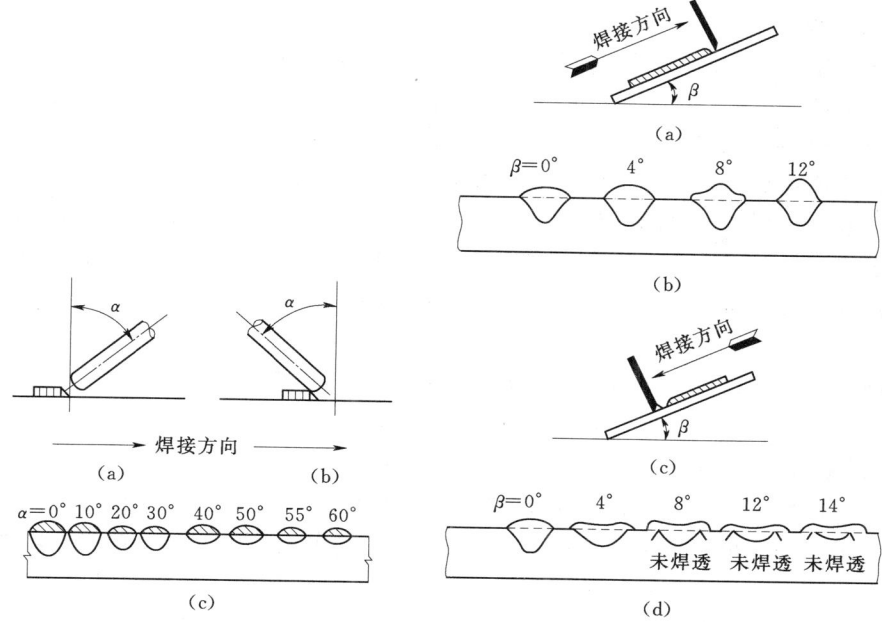

图 4.11　焊丝倾角对焊缝形成的影响
（a）前倾；（b）后倾；（c）焊丝后倾角度对焊缝形成的影响

图 4.12　工件斜度对焊缝形成的影响
（a）上坡斜；（b）上坡斜工件斜度的影响；
（c）下坡斜；（d）下坡斜工件斜度的影响
β—工件斜度

工件倾斜焊接时有上坡焊和下坡焊两种情况，它们对焊缝成形的影响明显不同，如图 4.12 所示。上坡焊时［图 4.12（a）、（b）］，若斜度 β 角大于 6°～12°，则焊缝余高过大，两侧出现咬边，成形明显恶化。实际工作中应避免采用上坡焊。下坡焊的效果与上坡焊相反，如图 4.12（c）、(d) 所示。

6. 焊剂堆高的影响

埋弧焊焊剂堆高一般在 25～40mm，应保证在丝极周围埋住电弧。当使用黏结焊剂或烧结焊剂时，由于密度小，焊剂堆高比熔炼焊剂高出 20%～50%。焊剂堆高越大，焊缝余高越大，熔深越浅。

4.2.3 焊接操作工艺

4.2.3.1 焊前准备

1. 坡口设计及加工

同其他焊接方法相比，埋弧焊接母材稀释率较大，母材成分对焊缝性能影响较大，埋弧焊坡口设计必须考虑到这一点。依据单丝埋弧焊使用电流范围，当板厚小于 14mm，可以不开坡口，装配时留有一定间隙；板厚为 14～22mm，一般开 V 形坡口。对于锅炉锅筒等压力容器通常采用 U 形或双 U 形坡口，以确保底层熔透和消除夹渣。

2. 装配点固

埋弧焊要求有接头间隙均匀无错边，装配时需根据不同板厚进行定间距、定位焊。另外直缝接头两端尚需加引弧板和熄弧板，以减少引弧和引出时产生缺陷。

3. 焊前清理

坡口内水锈、夹杂铁末，点焊后放置时间较长而受潮氧化等焊接时容易产生气孔，焊前需要提高工件温度或用喷砂等方法进行处理。

4.2.3.2 对接接头单面焊

对接接头埋弧焊时，工件可以开坡口或不开坡口。开坡口不仅为了保证熔深，而且有时还为了达到其他的工艺目的。如焊接合金钢时，可以控制熔合比；而在焊接低碳钢时，可以控制焊缝余高等。在不开坡口的情况下，埋弧焊可以一次焊透 20mm 以下的工作，但要求预留 5～6mm 的间隙，否则厚度超过 14～16mm 的板料必须开坡口才能用单面焊一次焊透。

对接接头单面焊可以采用以下几种方法：在焊剂垫上焊，在焊剂铜衬板上焊，在永久性垫板或锁底接头上焊，以及在临时衬垫上焊和悬空焊等。

4.2.3.3 对接接头双面焊

一般工件厚度从 10～40mm 的对接接头，通常采用双面焊。接头形式根据钢种、接头性能要求的不同，可采用 I 形、Y 形、X 形坡口。这种方法对焊接工艺参数的波动和工件装配质量都不敏感，其焊接技术关键是保证第一面焊的熔深和熔池的不流溢和不烧穿。焊接第一面的实施方法有悬空法、加焊剂垫法以及利用薄钢带、石棉绳、石棉板等做成临时工艺垫板法进行焊接。

4.2.3.4 角焊缝焊接

焊接 T 形接头或搭接接头的角焊缝时，采用船形焊和平角焊两种方法。

1. 船形焊

将工件角焊缝的两边置于与垂直线各成 45℃的位置，可为焊缝成形提供最有利的条件。这种焊接接头的装配间隙不超过 1～1.5mm，否则，必须采取措施，以防止液态金属流失，如图 4.13 所示。

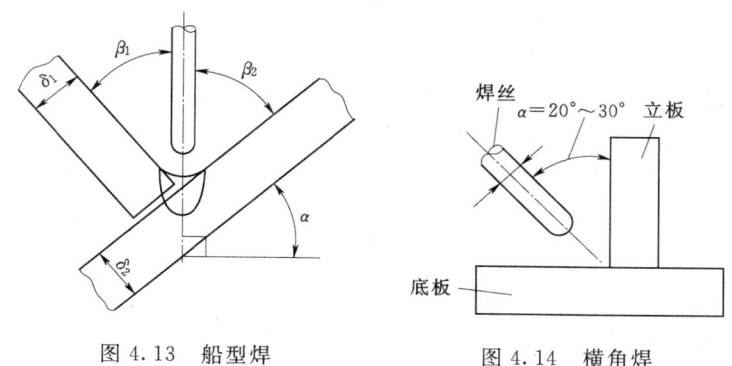

图 4.13 船型焊　　　　图 4.14 横角焊

2. 横角焊

当工件不便于采用船形焊时，可采用横角焊来焊接角焊缝，如图 4.14 所示。这种焊接方法对接头装配间隙不敏感，即使间隙达到 2～3mm，也不必采取防止液态金属流失的措施。焊丝与焊缝的相对位置，对横角焊的质量有重大影响。焊丝偏角 α 一般在 20～30℃之间。每一单道平角焊缝的断面积不得超过 40～50mm^2，当焊脚长度超过 8mm×8mm 时，会产生金属溢流和咬边。

3. 多丝角焊缝

为了提高焊接效率和增大焊角尺寸，可以采用串列多丝角焊。此时焊丝布置的位置、角度及距离必须设计好，其依据是前后熔池的确定。如果焊接距离不大，前面熔池的渣会使后面电弧不稳定；距离太小又会使熔渣卷入后面的熔池。一般串列电弧焊接时，前面电极使用电源较大而后面较小，焊缝成形较好。

4.2.3.5 高效埋弧焊

1. 多丝埋弧焊

多丝埋弧焊是一种高生产率的焊接方法。按照所用焊丝数目有双丝埋弧焊、三丝埋弧焊等，在一些特殊应用中焊丝数目多达 14 根。目前工业上应用最多的是双丝埋弧焊和三丝埋弧焊。双丝焊和三丝焊的电源连接方式。焊丝排列一般都采用纵列式，即 2 根或 3 根焊丝沿焊接方向顺序排列。焊接过程中，每根焊丝所用的电流和电压各不相同，因而它们在焊缝成形过程中所起的作用也不相同。一般由前导的电弧获得足够的熔深，后续电弧调节熔宽或起改善成形的作用。为此，焊丝间的距离要适当。

2. 带状电极埋弧焊

此种方法具有最高的熔敷速度、最低的熔深和稀释度，尤其是双带极埋弧焊，因此是表面堆焊的理想方法。带极埋弧焊的关键是要有合适成分的带材、焊剂和送带机构。一般常用的带宽为 60mm。焊剂宜采用烧结焊剂，并尽可能减少氧化铁含量。

带极埋弧堆焊通常采用直流反接极性。宽带极埋弧堆焊采用轴向外加磁场或横向交变磁场，可以有效地提高宽带堆焊层的熔宽和熔深均匀性。

3. 附加依靠焊丝电阻热预热的热丝、冷丝、铁粉的埋弧焊方法

这些方法有较高熔敷率、较低的熔深和稀释率。仅适用于难以制成带极或丝极的某些

合金埋弧堆焊及焊接，也常在窄间隙埋弧焊时被采用。

4. 单面焊双面一次成形埋弧焊

在一定的板厚、坡口及间隙条件下，采用适当的强制成形衬垫可以实现单面焊双面一次成形对接埋弧焊。这种施焊方法可以免除焊件翻身，提高生产率。但由于受电弧能量密度的限制，只能在小于 25mm 板厚条件下实现单面焊双面成形。

埋弧焊的单面焊双面成形的关键是设计合理的强制成形衬垫装置，并使其紧贴焊缝反面。

5. 窄间隙埋弧焊

厚度在 50mm 以上，焊件若采用普通的 V 形或 U 形坡口埋弧焊，则焊接层数、道数多，焊缝金属填充量及所需焊接时间均随厚度成几何级数增长，焊接变形也会非常大且难以控制。窄间隙埋弧焊就是为了克服上述弊端而发展起来的，其主要特点为：

（1）窄间隙坡口底层间隙为 12～35mm，坡口角度为 10°～70°，每层焊缝道数为 1～3，常采用工艺垫板打底焊。

（2）气孔为避免电弧在窄坡口内极易诱发的磁偏吹，通常采用交流方波电源是一种理想的电源。

（3）为了提高窄坡口埋弧焊的熔敷和焊接速度，采用串列双弧焊是有效途径。

（4）为使焊丝送达厚板窄坡口底层，需设计能插入坡口内的专用窄焊嘴，焊丝外伸长度常取为 50～75mm，以获得较高的熔敷速率。

（5）要采用专用焊剂，其颗粒度一般较细，脱渣性应特别好，为满足高强韧性焊缝金属性能，大多采用高碱度烧结型焊剂。

（6）为保证焊丝和电弧在深而窄坡口内的正确位置，采用自动跟踪控制常常是必需的。

复 习 思 考 题

1. 埋弧焊具有什么特点？
2. 埋弧焊设备有哪些？
3. 埋弧焊机的类型有哪几种？各有什么特点？
4. 埋弧焊丝的作用、类型有哪些？
5. 埋弧焊剂类型及表达有何特点？
6. 影响焊接质量的埋弧焊工艺参数如何制定？
7. 埋弧焊焊前准确哪些内容？
8. 高效埋弧焊有哪些类型？

第 5 章 气 焊 与 气 割

在生产中,利用可燃气体与助燃气体混合燃烧所释放出的热量做热源进行金属材料的焊接或切割,是金属材料热加工常用的工艺方法之一。本章首先介绍气焊的基本原理、特点及应用,然后介绍气焊用气体、焊接材料、设备及工具和焊接工艺,最后介绍气割的原理及应用。

5.1 气 焊 概 述

气焊是利用气体火焰作为热源的一种焊接方法。它借助可燃气体与助燃气体混合后燃烧产生的火焰,将接头部位母材金属和焊丝熔化,使被熔化的金属形成熔池,冷却凝固后形成一个牢固的接头,从而使两焊件连接成一个整体。最常用的气焊是氧乙炔焊,如图 5.1 所示。

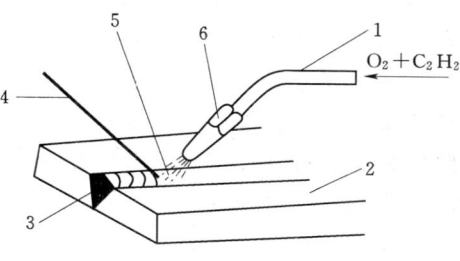

图 5.1 氧乙炔焊示意图
1—混合气管;2—焊件;3—焊缝;
4—焊丝;5—火焰;6—焊嘴

1. 气焊的优点

气焊与电弧焊相比,它的优点是:

(1) 设备简单,移动方便,在无电力供应地区可以方便地进行焊接。

(2) 可以焊接很薄的工件。

(3) 焊接铸铁和部分有色金属时焊缝质量好。

2. 气焊的缺点

(1) 热量较分散,热影响区及变形大。

(2) 生产率较低,不易焊较厚的金属。

(3) 某种金属因气焊火焰中氧、氢等气体与熔化金属发生作用,会降低焊缝性能。

(4) 难以实现自动化。

由于气焊火焰具有温度低的特点,它特别适用于薄板的焊接以及低熔点材料的焊接,能用于工具钢和铸造类需要预热和缓冷的材料的焊接,同时还广泛应用于有色金属的钎焊及硬质合金堆焊,以及用于磨损和报废件的补焊。

5.2 气焊用气体和焊接材料

5.2.1 气焊用气体

气焊用气体由助燃气体(氧气)和可燃气体(乙炔、液化石油气等)两部分组成。可燃气体的种类很多，常见可燃气体的发热量及火焰温度见表5.1。其中乙炔是目前最常用的可燃气体。

表5.1　　　　　　　　　　　可燃气体的发热量及火焰温度

气体	发热量/(J·L^{-1})	火焰温度/℃	气体	发热量/(J·L^{-1})	火焰温度/℃
乙炔	52753	3200	煤气	20934	2100
氢	10048	2160	沼气	33076	2000
丙烷、丁烷	8876	2000			

1. 氧气

氧气是气焊（气割）时必须使用的气体。氧在常温和标准大气压下是无色无嗅的气体，密度为 1.43kg/m³。在大气压下温度降到 -182.96℃时，氧由气态变为蓝色的液态，在 -218.4℃时形成淡蓝色的固体。气焊和气割必须选用高纯度的氧气，才能获得所需的导热强度。一般工业用气体氧的纯度被分为两级：一级纯度质量分数不低于 99.5%，常用于质量要求较高的气焊（气割）；二级纯度不低于 98.5%，常用于没有严格要求的气焊（气割）。

2. 乙炔

乙炔的分子式为 C_2H_2，是未饱和的碳氢化合物，在常温和大气压力下为无色气体。工业用乙炔混有许多杂质，如硫化氢、磷化氢等，故有刺鼻的特殊气味，密度为 1.17kg/m³。乙炔的沸点为 -82.4℃，温度在 -83.6℃时成为液体，温度低于 -85℃时成为固体。气体乙炔能溶解于水、丙酮等液体，在常温常压下 1L 丙酮能溶解 23L 乙炔。乙炔是一种危险的易燃、易爆气体，不论是液体或固体，在一定条件下可能因摩擦、冲击而爆炸。工业用乙炔主要由水分解电石而得到。

3. 丙烷、丁烷

丙烷、丁烷是石油工业副产品，也称液化石油气，主要成分是丙烷（C_3H_8）、丁烷（C_4H_{10}）等碳氢化合物。这些物质在常温和大气压下呈气态，当表压力升到 0.8~1.5MPa 时即变为液体——液化石油气。气态时为一种略带臭味的无色气体，在标准状态下的密度为 1.8~2.5kg/m³，比空气重。此气体在纯氧中燃烧的火焰温度可达 2800℃左右。达到完全燃烧所需的氧气量比乙炔约大一倍。液化石油气在氧气中燃烧速度约为乙炔的一半。若此气体与空气混合，丙烷占 2.3%~9.5%体积时，遇有火星也会爆炸。

5.2.2　气焊用焊接材料

1. 气焊丝

气焊时，焊丝不断地送入熔池内，并与熔化的基本金属熔合形成焊缝。焊缝的质量在很大程度上与气焊丝的化学成分和质量有关，因此焊丝的正确选用是非常重要的。

（1）气焊丝选用的原则。

1）考虑母材金属的力学性能。气焊丝的化学成分是影响焊接接头力学性能的主要因素。

因此，一般应根据焊件的成分来选用焊丝。还要考虑焊件的受力情况，对焊接接头强度要求高的焊件，应选用比母材金属强度高的或等强度的焊丝。

如果焊件工况承受冲击力，应选用韧性好的焊丝。如果要求焊件耐磨，则应选用耐磨材料的焊丝。总之，选用焊丝材料的原则之一就是要符合焊件力学性能的要求。

2) 考虑焊接性。选用焊丝除了考虑强度外，还要考虑焊缝金属和母材金属的熔合及其组织的均匀性。一般要求焊丝的熔点应等于或略低于母材金属的熔点。否则，在气焊过程中容易形成烧穿、咬边或夹渣等缺陷。

焊接性良好的焊丝填入焊缝熔池后，焊缝金属和熔合线处的晶粒组织细密，熔池金属没有沸腾、喷溅现象。检查焊丝的焊接性时，可用气焊火焰把焊丝一端熔化后观察一下，如果略为呈现油亮而黏稠状态，凝固后焊缝表面光亮、没有裂纹、塌陷、粗糙等现象，这种焊丝就是较好的。

3) 考虑焊件的特殊要求。焊接对介质和温度有特殊要求的焊件，应选用能满足这些要求的焊丝。

(2) 常用气焊丝的型号和用途。

1) 碳素结构钢焊丝。一般低碳钢焊件采用的焊丝有 H08A，重要的低碳钢焊件用 H08Mn、H08MnA，中强度焊件用 H15A，强度较高的焊件用 H15Mn。

焊接强度等级为 300～350MPa 的普通碳素钢时，采用 H08A、H08Mn 和 H08MnA 等焊丝。焊接优质碳素钢和低合金结构钢时，可采用碳素结构钢焊丝或合金结构钢焊丝，如 H08Mn、H08MnA、H10Mn2 以及 H10Mn2MoA 等。碳素结构钢和合金结构钢焊丝的牌号、代号及化学成分可参见相关国家标准。

2) 铸铁用焊丝。铸铁焊丝分为灰铸铁焊丝和合金铸铁焊丝，其型号、化学成分可参见相关国家标准。

2. 气焊熔剂

(1) 气焊熔剂的作用。气焊过程中，被加热的熔化金属极易与周围空气中的氧或火焰中的氧化合生成氧化物，使焊缝中产生气孔和夹渣等缺陷。为了防止金属的氧化及消除已经形成的氧化物，在焊接有色金属、铸铁以及不锈钢等材料时必须采用气焊熔剂。

气焊熔剂可以在焊前涂在焊件的待焊位置上或涂在焊丝上；也可以在气焊过程中将焊丝沾上熔剂后再填加到熔池内。在高温下熔剂熔化与熔池内的金属氧化物或非金属夹杂物相互作用形成熔渣，浮在焊接熔池的表面，覆盖着熔化的焊缝金属，从而可以防止熔池金属的氧化并改善焊缝金属的性能。

(2) 气焊熔剂的种类。气焊熔剂分为化学熔剂和物理熔剂两种。

1) 化学熔剂。这类熔剂由一种或几种酸性氧化物或碱性氧化物组织，所以也称为酸性熔剂或碱性熔剂。其中酸性熔剂如硼砂、硼酸、二氧化硅等，主要用于焊接铜及其合金、合金钢等。焊接时形成的氧化亚铜、氧化锌和氧化铁等是碱性氧化物，因此，要采用酸性熔剂。碱性熔剂如碳酸钾和碳酸钠等，主要用于补焊铸铁。由于此时熔池内形成高熔点的二氧化硅（熔点 1350℃），所以采用碱性熔剂。

2) 物理熔剂。这类熔剂有氯化钾、氯化钠、氯化锂、氟化钾、氟化钠、硫酸氢钠等，主要用于焊接铝及其合金。在气焊铝及其合金时，熔池表面形成一层 Al_2O_3 薄膜，这种化合物不能被酸性或碱性熔剂中和，直接阻碍焊接过程的顺利进行。因此必须用有物理作

用的熔剂将 Al_2O_3 溶解，从而获得高质量的焊缝。

（3）常用气焊熔剂及选用。气焊熔剂应根据母材金属在气焊过程中所产生的氧化物的种类来选用。所选用的熔剂应能中和或溶解这些氧化物。常用气焊熔剂的种类、用途及性能见表 5.2。

表 5.2　　　　　　　　常用气焊用熔剂的种类、用途及性能

熔剂型号	代号	应用范围	基 本 性 能
熔剂 101	CJ101	不锈钢及耐热钢	熔点约为 900℃。有良好的湿润作用，能防止熔化金属被氧化，焊后熔渣易清除
熔剂 201	CJ201	铸铁	熔点约为 650℃。呈碱性反应，富潮解性，能有效地去除铸铁在气焊时所产生的硅酸盐和氧化物，有加速金属熔化的功能
熔剂 301	CJ301	铜及铜合金	系硼基盐类，易潮解，熔点约为 650℃。呈酸性反应，能有效地消除氧化铜和氧化亚铜
熔剂 401	CJ401	铝及铝合金	熔点约为 560℃。呈碱性反应，能有效地破坏氧化铝膜，因富有潮解性，在空气中能引起铝的腐蚀，焊后必须将熔渣清除干净

5.3　气焊设备及工具

气焊设备及工具主要由氧气瓶、氧气减压器、乙炔发生器（或乙炔瓶）、乙炔减压器回火保险器、焊炬和橡皮管等组成，如图 5.2 所示。

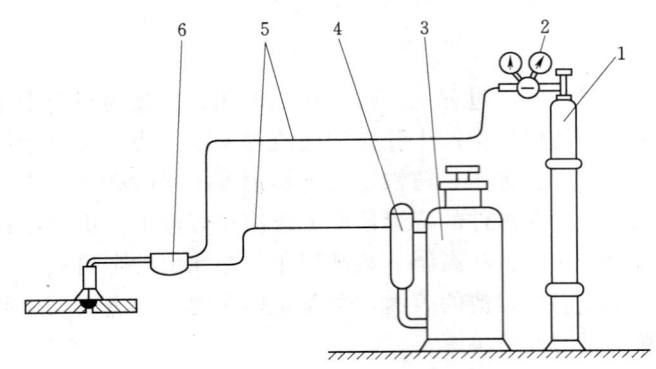

图 5.2　气焊设备组成

1—氧气瓶；2—减压器；3—乙炔发生器（乙炔瓶）；4—回火保险器；5—橡皮管；6—焊炬

1. 氧气瓶

氧气瓶是储存和运输高压氧气的容器。瓶体漆成天蓝色，并漆有黑色"氧气"字样。氧气瓶容量一般为 40L，额定工作压力为 15MPa。

2. 减压器

减压器是将气瓶中高压气体的压力减到气焊气割所需压力的一种调节装置。减压器不但能减低压力、调节压力，而且能使输出的低压气体的压力保持稳定，不会因气源压力降

5.3 气焊设备及工具

低而降低。气焊气割用减压器有氧气减压器、乙炔减压器和丙烷减压器等。

3. 乙炔发生器和乙炔瓶

乙炔发生器是使水与电石进行化学反应，从而产生一定压力乙炔气体的装置。乙炔发生器有低压和中压两种。前者乙炔压力低于 0.007MPa，后者乙炔压力为 0.007～0.13MPa。两者相比，中压乙炔发生器应用要比低压乙炔发生器更广泛。目前，在我国乙炔发生器正在逐步被乙炔瓶所取代。

乙炔瓶是储存和运输乙炔的容器。瓶体漆成白色，并漆有红色"乙炔"字样。瓶内装有浸满着丙酮的多孔性填料，可使乙炔呈 1.5MPa 的压力安全地储存在瓶内。使用时，必须用乙炔减压器将乙炔压力降到低于 0.103MPa 方可使用。多孔性填料通常用质轻而多孔的活性炭、木屑、浮石和硅藻土等合制而成。乙炔瓶比乙炔发生器安全，而且卫生。

4. 焊炬

焊炬是用于控制火焰进行焊接的工具，其功用是将可燃气体与氧气按一定比例混合后以一定速度喷出。使用各种号码焊嘴时的混合气体流速见表 5.3。

表 5.3 各种焊嘴的混合气体流速

焊嘴号码	1	2～3	4～6	7
混合气体流速/(m·s^{-1})	60～80	80～120	120～140	140～160

焊炬的分类及特点见表 5.4。

目前，我国应用最广的为射吸式焊炬。等压式焊炬由于使用中压或高压乙炔，尚未获得广泛应用。

表 5.4 焊炬分类及特点

类别	结 构 图	工作原理	优点	缺点
射吸式	1—乙炔阀；2—乙炔导管；3—氧气导管；4—氧气阀；5—喷嘴；6—射吸管；7—混合气管；8—焊嘴	靠喷射器（喷嘴和射吸管）的射吸作用调节氧和乙炔的流量，以保证乙炔与氧按一定的比例混合。射吸作用主要利用高压氧从喷嘴喷出产生的射吸力	工作压力在 0.001MPa 以上即可使用，通用性强，低、中压乙炔都可使用	较易回火
等压式（中压式）	1—氧气导管；2—氧气阀；3—乙炔阀；4—乙炔导管；5—混合气管；6—焊嘴	乙炔靠自己的压力与氧在焊嘴接头与焊嘴的空隙内混合，因此使用乙炔的压力与氧相等或接近	结构简单，火焰燃烧稳定，回火可能比射吸式小	只能使用中压、高压乙炔，不能用低压乙炔

5. 橡皮管

氧气橡皮管应为黑色,内径为 8mm,工作压力为 1.5MPa,试验压力为 3.0MPa。乙炔橡皮管应为红色,为径为 10mm,工作压力为 0.5MPa 或 1MPa。连接焊炬或割炬的橡皮管不能短于 5m,一般在 10~15m 为宜,太长了会增加气体流动的阻力。

另外,为了安全必须设置回火保险器,是防止火焰向燃气管路或气源回烧的保险装置。

5.4 气 焊 工 艺

5.4.1 气体火焰

1. 气焊火焰的种类及特点

气焊火焰是可燃性气体(或可燃液体蒸气)与氧气混合燃烧而形成的。乙炔与氧混合燃烧所形成的火焰,一般称为氧乙炔焰。氧乙炔焰具有很高的温度(约 3200℃),加热集中,这是目前气焊中采用的主要火焰。

氧乙炔焰由于混合比不同有三种火焰:中性焰、氧化焰和碳化焰,如图 5.3 所示。

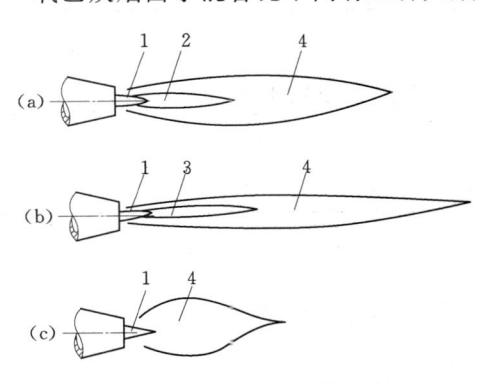

图 5.3 氧乙炔焰
(a) 中性焰;(b) 碳化焰;(c) 氧化焰
1—焰心;2—内焰(暗红色);
3—内焰(淡白色);4—外焰

(1) 中性焰。是氧乙炔混合比(体积)为 1.1~1.2 时燃烧所形成的火焰。其特征为亮白色的焰心端部有淡白色火焰闪动,时隐时现。中性焰的内焰区气体为 CO 和 H_2,无过量氧,也没有游离碳,因此呈暗紫色。中性焰的内焰实际上并非中性,而是具有一定的还原性,故有人称中性焰为正常焰。中性焰应用最广。

(2) 碳化焰。碳化焰是氧乙炔混合比(体积)小于 1.1 时的火焰。其特征是内焰呈淡白色。这是因为碳化焰的内焰有多余的游离碳。碳化焰具有较强的还原作用,也有一定的渗碳作用。

(3) 氧化焰。氧化焰是氧乙炔的混合比大于 1.2 时火焰。其特征是焰心端部无淡白色火焰闪动,内焰,外焰分不清。氧化焰有过量的氧,因此氧化焰有氧化性。

中性焰焰心外 2~4mm 处温度最高,达 3150℃左右。因此,气焊时焰心离开工件表面 2~4mm,此时热效率最高,保护效果最好。

2. 各种火焰的适用范围

根据焊接材料来选择不同性质的火焰,才能获得优质的焊缝。各种金属材料气焊时所采用的火焰见表 5.5。

表 5.5　　各种金属材料气焊火焰的选择

焊件材料	应用火焰	焊件材料	应用火焰
低碳钢	中性焰	铬镍不锈钢	中性焰或轻微碳化焰
中碳钢	中性焰或轻微碳化焰	纯铜	中性焰
低合金钢	中性焰	锡青铜	轻微氧化焰
高碳钢	轻微碳化焰	黄铜	氧化焰,减少锌蒸发
灰铸铁	碳化焰或轻微碳化焰	铝及其合金	中性焰或轻微碳化焰
高速钢	碳化焰	铅、锡	中性焰或轻微碳化焰
锰钢	轻微氧化焰	镍	碳化焰或轻微碳化焰
镀锌铁皮	轻微氧化焰	蒙乃尔合金	碳化焰
铬不锈钢	中性焰或轻微碳化焰	硬质合金	碳化焰

5.4.2 气焊接头的种类及坡口形式

1. 气焊接头的种类

常用的气焊接头形式有卷边接头、对接接头及角接接头等几种,如图 5.4 所示。焊接接头的形式可根据焊件厚度、结构形式、强度要求和施工条件等情况选定。一般气焊接头采用对接接头形式。气焊 0.5～1mm 的薄钢板时,宜采用卷边接头及角接接头;当板厚小于 3mm 时,也可采用 I 形坡口的对接接头;当板厚等于或大于 4mm 时,可采用 Y 形坡口。

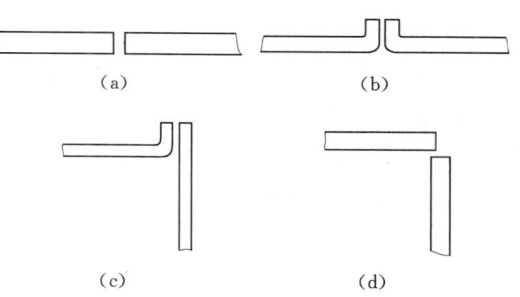

图 5.4　气焊常用的接头形式
(a)、(c) 对接接头；(b) 卷边接头；(d) 角接头

2. 气焊焊缝坡口的基本形式与尺寸

在 GB/T 985.1—2008《气焊、焊条电弧焊、气体保护焊和高能束焊的推荐坡口》中规定了钢焊接接头的各种坡口形式与尺寸。可以根据板厚 δ 从该标准中查出装配间隙 b。如果焊件厚度较大,需要开坡口,也可从该标准中查出相应的坡口形式及尺寸。

5.4.3 气焊焊接参数

气焊焊接参数通常包括焊丝的牌号、直径、熔剂、火焰性质与火焰能率、焊嘴的倾角、焊接方向和焊接速度等。

1. 焊丝直径的选择

焊丝直径是根据工件厚度选择的。选择焊丝直径时,可参见表 5.6。

表 5.6　　气焊焊丝直径的选择

工件厚度/mm	1～2	2～3	3～5	5～10	10～15	>15
焊丝直径/mm	1～2	2	2～3	3～4	4～6	6～8

2. 气焊火焰的性质和火焰能率的选择

(1) 火焰性质的选择。火焰性质是根据焊件材料的种类及其性能来选择的。一般来说，对于需要尽量减少元素烧损和增碳的材料，气焊时应选用中性焰；对于允许和需要增碳及还原气氛的材料，可选用碳化焰；而对于母材金属含有低沸点元素（Sn、Zn 等）的材料，因需要生成氧化薄膜覆盖在熔池表面，以保护这些元素不再蒸发的材料，应选用氧化焰，也可以参照表 5.5 选用。

（2）火焰能率的选择。火焰能率是以每小时可燃气体（乙炔）的消耗量（L/h）来表示的，其物理意义是表示单位时间内可燃气体所提供的能量（热能）。

焊接不同的焊件时，要选择不同的火焰能率。如果焊接较厚的焊件，熔点较高的金属，导热性较好的铜、铅及其合金，就要选用较大的火焰能率，才能保证焊缝焊透；反之，焊接薄板时，火焰能率就要适当地减少以防烧穿。

火焰能率的大小，主要取决于氧乙炔混合气体的流量。流量的粗调，主要是靠更换焊炬型号和焊嘴号码来实现；流量的细调则可调节气体调节阀。焊嘴号码应根据母材金属的厚度、熔点和导热性能等因素来选定，可参见表 5.3。

3. 焊炬倾角的选择

焊炬倾角是指焊炬中心线与焊件平面之间的夹角 α。焊炬倾角大，热量散失少，焊件得到的热量多，升温快；焊炬倾角小，热量散失多，焊件受热少、升温慢。因此，在焊接厚度大，熔点较高或导热性较好的焊件时，或开始焊接时，为了较快地加热焊件和迅速形成熔池，焊炬的倾角要大些；反之，可以小些。焊接碳素钢时焊炬倾角与焊件厚度的关系如图 5.5 所示。

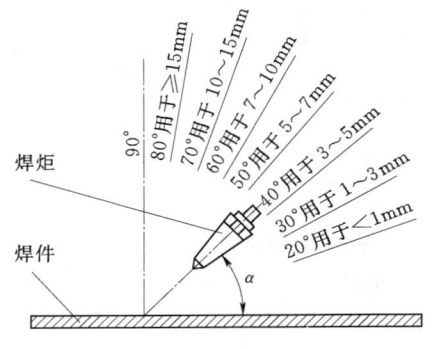

图 5.5　焊炬倾角与焊件厚度的关系

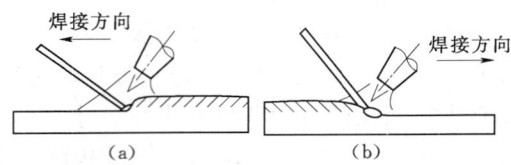

图 5.6　左向焊与右向焊
(a) 左向焊；(b) 右向焊

4. 焊接方向

气焊方向可有两种，如图 5.6 所示。左向焊适用于焊接薄板，右向焊适用于焊接厚度较大的工件。

5. 焊接速度的选择

对于厚度大、熔点高的焊件，焊接速度要慢些，以免发生未熔合的缺陷；而对于厚度小、熔点低的焊件，焊接速度要快些，以免烧穿或使焊件过热，降低焊缝质量。

焊接速度的快慢，应根据焊工操作的熟练程度与焊缝位置等具体情况而定。在保证焊接质量的前提下应尽量加快焊接速度，以提高生产率。

5.5 气　　割

5.5.1 气割的基本原理

1. 氧气切割的过程

气割是利用气体火焰的热能将割件切割处预热到一定温度后，喷出高速切割氧流，使其燃烧并放出热量实现切割的方法。氧气切割是常用的切割方法。图 5.7 为常用的氧气切割原理简图。

氧气切割包括下列三个过程：

(1) 预热。气割开始时，先用预热火焰将起割处的金属预热到燃烧温度（燃点）。

(2) 燃烧。向被加热到燃点的金属喷射切割氧，使金属在纯氧中剧烈地燃烧。

(3) 氧化与吹渣。金属氧化燃烧后，生成熔渣并放出大量的热，熔渣被切割氧吹掉，所产生的热量和预热火焰的热量将下层金属加热到燃点，这样继续下去就将金属逐渐地割穿。随着割炬的移动，就割出了所需的形状和尺寸。

总之，金属的气割过程为预热→燃烧→吹渣的过程。其实质是金属在纯氧中燃烧的过程，而不是金属的熔化过程。

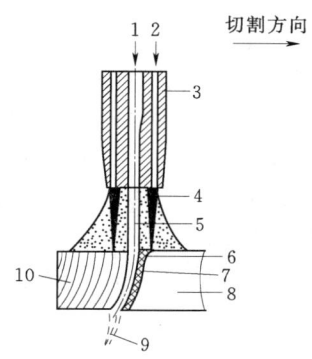

图 5.7　氧气切割原理简图
1—切割氧；2—预热气体；3—割嘴；
4—预热火焰；5—切割氧流；6—预热区；7—反应区；8—焊件；
9—熔渣；10—后拖线

2. 氧气切割的条件

为了使氧气切割过程能顺利地进行下去，被割金属材料应具备以下几个条件。

(1) 金属材料的燃点应低于熔点。如果金属材料的燃点高于熔点，则在燃烧前金属已经熔化。由于液态金属流动性很大，这样将使切口很不平整，造成切割质量差，严重时甚至使切割过程无法进行。所以，被切割金属材料的燃点低于熔点是保证切割过程顺利进行的最基本条件。

例如，纯铁的燃点为 1050℃，而熔点为 1535℃；低碳钢的燃点约为 1350℃，而熔点为 1500℃。它们完全可满足上述条件，所以纯铁和低碳钢均具有良好的气割条件。

随着钢中含碳量的增加，其熔点降低而燃点增高，故气割也不易顺利进行。当碳钢碳的质量分数 $w(C)$ 为 0.70% 时，其熔点和燃点差不多都等于 1300℃，切割有困难；当 $w(C) > 0.70\%$ 时，燃点比熔点高，更无法气割。

铜、铝及铸铁的燃点均比熔点高，所以就不能用普通氧气切割的方法进行切割。

(2) 金属氧化物的熔点低于金属的熔点。气割时生成的氧化物的熔点必须低于金属的熔点，并且要黏度小，流动性好，这样才能把金属氧化物从切口中吹掉。反之，如果生成的金属氧化物熔点比金属熔点高，则高熔点的金属氧化物将会阻碍下层金属与切割氧气流的接触，使下层金属不易被氧化燃烧，这样会使气割过程难以进行。例如，高铬和铬镍不锈钢、铝及其合金、高碳钢、灰铸铁等氧化物的熔点也均高于材料本身的熔点，所以这些材料就不能采用氧气切割的方法进行气割。常用的金属材料及其氧化物的熔点见表5.7。

表5.7　　　　　　　　　常用金属材料及其氧化物的熔点

金属名称	熔点/℃		金属名称	熔点/℃	
	金属	氧化物		金属	氧化物
纯铁	1535	1300～1500	黄铜、锡青铜	850～900	1236
低碳钢	约1500	1300～1500	铝	657	2050
高碳钢	1300～1400	1300～1500	锌	419	1800
铸铁	约1200	1300～1500	铬	1550	约1900
纯铜	1083	1236	镍	1450	约1900

（3）金属在氧气中燃烧时放出的热量大。金属燃烧时放出的热量大，才能对下层金属起到预热作用，有利于气割过程的顺利进行。例如，切割低碳钢时，由金属燃烧所产生的热量就占70%左右，而由预热火焰所提供的热量仅占30%左右。由此可见，金属燃烧时放出的热量在切割过程中所起的作用是相当大的。凡能达到上述要求的金属都能得到满意的气割性能；而达不到这些条件的金属，其气割性能也就较差，甚至不能气割。

5.5.2　气割设备

气割时所用设备，除所用的割炬与焊炬不同外，其他设备均与气焊用的相同。此外，气割设备还有手工割炬、半自动气割机和自动气割机。

1. 手工割炬

同焊炬一样，割炬也有射吸式和等压式两种，目前应用较多的是射吸式割炬。射吸式割炬构造原理如图5.8所示。乙炔是靠预热火焰的氧气射入射吸管而被吸入射吸管内。这种割炬适用于低压或中压乙炔。割嘴结构有环形（组合式）和梅花形（整体式）两种。等压式割炬只适用于中压乙炔。

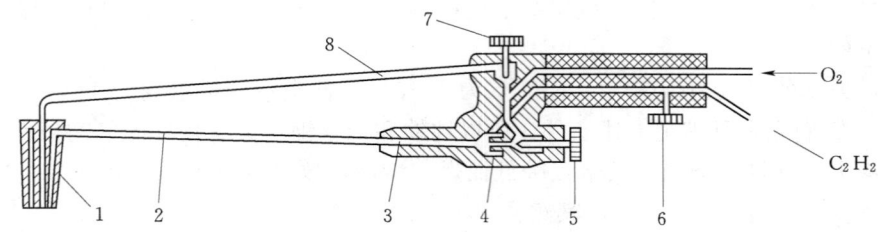

图5.8　射吸式割炬构造原理
1—割嘴；2—混合气管；3—射吸管；4—喷嘴；5—氧气阀；
6—乙炔阀；7—切割氧气阀；8—切割氧气管

2. 半自动气割机

半自动切割机在我国应用广泛，常用CG1-30型半自动气割机，可进行直线和直径大于200mm的圆周、斜面、V形坡口等形状的气割。

3. 自动气割机

常见自动气割机是摇臂仿形式和直角坐标式自动气割机。现在国外已广泛使用数控气割机。我国已能自行设计和制造光电跟踪气割机和数控气割机,并已在生产中使用。

5.5.3 气割工艺

气割参数包括切割氧压力、切割速度、预热火焰能率、割炬与工件间的倾角,以及割炬离开工件表面的距离等。

(1) 切割氧的压力。切割氧的压力与割件厚度、割嘴号码以及氧气纯度等因素有关。随着工件厚度的增加,选择的割嘴号码要增大,氧气压力也要相应增大。反之,则所需氧气的压力就可适当降低。但氧气压力是有一定范围的,若氧气压力过低,会使气割过程中的氧化反应减慢,同时在切口的背面会形成难以清除的熔渣黏结物,甚至不能将割件割穿;反之,若氧气压力过大,不仅造成浪费,而且还将对割件产生强烈的冷却作用,使切割表面粗糙,切口宽度加大,切割速度反而减慢。

(2) 切割速度。切割速度与工件厚度和使用的割嘴形状有关。工件越厚,切割的速度越慢;反之,工件越薄,则切割速度应该越快。然而,切割速度太慢,会使割缝边缘熔化;切割速度过快,则会产生很大的后拖量或割不穿。

切割速度正确与否,主要根据切口的后拖量来判断。所谓后拖量,就是在氧气切割过程中,在同一条割纹上沿切割方向两点间的最大距离,如图5.9所示。气割时,由于各种原因,出现后拖量的现象是不可避免的,尤其气割厚板时更为显著。因此,应选用合适的切割速度,使后拖量控制在最小限度,以保证气割质量和降低气体的消耗量。

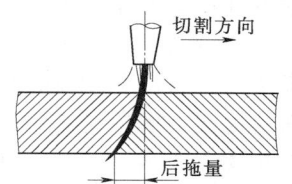

图 5.9 氧气切割时产生的后拖量

(3) 预热火焰的性质与能率。气割时,预热火焰应采用中性焰或轻微的氧化焰而不能采用碳化焰,因为碳化焰会使割缝边缘增碳,因此在切割过程中要随时调整预热火焰。

预热火焰能率应根据割件厚度选择,一般割件越厚,火焰能率应越大,但不是成正比例关系。气割厚钢板时,由于切割速度较慢,为防止割缝上缘熔化,应采用相对较弱的火焰能率,若火焰能率过大,会使割缝上缘产生连续球状钢粒,甚至熔化成圆角,同时会造成割件背面黏附的熔渣增多而影响气割质量。在气割薄板时,因切割速度快,应采用相对稍大的火焰能率,但割嘴应离割件远些,并要保持一定的倾斜角度。

(4) 割炬与割件间的倾角。割炬与割件的倾角,对切割速度和后拖量有着直接的影响。当割炬沿气割前进方向后倾一定角度时,能将氧化燃烧而产生的熔渣吹向切割线的前缘,这样可充分利用燃烧反应产生的热量来减少后拖量,从而促进切割速度的提高。尤其是气割薄板时,应充分利用这一特性。

割炬倾角的大小,主要根据割件的厚度来定。如果倾角选择不当,不但不能提高切割速度,反面使气割困难,而且还会增加氧气的消耗量。一般气割厚 4mm 以下的钢板时,割嘴可后倾 25°～45°;气割厚 4～20mm 的钢板时,割炬可后倾 20°～30°;气割厚 20～30mm 的钢板时,割炬应垂直于割件;气割厚度大于 30mm 的钢板时,开始时应将割炬向

第5章 气焊与气割

前倾斜 20°~30°，待割穿后再将割炬垂直于割件进行正常切割。当快割完时，割炬应逐渐向后倾斜 20°~30°。割炬的倾角与割件厚度的关系如图 5.10 所示。

（5）割炬离割件表面的距离。割炬离割件表面的距离，要根据预热火焰的长度和割件厚度来决定。通常火焰焰芯离开割件表面的距离应保持在 3~5mm 范围之内，因为这时加热条件最好，割缝渗碳的可能性也最小。如果焰芯触及工件表面，不但会引起割缝上缘熔化，而且会使割缝渗碳的可能性增加。

除以上因素外，影响气割质量的因素还有钢材质量及表面状况、切口形状、可燃气体种类及供给方式和割炬形式等，气割时应根据实际情况掌握应用。

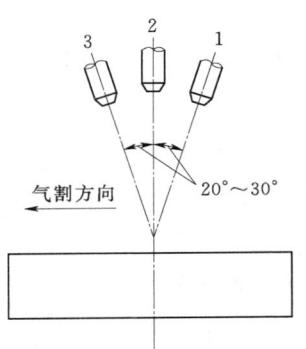

图 5.10 割炬的倾角与割件厚度的关系
1—厚度为 4~20mm 时；2—厚度为 20~30mm 时；3—厚度大于 30mm 时

5.5.4. 气割方法的应用与发展

氧气切割法自 1905 年进入工业应用以来，与机械加工切割相比，具有设备简单、投资费用少、操作方便且灵活性好，尤其是能够切割各种曲线形状的零件和大厚工件、切割质量良好等一系列特点，一直是工业生产中切割碳素钢和低合金钢的基本方法而被普遍使用。早年通过割炬和割嘴的改进，已使切割速度和质量有了长足的提高和改善。20 世纪 50 年代中期至 60 年代又相继开发出了各种机械化、自动化切割设备，特别是数控切割机的出现，使切割质量和效率有了更大幅度的提高，解决了各种形状复杂的成形零件的自动切割，且切割后不需再进行后加工。而在这一时期随着造船等工业的高速增长，钢材的加工量大增，于是进入了氧气切割应用的全盛时期。

从 20 世纪 60 年代末 70 年代初开始，等离子弧切割法进入工业应用。由于用等离子弧切割中、薄板时的速度比氧气切割快几倍，因此把注意力转向开发和应用新的方法上。从 20 世纪 70 年代中期起，有关氧气切割的研究和应用逐渐减少。但从总体上来说，目前在厚 5mm 以上碳素钢的切割中，氧气切割的比重仍占 80% 以上。

当前，国外重点用在开发自动化和机械化气割设备和装置上，其目的在于提高加工效率，如开发简易数控光电跟踪切割机、小型可搬式数控气割机、自动坡口切割装置及多割炬切割用的割炬间距自动设定装置等。最近又新开发出一种摄像跟踪切割机。另外，还开发出气割机器人以实现型钢的自动切割。一些国家已成功地将由气割机器人组成的型钢自动切割流水线应用于工业生产。在这一流水线上的机器人的操作由监控处理机用数字指令控制，不需要示教。监控机与工厂的 CAD/CAM 系统相连，接受来自该系统的各种切割数据和有关图形信息。

同时，包括材料的进给、切割后零件的分类和卸下等作业，整条流水线都是自动操作的，使加工效率大大提高。

在我国，从 20 世纪 70 年代初开始对某些快速割嘴和数控切割机等进行了试制和开发，并取得了一定的成果，低压扩散形快速割嘴已在一些工厂使用。80 年代以来，质量较高、性能较好的数控切割机开始生产，各种小型切割机品种增加，应用扩大，使气割技术有了一定的发展。

从今后趋势来看,氧气切割将继续被等离子弧切割乃至激光切割所部分代替;但是,由于气割设备,尤其是割炬的价格很低,在以下几种应用场合氧气切割还是具有一定的优越性:

(1) 在厚100mm以上钢材的切割中,只有氧气切割才能胜任,其他热切割方法尚难与之匹敌。

(2) 经常使用多割炬同时切割同形零件和含公共切割线的矩形零件(如从大张钢板上切割板条)的场合,仍具有良好的经济性。

(3) 切割焊接坡口。

(4) 各种型材的切割。

因此,在今后,氧气切割仍将在热切割法中占一席之地。

复 习 思 考 题

1. 气焊的原理是什么?有哪些优缺点?
2. 氧气的纯度对气焊、气割有什么影响?对工业用氧气的纯度有什么要求?
3. 气焊熔剂的作用是什么?常用的气焊熔剂有哪几种?
4. 回火保险器的作用是什么?
5. 氧乙炔焰分哪三种火焰?各自的最高温度在火焰什么位置?如何选择气焊火焰?
6. 气焊时采用左焊法有什么优缺点?
7. 什么是气割?什么是气割的后拖量?
8. 金属材料应具备哪些条件才能进行氧气切割?

第6章 电 阻 焊

6.1 概 述

6.1.1 电阻焊的工作原理

1. 电阻焊的定义

电阻焊（resistance welding）是将被焊工件压紧于两电极之间，并施以电流，利用电流流经工件接触面及邻近区域产生的电阻热效应将其加热到熔化或塑性状态，使金属相结合的一种方法。

熔焊是利用外加热源使连接处熔化，凝固结晶而形成焊缝的。电阻焊则利用本身的电阻热及大量塑形变形能量，形成结合面的共同晶粒而得到焊点、焊缝或对接接头。

与电弧焊相比，电阻焊的显著特点有：一是焊接的热源是电阻热，故称电阻焊；二是焊接时需施加压力，故属于压焊。

2. 电阻焊的产生及影响因素

电阻焊的热源是电阻热。焊接热的产生及影响产热的因素点焊时产生的热量由下式决定

$$Q = I^2 R t$$

式中 Q——产生的热量，J；
　　　I——焊接电流，A；
　　　R——电极间电阻，Ω；
　　　t——焊接时间，s。

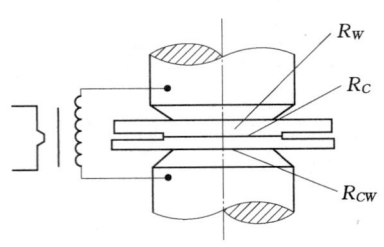

图 6.1 点焊时电阻的分布

影响产热的因素有以下几种：

（1）电阻。焊件本身的电阻 R_W、焊件间的接触电阻 R_C 和焊件与电极间电阻 R_{CW}。两电极间的总电阻包括工件本身电阻、两工件间接触电阻、电极与工件间接触电阻，如图 6.1 所示。

$$R = 2R_W + R_C + 2R_{CW}$$

当工件和电极已定时，工件的电阻取决于它的电阻率，因此电阻率是被焊材料的重要性能，电阻率高的金属其导热性差，电阻率低的金属导热性好。如点焊不锈钢时产热易而散热难，点焊铝合金时产热难散热易，点焊时前者可以用较小电流几千安培，后者就必须用很大电流几万安培。电阻率不仅取决于金属种类还与金属的热处理状态和加工方式有关，通常金属中含合金元素越多电阻率越高；淬火状态的又比退火状态的高，随着温度升高电阻率增高金属

熔化时的电阻率比熔化前高 1~2 倍。

（2）焊接电流。电阻焊的焊接电流对产热的影响比电阻和时间两者都大，因为它是平方关系。因此，在焊接过程中，它是一个必须严格控制的参数。

引起电流变化的主要原因是电网电压波动和交流焊机次级回路阻抗变化。阻抗变化是因为回路的几何形状变化或因在次级回路中引入不同量的磁性金属。对于直流焊机，次级回路阻抗变化，对电流无明显影响。

（3）通电时间。为了保证熔核尺寸和焊点强度，焊接时间与焊接电流在一定范围内可以相互补充。

为了获得一定强度的焊点，可以采用大电流和短时间（强条件，又称硬规范），也可采用小电流和长时间（弱条件，也称软规范）。

选用硬规范还是软规范，取决于金属的性能、厚度和所用焊机的功率。对于不同性能和厚度的金属所需的电流和时间，都有一个上下限，使用时以此为准。

（4）电极压力的影响。随着电极电压的增大两电极间总电阻显著减少，此时焊接电流虽略有增大但不能满足因总电阻减小而引起的产热的减少，因此焊点强度总随着电极电压的增加而降低。在操作过程中通常采用在增大电极电压的同时，增大焊接电流或延长焊接时间，以弥补电阻减小的影响，保证焊点强度的稳定性。电极电压过小，将引起喷溅也会使焊点强度降低。

（5）电极形状及材料性能的影响。由于电极的接触面积决定着电流密度，电极材料的电阻率和导热性关系着热量的产生和散失，因此，电极的形状和材料对熔核的形成有显著影响。随着电极端头的变形和磨损，接触面积增大，焊点强度将降低。

（6）工件表面状况的影响。工件表面的氧化物、污垢、油和其他杂质增大了接触电阻。过厚的氧化物层甚至会使电流不能通过。局部的导通，由于电流密度过大，则会产生飞溅和表面烧损。氧化物层的存在还会影响各个焊点加热的不均匀性，引起焊接质量波动。因此彻底清理工件表面是保证获得优质接头的必要条件。

3. 电阻焊的热平衡、散热及温度分布

点焊时产生的热量只有较小部分用于形成熔核，较大部分将因向临近物质的传导和辐射而损失掉，其热平衡公式：

$$Q = Q_1 + Q_2$$

式中　Q_1——形成熔核的热量；

　　　Q_2——损失的热量。

有效热量 Q_1 取决于金属的物理性质及熔化金属量与焊接条件无关，$Q_1=(10\%\sim30\%)Q$，电阻率低、导电性好的金属取低限，反之则取高值。损失热量 Q_2 主要是电极传导的热量（30%~50%）Q 和通过工件的热量（20%）Q，辐射到大气中的热量只占 5% 可以忽略不计。通过电极传导的热量是主要的散热损失，它与电极材料、形状、冷却条件以及所采用的焊接条件有关。由于损失的热量随焊接时间的延长和金属温度的升高而增加，因此当焊接电流不足时只延长焊接时间会使某一时刻达到热量产生和散失相平衡，继续延长焊接时间将无助于熔核的增大。在不同厚度工件的点焊中，还可以通过控制电极散热（改变电极的材料和接触面积，采用附加垫片）以改善熔核的偏移、增加薄件一侧的焊透率。

6.1.2 电阻焊的分类

按工艺特点分为点焊、凸焊、缝焊和对焊。

按接头形式分为搭接接头电阻焊和对接接头电阻焊。

按焊接电流种类来分为交流、直流和脉冲电阻焊三类。交流中应用最多的是工频交流电阻焊。将工频变频后，使用3～10Hz的称低频电阻焊，主要用于大厚度或大断面焊件的点焊和对焊，150～300Hz的称中频电阻焊，2.5～450kHz的称高频电阻焊，中高频电阻焊通常都用于焊接薄壁管。

6.1.3 电阻焊的特点

1. 焊接质量好

电阻焊是内部热源，热量集中，加热时间短，冶金过程简单，且不易受空气的有害作用焊接接头的化学成分均匀，与母材基本一致，且受热范围小，热影响区也很小，所以焊接变形不大，质量易于控制，能获得质量较好的焊接接头。

2. 生产率高

电阻焊一般用于大批量生产，点焊时通用点焊机每分钟可焊60点，缝焊厚度为1～3mm的薄板焊时，焊接速度通常为0.5～1m/min。所以生产效率高。

3. 焊接成本低

在电阻焊中，除了消耗电源，不用焊接材料，也不需要保护气体，使用成本非常低。

4. 劳动条件好

操作简便，易于实现机械化、自动化，产生的烟尘、有害气体少，没有电弧焊产生的强光辐射，劳动条件好，工人劳动强度也低。

5. 质量检测困难，现在缺乏可靠的无损检测方法，焊接质量只能靠工艺试样和破坏试验来检查

当焊接时，某些工艺参数发生波动，对焊接质量的稳定性有影响时，经常来不及调整，造成批量缺陷。

6. 设备复杂、投资大

电阻焊中设备功率大，机械化和自动化很高，设备投资大。除了需要大功率的供电系统外，还需精度高、刚度较大的机械系统，因而设备复杂。

6.1.4 电阻焊的应用

随着航空航天、电子、汽车、家用电器等工业的发展、电阻焊受到了越来越多的重视，广泛应用于汽车、飞机、轮船、洗衣机、电冰箱等制造领域。并且随着电阻焊的发展，对电阻焊后的产品质量也提出了更高的要求。

可喜的是，我国微电子技术的发展和大功率可控硅、整流器的开发，给电阻焊技术的提高提供了条件。目前我国已生产了性能优良的次级整流焊机。由集成电路和微型计算机构成的控制箱已用于新焊机的配套和老焊机的改造。恒流、动态电阻，热膨胀等先进的闭环监控技术已开始在生产中推广应用。这一切都将有利于提高电阻焊质量，并扩大其应用领域。

6.2 点　　焊

6.2.1　点焊工作原理

1. 定义

点焊（如图 6.2 所示）就是将焊件放入两电极之间，电极向焊件施加压力后，电源通过电极向焊件通电加热，在焊件内部形成熔核。熔核中的液态金属在电磁力作用下发生强烈搅拌，熔核内的金属成分均匀化，结晶界面迅速消失，断电后在电极压力作用下凝固结晶，形成点焊接头。

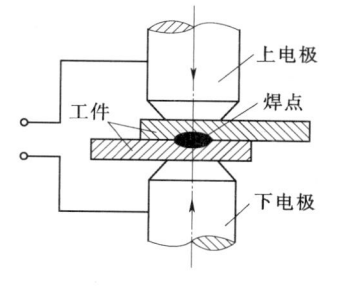

图 6.2　点焊示意图

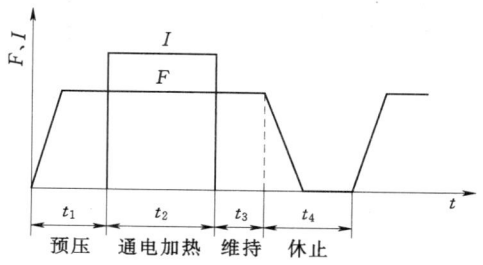

图 6.3　点焊的焊接循环
I—焊接电流；F—电极压力；t—时间

2. 点焊过程

点焊的焊接循环由四个基本阶段，如图 6.3 所示。①预压阶段——电极下降到电流接通阶段，确保电极压紧工件，使工件间有适当压力；②焊接时间——焊接电流通过工件，产热形成熔核；③维持时间——切断焊接电流，电极压力继续维持至熔核凝固到足够强度；④休止时间——电极开始提起到电极再次开始下降，开始下一个焊接循环。

为了改善焊接接头的性能，有时需要将下列各项中的一个或多个加于基本循环：

（1）加大预压力以消除厚工件之间的间隙，使之紧密贴合。

（2）用预热脉冲提高金属的塑性，使工件易于紧密贴合、防止飞溅。

（3）加大锻压力以压实熔核，防止产生裂纹或缩孔。

（4）用回火或缓冷脉冲消除合金钢的淬火组织，提高接头的力学性能，或在不加大锻压力的条件下，防止裂纹和缩孔。

6.2.2　点焊分类

点焊方法很多，按供电方向和在一个焊接循环中所形成的焊点数可以分为以下几种方法：双面单点焊、双面双点焊、双面多点焊、单面单点焊、单面双点焊和单面多点焊，如图 6.4 所示。

1. 双面单点焊

所有的通用焊机均采用这个方案。从焊件两侧馈电，焊接电流集中通过焊接区，可减少焊件受热面积和提高焊接质量。只是在焊件两侧都有印痕，影响美观。适用于小型零件

第6章 电 阻 焊

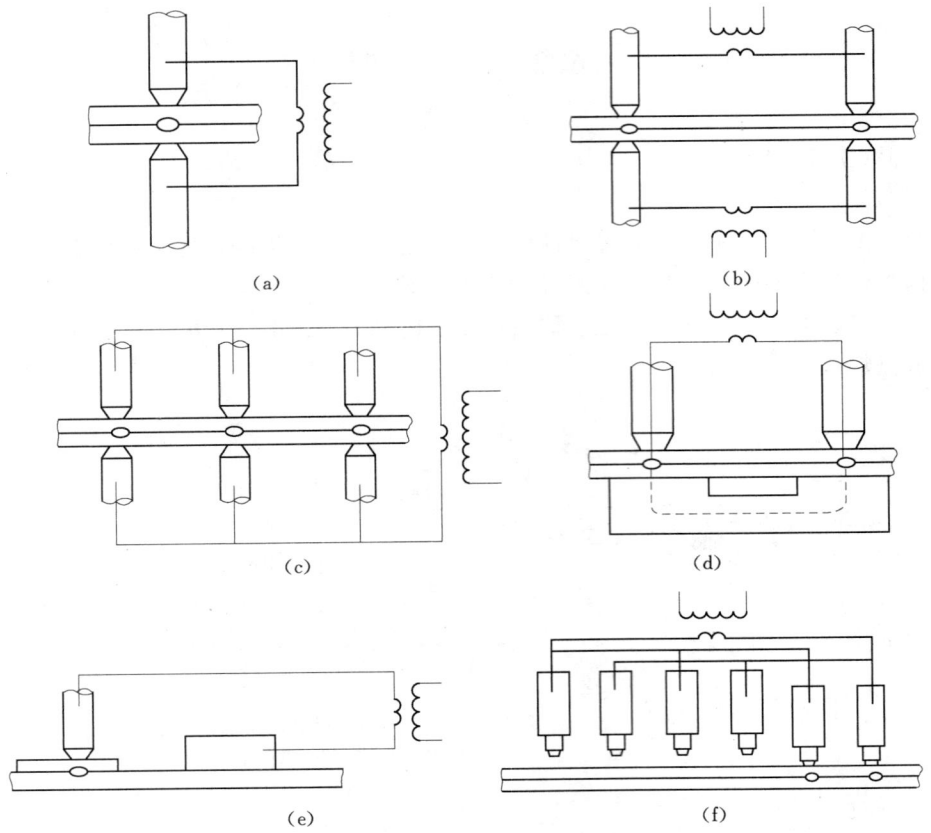

图 6.4 点焊的种类
(a) 双面单点焊；(b) 双面双点焊；(c) 双面多点焊；
(d) 单面双点焊；(e) 单面单点焊；(f) 单面多点焊

和大型零件周边各焊点的焊接。

2．双面双点焊

在这种焊接中需要两台变压器，分别置于焊件两侧对电极供电，在一个焊接循环中同时形成两个焊点。电源在同一时间的极性相反，比单面双点焊分流小，焊接质量，适用大型工件的大量生产。

3．双面多点焊

一次焊接两个或两个以上的焊点，一台变压器从两侧供电，各电极并联，为了保证焊点焊接质量均匀，要求焊点表面状态、厚度和电极压力要相同，且电流通路的阻抗必须基本相等。

4．单面单点焊

当零件的一侧电极可达性很差或零件较大、二次回路过长时，可采用这个方案。从焊件单侧馈电，需考虑另一侧加铜垫以减小分流并作为反作用力支点。

5．单面双点焊

从一侧馈电时尽可能同时焊两点以提高生产率。单面馈电往往存在无效分流现象浪费电能，当点距过小时将无法焊接。在某些场合，如设计允许，在上板二点之间冲一窄长缺口可使分流电流大幅下降。

6. 单面多点焊

所有电极均在焊件一侧，用一个变压器供电，每一对电极轮流压住焊件完成两个焊点的焊接，各焊点的工艺参数不能分别调节，故要求焊接处厚度、表面状态、电极压力和回路阻抗基本相同。

6.2.3 焊接工具（设备）

6.2.3.1 电极

1. 点焊时电极的主要功能

（1）向工件传导电流。

（2）向工件传递压力。

（3）散热作用。

2. 对电极材料的要求

基于电极的上述功能就要求制造电极的材料应具有足够高的电导率，导热率和高温硬度，电极的结构必须具有足够的强度和刚度，以及充分冷却的条件。此外，电极与工件间的接触电阻应足够低，以防工件表面熔化或电极与工件表面之间的合金化。

点焊电极材料多为各种铜合金，一般来说合金越硬，其导电、导热能力越低。选择电极材料要根据其导电、导热及力学性能综合考虑。如焊接 Al 时，为防止黏附，要求电极材料具有高的导热性能而损失一定的抗压强度，而焊接不锈钢时正相反，为了获得高的焊接压力，不得不牺牲导热性能而获得高的抗压强度。

3. 电极结构

点焊电极由 4 部分组成：端部、主体、尾部和冷却水孔。标准电极（即直电极）有 5 种形式，如图 6.5 所示。

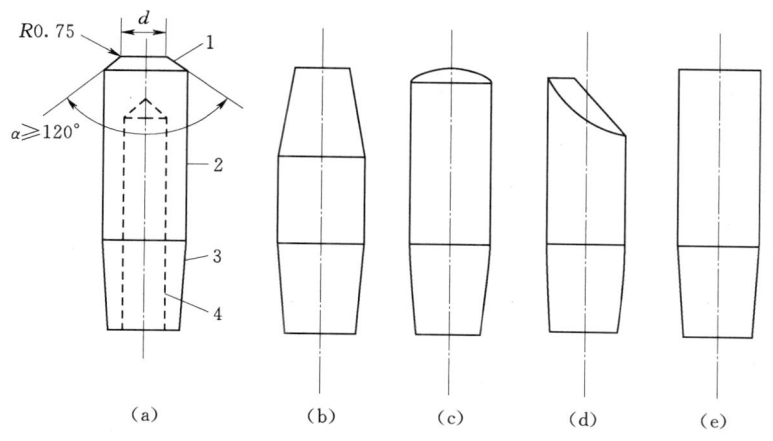

图 6.5 标准电极形状

(a) 锥形电极；(b) 夹头电极；(c) 球面电极；(d) 偏心电极；(e) 平面电极

1—端部；2—主体；3—尾部；4—冷却水孔

4. 电极的分类

按电极的结构形式来分,电极可分为整体式、分体式和复合式三类。

整体式电极是指构成电极的头部、杆部和尾部用同一材料制成;分体式是头部是分开的,尾部和杆部是一个整体;复合式电极是指头部用特殊材料制成并镶嵌在杆部上。

为了节约铜合金的消耗,可以采用如图 6.6 所示的帽状电极,当电极磨损之后,只需更换其中的一小部分。也有将杆形电极头压接于电极主体上的杆状电极,但这种形式的电极散热太差,非不得已,不宜采用。必要时可以采用外部水冷却。电极的水冷却孔应尽可能延伸到接近端面的部位,冷却水孔的尺寸应能容纳一个进水管,并能使水沿管子的外围流出。水管的端头应切斜(防止顶端堵死),并应接近水孔底部以增强冷却效果。在多数情况下,进水管是电极夹头的一个构件。对于不能插入水管的弯电极,可以在电极的外面钎焊上冷却水管或采用外部水冷却的方法。

电极与电极夹头之间多采用锥体连接,锥度为 1∶20。个别情况下,也有用螺纹连接的。

拆卸电极时,只能用专用工具或管子钳将电极旋转后取出,而不能用左右敲击的办法,以免损坏锥形座,造成接触不良或漏水。

5. 电极握杆

电极握杆又称电极夹头,是用来固定电极的。主要是向电极传输焊接电流、电极力和循环冷却水。同时还可以调整电极与焊件之间的位置,使电极能够达到焊件所需焊接的焊点各位置。

常用的电极握杆可分为直握杆和弯握杆,如图 6.7 所示。

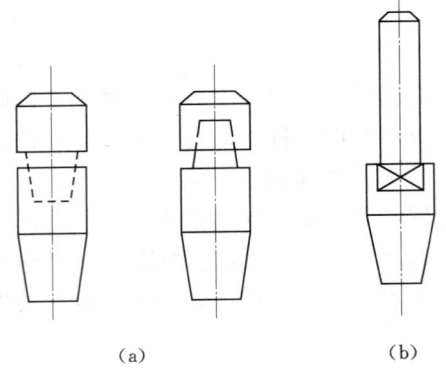

图 6.6 节约铜合金的电极
(a) 帽状电极;(b) 杆状电极

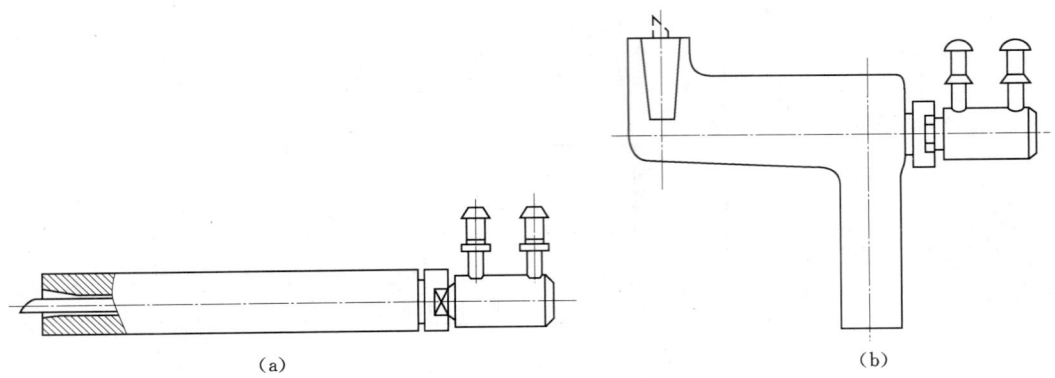

图 6.7 常用电极握杆
(a) 直握杆;(b) 弯握杆

电极握杆材料常用铜合金,其强度高和导电性好,不易变形和导电良好。

6.2.3.2 点焊机

点焊机按机械结构可分为摇臂式、直压式、移动式和多点式四种。

1. 摇臂式点焊机

最简单和最通用的点焊机是摇臂式点焊机。这种点焊机是利用杠杆原理，通过上电极臂施加电极压力。上、下电极臂为伸长的圆柱形构件，既传递电极压力，也传递焊接电流。

摇臂式焊机的上电极是绕上电极臂支承轴做圆弧运动，当上电极和下电极与工件接触加压时，上电极臂和下电极臂必须处于平行位置。只有这样，才能获得良好的加压状态。如果电极臂的刚度不够，可能发生电极滑移。

摇臂式焊机有三种操作方式：①脚踏；②气动；③电动机—凸轮。

(1) 脚踏式点焊机。操作过程：当开始工作时，操作工脚踩脚踏板，上电极向下压下电极，施加到踏板上的力由弹簧传递到摇臂杆上，电极压力是通过螺母对弹簧压缩的程度进行调节。通电的开关由掣子触发，通电时间长短由焊工掌握，焊后由弹簧使上电极退出、复位。

脚踏操作的点焊机适用于焊接要求不高的小批量工件。

(2) 气动式点焊机。用气缸代替脚踏式点焊机的脚踏杆、连杆和弹簧，实际上是气压力代替人的脚压力。

气动摇臂式焊机的电极压力是活塞力与杠杆长度比的乘积。因此电极压力与用减压阀控制的压缩空气压强成正比。这类焊机适用于最短装配时间的中、大批量生产。

(3) 电动机—凸轮点焊机。在脚踏和电动机—凸轮操作的焊机中，弹簧力代替活塞力。弹簧被脚踏推动的杠杆或被电动机驱动的凸轮压缩，电极压力与弹簧的压缩量成正比。

电动机—凸轮点焊机的准备和调节比脚踏式和气动式困难，它适用于大批量生产或没有压缩气源的场合。

摇臂式焊机不论如何操作，随着臂伸长度的增加，焊接电流和电极压力都会降低。摇臂式焊机由于上电极的运动轨迹是圆弧形的，因而不适宜作凸焊。

2. 直压式点焊机

直压式焊机适用于点焊及凸焊，这类焊机的上电极在有导向构件的控制下做直线运动。电极压力由气缸或液压缸直接作用。

点焊机的臂伸长度是指电极中心线与机架平面之间的距离。为了扩大使用范围，点焊机的臂伸长度一般较大。

3. 移动式点焊机

移动式点焊机可分为悬挂式和便携式两种，如图6.8和图6.9所示。悬挂式重量较大，须悬挂在一定空间位置，使用时可在一定范围内移动，主要用于焊接一般固定式点焊机不能或不便焊接的低碳钢工件，焊接的产品是大型或很重的。悬挂式焊机其额定功率较小，重量轻，可以随身携带，主要用于维修工作。

悬挂点焊机有分体式悬挂点焊机和整体式悬挂点焊机两类。点焊机由阻焊变压器、气压装置、气动点焊钳、弹簧平衡器、通水电缆、吊架和控制箱等组成。分体式悬挂机是阻焊变压器和焊钳是分离的。整体式是阻焊变压器和焊钳是在一起的。

4. 多点焊机

多点焊机是大批量生产中的专用设备，例如，汽车生产线上针对具体冲压-焊接件而专门设计制造的。

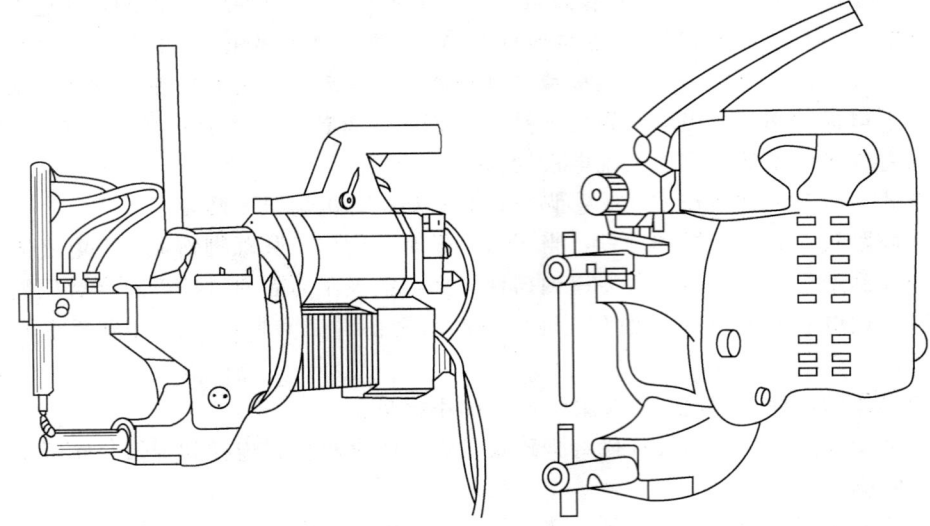

图6.8 整体式悬挂点焊机　　　　图6.9 便携式点焊机

多点焊机一般采用多个阻焊变压器及多把焊枪根据工作形状分布。电极压力由安装在焊枪上的气缸或液压缸直接作用在电极上。为了达到较小的焊点间距,焊枪外形和尺寸受到限制;有时需要采用液压缸才能满足要求。

6.2.4　焊接工艺参数

6.2.4.1　工艺参数

点焊是通过产生的焦耳热来工作的,点焊时产生的热量由下式决定:

$$Q = I_2 Rt (\text{J})$$

因此,影响点焊的主要因素是焊接时产生的焦耳热,而影响点焊的直接因素是焊接电流、电极间电阻和焊接时间。

1. 电阻 R 及影响 R 的因素

电极间电阻包括工件本身电阻 R_W,两工件间接触电阻 R_C,电极与工件间接触电阻 R_{CW}。即 $R = 2R_W + R_C + 2R_{CW}$。当工件和电极一定时,工件的电阻取决于它的电阻率。因此,电阻率是被焊材料的重要性能。电阻率高的金属其导电性差(如不锈钢),电阻率低的金属其导电性好(如铝合金)。因此,点焊不锈钢时产热易而散热难,点焊铝合金时产热难而散热易。接触电阻存在的时间是短暂的,一般存在于焊接初期,由两方面原因形成:

(1) 工件和电极表面有高电阻系数的氧化物或油垢层,会使电流遭到较大阻碍。过厚的氧化物和油垢层甚至会使电流不能导通。

(2) 在表面十分洁净的条件下,由于表面的微观不平度,使工件只能在粗糙表面的局部形成接触点。在接触点处形成电流线的收拢。由于电流通路的缩小而增加了接触处的电阻。

电极与工件间的电阻 R_{CW} 与 R_C 和 R_W 相比，由于铜合金的电阻率和硬度一般比工件低，因此很小，对熔核形成的影响更小，我们较少考虑它的影响。

当电极确定，焊接工件板材的厚度和形状尺寸确定后，影响点焊的电阻 R 的因素就是焊接板材材料本身的电阻 R 值。

2. 焊接电流的影响

从公式可见，电流对产热的影响比电阻和焊接时间两者都大，因为热量与电流的平方成正比。因此，在焊接过程中，它是一个必须严格控制的参数。焊接电流应有一个合理的上、下限。低于下线时，热量过小，形成不了熔核，高于上限，加热速度过快，会发生飞溅，使焊点质量下降。

一般情况下，我们是通过调节电压来调控焊接电流，因此焊接电压成为直接影响点焊的一个参数。

3. 焊接时间的影响

焊接时间影响析热也影响散热，在规定焊接时间内，焊接区析出的热量除部分散失外，将逐渐积累，用于加热焊接区使熔核逐渐扩大到所需的尺寸。因此焊接时间对熔核的影响跟焊接电流是差不多的。焊接时间增加，熔核尺寸随之扩大，但过长的焊接时间就会引起焊接区过热、飞溅和搭边压溃等。焊接时间过短，也形成不了熔核，且焊点强度不够。

4. 电极压力的影响

电极压力影响焊点的接触电阻，因为当其他焊接参数不变时，增大电极力，则接触面增大，焊件与焊件之间的接触电阻就下降，散热增大，导致总热量减少，熔核尺寸减小，或者没焊透，降低焊接强度。若电极力过小，则焊接之间会出现接触不良，其接触电阻虽大却不稳定，会引起飞溅和烧穿现象。

5. 电极形状及材料性能的影响

点焊电极的结构形状、尺寸和冷却条件影响着熔核几何尺寸与焊点强度。焊接区的电流密度与电极力分布均匀，焊点质量易保持稳定。在电极安装时，要求上下电极对中，否则影响焊接质量。

在我们实际应用中，焊接工件的形状尺寸、根据焊接工件形状而确定的电极和电极材料是确定的，焊接时间和焊接电压是焊接时的可调工艺参数，所以焊接工件的材料的选取是影响点焊最关键的因素。

6.2.4.2 点焊接头的设计

点焊通常采用搭接接头和卷边接头，如图 6.10 所示，接头可以由两个或两个以上等厚度或不等厚度的工件组成。在设计点焊结构时，必须考虑电极的可达性，即电极必须能方便地抵达工件的焊接部位。同时还应考虑诸如边距、搭接量、点距、装配间隙和焊点强度诸因素。

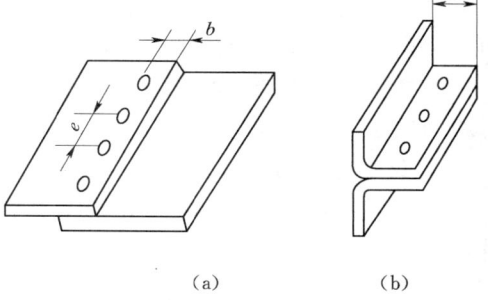

图 6.10 点焊接头的基本形式
（a）搭接接头；（b）卷边接头
b—边距；e—点距；a—搭接量

边距的最小值取决于被焊金属的种类,厚度和焊接条件。对于屈服强度高的金属、薄件或采用强条件时可取较小值。

点距即相邻两点的中心距,其最小值与被焊金属的厚度、导电率、表面清洁度以及熔核的直径有关。

规定点距最小值主要是考虑分流影响,采用强条件和大的电极压力时,点距可以适当减小。装配间隙必须尽可能小,因为靠压力消除间隙将消耗一部分电极压力,使实际的焊接压力降低。间隙的不均匀性又将使焊接压力波动,从而引起各焊点强度的显著差异,过大的间隙还会引起严重飞溅,许用的间隙值取决于工件刚度和厚度,刚度、厚度越大,许用间隙越小,通常为 0.1~2mm。

多个焊点形成的接头强度还取决于点距和焊点分布。点距小时接头会因为分流而影响其强度,大的点距又会限制可安排的焊点数量。因此,必须兼顾点距和焊点数量,才能获得最大的接头强度,多列焊点最好交错排列而不作矩形排列。

6.2.5 焊接操作工艺

1. 焊前准备

钢焊件焊前需清除焊点表面的一切脏物、油污、氧化皮及铁锈。对热轧钢最好在焊接处经过酸洗或用砂纸清除氧化皮。未经清理焊件虽能进行点焊,但是严重地降低电极的使用期限,同时影响点焊的生产率和质量。对由镀锌或镀锡的低碳钢件,可直接施焊。

焊件装配应尽可能地彼此交接,避免折边不正、圆角半径不重合及皱折等缺陷,通常缝隙应在 0.1~0.8mm 以内。

2. 焊机调整

焊接时应先调节电极臂之位置,使电极刚压到焊件表面时,电极臂保持相互平行,并使其适合工作行程式。按焊件厚度与材料性质选择相应的焊接时间和电流,在完成上述调整步骤后,可接通冷却水和电源,以准备焊接。

3. 焊接动作程序

接通冷却水,水流应连续畅通。水流需保持在一定压力范围内。焊件置于两极之间,踏下踏板,连杆开始移动。使上电极向下做圆弧运动,并与焊件接触,开始加压。在继续踏下脚踏板时,弹簧被压缩,同时加压杆上动钩带动通断器上的活动杆,使通断器上下触点接触,使变压器接上电源,于是焊接变压器次级回路开始通电使焊接件加热。当脚踏板再继续向下时,使联动脱钩切断电源。

这样焊件在电源切断后被进一步加压,保证了可靠的焊件质量,松开脚踏板时,它由弹簧而恢复原位,此时上电极上升,单点焊过程即告结束。

4. 使用时工艺方法

(1) 焊接时间。在焊接低碳钢时,本焊机可利用强规范焊接法(瞬间通电)或弱规范焊接法(长时通电)。在大量生产时,应采用强规范焊接法,它能提高生产率,减少电能消耗及减轻变形。

(2) 焊接电流。焊接电流决定于焊件之性质厚度与接触表面之情况。通常金属导电率越好,电极压力越大,焊接时间应越短。此时的电流大。

(3) 电极压力。电极对焊件施加压力的目的是了保持焊件间有一定的接触电阻,减少分流现象，保证焊点的强度与紧密程度。

5. 焊机的维护与安全

（1）停焊后，必须拉开电源闸刀，切除电源。

（2）施焊时，焊机外罩板应装妥，防止电火花及金属飞溅物，溅入焊机内部，损坏机件，影响使用。

焊后，清除杂物及金属溅末。

焊机在0℃下工作时，焊后需用压缩空气吹除管路中的剩水，以免水管冻裂。

电极触头须保持光洁，必要时可用细锉或细砂纸修。

电源通断器的触头，必须定期修整，保持清洁，使接触可靠。必要时应更换触头。

焊机调节和检修时，应在切断电源后进行。焊机施焊时，必须先接通冷却水路。

焊工戴帆布手套及围身进行操作，以免被金属溅末烫伤。

经常检查接地螺钉及接地线，保持机壳良好接地。

6.3 缝 焊

缝焊就是焊件装配成搭接或对接接头并置于两滚轮电极之间，滚轮加压焊件并转动，连续或断续送电，形成一条连续焊缝的电阻焊方法。

1. 缝焊三种基本形式

按滚盘转动与馈电方式分，缝焊可分为连续缝焊、断续缝焊和步进缝焊。

（1）连续缝焊。滚盘连续转动，电流不断通过工件。这种方法易使工件表面过热，电极磨损严重，因而很少使用。但在高速缝焊时（4~15m/min）50Hz交流电的每半周将形成一个焊点，交流电过零时相当于休止时间，这又近似于下述的断续缝焊，因而在制缸、制桶工业中获得应用。

（2）断续缝焊。滚盘连续转动，电流断续通过工件，形成的焊缝由彼此搭叠的熔核组成。由于电流断续通过，在休止时间内，滚盘和工件得以冷却，因而可以提高滚盘寿命、减小热影响区宽度和工件变形，获得较优的焊接质量。这种方法已被广泛应用于1.5mm以下的各种钢、高温合金和钛合金的缝焊。断续缝焊时，由于滚盘不断离开焊接区，熔核在压力减小的情况下结晶，因而熔核没有获得充分的锻压时间，因此很容易产生表面过热、缩孔和裂纹。

（3）步进缝焊。滚盘断续转动，电流断续通过，焊件断续移动，电流在工件不动时通过工件，由于金属的熔化和结晶均在滚盘不动时进行，改善了散热和压固条件，因而可以更有效地提高焊接质量，延长滚盘寿命。这种方法多于铝、镁合金的缝焊。用于缝焊高温合金，也能有效地提高焊接质量，但因国内这种类型的交流焊机很少，因而未获应用。当焊接硬铝以及厚度为4mm以上的各种金属时，必须采用步进缝焊，以便形成每一个焊点时都能像点焊一样施加锻压力，或同时采用暖冷脉冲。但后一种情况很少使用。

2. 缝焊的特点

（1）接头气密性和水密性好。缝焊是一个个焊点重叠而成，焊点连接牢固，气密性和水密性都非常好。

（2）成本较低。缝焊的电极是圆盘状的，可以设计很薄，这样缝焊的焊缝宽度比较窄，因而边距较小，节省成本。

（3）直线或曲线焊接。由于缝焊是连续点焊，只能在一条直线或曲线上焊接，不规则或者短焊缝是无法用焊缝焊接的。

（4）焊件上不能有障碍物。因为缝焊是连续地，它不像点焊可以避开障碍物，缝焊有障碍物无法焊接。

3. 缝焊的应用

广泛应用于 0.1～2mm 以下的各种钢、高温合金和钛合金的要求气密性和水密性的容器，如油箱、水箱等，焊缝接头形式为搭接接头。

6.3.1 焊接工具（设备）

1. 缝焊电极

缝焊用的电极是圆形滚轮，滚轮直径一般为 50～600mm，常用的直径为 90～350mm。为了避免滚轮在高温时发生变形，工作面宽度不得小于 3mm。滚轮工作表面形状有平面形、单边倒角平面形、双边倒角平面形、圆弧面四种，个别情况下采用圆锥面，如图 6.11 所示。平面形常用于焊接低碳钢，单边倒角或双边倒角强度高，常用于焊接镀锌钢板，圆弧形焊缝外观较好，易散热，常用于焊接铝及其合金。

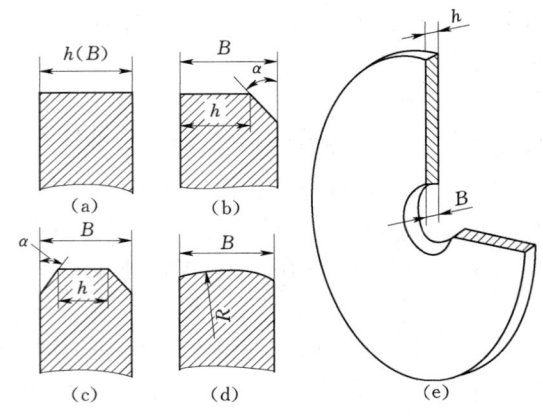

图 6.11 缝焊滚轮电极的形状

(a) 平面形；(b) 单边倒角平面形；(c) 双边倒角平面形；(d) 圆弧形；(e) 薄形圆弧滚轮

滚盘通常采用外部冷却方式。焊接有色金属和不锈钢时，用清洁的自来水即可，焊接一般钢时，为防止生锈，常用含 5% 硼砂的水溶液冷却。滚盘有时也采用内部循环水冷却，特别是焊接铝合金的焊机，但其构造要复杂得多。

2. 缝焊机

缝焊机是由电极、驱动机构、机身、阻焊变压器、气缸和压头等组成。

缝焊机按滚轮电极相对于电极臂位置的布置分为横向缝焊机、纵向缝焊机和通用焊机。

（1）横向缝焊机如图 6.12（a）所示。滚轮的轴线与电极臂平行或同轴，焊接时形成焊缝的走向与焊机的电极臂相垂直。这种焊机用于焊接平板的长焊缝及圆周环形焊缝。

（2）纵向缝焊机如图 6.12（b）所示。滚轮的轴线与电极臂相垂直，焊接时形成焊缝的走向与电极臂平行。这种焊机用于焊接平板的短焊缝及圆筒形容器的纵向焊缝。

（3）通用缝焊机。这种焊机上电极可作 90°旋转，而下电极臂和下电极有两套，一套用于焊横向焊缝，一套用于焊纵向焊缝，根据需要进行互换。

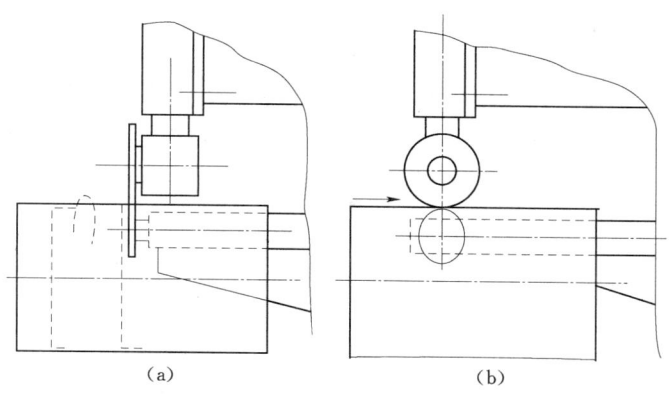

图 6.12 缝焊机头工作示意图
(a) 横焊；(b) 纵焊

6.3.2 焊接工艺参数

6.3.2.1 工艺参数对缝焊质量的影响

缝焊接头的形成本质上与点焊相同，因而影响焊接质量的诸因素也是类似的。主要有焊接电流、电极压力、焊接时间、休止时间、焊接速度和滚盘直径等。

1. 焊接电流

缝焊形成熔核所需的热量来源与点焊相同，都是利用电流通过焊接区电阻产生的热量。在其他条件给定的情况下，焊接电流的大小决定了熔核的焊透率和重叠量。在焊接低碳钢时，熔核平均焊透率为钢板厚度的 30%～70%，以 45%～50% 为最佳。为了获得气密缝焊熔核重叠量应不小于 15%～20%。

当焊接电流超过某一定值时，继续增大电流只能增大熔核的焊透率和重叠量，而不会提高接头强度，这是不经济的。如果电流过大，还会产生压痕过深和焊接烧穿等缺陷。

焊缝时由于熔核互相重叠而引起较大分流，因此，焊接电流通常比点焊时增大 15%～40%。

2. 电极压力

缝焊时电极压力对熔核尺寸的影响与点焊一致。电极压力过高会使压痕过深，同时会加速滚盘的变形和损耗。压力不足则易产生缩孔，并会因接触电阻过大易使滚盘烧损而缩短其使用寿命。

3. 焊接时间和休止时间

缝焊时，主要通过焊接时间控制熔核尺寸，通过冷却时间控制重叠量。在较低的焊接速度时，焊接与休止时间之比为 1.25∶1～2∶1，可获得满意结果。当焊接速度增加时，焊点间距增加，此时要获得重叠量相同的焊缝，就必须增大比例。为此，在较高焊接速度时，焊接与休止时间之比为 3∶1 或更高。

4. 焊接速度

焊接速度与被焊金属、板件厚度以及对焊缝强度和质量的要求等有关。通常在焊接不锈钢、高温合金和有色金属时，为了避免飞溅和获得致密性高的焊缝，必须采用较低的焊接速度。有时还采用步进缝焊，使熔核形成的全过程均在滚盘停止的情况下进行。这种缝焊的焊接速度要比常用的断续缝焊低得多。

焊接速度决定了滚盘与板件的接触面积以及滚盘与加热部位的接触时间，因而影响了接头的加热和散热。当焊接速度增大时，为了获得足够的热量，必须增大焊接电流。过大的焊接速度会引起板件表面烧损和电极黏附，因而即使采用外部水冷却，焊接速度也要受到限制。

6.3.2.2 缝焊工艺参数的选择

与点焊相似，主要是根据被焊金属的性能、厚度、质量要求和设备条件来选择的。通常可参考已有的推荐数据初步确定，在通过工艺试验加以修正。

滚盘尺寸的选择与点焊电极尺寸的选择原则一致。为减小搭边尺寸，减轻结构重量，提高热量效率，减小焊机功率，近年来多采用接触面宽度为 3～5mm 的窄边滚盘。

滚盘的直径和板件的曲率半径均影响滚盘与板件的接触面积，从而影响电场的分布与散热，并导致熔核位置的偏移。当焊盘直径不同而板件厚度相同时。熔核将偏向小直径滚盘一边。滚盘直径和板件厚度均相同，而板件呈弯曲形状时，则熔核偏向板件凸向电极的一边。

不同厚度或不同材料缝焊时，熔核偏移的方向和纠正熔核偏移的方法也类似于点焊，可采用不同的滚盘直径和宽度，不同的滚盘材料，以及在滚盘与板件间加垫片等。

在不同厚度板件缝焊时，由于经过已焊好的焊缝区有显著的分流，可以减小熔核向厚件的偏移。但在厚度差较大时，薄件的焊透率仍然是不足的，必须采用上述纠正熔核偏移的措施。例如，在薄件一边采用导电性较低的铜合金做滚盘，并将其宽度和直径也做得小一些。

6.3.3 焊接操作工艺

1. 焊前准备

因为低碳钢含碳低，具有很好的塑性和合适的导电、导热特性，因此具有很好的焊接性。对于冷轧低碳钢板，如果没有油污和铁锈，则在焊前不需要特殊清理。有油污和铁锈则需要用机械和化学方法清理。机械方法包括砂纸、钢刷或喷砂等方法，化学方法则包括酸洗或电解抛光。如果是热轧钢板则要求在焊前必须清理。

2. 焊接操作

低碳钢焊时，若设备容量足够则用高速自动焊，若不够则降低速度用低速自动焊。用手扶移动工件时，为了便于对准预定位置，多用中速焊。若没气密性要求时，焊接速度可以提高。焊接薄电极时，电极压力和焊接电流均可相应减小，焊接速度则可适当提高。

不锈钢的电导率和热导率都比较低，焊接时需采用较小的焊接电流和短的焊接时间。不锈钢的高温强度高，则要采用较大的电极压力和中等的焊接速度。不锈钢的线膨胀系数比低碳钢大，要注意焊接变形。

铝合金电导率高，缝焊时容易分流，焊接时需采用较大的焊接电流和长的焊接时间。焊接电流要比点焊时提高 15%～50%，电极压力提高 5%～10%。一般铝合金缝焊均采用三相供电的直流脉冲或二次整流步进式缝焊机。为了加强散热，外部需加水冷装置。

6.4 对　　焊

1. 对焊的定义

对焊是利用电阻热为热源,再加压在两工件整个端面形成接头的电阻焊方法。对焊按加压和通电方式的不同可分为电阻对焊和闪光对焊。

电阻对焊是将焊件装配成对接接头,使其端面紧密接触,利用电阻热将焊件端面加热到塑性状态,然后迅速施加锻压力完成焊接的方法。

闪光对焊是将焊件装配后,接通电源,并使焊件端面逐渐移近达到局部接触,利用电阻热加热这些接触点(或产生闪光),使端面金属熔化,甚至端部在一定深度范围内达到预热温度,迅速施加顶锻力完成的焊接方法。

2. 电阻对焊和闪光对焊的形成过程

(1) 电阻对焊接头形成过程(图 6.13)。

1) 预压阶段。预压阶段的作用与点焊时的预压相同。

2) 通电加热阶段。通电加热开始时,先是一些接触点被迅速加热、温度升高、压溃而使接触表面紧密贴合。随着通电加热的进行,接触面温度急剧升高,在压力作用下焊件发生塑形变形。

3) 顶锻阶段。顶锻力有两种方式:一是顶锻力等于焊接压力,二是顶锻力大于焊接压力。

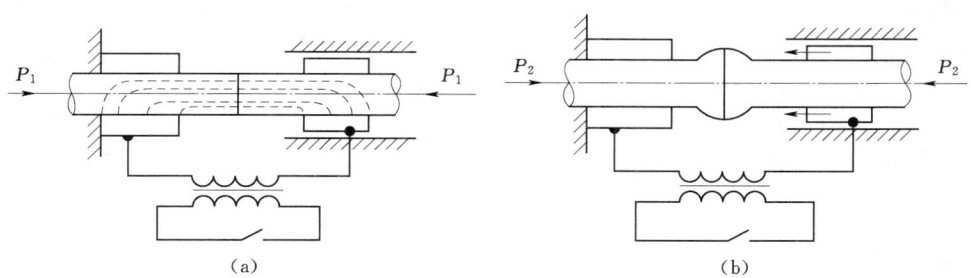

图 6.13　电阻对焊过程
(a) 加初压力、通电加热;(b) 断电、顶锻

(2) 闪光对焊接头形成过程(图 6.14)。闪光对焊可分为连续闪光对焊和预热闪光对焊。连续闪光对焊由两个主要阶段组成:闪光阶段和顶锻阶段。预热闪光对焊只是在闪光阶段前增加了预热阶段。

1) 闪光对焊的两个阶段。

a. 闪光阶段。闪光的主要作用是加热工件。在此阶段中,先接通电源,并使两工件端面轻微接触,形成许多接触点。电流通过时,接触点熔化,成为连接两端面的液体金属过梁。由于液体过梁中的电流密度极高,使过梁中的液体金属蒸发、过梁爆破。随着动夹钳的缓慢推进,过梁也不断产生与爆破。在蒸气压力和电磁力的作用下,液态金属微粒不断从接口间喷射出来,形成火花急流——闪光。

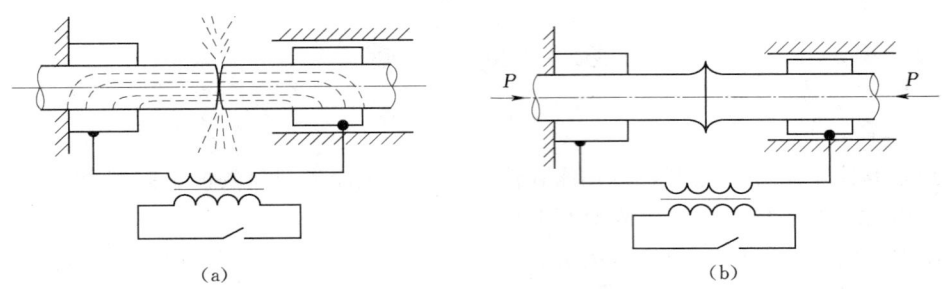

图 6.14 闪光对焊接头形成过程
(a) 通电、闪光加热；(b) 顶锻断电、继续顶锻

在闪光过程中，工件逐渐缩短，端头温度也逐渐升高。随着端头温度的升高，过梁爆破的速度将加快，动夹钳的推进速度也必须逐渐加大。在闪光过程结束前，必须使工件整个端面形成一层液体金属层，并在一定深度上使金属达到塑性变形温度。

由于过梁爆破时所产生的金属蒸汽和金属微粒的强烈氧化，接口间隙中气体介质的含氧量减少，其氧化能力可降低，从而提高接头的质量。但闪光必须稳定而且强烈。所谓稳定是指在闪光过程中不发生断路和短路现象。断路会减弱焊接处的自保护作用，接头易被氧化。短路会使工件过烧，导致工件报废。所谓强烈是指在单位时间内有相当多的过梁爆破。闪光越强烈，焊接处的自保护作用越好，这在闪光后期尤为重要。

b. 顶锻阶段。在闪光阶段结束时，立即对工件施加足够的顶锻压力，接口间隙迅速减小，过梁停止爆破，即进入顶锻阶段。顶锻的作用是密封工件端面的间隙和液体金属过梁爆破后留下的火口，同时挤出端面的液态金属及氧化夹杂物，使洁净的塑性金属紧密接触，并使接头区产生一定的塑性变形，以促进再结晶的进行、形成共同晶粒、获得牢固的接头。闪光对焊时在加热过程中虽有熔化金属，但实质上是塑性状态焊接。

2) 预热。

a. 预热的作用和不足。预热闪光对焊是在闪光阶段之前先以断续的电流脉冲加热工件，然后在进入闪光和顶锻阶段。

(a) 预热作用如下：

a) 减小焊接功率。可以在小容量的焊机上焊接断面面积较大的工件，因为当焊机容量不足时，若不先将工件预热到一定温度，就不可能激发连续的闪光过程。此时，预热是不得已而采取的手段。

b) 降低焊后的冷却速度。这将有利于防止淬火钢接头在冷却时产生淬火组织和裂纹。

c) 缩短闪光时间。可以减少闪光余量，节约贵重金属。

(b) 预热不足之处如下：

a) 延长了焊接周期，降低了生产率。

b) 使过程的自动化更加复杂。

c) 预热控制较困难。预热程度若不一致，就会降低接头质量的稳定性。

b. 预热阶段。预热方式有两种：

6.4 对 焊

(a) 电阻预热。将两个焊件端面多次紧密接触再分开，在焊件紧密接触时施加一定的压力并通电进行预热。

(b) 闪光预热。先接通电源，将两焊件轻微接触、分开，因为在操作过程中有电流产生的热，使得每次接触都会产生短暂的闪光。

3. 对焊的特点

(1) 电阻对焊的特点。

1) 电阻对焊接头比较光滑、毛刺小。

2) 焊接过程简单、无弧光和飞溅，易于操作。

3) 接头力学性能低，对待焊面要求高。

(2) 闪光对焊的特点。

1) 适应范围比电阻对焊宽。电阻对焊只适用于同种金属的焊接，而闪光对焊既可以接同种金属也可以焊接异种金属，且焊件的截面积可以比电阻对焊大得多。

2) 闪光对焊对工件待焊面的准备和清理要求不严格。因为结合面上的熔化金属或氧化物在顶锻时被挤出，起到清除结合面杂质的作用，因此，接头可靠性高，强度比电阻对焊大。

3) 接头热影响区比电阻对焊窄很多。

4) 闪光对焊时喷射出的熔融金属颗粒可能会造成火灾危险，还有可能使操作人员受飞溅烧伤，并损坏机器的滑轨、轴和轴承等。

5) 焊后在接头处形成毛刺，须去除，为此，可能需用专用设备而增加制造成本。

4. 对焊的应用范围

(1) 电阻对焊的应用范围。主要适用于对接直径在20mm以内的棒材或线材，不适于大断面对接和薄壁管子的对接。

(2) 闪光对焊的应用范围。闪光对焊适用范围比电阻对焊范围广，凡是可以锻造的金属，原则上都可以进行闪光对焊，许多钢铁材料及非钢铁金属都能焊接，同种或异种金属均可。

闪光对焊接头可以是两个断面形状和尺寸基本相同的工件对接，两工件的轴线可以是在一条直线上，或互成一个角度，以及圆环状工件的对接。

只要工件截面形状相同，无论是圆形的或非圆形、实心的或空心的、紧凑的或展开的截面均可进行闪光对焊。薄件受到一定限制，主要是对中相当困难和顶锻时容易发生曲弯失稳。

6.4.1 焊接工具（设备）

1. 闪光对焊设备

一台标准的闪光对焊机如图 6.15 所示，包括：机架、固定夹座、可动夹座、闪光和顶锻机构、阻焊变压器和级数调节组以及配套的电气控制箱，如图 6.25 所示。通常固定夹座是固定安装在机架上并与机架在电气上绝缘。大多数焊机中还有活动调节部件，以保证电极和工件焊接时对准中心线。可动夹座则安装在活动导轨上并与闪光和顶锻机构相连接。夹具座由于承受很大的钳口夹紧力，通常都用铸件或焊接结构件。两个夹具上的导电钳口分别与阻焊变压器的次级输出端相连。钳口一方面夹持工件，另外要向工件传递焊接电流。

对焊机的阻焊变压器实质上和其他类型电阻焊机的阻焊变压器相同、阻焊变压器的初级线圈与级数调节组通过电磁接触器或由晶闸管组成的电子断续器和电网接通。当采用电子断续器时，还可配合热量控制器以便为预热或焊后热处理提供较小的电功率。

2. 电阻对焊设备

电阻对焊机除了没有闪光过程外，其原理与闪光对焊机十分相似。两者构造相似，主要区别在于焊接时可动夹座的运动和传递这个运动的机构不同。典型电阻对焊机包括一个容纳阻焊变压器及级数调节组的主机架、夹持工件并传递焊接电流的电极钳口和顶锻机构。

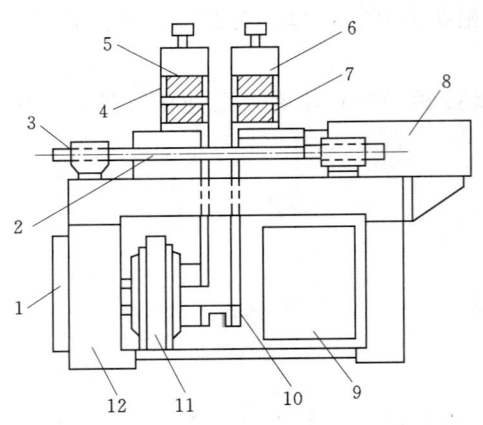

图 6.15 闪光对焊机

1—级数调节器；2—导轨；3—导轨衬套；4—上电极；
5—固定夹座；6—可动夹座；7—下电极；8—闪光及
顶锻的送进机构；9—控制面板；10—软铜导线；
11—变压器；12—焊机机架

最简单的电阻对焊机是手工操作的。自动电阻对焊机可以采用弹簧或气缸提供压力。这样得到的压力稳定，适合焊接塑性范围很窄的有色金属。

6.4.2 焊接工艺参数

1. 电阻对焊工艺参数

（1）调伸长度。调伸长度指焊件伸出夹钳电极端面的长度，对焊件轴线上温度分布有较大影响。选择调伸长度，要考虑两个因素：两焊件的热平衡和顶锻时稳定性。若长度过长，接头金属在高温区停留时间较长，接头易过热，顶锻时易失稳而旁弯；若长度过短，则钳口散热增强，工件冷却过于强烈，温度场陡降，塑性温度区窄，增加了塑性变形的困难。

（2）焊接电流和焊接时间。在电阻对焊时，焊接电流常以电流密度来表示。焊接电流和焊接时间是决定工件加热的两个主要参数。二者可以在一定范围内相应地调配。可以采用大电流密度、短时间（强条件），也可以采用小电流密度、长时间（弱条件）。但条件过强时，容易产生未焊透缺陷；过软时，会使接口端面严重氧化、接头区晶粒粗大、影响接头强度。

（3）压力与顶锻压力。在加热阶段的压力称焊接压力，在顶锻阶段的压力称顶锻压力。

焊接压力影响接头处的析热强度，顶锻压力影响塑性变形。顶锻时用较大的压力，使接头处产生较大的塑性变形；焊接压力不能取得过低，否则会引起飞溅、增加结合面氧化，并在接口附近造成疏松。

2. 闪光对焊工艺参数

（1）伸出长度。是指闪光对焊时焊件从静夹钳电极和动夹钳电极中伸出来的长度，调伸长度的作用是保证焊接所需要的各种留量外，还起调节温度场的作用。伸出长度应按焊件截面的大小和材料的性能来选择。

(2) 闪光留量。闪光和顶锻均损耗一部分金属，为了补偿这种损耗，需在调伸长度中预留出该金属量，简称留量。闪光留量是在闪光过程中两焊件总的烧化量。闪光留量不能大也不能小，与焊件端面的大小相关。

(3) 闪光电流和顶锻电流。闪光电流取决于工件的断面积和闪光所需要的电流密度。电流密度的大小又与被焊金属的物理性能、闪光速度、工件断面的面积和形状，以及端面的加热状态有关。在闪光过程中，随着闪光速度的逐渐提高和接触电阻 R_c 的逐渐减小，电流密度将增大。顶锻时，R_c 迅速消失，电流将急剧增大到顶锻电流。闪光电流和顶锻电流与焊接方法、材料性质及焊件端面尺寸相关。

(4) 闪光速度。即在稳定闪光条件下，动夹具的进给速度，又称烧化速度。

过大的闪光速度则加热区变窄，增加了塑形变形的困难；过小的闪光速度不仅保护效果不好，而且在端面上很难获得均匀分布的液态保护层。

(5) 顶锻力。即在顶锻阶段施加在焊件端面上的力称为顶锻力。顶锻力大小应保证能挤出接口内的液态金属，并在接头处产生一定的塑性变形。顶锻力过小，则塑形变形不足，接头强度下降；顶锻力过大，则变形量过大，使接头冲击韧度明显下降。

6.4.3 焊接操作工艺

1. 焊前清理

焊前需要做接头的准备工作，要求对焊的两个焊件的截面形状、对接面积和轮廓尺寸应相等或相近似。同时需对焊件表面进行清理和导电钳口表面清理，清除焊件端面的油污、铁锈、氧化物等，要求待焊面加热均匀，达到焊缝端面全面结合。如果不干净，容易导致工件与钳口之间会产生局部过热点，工件表面或钳口表面会引起烧伤，顶锻过程发生滑动，无法正常焊接。

2. 焊接操作

对焊装配时要求两焊件对中。如果不对中，则端面加热不会均匀，且顶锻时工件会相互滑移。

低碳钢属于焊接性较好的金属材料，具有较高的高温塑性，且不易淬火，容易进行对焊。随着钢中含碳量增加，电阻率增大，热导率减小，结晶区间增宽，高温强度和淬火倾向增大。为了防止接头产生淬火组织，焊后需要缓冷及回火等措施。

低合金钢具有淬火倾向，焊后会使热影响区的硬度增高、冲击韧度下降。为了改善接头性能，焊后需进行相应的热处理。低合金钢高温强度高，焊接时顶锻力要比低碳钢增大 25%～50%。

不锈钢比低碳钢具有更高的高温强度，有导电、导热性差和熔点低的特性，而且含有大量易生成高熔点氧化物的合金元素铬，要求焊接时稳定，顶锻迅速，并使焊接区有足够的塑性变形。因此，焊接速度要快，顶锻压力要高。

6.5 螺柱焊

螺柱焊是在螺柱的端面和板状工件之间利用电弧热熔化焊件和螺柱端面并施加压力完成的焊接方法。螺柱是加压熔焊，既有熔焊的特点也有压焊的特征。

1. 螺柱焊的分类

螺柱焊有电弧螺柱焊和电容放电螺柱焊两种。两者主要区别是供电电源和燃弧时间长短不同，前者由弧焊电源供电，燃弧时间为 0.1～1s；后者由电容储能电源供电，燃弧时间非常短，为 1～1.5ms。此外，电弧式螺柱焊常使用焊剂（焊铝时使用保护气体）和陶质线圈，而电容放电式螺柱焊因燃弧时间很短，不需焊剂和外加保护。

2. 焊接过程与原理

（1）电弧螺柱焊焊接过程与原理。电弧螺柱焊焊接时先将螺柱放在焊枪的夹头里并套上套圈，使螺柱端与母材接触［图 6.16（a）］且按下开关接通电源，枪体中的电磁线圈通电而将螺柱从工件拉起，随即起弧［图 6.16（b）］，电弧热使柱端和母材熔化，由时间控制器自动控制燃弧时间。在断弧的同时，线圈也断电，靠压紧弹簧把螺柱压入母材熔池即完成焊接［图 6.16（c）］，最后提起焊枪并移去套圈［图 6.16（d）］。

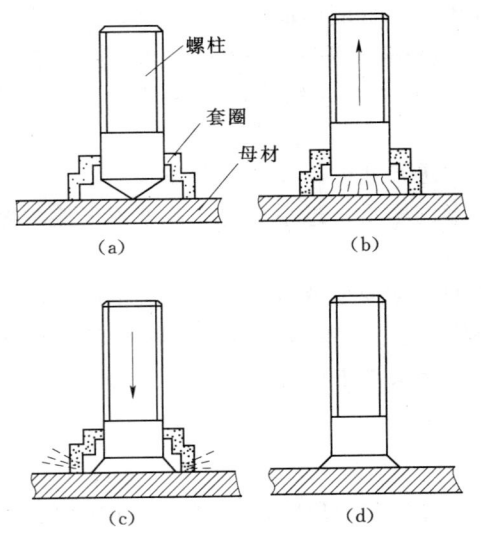

图 6.16 电弧螺柱焊焊接过程

（2）电容放电螺柱焊焊接过程与原理。电容放电螺柱焊是将电容器充满后，将电能瞬间放电产生的电弧热来连接螺柱与工件的方法。电容放电螺柱焊根据引燃电弧的方式不同，分为预接触式、预留间隙式和拉弧式。

1) 预接触式电容放电螺柱焊焊接过程与原理。预接触式电容放电螺柱焊待焊端有设计好的小凸台，焊接时将小凸台与工件接触［图 6.17（a）］，接触后施加一定的压力后将螺柱与工件紧密接触，此时电容放电，大电容流经小凸台。因凸台与焊件接触面小，电流密度很大，瞬间凸台被烧断而产生电弧［图 6.17（b）］，电弧将工件待焊面加热熔化，并在压力作用下螺柱与工件接触［图 6.17（c）］，电弧熄灭，熔化区冷却结晶形成焊缝［图 6.17（d）］。

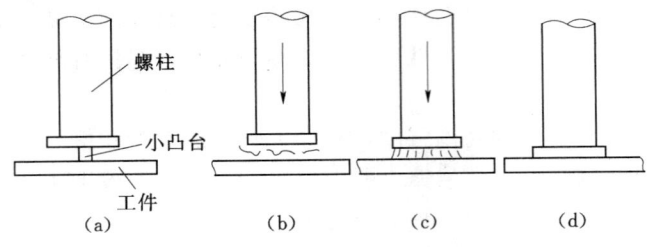

图 6.17 预接触式电容放电螺柱焊焊接过程

2) 预留间隙式电容放电螺柱焊焊接过程与原理。预留间隙式电容放电螺柱待焊端也设计有小凸台。但是与预接触式电容放电螺柱焊的不同是小凸台是对准工件但不接触，工件与小凸台之间留有一定的间隙［图 6.18（a）］。工件和凸台之间的间隙中加入电容器空载电压后,将螺柱脱扣,在弹簧、重力或气缸推力下移向工件,接触瞬间,电容器开始放电[图6.18(b)],产生的电流使凸台烧化并产生电弧。电弧将工件和螺柱待焊面熔化[图6.18(c)],螺柱与工件待焊面熔合到一起冷却后形成焊缝[图6.18(d)]。

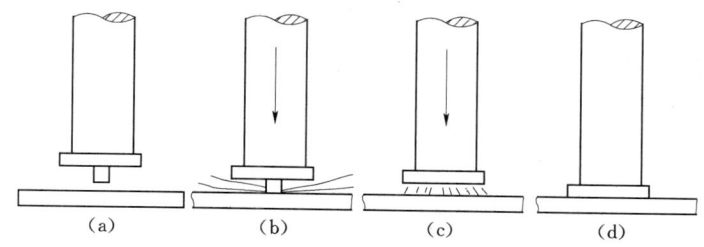

图6.18 预留间隙式电容放电螺柱焊焊接过程

3)拉弧式电容放电螺柱焊焊接过程与原理。拉弧式螺柱焊不需小凸台,但是待焊面要加工成锥形或略呈球面。

焊接时,将螺柱与工件接触并定位后[图6.19(a)],开动焊枪按钮,接通焊接回路和焊枪体内的电磁线圈,在线圈的作用下将螺柱拉离工件,在工件和螺柱之间产生电弧[图6.19(b)]。当线圈断电时,电容器通过电弧放电,大电流将螺柱和工件待焊面熔化,螺柱在弹簧或汽缸力作用下返回向工件移动[图6.19(c)],当螺柱插入工件时电弧熄灭,完成焊接[图6.19(d)]。

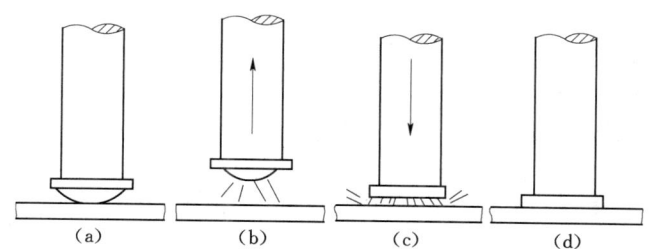

图6.19 拉弧式电容放电螺柱焊焊接过程

3. 螺柱焊的特点

(1)焊接时间短。电弧螺柱焊只需要0.1~1s,电容放电螺柱焊则更短,只需要1~15ms,焊接生产率非常高。

(2)成本低、质量好。螺柱焊不需要填充金属,不需要开坡口,若用电容放电螺柱焊焊接非铁金属和不锈钢等,不需要用Ar气保护或焊剂,降低了焊接成本,同时焊缝金属和热影响区窄小,焊接变形小,不需要焊后处理。

(3)只需单面焊。紧固件安装时,不必钻孔、攻螺纹和铆接,省去开孔和设置凸台或凸缘的焊件,增加了防漏的可靠性。

(4)材料尺寸受到限制。由于焊枪夹持和电源容量的限制,螺柱的形状和尺寸受到了一定程度的限制,且螺柱底端尺寸受母材厚度限制。

(5)预接触式或预留接触式电容放电螺柱焊的螺柱,焊前需进行加工。由于工艺的原因,需要在待焊端需加工出严格的凸台或尖顶用于引弧,而且螺柱的直径一般限在1.6~

10mm 范围内，超出此范围，则很不经济。

4. 螺柱焊的应用

螺柱焊在安装螺柱或类似的紧固件方面可代取铆接、钻孔和攻螺纹、焊条电弧焊、电阻焊或钎焊。在船舶、锅炉、压力容器、车辆、航空、石油、建筑等工业部门应用广泛。

6.5.1 焊接工具（设备）

6.5.1.1 电弧螺柱焊焊接设备

电弧螺柱焊的设备是由焊枪、电源和时间控制器等组成。

1. 电源

专用焊机常将电源和时间控制器制成一体。电弧螺柱焊需要的直流陡降的外特性电源，电源空载电压要求较高约70～100V，这样可以获得稳定电源，并在短时间内输出大电流并迅速达到设定值。可以采用电弧焊的直流电源，但螺柱焊焊接电流比电弧焊大得多，对大直径螺柱焊接可以用两台以上普通弧焊电源并联使用。焊接大直径螺柱用的电源宜用三相输入的电源，使网络供电平衡。

2. 焊枪

电弧螺柱焊枪有手持式和固定式两种。手持式焊枪应用较多（图 6.20），固定式焊枪是为某特定产品而专门设计的，被固定在支架上，在一定工位上完成焊接。焊枪螺柱提升是通过电磁线圈实现，弹簧可将螺柱压入熔池完成焊接。

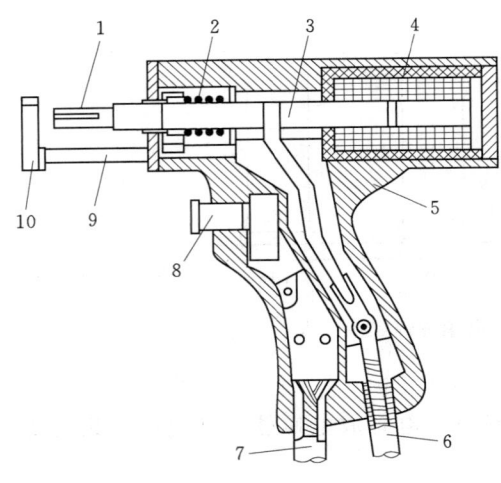

图 6.20 电弧螺柱焊手持式焊枪

1—夹头；2—弹簧；3—铁芯；4—电磁线圈；5—枪体；
6—焊接电缆；7—控制电线；8—按钮；
9—支杆；10—脚盖

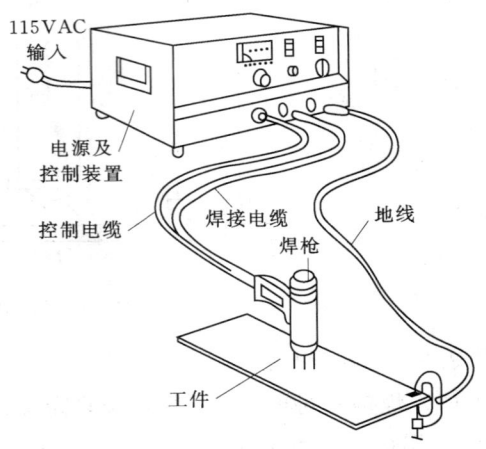

图 6.21 手提式电容放电螺柱焊设备

6.5.1.2 电容放电螺柱焊焊接设备

电容放电螺柱焊设备主要是电源、控制器、焊枪和电缆组成。电源和控制器是一体。有手提式和固定式两种。图 6.21 所示为手提式电容放电螺柱焊设备图。

1. 电源

电源是根据最大储存能量进行专门设计，主要有储能的电容器组和为电容器充电的装置组成。电容器组的充电电压一般不超过200V,为加快充电速度,输入电源电压为单相或三相的220V或380V,电容器的电容量在0.02~0.2F之间。

2. 焊枪

焊枪跟电弧螺柱焊焊枪一样,有手提式和固定式两种。因为电容放电螺柱焊有三种不同的焊接方法,焊枪内部结构因此各有不同。预接触式焊枪是由螺柱夹持机构和将螺柱压入熔池的弹簧压下机构组成;预留间隙式焊枪增加了提升螺柱的机构,通常是采用电磁线圈,施焊前线圈起作用使螺柱悬在工件上方,施焊时,线圈断电,由弹簧使螺柱移向工件;拉弧式焊枪的结构与电弧螺柱焊焊枪结构类似。

6.5.2 焊接工艺参数

6.5.2.1 电弧螺柱焊焊接工艺参数

1. 母料

电弧螺柱焊的常用材料是普通碳钢、高强度钢、不锈钢和铝合金。母材可焊的最小板厚与螺柱端径有关。为了充分利用紧固件强度,防止焊穿和减少变形,建议母材厚度不要小于螺柱端径的1/3,当强度不作为主要要求时,最薄也不能小于螺柱端径的1/5。

2. 螺柱

常用的螺柱材料是低碳钢、高强度钢、不锈钢和铝,其最低抗拉强度见表6.1。

表6.1　　　　　　　　　　电弧螺柱焊接头最低抗拉强度

螺柱材料	螺柱端径范围/mm	接头抗拉强度/MPa
低碳钢	3~32	415
高强度钢	3~32	830
不锈钢	3~19	585
铝	6~13	275

螺柱的外形必须是焊枪能夹持并顺利地进行焊接,其端径受母材厚度限制,其范围见表6.1。

3. 套圈

电弧螺柱焊的套圈是套在螺柱焊端面上,由焊枪上的卡钳保持适当位置。套圈的作用是:

(1) 施焊时将电弧热集中于焊接区。

(2) 阻止空气进入焊接区,减少熔化金属氧化。

(3) 将熔化金属限定在焊接区内。

(4) 遮挡弧光。

套圈为圆柱形,底面与母材的待焊表面相配并做出锯齿形,以便焊接区排出气体,其内部形状和尺寸应能容纳因挤出熔化金属而在螺柱底端形成的角焊缝。套圈有消耗型和半永久型两种,消耗型是由陶质材料制成,焊后易于碎除,因此为一次性使用;半永久型可重复使用,直至焊接质量不符要求后才更换。

4. 电弧电压

电弧电压决定于电弧长度或螺柱焊枪调定的提升高度,当提升高度确定后,电弧能量由焊接电流和焊接时间确定。

5. 焊接电流和焊接时间

焊接区的总能量是由焊接电流、电弧电压和焊接时间决定。相同的输入能量可由不同的焊接电流和焊接时间组合而成，焊接电流大则焊接时间短，焊接电流小则焊接时间长。对于某一给定的螺柱尺寸，均存在一个相当宽的可焊范围，通常须在此范围内选定最适用的焊接电流和焊接时间。

6.5.2.2 电容放电螺柱焊焊接工艺参数

1. 母材

电容螺柱焊的焊接金属也可以是电弧螺柱焊的金属。由于电容放电螺柱焊是在几毫秒内完成，一般可在没有保护和焊剂情况下，获得满意的焊接接头，唯一例外的是用拉弧式电容放电螺柱焊焊铝及其合金时，因金属易氧化需加 Ar 气保护。电容放电式螺柱焊的熔深小，螺柱金属与母材掺和较少，故可在极薄的板材（如 0.25mm）上施焊而不致烧穿，且可进行多种异种金属焊。

2. 螺柱

螺柱体几乎可以是任何形状如圆柱体（带螺纹或不带螺纹）、方形、矩形、锥形和开槽的等冲压件，但它必须适合于装夹，而且焊接端必须是圆形的。螺柱的直径范围在 1.6~13mm，多在 3~10mm 范围内。

3. 焊接电流和焊接时间

电容放电螺柱焊焊接质量决定于焊接能量，该能量由焊接时的放电电流和放电时间决定。放电电流随充电电压而变，放电时间由设备决定。通常电容放电螺柱焊是根据螺柱材质、直径和所选定的焊接方法确定工艺要求，从而确定充电电压值。

6.5.3 焊接操作工艺

1. 焊前处理

螺柱焊端和母材表面应具有清洁表面，无漆层和油水污垢等，但允许有少量锈迹。电弧螺柱焊精度要求较高时，需要采用特殊定位夹具或固定式螺柱焊设备。手提式螺柱焊枪使用时，最简单和常用的定位方法是在工件上用样板画线和打中心孔，然后把螺柱尖端放在中心孔标记处，使螺柱定位。如果螺柱数量大时，可直接用样板上的孔进行定位焊接，而不必预先在工件上打标记，焊时把套圈放入样板孔内即可定位。

2. 焊接操作

焊前，调节好焊枪提升量、螺柱超出套圈的外伸长度、焊接电流和燃弧时间。焊接时，需要保持焊枪与工件表面垂直，施焊过程中不能移动或摇晃焊枪，焊后不能立即提枪，以防拔起螺柱导致脱焊。

复 习 思 考 题

1. 什么是电阻焊？
2. 电阻热是如何产生的？影响因素有哪些？
3. 电阻焊的类型有哪些？

复习思考题

4. 电阻焊具有什么特点?
5. 什么是点焊?焊接过程分哪些阶段?
6. 如何改善点焊接头的性能?
7. 点焊类型有哪些?各自具有什么特点?
8. 点焊设备有哪些?
9. 点焊机的类型有哪些?各自具有什么特点?
10. 影响点焊的主要因素有哪些?
11. 如何设计点焊接头?
12. 缝焊的形式有哪些?
13. 缝焊具有什么特点?
14. 影响缝焊质量的工艺参数有哪些?
15. 什么是对焊?有何特点?
16. 对焊类型有哪些?如何进行生产的?
17. 电阻对焊的工艺参数有哪些?
18. 螺柱焊的原理与焊接过程是什么?
19. 螺柱焊的工艺参数有哪些?

第 7 章 钎 焊

钎焊作为一种金属连接方法，已有几千年历史。但是在很长的历史时期中，钎焊技术没有得到大的发展。直至 20 世纪 30 年代，随着科学技术的进步，钎焊技术有了长足的发展，并在各工业部门，特别是在机电、电子、仪表及航空工业中起着越来越重要的作用，已成为一种不可取代的工艺方法。本章主要讨论钎焊原理及特点，钎焊材料、钎焊方法和钎焊工艺，并对常用金属材料的钎焊作简要介绍。

7.1 钎焊原理及特点

7.1.1 钎焊原理

钎焊是采用比母材熔点低的金属材料作钎料，将焊件和钎料加热到高于钎料熔点、低于母材熔点的温度，利用液态钎料润湿母材填充接头间隙并与母材相互扩散，实现连接焊件的一种焊接方法。

钎焊的关键是如何获得一个优质接头。显然，这样的接头首先要保证熔化的钎料能很好地流入并填满接头的间隙，其次是钎料与母材相互扩散而形成金属结合。

1. 液态钎料的填隙原理

钎焊时，并非任何液态金属均能填充接头间隙（简称填隙），也就是说，必须具备一定的条件，此条件就是润湿作用和毛细作用。

（1）钎料的润湿作用。润湿就是液态物体与固态物体接触后相互粘附的现象。当液体处于自由状态时，为使其处于稳定状态，它将力图保持球形的表面。而当液体与固体接触时，如果黏聚力大于附着力，则液体不能粘附在固体表面上；当附着力大于黏聚力时，液体就能粘附在固体表面上，即发生润湿作用。

钎焊时，液态钎料如果不能粘附在固态母材的表面（即不润湿母材），就不可能填充接头间隙，只有液态钎料能润湿母材的情况下，填充作用才可能实现。

衡量钎料对母材润湿能力的大小，可用钎料（液相）与母材（固相）相接触时的接触夹角的大小来表示，液固两相切线的夹角 θ 即为润湿角（接触角），如图 7.1 所示。

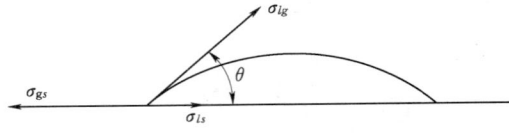

图 7.1 钎料在母材上稳定时的接触角

液滴（钎料）在固体（母材）上处于稳定状态时：

$$\cos\theta = \frac{\sigma_{gs} - \sigma_{ls}}{\sigma_{lg}}$$

式中 σ_{gs}——气相与固相间的表面张力；

σ_{ls}——液相与固相间的表面张力；

σ_{lg}——液相与气相间的表面张力。

当 $\sigma_{gs}>\sigma_{lg}$ 时，$\cos\theta$ 为正值，即 $0°<\theta<90°$，这时钎料能润湿母材；当 $\sigma_{gs}<\sigma_{lg}$ 时，$\cos\theta$ 为负值，即 $90°<\theta<180°$，这时可以认为钎料不能润湿母材；当 $\theta=0°$ 时，表示钎料完全润湿母材；当 $\theta=180°$ 时，钎料完全不能润湿母材。

(2) 钎料的毛细作用。钎焊时，对液态钎料的要求主要不是沿母材表面的自由铺展（润湿），而是能否填满钎缝的全部间隙。通常钎缝间隙很小，如同毛细管。钎焊时，钎料依靠毛细作用在钎缝间隙内流动。因此，钎料能否填满钎缝取决于它对母材的毛细作用。

把间隙很小的两平行板插入液体中，液体在两平行板的间隙内会自动上升或下降于液面的一定高度，如图 7.2 所示。

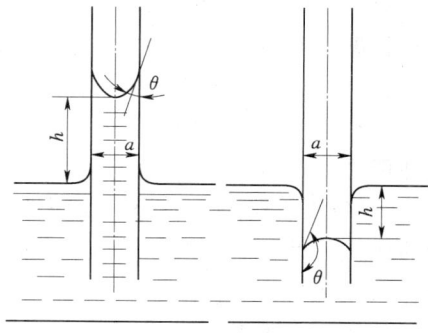

图 7.2 在二平行板间液体的毛细作用

液体在两平行板间隙中上升或下降的高度可由下式确定

$$h=\frac{2\sigma_{lg}\cos\theta}{g\rho a}$$

式中 ρ——液体的密度；

g——重力加速度；

a——两平行板的间隙，钎焊时即为钎缝间隙。

由上式可以看出：

1) 当 $\theta<90°$ 时，$\cos\theta>0$，$h>0$，液体沿间隙上升；若 $\theta>90°$ 时，$\cos\theta<0$，则 $h<0$，液体沿间隙下降。钎料填充间隙的好坏取决于它对母材的润湿作用。钎焊时，只有在液态钎料能充分润湿母材的条件下，钎料才能填满钎缝。

2) 液体沿间隙上升的高度 h 与间隙大小 a 成反比。随着间隙的减小，液体的上升高度增大。因此，钎焊时为使液态钎料能填满间隙，必须在接头设计和装配时保证小的间隙。

3) 液体在间隙内刚上升时流动快，以后随着 h 的增大而逐渐变慢。因此，为了使钎料能填满全部间隙，应保证足够的钎焊加热保温时间。

(3) 影响钎料润湿作用的因素。影响钎料润湿作用主要有以下因素：

1) 钎料和母材成分的影响。一般说来，当液体钎料和母材在液态和固态下均不发生物理化学作用时，则它们之间的润湿作用很差，如果液体钎料与母材相互溶解或形成化合物，则液态钎料就能较好地润湿母材。为了改善它们之间的润湿作用，可在钎料中加入能与母材形成固溶体或化合物的第三物质来改善其润湿作用。例如，铅与铜及钢都互不发生作用，所以铅在铜和钢上的润湿作用很差；但若在铅中加入能与铜及钢形成固溶体和化合物的锡后，钎料的润湿作用就大为改善。随着含锡量的增多，润湿作用越来越好。

2) 钎焊温度的影响。随着加热温度的升高，σ_{lg}和σ_{ls}减小，这两者均有助于提高钎料的润湿能力。但是，钎焊温度太高，钎料的润湿作用太好，往往发生钎料流散现象，还可能造成钎料对母材的溶蚀加重和母材晶粒粗大等现象。所以必须合理地选择钎焊温度。

3) 母材表面氧化物的影响。母材表面氧化物的存在，妨碍了钎料的原子与母材直接接触，使液态钎料团聚成球状，形成不润湿现象。所以钎焊时必须充分清除母材表面的氧化物，以保证产生良好的润湿作用。

4) 母材表面状态的影响。母材表面的粗糙度对钎料的润湿能力有不同程度的影响。钎料与母材作用较弱时，它在粗糙表面上的铺展比在光滑表面上的铺展要好。因为粗糙表面上的纵横交错的细槽对液态钎料起了特殊的毛细作用，促进了液态钎料沿母材表面的铺展。但对于与母材作用比较强烈的钎料，由于这些细槽被液态钎料迅速溶解而失去作用，这种现象就不明显。

5) 钎剂的影响。钎焊时使用钎剂可以清除钎料和母材表面的氧化物，改善润湿作用。钎剂往往又可以减小液态钎料的表面张力。因此，选用适当的钎剂对提高钎料对母材的润湿作用是非常重要的。

2. 钎料与母材的相互作用

钎焊时，熔化的钎料在毛细填缝过程中与母材发生相互物理化学作用。这种作用可归结为两种：一种是固态母材向液态钎料的溶解；另一种是液态钎料向固态母材的扩散。这两种作用对钎焊接头性能的影响是很大的。

（1）母材向钎料的溶解。钎焊时，如果钎料与母材在液态下能够互相溶解，则钎焊过程中一般发生母材溶解于液态钎料的现象。例如，用铜钎料或银钎料钎焊钢时，在钎缝中可发现铁的成分。

溶解作用对于钎焊接头质量的影响有利也有弊。如果母材向钎料发生适当的溶解，表层溶于钎料中，相当于在表面产生"清理"作用，使母材以纯净的表面与钎料直接接触，有利于提高润湿作用。其次，有些母材元素溶于钎料中，能对钎料成分起合金化作用，可提高钎焊接头的强度。但钎缝的强度和塑性降低。有时一些母材溶于钎料后，会使液态钎料黏度增大，流动性变差，造成钎料填缝性能变坏。如果母材溶于钎料过多，还会出现"溶蚀"缺陷，即由于母材过分溶解而出现凹陷，在严重情况下，还可能引起溶穿，特别是在钎焊薄板时，更母材向钎料溶解作用的强弱取决于它们的成分（即它们之间形成的相图）、钎焊温度、保温时间、间隙大小和钎料数量。一般说来，对于一定的钎料和母材，钎焊温度越高、保温时间越长、间隙越大、钎料越多，溶解作用进行得越激烈。

（2）钎料向母材的扩散。例如，用黄铜钎料钎焊铜时，在接近液态钎料的母材中，可发现锌在铜中的固溶体。

7.1.2 钎焊的类型

随着钎焊技术的发展，钎焊的种类越来越多。按钎焊温度的高低，钎焊通常分为低温钎焊（450℃以下）、中温钎焊（450～950℃）及高温钎焊（950℃以上）。有时把450℃以下的钎焊称为软钎焊，450℃以上的钎焊称为硬钎焊。按钎焊的反应特点钎焊又可分为毛细钎焊、大间隙钎焊以及反应钎焊等。按加热方法不同钎焊还可分为烙铁钎焊、火焰钎焊、炉中钎焊、电阻钎焊、感应钎焊以及浸渍钎焊等。近年来，在钎焊蜂窝形零件时，已采用了新的加热技术，如石英加热钎焊、红外线加热钎焊以及保证钎焊零件外形精度的陶瓷膜钎焊等。

钎焊的主要方法分类如图 7.3 所示。

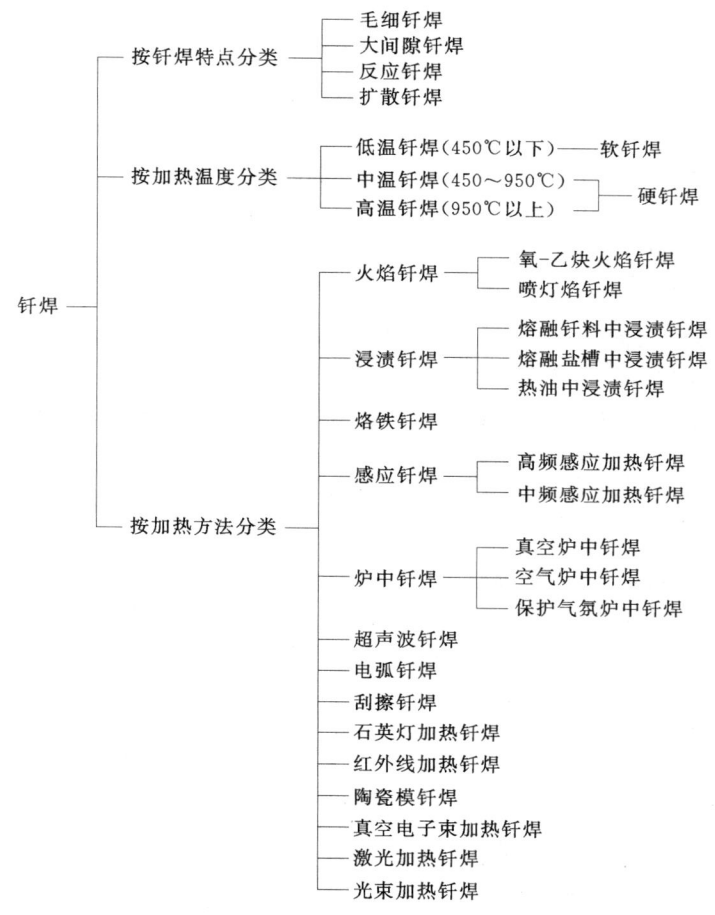

图 7.3　钎焊主要方法的分类

7.1.3　钎焊的特点

与熔化焊相比，钎焊具有如下优点：

（1）钎焊时，钎料熔化，母材不熔化，因此，钎焊对母材金属的各种性能影响较小。

（2）钎焊时焊件的变形较小，尤其是采用整体加热钎焊时（如炉中钎焊），焊件的变形可减小到最低程度，容易保证焊件的尺寸精度。

（3）可以实现异种材料连接，如金属与玻璃钎焊。

（4）利用钎焊能制造形状复杂的焊件。有时一次可以钎焊几十条甚至成百条钎缝，因而生产效率高。

（5）钎焊接头平整光滑，外形美观。

但是，钎焊也有明显的缺点。钎焊接头强度比较低，耐热能力较差。同时，钎焊的装配要求比熔焊高，要保证严格的间隙。

7.2 钎 焊 材 料

钎焊材料包括钎料和钎剂。合理选择钎焊材料对钎焊接头质量有着重要的作用。

7.2.1 钎料

1. 对钎料的基本要求

钎焊时，焊件是依靠熔化的钎料凝固后连接起来的，因此，钎焊接头的质量在很大程度上取决于钎料。为了满足钎焊工艺要求和获得高质量的钎焊接头，钎料应满足以下几项基本要求：

(1) 钎料具有合适的熔化温度范围。若钎料与母材的熔点过于接近，会使钎焊过程不易控制，甚至导致母材的晶粒长大、过烧以至局部熔化。一般情况下，钎料的熔点应比母材的熔点低 40～60℃，如果接头在高温下工作时，钎料的熔点应高于工作温度。

(2) 钎料具有良好的润湿作用，并与母材应能充分发生溶解、扩散作用，以利于填满接头的间隙，保证它们之间形成牢固的结合。

(3) 钎料应具有稳定和均匀的成分，尽量减少钎焊过程中的偏析现象和易挥发元素的损耗，从而使接头性能稳定。

(4) 钎料的热膨胀系数应与母材相近，以避免在钎缝中产生裂纹。

(5) 所获得的钎焊接头应能满足产品的技术要求，如力学性能（常温、高温或低温下的强度、塑性和冲击韧度等）和物理化学性能（导电性、导热性、抗氧化性、抗腐蚀性等）方面的要求。

此外，还应考虑钎料的经济性，在满足工艺性能和使用性能的前提下，应尽量少用或不用稀有金属和贵金属，从而降低生产成本。

2. 钎料的分类与编号

(1) 钎料的分类。钎料有以下几种分类方式：

1) 按钎料的熔点。钎料按熔点的高低分为两大类：通常把熔点低于 450℃ 的钎料称为软钎料，又称易熔钎料；熔点高于 450℃ 的钎料称为硬钎料，又称难熔钎料。

2) 按钎料的化学成分。根据组成钎料的主要元素把软钎料和硬钎料划分为各种基的钎料。如软钎料又可分为铟基、铋基、锡基、铅基、镉基、锌基等钎料；硬钎料又可分为铝基、银基、铜基、锰基、镍基、金基、钯基等钎料。

3) 按钎焊工艺性能。分为自钎剂钎料、电真空钎料、复合钎料。

(2) 钎料的编号。国内钎料的编号有多种，这里只介绍常用的两种。

1) YS/T 93—1996《膏状软钎料规范》和 GB/T 6418—2008《铜基钎料》规定的表示方法。

a. 钎料型号由两部分组成，两部分用隔线"—"分开。

b. 钎料型号第一部分用一个大写英文字母表示钎料的类型，"S"表示软钎料，"B"表示硬钎料。

c. 钎料型号的第二部分由主要合金组分的化学元素符号组成。

例如，S-Sn60Pb40Sb 表示 $w(\text{Sn})60\%$、$w(\text{Pb})39\%$、$w(\text{Sb})0.4\%$ 的软钎料；BAg72Cu 表示为 $w(\text{Ag})72\%$、$w(\text{Cu})28\%$ 的硬钎料。

2) 原机械工业部的《焊接材料产品样本》(1997) 钎料牌号编制方法：

a. 以字母"HL"表示钎料。

b. 牌号的第 1 位数字，表示钎料的化学组成类型，见表 7.1。

c. 牌号的第 2、3 位数字，表示同一类型钎料的不同牌号。

表 7.1　　　　　　　　　　钎料牌号中第 1 位数字的含义

牌号	化学组成类型	牌号	化学组成类型
HL1×× (料 1××)	铜锌合金	HL5×× (料 5××)	锌及镉合金
HL2×× (料 2××)	铜磷合金	HL6×× (料 6××)	锡铅合金
HL3×× (料 3××)	银合金	HL7×× (料 7××)	镍基合金
HL4×× (料 4××)	铝合金		

例如，HLAgCu26-4 表示银铜钎料，$w(\text{Ag})70\%$，$w(\text{Cu})26\%$，其他元素的质量分数为 4%。

3. 软钎料

(1) 锡铅钎料。软钎料中应用最广泛的是锡铅钎料。当锡铅合金含 $w(\text{Sn})$ 为 61.9% 时，形成熔点为 183℃ 的共晶。纯锡加铅后强度提高，在共晶成分附近时强度和硬度最高，但电导率则随含铅量增加而降低。

锡铅钎料对铜等多种金属均具有良好的润湿性和铺展能力。尤其是共晶成分的钎料，在适当温度下其铺展面积明显增大，加之其表面张力最小，流动性最好，力学性能也十分优异，因此成为电子工业中应用最广泛的钎料。

(2) 镉基钎料。镉基钎料是软钎料中耐热性最好的一种，并具有较好的抗腐蚀性能。镉基钎料主要是镉银合金。根据镉银合金相图，$w(\text{Ag})$ 超过 5% 后，合金的液相线温度迅速上升，同时结晶温度间隔变得很宽，所以镉银钎料的含银量不宜过多。

用镉基钎料钎焊铜时，钎焊温度不能高，加热时间不宜过长，以免在钎缝界面上生成脆性铜镉化合物，降低接头性能。

4. 硬钎料

(1) 铝基钎料。铝基钎料主要以铝硅共晶和铝铜共晶为基础，加入一些其他元素组成。

铝基钎料主要用来钎焊铝及铝合金，用来钎焊其他金属时，由于钎料表面的氧化物不易去除，并且铝易与其他金属形成脆性的金属间化合物，影响接头质量，因而不宜采用。

(2) 银基钎料。银基钎料是应用最广的一类硬钎料。由于熔点不很高，能润湿多种金属，并且具有良好的强度、塑性、导热性、导电性和抗腐蚀性，因此广泛应用于钎焊低碳钢、低合金钢、不锈钢、铜及铜合金、硬质合金、难熔金属等。

(3) 铜基钎料。铜基钎料分为铜钎料、铜锌钎料和铜磷钎料。

1) 铜钎料。铜钎料多采用在还原性气氛、惰性气氛和真空条件下钎焊碳钢、低合金钢。

由于铜对钢的润湿性和填缝能力都很好，以它作钎料时要求接头间隙很小，所以应注意加工和装配上的要求。

2) 铜锌钎料。主要用于气体火焰钎焊、高频钎焊、盐浴钎焊等钎焊方法，可钎焊铜及铜合金、镍、钢、铸铁和硬质合金。铜锌钎料种类很多，以 B-Cu62Zn 钎料应用最广。它具有优良的强度和塑性，可用于钎焊需要接头受力大、塑性好的铜、镍、钢等焊件。

3) 铜磷钎料。铜磷钎料具有良好的铺展性，工艺性能好、价格低，主要用于钎焊铜及铜合金。钎焊铜时可不用钎剂。钎焊接头具有良好的抗腐蚀性和导电性。可用于电阻钎焊、气体火焰钎焊、高频钎焊等，在电机制造和制冷设备等方面得到广泛的应用。

4) 镍基钎料。镍基钎料具有优良的抗腐蚀性和耐热性，用它钎焊的接头可以承受高达 1000℃ 的工作温度。镍基钎料常用于钎焊不锈钢、镍基合金、钴基合金、碳钢和低合金钢。

7.2.2 钎剂

1. 对钎剂的基本要求

钎剂的主要作用是消除母材和液态钎料表面上的氧化膜，保护母材和钎料在加热过程中不再继续氧化，以及改善钎料对母材表面的润湿性。为此，钎剂必须满足以下基本要求：

（1）钎剂的熔点应低于钎料的熔点，在钎料熔化之前就应熔化并开始起作用，把钎料表面和钎缝间隙中氧化膜去除。为保证钎焊温度下钎剂的活性，钎剂的熔点不应与钎料的熔点相差太大。

（2）通过物理化学作用，钎剂应具有足够的溶解和破坏母材和钎料表面氧化膜的能力。

（3）应具有良好的热稳定性，在钎焊加热过程中钎剂的成分和作用应保持稳定不变，不至于发生钎剂组分的分解、蒸发或碳化而导致其丧失应有的作用。一般要求钎剂应具有不小于 100℃ 的热稳定范围。

（4）在钎焊温度范围内，钎剂的黏度应小、流动性好、能很好地润湿母材、减小液态钎料的界面张力。

（5）熔融钎剂及其清除氧化膜后的产物密度应小于液态钎料，以便钎剂能均匀地覆盖在钎焊金属表面，有效地隔绝空气，促进钎料的润湿和铺展，不致滞留在钎缝中形成夹渣。

（6）钎剂及其残渣不应对钎焊金属和钎缝有强烈的腐蚀作用，钎剂的挥发物毒性要小，焊后钎剂的残渣应易清除。

2. 钎剂的分类

从不同角度出发，可将钎剂分为多种类型。例如，按使用温度不同，分为软钎剂和硬钎剂；按用途不同，分为普通钎剂和专用钎剂。此外，考虑到作用状态的特征不同，还可分出一类气体钎剂。钎剂的分类如图 7.4 所示。

3. 软钎剂

软钎剂是指在 450℃ 以下钎焊用的钎剂，可分为无机软钎剂和有机软钎剂两类。

（1）无机软钎剂。常用无机软钎剂列于表 7.2 中。这类钎剂主要由无机盐或（和）无

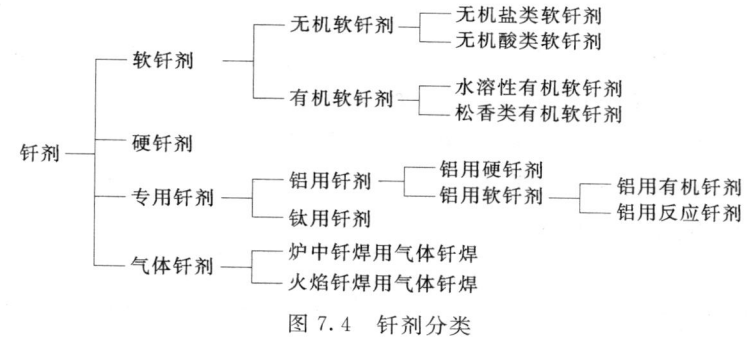

图 7.4 钎剂分类

机酸组成，其特点是化学活性强，热稳定性好，能有效去除焊件表面的氧化物，促进液态钎料对钎焊金属的润湿，能较好地保证钎焊质量。可用于包括不锈钢、耐热钢和镍合金在内的黑色金属和有色金属的钎焊。但其残渣对钎焊接头有强烈的腐蚀作用，故又称为腐蚀性软钎剂，钎焊后残渣必须清除干净。

表 7.2　　　　　　　　　　常用无机软钎剂的成分和用途

名　称	$w_B/\%$（化学成分）	钎焊温度/℃	适用范围
氯化锌溶液	40($ZnCl_2$)、60(H_2O)	290～350	锡铅钎料钎焊钢、铜及铜合金
氯化锌氯化铵溶液	20($ZnCl_2$)、15(NH_4Cl)、65(H_2O)	180～320	
钎剂膏	20($ZnCl_2$)、15(NH_4Cl)、65(凡士林)	180～320	
氯化锌盐酸溶液	25($ZnCl_2$)、25(HCl)、50(H_2O)	180～320	锡铅钎料钎焊铬钢、不锈钢、镍铬合金
磷酸溶液	40～60(H_3PO_4)、余量(H_2O)		
QJ1205	50($ZnCl_2$)、15(NH_4Cl)、30($CdCl_2$)、5(NaF)	250～400	镉基、锌基钎料钎焊铝青铜、铝黄铜

注　无机软钎剂消除氧化膜能力强，热稳定性好，但它的残渣有强烈腐蚀作用，焊后须清洗干净。

（2）有机软钎剂。常用有机软钎剂列于表 7.3 中。这类钎剂主要包括水溶性有机软钎剂和松香（天然树脂）类有机软钎剂两种。与无机软钎剂相比，其特点是化学活性较弱，热稳定性尚好，对焊件几乎没有腐蚀作用，故又称非腐蚀性软钎剂。在电子工业中广泛用于钎焊铜及铜合金、金、银、镉，其中活性松香钎剂还可用于钎焊镍、钢及不锈钢等。

表 7.3　　　　　　　　　　常用有机软钎剂的成分和用途

名称	$w_B/\%$（化学成分）	钎焊温度/℃	适用范围
乳酸型	15（乳酸）、85（水）	180～280	锡铅钎料钎焊铜、黄铜、青铜
盐酸型	5（盐酸）、95（水）	150～300	
松香型	100（松香）	150～300	钎焊铜、镉、锡、镁
	30（松香）、70（酒精）	150～300	
活化松香型	30（松香），2.8（水杨酸）、1.4（三乙醇胺）、余量（酒精）	150～300	钎焊铜及铜合金
活化松香型	30（松香）、3（氯化锌）、1（氯化铵）、66（酒精）	290～300	钎焊铜、铜合金、镀锌铁及镍
	24（松香）、2（三乙醇胺）、4（盐酸二乙胺）、余量（酒精）	200～350	

注　有机软钎剂有较强的去氧化物能力，热稳定性尚好，其残渣腐蚀性较轻微，要求高的产品焊后须清洗残渣，一般产品不清洗。

4. 硬钎剂

硬钎剂是指在450℃以上钎焊用的钎剂，常用硬钎剂列于表7.4中。这类钎剂主要是以硼砂、硼酸及它们的混合物为基体，以某些碱金属或碱土金属的氟化物、氟硼酸盐等为添加剂，具有合适的活性温度范围和去除氧化物能力的高熔点钎剂。硬钎剂可用于钎焊碳钢、不锈钢、铸铁、高温合金、硬质合金、铜及铜合金等多种金属材料。但此类钎剂的残渣有不同程度的腐蚀性，钎焊后应清除。

表7.4　　　　　常用硬钎剂的成分和用途

名称或牌号	$w_B/\%$（化学成分）	钎焊温度/℃	适用范围
硼砂型	100（硼砂）	850～1150	铜基钎料钎焊碳钢、铜及铜合金
硼酸型	25（硼砂）、75（硼酸）		
QJ201	80（硼酸）、14.5（硼砂）、5.5（氟化钙）		铜基钎料钎焊不锈钢、合金钢、高温合金
QJ101	30（硼酸）、70（氟硼酸钾）	550～850	银基钎料钎焊铜及铜合金、合金钢、不锈钢、高温合金
QJ102	35（硼酐）、23（氟硼酸钾）、42（氟化钾）	600～850	
QJ103	≥95（氟硼酸钾）、<5（碳酸钾）	550～750	
QJ104	50（硼砂）、35（硼酸）、15（氟化钙）	650～850	银基钎料炉中钎焊铜合金、碳钢、不锈钢

注　钎剂中含有毒的氟化物，钎焊场地必须通风良好。

硼砂和硼酸的混合物是应用最广的硬钎剂，但其去除氧化物的能力不强，不能去除铬、硅、铝、钛等的氧化物，而且钎剂的活性温度高（800℃以上），钎剂残渣难于去除。因此只能配合一些高熔点钎料（如铜基钎料）来使用，不能钎焊含铬、硅、铝、钛较多的合金钢、不锈钢和高温合金。

5. 铝用钎剂

铝的氧化膜致密稳定，钎焊铝及铝合金时必须采用专用的钎剂。铝用钎剂按其使用温度可分为铝用硬钎剂（如QJ201、QJ202等）和铝用软钎剂（如QJ203、QJ204等）两类。

6. 气体钎剂

气体钎剂是炉中钎焊和火焰钎焊过程中起钎剂作用的气体（如三氟化硼、三氯化磷、硼酸甲酯等）。这类钎剂的最大优点是钎焊后无钎剂残渣，接头不需要清理。但这类钎剂及其反应物大都具有一定的毒性，使用时应采取相应的安全措施。

7.3　钎焊方法及工艺

7.3.1　钎焊方法

钎焊方法通常是以所应用的热源来命名的，其主要作用是依靠热源提供必要的温度条件，使母材、钎料和钎剂之间的物理化学过程得以正常进行，从而获得优质的钎焊接头。钎焊方法种类甚多，随着新热源的发现和使用，相应地出现了不少新的钎焊方法。这里只介绍生产中广泛应用的几种主要钎焊方法。

1. 火焰钎焊

火焰钎焊是一种简单而实用的钎焊方法。它的通用性好，所需设备简单轻便，操作方便，燃气来源广，不依赖于电力，并能保证必要的质量。此方法主要用于铜基钎料、银基钎料钎焊碳钢、低合金钢、不锈钢、铜及铜合金、硬质合金等，特别适用于截面不等的组件。还可用做钎焊铝及铝合金等小型的薄壁焊件。它也可用作软钎焊。

火焰钎焊所用的可燃气体可以是乙炔、丙烷、汽油、煤气等。助燃气体为氧气或压缩空气。不同的混合气体所产生的火焰温度不同。如乙炔-氧焰温度达 3150℃；丙烷-氧焰温度为 2050℃；石油气-氧焰温度为 2400℃；汽油蒸气-氧焰温度为 2550℃。

火焰钎焊最常用的是氧乙炔焰，一般情况下可使用普通的气焊炬进行钎焊。但钎焊熔点比较低的焊件时，最好采用特种的多孔喷嘴，此时得到的火焰比较分散，温度比较适当，有利于保证均匀加热。

火焰钎焊时，通常是用手进给棒状或丝状的钎料，用膏状钎剂或钎剂溶液去除氧化物，加热前即可把它们均匀涂在焊件表面上。为保证加热均匀，首先应使火焰来回移动，把整条钎缝加热到接近钎焊温度，然后从一端开始用火焰连续向前熔化钎料，填满钎缝间隙。

火焰钎焊的缺点是手工操作时加热温度难于掌握控制，因此要求较高的操作技术。此外，火焰钎焊一个局部加热过程，可能会引起焊件的应力和变形。

2. 电阻钎焊

电阻钎焊的基本原理与电阻焊相同，它是利用电流通过焊件的钎焊处所产生的电阻热加热焊件和熔化钎料的一种钎焊方法。钎焊时对钎焊处应施加一定的压力。这种方法加热快，生产效率高，但受钎焊接头的形状及大小所限制。

电阻钎焊有两种基本方式，即直接加热法和间接加热法，如图 7.5 所示。

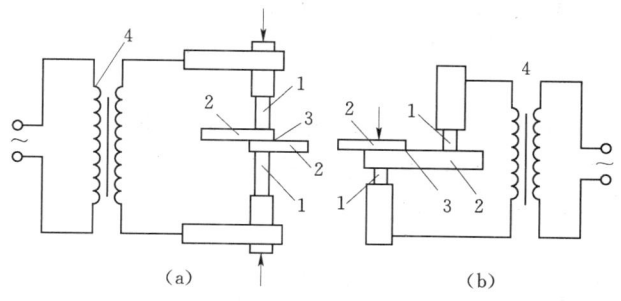

图 7.5　电阻钎焊原理图
（a）直接加热法；（b）间接加热法
1—电极；2—焊件；3—钎料；4—变压器

直接加热电阻钎焊特点是仅焊件的钎焊处被加热，因此加热速度快。这种方法不能使用固态钎剂，因其不导电，可以使用自钎剂钎料（如磷铜钎料）。当必须采用钎剂时，应以水溶液或酒精溶液形式使用。

间接加热电阻钎焊时，电流只通过一个焊件，或根本不通过焊件。对于前者，钎料的熔化和另一焊件的加热均靠通电加热的焊件向它们导热来实现的；至于后者，电流是通过并加热一块较大的石墨板或耐热合金板,焊件置于此板上,全部依靠导热来实现钎焊的。由于电流不通过钎焊面,因此可使用固态钎剂。这种方法的优点是便于钎焊热物理性能差别大的材料或厚度相差悬殊的焊件,但加热速度慢,适用于小件的钎焊。

电阻钎焊可在普通的电阻焊机上进行,也可采用专用的电阻钎焊设备。

电阻钎焊的优点是加热迅速,生产率高,劳动条件好,而且过程易实现自动化,但接头尺寸不能太大,焊件形状也不能太复杂。目前主要用于钎接刀具、带锯、导线端头、电机的定子绕组等。

3. 感应钎焊

感应钎焊是将焊件的待焊部分置于交变磁场中,通过它在交变磁场中产生的感应电流来实现加热焊件的一种钎焊方法,其原理如图 7.6 所示。

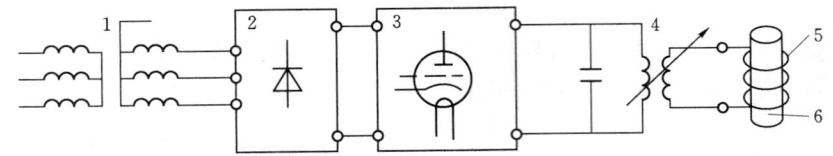

图 7.6 感应钎焊装置原理图
1—变压器;2—整流器;3—振荡器;4—高频变压器;5—感应器;6—焊件

感应电流的大小与交变磁场的频率成正比,频率越高,感应电流越大,加热速度越快。但频率越高,交流电的集肤效应越明显,焊件加热的厚度(电流渗透深度)越小。焊件内部只能依靠表面层向内部导热来加热,加热不均匀程度增大。

电流渗透深度也与材料的电导率和磁导率有关。电导率和磁导率越小,则电流渗透深度就越深。例如,钢在温度低于 768℃ 时磁导率很大,集肤效应显著;温度高于 768℃ 后,磁导率急剧减小,而且钢的电导率又较小,故集肤效应较弱,钎焊可采用较高的电流频率。铜和铝的磁导率虽小,但电导率比钢大得多,电流渗透深度较小,感应钎焊时应采用较小的频率和较大的功率。

感应钎焊广泛用于钎焊钢、不锈钢、高温合金、硬质合金、铜及铜合金等,既可用于软钎焊,又可用于硬钎焊。主要用于钎焊较小的焊件,特别适用于对称形状的焊件,如管件套接、管子与法兰、轴与轴套之类的接头。

4. 炉中钎焊

炉中钎焊可分为空气炉中钎焊、保护气氛炉中钎焊、真空炉中钎焊、浸渍钎焊。炉中钎焊的特点是焊件整体加热,加热均匀,变形小,设备简单,成本低。虽加热速度较慢,但一炉可同时钎焊多件,生产率仍很高。

(1)空气炉中钎焊。空气炉中钎焊广泛用于钎焊已装配好的焊件。钎料预先放置接头附近或接头内,并将所选适量的粉状或糊状钎剂覆盖于接头上,一起置于一般的工业炉中,加热至钎焊温度。依靠钎剂去除钎焊处的表面氧化膜,熔化的钎料流入钎缝间隙,冷凝后形成接头,如图 7.7 所示。

此法的缺点是在钎焊过程中焊件氧化严重,钎料熔点高时更为严重。因此,它的应用受到限制,一般可钎焊碳钢、合金钢、铜及铜合金、铝及铝合金等。

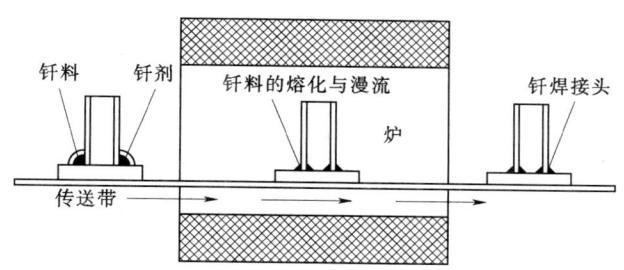

图 7.7 炉中钎焊工作示意图

（2）保护气氛炉中钎焊。保护气氛炉中钎焊根据所用的气氛不同，可分为还原性气氛炉中钎焊和惰性气氛炉中钎焊。

还原性气体的主要成分是氢，它不仅能防止空气侵入，还能还原焊件表面的氧化物，有助于钎料的润湿作用。还原性气体炉中钎焊时安全操作非常重要。为防止还原性气体中氢与空气混合而引起爆炸，炉子在加热前应先通 10～15min 还原性气体，以充分排除炉中空气。

惰性气体炉中钎焊通常采用氩气，氩气只起保护作用，要求它的纯度高于 99.99%。这种方法的优点是安全可靠。

（3）真空炉中钎焊。真空炉中的钎焊是在真空条件下不施加钎剂的一种比较新的钎焊方法（图 7.8）。由于焊件处于真空环境下，可以有效地排除空气对焊件的有害影响。此钎焊方法常用于钎焊含有铬、铝、钛等元素的不锈钢和高温合金，以及活性金属钛、锆，难熔金属钨、钼、钽、铌及其合金的钎焊。

（4）浸渍钎焊。浸渍钎焊是把焊件局部或整体放入熔态的盐混合物（称盐浴）或钎料（称金属浴）中，依靠这些液体介质的热量来实现钎焊过程。这种钎焊方法的钎焊温度易控制，加热均匀且速度快，一般比炉中加热快 3～6 倍，生产率高，液态介质保护焊件不受氧化，有时还能同时完成淬火等热处理过程，特别适用于大批量生产。

图 7.8 真空钎焊炉简图
1—电炉；2—真空容器；3—焊件；4—冷却水套；
5—密封环；6—容器盖；7—窥视孔；
8—接真空系统

浸渍钎焊按使用介质不同，可分为盐浴钎焊和熔化钎料中浸渍钎焊。图 7.9 是盐浴钎焊和熔化钎料中浸渍钎焊示意图。

1）盐浴钎焊。盐浴钎焊主要用于硬钎焊。盐浴钎焊时，焊件的加热和保护都是靠盐浴来实现的。因此，盐浴混合物的成分选择对钎焊质量影响很大。对盐浴成分的基本要求是：要有合适的熔点、对焊件能起保护而无不良影响、使用中能保持成分和性能稳定。一般多使用氯盐为基的混合物。在这些盐浴中钎焊时，需要施用钎剂去除氧化膜。当浸渍钎焊铝及其合金时，可直接使用钎剂作为盐混合物，为了保证钎焊质量，在使用中必须定期检查盐浴液的组成及杂质含量并加以调整。

盐浴钎焊有如下缺点：需要大量的盐类特别是钎焊铝时要大量使用含氯化锂的钎剂，成本高；熔盐大量散热和放出腐蚀性气体，同时遇水有爆炸危险，劳动条件较差；不宜钎焊有深孔、盲孔和封闭形焊件，因此时盐液很难流入和排除；耗电量大。

2) 熔化钎料中浸渍钎焊。这种钎焊方法的过程是将经过表面清理并装配好的焊件进行钎剂清理，然后浸入熔化的钎料中。熔化的钎料把零件钎焊处加热到钎焊温度，同时渗入钎缝的间隙中，并在焊件提起时保持在间隙内，凝固形成接头。

这种钎焊方法具有工艺简单、生产效率高等优点。其主要缺点是钎料消耗大，清理工作量大。目前这种方法用于软钎焊钢、铜及铜合金，特别是对那些钎缝多而密集的产品，如蜂窝式换热器、电机电枢、汽车水箱等，用这种方法钎焊比其他方法优越。

现将常用钎焊方法的特点及适用范围列于表 7.5 中。

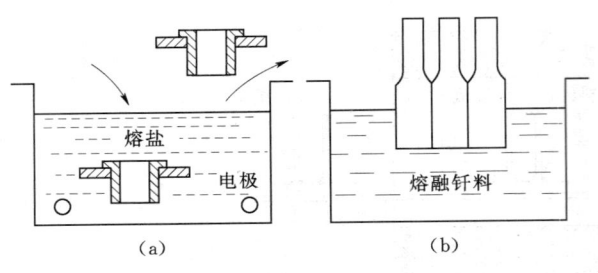

图 7.9　浸渍钎焊示意图
(a) 盐浴钎焊；(b) 熔化钎料中浸渍钎焊

表 7.5　各种钎焊方法的优缺点及适用范围

钎焊方法	主要特点		用途
烙铁钎焊	设备简单，灵活性好，适用于微细钎焊	需使用钎剂	只能用于软钎焊，钎焊小件
火焰钎焊	设备简单，灵活性好	控制温度困难，操作技术要求较高	钎焊小件
金属浴钎焊	加热快，能精确控制温度	钎料消耗大，焊后处理复杂	用于软钎焊及其批量生产
盐浴钎焊	加热快，能精确控制温度	设备费用高，焊后需仔细清洗	用于批量生产，不能钎焊密闭焊件
气相钎焊	能精确控制温度，加热均匀，钎焊质量高	成本高	只用于软钎焊及其批量生产
波峰钎焊	生产率高	钎料损耗较大	
电阻钎焊	加热快，生产率高，成本较低	控制温度困难，焊件形状、尺寸受限	钎焊小件
感应钎焊	加热快，钎焊质量好	温度不能精确控制，焊件形状受限制	批量钎焊小件
保护气体炉中钎焊	能精确控制温度，加热均匀，变形小，一般不用钎剂，钎焊质量好	设备费用较高，加热慢，钎料和焊件不宜含大量易挥发元素	大、小件的批量生产，多钎缝焊件的钎焊
真空炉中钎焊	能精确控制温度加热均匀，变形小，能钎焊难焊的高温合金，不用钎剂，钎焊质量好	设备费用高，钎料和焊件不宜含较多的易挥发元素	重要焊件

7.3.2 钎焊工艺

1. 钎焊接头设计

设计钎焊接头时，首先应考虑接头的强度，其次还要考虑如何保证组件的尺寸精度、零件的装配和定位、钎料的放置、钎焊接头间隙等问题。

（1）钎焊接头的基本形式。钎焊接头形式很多，但经常使用的有搭接、对接、斜接及 T 形接四种基本形式，如图 7.10 所示。

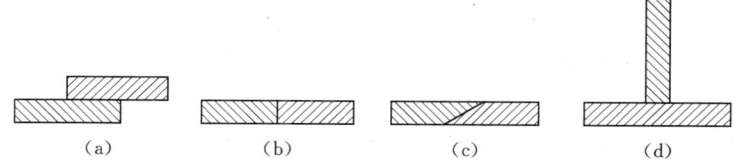

图 7.10 钎焊接头的基本形式
(a) 搭接；(b) 对接；(c) 斜接；(d) T 形接

用钎焊连接时，由于钎料及钎缝强度一般比母材低，若采用对接的钎焊接头，则接头强度比母材低，故对接接头只有在承载能力要求不高的场合才可使用。采用搭接可通过改变搭接长度达到接头与母材等强度，搭接接头的装配也比对接简单。

（2）接头的装配间隙。装配间隙的大小与钎料和母材有无合金化、钎焊温度、钎焊时间、钎料的放置等有直接关系。一般说来，钎料与母材相互作用较弱，则间隙小；作用强，间隙大。应该指出，这里所要求的间隙是指在钎焊温度下的间隙，与室温不一定相同。质量相同的同种金属的接头，在钎焊温度下的间隙与室温差别不大；但质量相差悬殊的同种金属，以及异种金属的接头，由于加热膨胀量不同，在钎焊温度下的间隙就与室温不同。在这种情况下，设计时必须考虑保证在钎焊温度下的接头间隙。

间隙大小可通过实践确定。表 7.6 列出了部分金属钎焊接头间隙的推荐值。

表 7.6 钎焊接头推荐的间隙

母材的种类	钎料的种类	钎焊接头间隙/mm	母材的种类	钎料的种类	钎焊接头间隙/mm
碳钢	铜钎料	0.01～0.05	铜及铜合金	黄铜钎料	0.07～0.25
	黄铜钎料	0.05～0.20		银基钎料	0.05～0.25
	银基钎料	0.02～0.15		锡铅钎料	0.05～0.20
	锡铅钎料	0.05～0.20		铜磷钎料	0.05～0.25
不锈钢	铜钎料	0.02～0.07	铝及铝合金	铝基钎料	0.10～0.30
	镍基钎料	0.05～0.10			
	银基钎料	0.07～0.25		锡锌钎料	
	锡铅钎料	0.05～0.20			

2. 焊件表面准备

钎焊前必须仔细地清除工件表面的氧化物、油脂、脏物及油漆等，因为熔化了的钎料不能润湿未经清理的零件表面，也无法填充接头间隙。有时，为了改善母材的钎焊性以及提高接头的耐蚀性，焊前还必须将焊件预先镀覆某种金属；为限制液态钎料随意流动，可在焊件非焊表面涂覆阻流剂。

（1）清除油污。油污可用有机溶剂去除，常用的有机溶剂有酒精、四氯化碳及三氯乙烷等。

小批量生产时可将零件浸在有机溶剂中清洗干净。大批生产时应用最广的是在有机溶剂的蒸汽中脱脂。此外，在热的碱溶液中清洗也可得到满意的效果。例如，钢制零件可在苛性钠溶液中脱脂，铜零件可在磷酸三钠或碳酸氢钠的溶液中清洗。对于形状复杂而数量很大的小零件，也可在专门的槽中用超声波脱脂。超声波脱脂效率高。

（2）清除氧化物。清除氧化物可采用机械方法、化学方法、电化学方法和超声波方法进行。

机械方法清理时可采用锉刀、钢刷、砂纸、砂轮、喷砂等。其中锉刀和砂纸清理用于单件生产，清理时形成的沟槽还有利于钎料的润湿和铺展。批量生产时可用砂轮、钢刷、喷砂等方法。铝及合金、钛合金不宜用机械清理法。

化学清理是以酸和碱能够溶解某些氧化物为基础的。常用的有硫酸、硝酸、盐酸、氢氟酸及它们混合物的水溶液和氢氧化钠水溶液等。此法生产效率高、去除效果较好，适于批量生产，但要防止表面的过浸蚀。

对于大批量生产及必须快速去除氧化膜的场合，可采用电化学法。

（3）母材表面镀覆金属。在母材表面镀覆金属，其目的主要是：①改善一些材料的钎焊性，增加钎料对母材的润湿能力；②防止母材与钎料相互作用从而对接头产生不良影响，如防止产生裂纹，减少界面产生脆性金属间化合物；③作为钎料层，以简化装配过程和提高生产率。

（4）涂覆阻流剂。在零件的非焊表面上涂覆阻流剂的目的是限制液态钎料的随意流动，防止钎料的流失和形成无益的连接。阻流剂广泛用于真空或气体保护的钎焊。

为了获得填缝密实、表面洁净的接头，希望钎料熔化后全部充填间隙而不要向间隙外、零件表面流失；主要方法是使用阻流剂。阻流剂主要是由氧化物，如氧化铝、氧化钛或氧化镁等稳定的氧化物与适当的黏结剂组成，将糊状阻流剂在钎焊前涂在接头邻近的零件表面上，由于钎料不能润湿这些物质，故被阻止流动。

3. 装配和定位

钎焊前零件应装配定位，以确保它们之间的相互位置和间隙。此外，在装配时可用各种方法固定焊件，如紧配合、点焊、铆接及夹具定位等。图7.11为典型钎焊接头的固定方法。

4. 钎料的放置

钎料的放置方式主要取决于钎焊方法、焊件结构、生产类型及钎料的形态等。

放置钎料应遵循下述原则：

（1）尽可能利用钎料的重力作用和钎料间隙的毛细作用来促进钎料填缝。

（2）保证钎料填缝时间隙内钎剂和气体有排出道路。

（3）钎料要安放在不易润湿或加热中温度较低零件上。

（4）安放要牢靠，不致在钎焊过程中因意外干扰而错动位置。

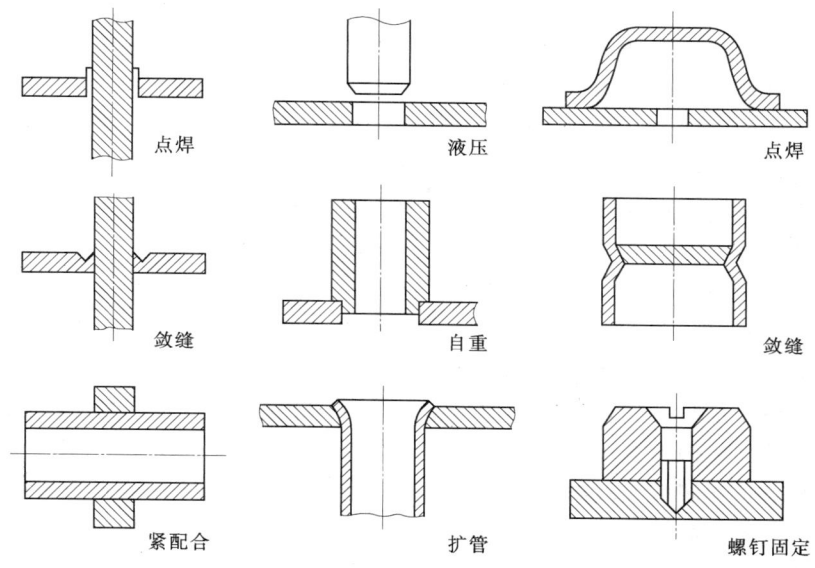

图 7.11 钎焊接头的固定方法

(5) 应使钎料的填缝的路程最短。

(6) 防止对母材产生明显的熔蚀或钎料局部堆积。

钎料既可在钎焊过程中送给，也可在钎焊前预先放置。预先放置的方式有明置和暗置两种方式。明置方式是将钎料放置在钎缝间隙的外缘，因而简便易行，但钎料易向间隙外的零件表面流失，填缝路径较长，易受外界干扰而错位，不利于保证稳定的钎焊质量。暗置方式是将钎料安放在间隙内特制的钎料槽中，因而需要对零件预先做好加工钎料槽，这不仅增加了工作量，而且降低了零件的承载能力。一般来说，对于薄件或简单的钎焊面积不大的接头，宜采用明置方式；对于钎焊面积大或结构复杂的接头，宜采用暗置方式，并将钎料槽开在较厚的零件上。

5. 钎焊工艺参数的确定

钎焊操作过程是指从加热开始，到某一温度并停留，最后冷却形成接头的整个过程。在这个过程中，所涉及到的最主要的工艺参数就是钎焊温度和保温时间，它们直接影响钎料填缝和钎料与母材的相互作用，从而决定了接头质量的好坏。此外，加热速度和冷却速度也是较重要的工艺参数，对接头质量也有不可忽视的影响。

(1) 钎焊温度。钎焊温度是钎焊过程最主要的工艺参数之一，在钎焊温度下，除了钎料熔化、填缝和与母材相互作用形成接头外，对某些钎焊方法（如炉中钎焊等），还可完成钎焊后的热处理工序（如固溶处理等），以提高钎焊接头的质量。

确定钎焊温度的主要依据是所选用钎料的熔点，一般应高于钎料液相线温度 25～60℃，以保证钎料能填满间隙。但也有例外，如对于某些结晶温度间隔宽的钎料，由于在液相线温度以下已有相当量的液相存在，具有一定的流动性，这时钎焊温度可等于或稍低于钎料液相线的温度。对于某些钎料，如镍基钎料，希望钎料与母材发生充分的反应，钎焊温度可高于钎料液相线温度 100℃ 以上。

此外，对于某些钎焊方法（如炉中钎焊等），确定钎焊温度时还应考虑材料热处理工艺的要求，以使钎焊和热处理工序能在同一加热冷却循环中完成。这不但节约工时，还可避免焊后热处理可能引起的不良后果。

(2) 保温时间。保温时间视焊件大小、钎料与母材相互作用的强弱程度而定。大件保温时间应长些，以保证均匀加热。钎料与母材作用强的，保温时间要短。一般来说，一定的保温时间是使钎料与母材相互扩散，形成牢固接头所必需的。但过长的保温时间将导致溶蚀等缺陷的发生。

(3) 加热速度和冷却速度。加热速度对钎焊接头质量也有一定的影响。加热速度过快会使焊件温度分布不均匀而产生应力和变形，加热速度过慢又会促进诸如母材晶粒的长大、钎料中低沸点组元的蒸发以及钎剂分解等有害过程的发生。因此，在确保均匀加热前提下，应尽量缩短加热时间，即提高加热速度。具体确定加热速度时，应考虑焊件尺寸、母材和钎料的特性等因素。

焊件冷却虽是在钎焊保温结束后进行的，但冷却速度对接头的质量也影响。冷却速度过慢，可能引起母材的晶粒长大，强化相析出或残余奥氏体出现；加快冷却速度，有利于细化钎缝组织并减小枝晶偏析，从而提高接头的强度；但冷却速度过快，可能使焊件因形成过大内应力而产生裂纹，也可能因钎缝迅速凝固使气体来不及逸出而形成气孔。因此，确定冷却速度时，也必须考虑焊件尺寸、母材和钎料的特性等因素。

6. 钎焊后清洗

钎剂残渣大多数对钎焊接头起腐蚀作用，也妨碍对钎缝的检查，常需清除干净。

含松香的活性钎剂残渣可用异丙醇、酒精、三氯乙烯等有机溶剂除去；由有机酸及盐组成的钎剂，一般都溶于水，可采用热水洗涤；由无机酸组成的软钎剂溶于水，因此可用热水洗涤；含碱金属及碱土金属氯化物的钎剂（例如氯化锌），可用2%盐酸溶液洗涤；硬钎焊用的硼砂和硼酸钎剂残渣基本上不溶于水，很难去除，一般用喷砂去除。比较好的方法是将已钎焊的工件在热态下放入水中，使钎剂残渣开裂而易于去除；含氟硼酸钾或氟化钾的硬钎剂（如剂102）残渣可用水煮或在10%柠檬酸热水中清除；铝用软钎剂残渣可用有机溶剂（例如甲醇）清除。

铝用硬钎剂残渣对铝具有很大的腐蚀性，钎焊后必须清除干净。下面列出的清洗方法，可以得到比较好的效果。

(1) 60～80℃热水中浸泡10min，用毛刷仔细清洗钎缝上的残渣，冷水冲洗，HNO_3 15%水溶液中浸泡约30min，再用冷水冲洗。

(2) 60～80℃流动热水冲洗10～15min。放在65～75℃，CrO_3 2%，H_3PO_4 5%水溶液中浸泡5min，再用冷水冲洗，热水煮，冷水浸泡8h。

7.3.3 常用金属材料的钎焊

1. 碳钢和低合金钢的钎焊

(1) 钎焊特点。碳钢表面形成的氧化物是多孔和不稳定的，容易被还原气体还原，也容易被钎剂去除，钎焊性好。

钎焊低合金钢时，如合金元素含量较低，则金属表面基本是铁的氧化物。但随着合金元素含量的增加，则还能生成其他的氧化物，钎焊时应选用活性较大的钎剂或露点较低的保护气体。

(2) 钎焊材料。钎焊碳钢和低合金的软钎料应用最广的是锡铅钎料。锡铅钎料的钎焊温度低，对母材性能不产生有害影响。但锡铅钎料与钢能形成 $FeSn_2$ 金属间化合物，因此钎焊温度不宜过高，保温时间也不宜过长。

碳钢和低合金钢硬钎焊时主要采用铜基和银基钎料。纯铜熔点高，钎焊时易使焊件氧化，主要用于保护气体钎焊和真空钎焊。

(3) 钎焊技术。碳钢和低合金钢常用的钎焊方法有火焰钎焊、浸渍钎焊、炉中钎焊、电阻钎焊、保护气氛及真空钎焊等。

火焰钎焊时，通常宜用中性焰或稍带还原性的火焰。操作时应尽量避免火焰直接加热钎料和钎剂，避免母材过热。

碳钢及表面不形成稳定化合物的低合金钢是比较容易钎焊的。对于调质钢的钎焊，为保持其较高的力学性能，钎焊温度不得过高。通常选用熔点较低的银基钎料在 650～700℃ 下进行钎焊。为了减少焊件的退火软化，采用加热速度快的感应钎焊、盐浴浸渍钎焊等方法。

2. 铝及铝合金的钎焊

(1) 钎焊特点。铝对氧的亲和力极大，很容易形成一层致密、稳定且熔点很高的氧化膜，很难去除，它是钎焊的主要障碍之一。其次，铝及其合金的熔点与钎料的熔点相差不大，如钎焊温度控制不当，会造成过度熔蚀，甚至引起母材熔化。一些热处理强化的铝合金，还可能因钎焊加热而引起失效或退火软化现象，导致钎焊接头性能降低。火焰钎焊时，因铝合金在加热中颜色不改变，温度判断比较困难，故要求操作技术高。此外，由于钎料与母材之间存在电极电位差，影响接头的抗腐蚀性能。

铝及铝合金的硬钎焊比软钎焊应用广，这里只介绍铝及铝合金的硬钎焊。

(2) 钎焊材料。铝及铝合金的硬钎焊只能使用铝基钎料。铝及铝合金的硬钎焊目前仍主要使用钎剂去除氧化物，一般使用氯化物为基的钎剂。

铝及铝合金硬钎焊须用中性气体保护，常用的氩气和氮气必须有较高的纯度，它们的露点必须低于 −40℃。

(3) 钎焊技术。铝及铝合金硬钎焊主要采用火焰钎焊、炉中钎焊、浸渍钎焊、真空钎焊及气体介质保护钎焊等方法。

火焰钎焊多用于小焊件和单件。为避免使用氧乙炔焰时乙炔中的杂质接触钎剂，使钎剂失效，以用汽油压缩空气为宜。钎焊时，先在钎焊处涂上钎剂水溶液，然后用火焰加热，待钎剂熔化后迅速加入钎料。要特别注意控制钎焊温度。钎焊大焊件时，先将焊件在炉中预热到 400～500℃，然后再用火焰加热进行钎焊。

空气炉中钎焊铝及铝合金时，一般应预置钎料，并将钎剂溶解在蒸馏水中，配成质量分数为 50%～70% 的稠溶液，并将它涂覆在钎焊面上，然后把装配好的焊件放到炉中加热钎焊。为严格控制加热温度，炉温波动控制在 ±3℃ 范围内。

铝及铝合金的浸渍钎焊属于盐浴浸渍钎焊，是把焊件浸入熔化的钎剂中实现的。一般使用膏状或箔状钎料，钎焊前敷在或夹在间隙中。钎焊时先将钎剂槽控制在钎焊温度下，将装配好的焊件先在低于钎焊温度 10～55℃ 的炉中预热，然后浸入液态钎剂槽中，焊件借助于熔态钎剂的热量升到钎焊温度，钎料熔化后即润湿并填满接头间隙。此法与其他钎焊方法相比加热快而均匀，氧化物去除充分，钎焊质量高。

3. 铜及铜合金的钎焊

(1) 钎焊特点。铜及铜合金的钎焊取决于材料表面形成的氧化物以及加热和冷却过程中材料性能的变化。铜及铜合金的种类很多，因此氧化物的种类也很多，如氧化铜、氧化锌、氧化锡、氧化镉、氧化镍、氧化锰、氧化硅等。这些氧化物均不难去除。唯独铝青铜表面的氧化物难以去除，故较难钎焊。此外，铅黄铜、硅青铜、白铜在局部快速加热时，有应力腐蚀倾向，钎焊时必须考虑钎焊温度对合金性能的影响。

(2) 钎焊材料。铜及铜合金可采用软钎焊和硬钎焊。软钎焊中应用最广的是锡铅钎料。

为避免在母材与钎料的界面形成铜锡化合物，钎焊温度不易过高。工作温度高于100℃的接头可采用 S-Sn85Ag8Sb7 钎料钎焊。用锡铅钎料钎焊铜时钎剂可为松香酒精溶液，也可为活性松香和 $ZnCl_2+NH_4Cl$ 水溶液。钎焊黄铜、青铜和铍青铜时钎剂可为活性松香和 $ZnCl_2+NH_4Cl$ 水溶液等。钎焊铝黄铜、铝青铜、铬青铜和硅青铜时，钎剂可为磷酸溶液。

硬钎焊时，对含铜量大的铜合金，可采用银基钎料、铜磷钎料和铜锌钎料；对含锌量大的黄铜，例如 H62 黄铜，主要用银基钎料和铜磷钎料。钎焊铝青铜时，可在钎剂中加入质量分数为 10%～20% 的硅氟酸钠或 YJ-6，这样就能很好地去除焊件表面的氧化物。

(3) 钎焊技术。铜及铜合金可用多种方法进行钎焊，如火焰钎焊、炉中钎焊、浸渍钎焊、感应钎焊和电阻钎焊等方法。其中高频钎焊和电阻钎焊时，由于铜的电阻小，要求加热电流比较大。

除无氧铜外，普通纯铜不能在含氢的气氛下进行钎焊，以免发生氢脆。黄铜在炉中钎焊时，为防止锌的蒸发，焊件表面最好先镀铜及加少量焊剂。用银基钎料钎焊铝青铜时，为防止铝向银钎料扩散，使接头质量变坏，钎焊加热时间必须尽可能短，在铝青铜表面镀铜和镀镍也可防止铝向钎料扩散。对于一些容易自裂的铜合金，如硅青铜、磷青铜、铜镍合金，一定要避免产生热应力，不宜采用快速加热的方法。

4. 工具钢和硬质合金的钎焊

(1) 钎焊的特点。工具钢通常分三类：碳素工具钢、合金工具钢及高速钢。工具钢和硬质合金的钎焊用于刀具、量具、模具、采掘工具及整体刀具的制造。

这类焊件在工作时受到相当大的应力，特别是受压缩、弯曲、冲击或交变载荷，因此要求接头强度高，质量可靠。其次，对于工具钢来说，必须使其组织和性能不受钎焊过程的影响，特别是高温退火、氧化及脱碳等。对于硬质合金，它的线膨胀系数与普通钢相比差别很大，使钎焊后冷却产生很大的应力，甚至可使硬质合金产生裂纹，钎焊时必须采取措施减小应力。

(2) 钎焊材料。工具钢和硬质合金钎焊时，通常采用铜基或银基钎料。铜基钎料应用最多的是黄铜。为提高强度和润湿性，常加入锰、镍、铁等元素。铜锰锌钎料具有吸收冲击能量的能力，钎焊硬质合金刀具的使用寿命比用黄铜钎料要高好几倍。用铜基钎料钎焊时，可用脱水硼砂或硼砂和硼酸的混合物做钎剂。

银基钎料熔化温度低，钎焊接头产生的热应力较小，硬质合金接头不易开裂。采用银基钎料钎焊时可配合使用 QJ102 钎剂。

（3）钎焊技术。工具钢及硬质合金常用火焰钎焊、感应钎焊、炉中钎焊、电阻钎焊、浸渍钎焊等钎焊方法。为减少钎焊应力和防止裂纹产生，可采取如下工艺措施：在钎缝中加入塑性好的补偿片（如镍铁合金、低碳钢、铜等）；加大钎缝间隙；用 30CrMnSiA 做刀体，它由奥氏体变为马氏体时，体积膨胀，可抵消部分收缩应力。

7.3.4 钎焊缺陷及防止

在钎焊生产过程中，接头常常会产生一些缺陷。缺陷的存在给焊件质量带来不利的影响。产生缺陷的原因很多，影响因素也比较复杂。这里仅就常见缺陷予以讨论。

1. 钎缝的不致密性缺陷

钎缝的不致密性缺陷是指钎缝中的气孔、夹渣、未钎透和部分间隙未填满等缺陷。这些缺陷会降低焊件的气密性、水密性、导电性和强度。其产生原因主要是接头间隙不合适，焊前清理不干净，选用的钎料和钎剂成分或数量不当，钎焊加热不均匀等，见表 7.7。

表 7.7　　　　　　　　　　不致密性缺陷的产生原因

缺陷形式	主要产生原因	缺陷形式	主要产生原因
部分间隙未填满	焊件表面清理不彻底； 装配时零件歪斜；接头间隙过大或过小； 钎剂选择不合适，如活性差或熔点不当； 钎焊工艺（主要是温度）不当	夹渣	钎剂选择不合适（黏度或密度过大）； 钎剂使用量过多或过少； 间隙选择不合适； 钎料与钎剂的熔化温度不匹配； 加热不均匀
气孔	钎焊前零件表面清洗不当； 钎剂选择不当； 母材和钎料中析出气体		

防止钎缝的不致密性缺陷主要措施有：

（1）适当增大钎缝间隙。可增强液态钎料的填缝能力，有利于钎料均匀填缝，减少夹气夹渣缺陷的产生。

（2）采用不等间隙（不平行间隙）。采用不等间隙钎焊致密性比平行间隙好。原因是钎料在不等间隙中能自行控制流动路线和调整填缝前沿；夹气夹渣具有定向运动的能力，可以自动地由大间隙向外排除。不等间隙接头的示意图如图 7.12 所示，其夹角 $\alpha=3°\sim6°$ 为宜。

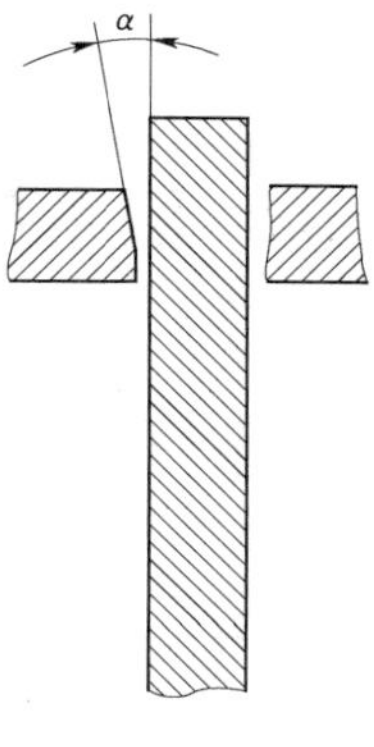

2. 母材的自裂及钎焊接头的裂纹

钎焊时，除钎缝金属产生裂纹外，许多高强度材料，如不锈钢、镍基合金、铜钨合金等容易产生自裂。产生裂纹及母材自裂的原因很多（表 7.8），主要是焊件刚度大，钎焊过程又产生了较大的拉应力，当应力超过材料的强度极限时，就会在钎缝中产生裂纹或在母材上产生自裂。

图 7.12　不等间隙接头示意图

第 7 章　钎　焊

表 7.8　　　　　　　　　　　母材自裂及接头裂纹产生的原因

裂纹形式	主 要 产 生 原 因	裂纹形式	主 要 产 生 原 因
钎焊接头的裂纹	钎料的固相线与液相线相差过大； 钎焊过程中产生过大的热应力； 钎料凝固过程中焊件振动	母材的自裂裂纹	钎焊金属过热或过烧； 母材的导热性不好或加热不均匀； 液态钎料向母材晶间渗入； 钎料与母材热膨胀系数差别过大产生热应力； 母材中的氧化物与氢反应生成水（水蒸气）

为防止母材自裂和接头裂纹，可采取如下措施：

（1）采用退火材料代替淬火材料。

（2）有冷作硬化的焊件预先进行退火。

（3）减小接头的刚性，使接头加热和冷却时能自由膨胀和收缩。

（4）降低加热速度，尽量减少产生热应力的可能性，或采用均匀加热的钎焊方法。如炉中钎焊等，这不仅可以减少热应力，而且冷作硬化造成的内应力也可以在加热过程中消除。

（5）在满足钎焊接头性能的前提下尽量选用低熔点的钎料，如用银基钎料代替黄铜钎料。

由于钎焊温度较低，产生的热应力较小，并且银基钎料对不锈钢的强度和塑性降低的影响比黄铜钎料小。

（6）用气体火焰将装配好的焊件加热到足够高的温度以消除内应力，然后将焊件冷却到钎焊温度进行钎焊。

3. 外观缺陷

外观缺陷主要有母材溶蚀和钎缝表面形成不好（表 7.9）。溶蚀是母材向钎料过度溶解所造成的。钎缝表面成形不好主要是指钎料流失，钎缝表面不光滑或没形成圆角。

表 7.9　　　　　　　　　　　外观缺陷产生的主要原因

缺 陷 形 式	主 要 产 生 原 因
钎料流失	钎焊温度过高
	钎焊时间过长
	钎料与母材发生化学反应
	钎剂、钎料量过大
钎缝表面不光滑或没形成圆角	钎剂用量不足
	钎焊工艺选择不当
	温度过高或时间过长
	钎料金属晶粒过大
	钎料过热（共晶钎料）
母材发生溶蚀	加热温度过高
	加热时间过长
	钎料过多

正确选择钎焊材料和钎焊工艺是避免产生外观缺陷特别是避免产生溶蚀的重要措施。钎焊温度越高，母材元素溶解到液相钎料中的数量越多；保温时间过长，将为母材与钎料相互作用创造更多的机会，也容易产生溶蚀。此外，钎料成分对溶蚀也有很大影响，除正确选择钎料外，钎料用量也应严格控制。

复习思考题

1. 什么是钎焊？简述钎焊的分类和特点。
2. 什么是钎料的润湿作用和毛细作用？
3. 影响钎料的润湿作用的因素有哪些？
4. 简述钎料与钎焊金属的相互作用。
5. 试述对钎料的基本要求。
6. 钎料如何分类？试述常用软钎料和硬钎料的性能特点。
7. 试述钎剂的作用及对钎剂的要求。
8. 钎剂如何分类？试述硬钎剂的组成和用途。
9. 简述电阻钎焊的特点。
10. 炉中钎焊分哪几种方法？各有何特点？
11. 试比较盐浴钎焊和熔化钎料中浸渍钎焊的优缺点。
12. 如何选择钎焊温度和保温时间？
13. 试述不锈钢的钎焊特点。
14. 试述铝及铝合金的钎焊特点。
15. 试述铜及铜合金的钎焊特点。
16. 试述钎缝不致密性缺陷产生的原因和防止措施。

第8章 等离子弧焊接与切割

8.1 等 离 子 弧

现代物理学认为等离子体是除固体、液体、气体之外物质的第四种存在形态。它是充分电离了的气体，由带负电的电子、带正电的正离子及部分未电离的、中性的原子和分子组成。产生等离子体的方法很多。目前，焊接领域中应用的等离子弧实际上是一种压缩电弧，是由钨极气体保护电弧发展而来的。钨极气体保护电弧常被称为自由电弧，它燃烧于惰性气体保护下的钨极与焊件之间，其周围没有约束，当电弧电流增大时，弧柱直径也伴随增大，两者不能独立地进行调节，因此自由电弧弧柱的电流密度、温度和能量密度的增大均受到一定限制。实验证明，借助水冷铜喷嘴的外部拘束作用，使弧柱的横截面受到限制而不能自由扩大时，就可使电弧的温度、能量密度和等离子体流速都显著增大。这种用外部拘束作用使弧柱受到压缩的电弧就是通常所称的等离子弧。

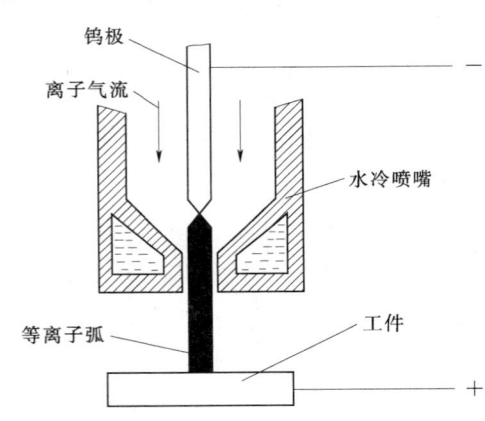

图 8.1 等离子弧的形成示意图

1. 等离子弧的形成

目前广泛采用的压缩电弧的方法是将钨极缩入喷嘴内部，并且在水冷喷嘴中通以一定压力和流量的离子气，强迫电弧通过喷嘴孔道，以形成高温、高能量密度的等离子弧，如图 8.1 所示。

此时电弧受到下述三种压缩作用：

（1）机械压缩效应。当把一个用水冷却的铜制喷嘴放置在其通道上，强迫这个"自由电弧"从细小的喷嘴孔中通过时，弧柱直径受到小孔直径的机械约束而不能自由扩大，而使电弧截面受到压缩。这种作用称为"机械压缩效应"。

（2）热收缩效应。水冷铜喷嘴的导热性很好，紧贴喷嘴孔道壁的"边界层"气体温度很低，电离度和导电性均降低。这就迫使带电粒子向温度更高、导电性更好的弧柱中心区集中，相当于外围的冷气流层迫使弧柱进一步收缩。这种作用称为"热收缩效应"。

（3）电磁收缩效应。这是由通电导体间相互吸引力产生的收缩作用。弧柱中带电的粒子流可被看成是无数条相互平行且通以同向电流的导体。在自身磁场作用下，产生相互吸引力，使导体相互靠近。导体间的距离越小，吸引力越大。这种导体自身磁场引起的收缩作用使弧柱进一步变细，电流密度与能量密度进一步增加。

电弧在三种压缩效应的作用下，直径变小、温度升高、气体的离子化程度提高、能量密度增大。最后与电弧的热扩散作用相平衡，形成稳定的压缩电弧。这就是工业中应用的等离子弧。作为热源，等离子弧获得了广泛的应用，可进行等离子弧焊接、等离子弧切割、等离子弧堆焊、等离子弧喷涂、等离子弧冶金等。

在上述三种压缩作用中，喷嘴孔径的机械压缩作用是前提；热收缩效应则是电弧被压缩的最主要的原因；电磁收缩效应是必然存在的，它对电弧的压缩也起到一定作用。

等离子弧是压缩电弧，其压缩程度直接影响等离子弧的温度、能量密度、弧柱挺度和电弧压力。影响等离子弧压缩程度的因素主要有：

(1) 等离子弧电流。当电流增大时，弧柱直径也要增大。因电流增大时，电弧温度升高，气体，电离程度增大，因而弧柱直径增大。如果喷嘴孔径不变，则弧柱被压缩程度增大。

(2) 喷嘴孔道形状和尺寸。喷嘴孔道形状和尺寸对电弧被压缩的程度具有较大的影响，特别是喷嘴孔径对电弧被压缩程度的影响更为显著。在其他条件不变的情况下，随喷嘴孔径的减小，电弧被压缩程度增大。

(3) 离子气体的种类及流量。离子气（工作气体）的作用主要是压缩电弧强迫通过喷嘴孔道，保护钨极不被氧化等。使用不同成分的气体作离子气时，由于气体的热导率和热焓值不同，对电弧的冷却作用不同，故电弧被压缩的程度不同。例如，在常用的氢、氮、氩三种气体中，氢气的热焓值最高，热导率最大，氮气次之，氩气最小。所以这三种气体对电弧的冷却作用随氩—氮—氢顺序递增，对电弧的压缩作用也以这个顺序递增。通过对离子气成分和流量的调节，可进一步提高、控制等离子弧的温度、能量密度及其稳定性。

改变和调节这些因素可以改变等离子弧的特性，使其压缩程度适应于切割、焊接、堆焊或喷涂等方法的不同要求。例如，为了进行切割，要求等离子弧有很大的吹力和高度集中的能量，应选择较小的压缩喷嘴孔径、较大的等离子气流量、较大的电流和导热性好的气体；为进行焊接，则要求等离子弧的压缩程度适中，应选择较切割时稍大的喷嘴孔径、较小的等离子气流量。

2. 等离子弧的特性

(1) 温度高、能量密度大。普通钨极氩弧的最高温度为 $10000 \sim 24000K$，能量密度在 $10^4 W/cm^2$ 以下。等离子弧的最高温度可达 $24000 \sim 50000K$，能量密度可达 $10^5 \sim 10^8 W/cm^2$，且稳定性好。等离子弧和钨极氩弧的温度比较如图8.2所示。

(2) 等离子弧的能量分布均衡。等离子弧由于弧柱被压缩，横截面减小，弧柱电场强度明显提高，因此等离子弧的最大压降是在弧柱区，加热金属时利用的主要是弧柱区的热功率，即利用弧柱等离子体的热能。所以说，等离子弧几乎在整个弧长上都具有高温。这一点和钨极氩弧是明显不同的。

(3) 等离子弧的挺度好、冲力大。钨极氩弧的形状一般为圆锥形，扩散角在 45° 左

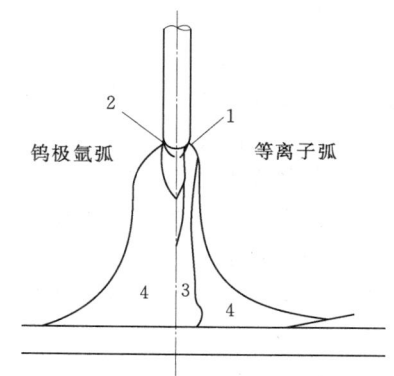

图 8.2 等离子弧和钨极氩弧的温度分布
1—$24000 \sim 50000K$；2—$18000 \sim 24000K$；
3—$14000 \sim 18000K$；4—$10000 \sim 14000K$
(钨极氩弧：200A 15V，等离子弧：200A 30V 压缩孔径：2.4mm)

右；经过压缩后的等离子弧，其形态近似于圆柱形，电弧扩散角很小，约为 5°左右，因此挺度和指向性明显提高。等离子弧在三种压缩作用下，横截面缩小，温度升高，喷嘴内部的气体剧烈膨胀，迫使等离子体高速从喷嘴孔中喷出，因此冲力大，挺直性好。电流越大，等离子弧的冲力也越大，挺直性也就越好。当弧长发生相同的波动时，等离子弧加热面积的波动比钨极氩弧要小得多。例如，弧柱截面同样变化 20%，钨极氩弧的弧长波动只允许 0.12mm，而等离子弧的弧长波动仍可达 1.2mm。等离子弧和钨极氩弧的扩散角比较如图 8.3 所示。

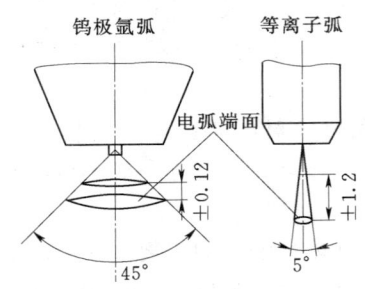

图 8.3 等离子弧和钨极氩弧的扩散角　　图 8.4 等离子弧的静特性

（4）等离子弧的静特性曲线仍接近于 U 形。由于弧柱的横截面受到限制，等离子弧的电场强度增大，电弧电压明显提高，U 形曲线上移且其平直区域明显减小，如图 8.4 所示。使用小电流时，等离子弧仍具有缓降或平的静特性，但 U 形曲线的下降区斜率明显减小。所以在小电流时等离子弧静特性与电源外特性仍有稳定工作点。而钨极氩弧在小电流范围内其电弧的静特性曲线是陡降的，电流的微小变化将造成电弧电压的急剧变化，容易造成电弧的静特性曲线与电源外特性曲线相切，使电弧失稳。

（5）等离子弧的稳定性好。等离子弧的电离度较钨极氩弧更高，因此稳定性好。外界气流和磁场对等离子弧的影响较小，不易发生电弧偏吹和漂移现象。焊接电流在 10A 以下时，一般的钨极氩弧很难稳定，常产生电弧漂移，指向性也常受到破坏。而采用微束等离子弧，当电流小至 0.1A 时，等离子弧仍可稳定燃烧，指向性和挺度均好。这些特性在用小电流焊接极薄焊件时特别有利。

3. 等离子弧的类型及应用

等离子弧按接线方式和工作方式不同，可分为非转移型、转移型和混合型三种类型，如图 8.5 所示。

（1）非转移型等离子弧。钨极接电源的负极，喷嘴接电源的正极，焊件不接电源，电弧是在钨极与喷嘴孔壁之间燃烧的，在离子气流的作用下电弧从喷嘴孔喷出，电弧受到压缩而形成等离子弧，一般将这种等离子弧称为等离子焰，如图 8.5（a）所示。由于焊件不接电源，工作时只靠等离子焰来加热，故其温度比转移型等离子弧低，能量密度也没有转移型等离子弧高。喷嘴受热较多，大量热能通过喷嘴散失。所以喷嘴应更好地冷却，否则其寿命不长。非转移弧主要在等离子弧喷涂、焊接和切割较薄的金属及非金属时采用。

（2）转移型等离子弧。钨极接电源的负极、焊件接电源的正极，等离子弧燃烧于钨极与焊件之间，如图 8.5（b）所示。但这种等离子弧不能直接产生，必须先在钨极和喷嘴

8.1 等离子弧

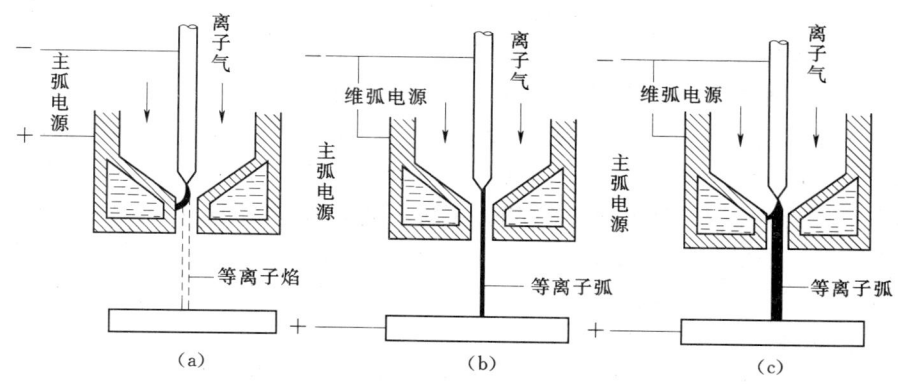

图 8.5 等离子弧的类型
(a) 非转移型；(b) 转移型；(c) 混合型

之间接通维弧电源，以引燃小电流的非转移型弧（引导弧），然后将非转移型弧通过喷嘴过渡到焊件表面，再引燃钨极与焊件之间的转移型等离子弧（主弧），并自动切断维弧电源。采用转移弧工作时，等离子弧温度高、能量密度大，焊件上获得的热量多，热的有效利用率高。常用于等离子弧切割、等离子弧焊接和等离子弧堆焊等工艺方法中。

（3）混合型等离子弧。在工作过程中非转移型弧和转移型弧同时存在，则称之为混合型（或联合型）等离子弧，如图 8.5 (c) 所示。两者可以用两台单独的焊接电源供电，也可以用一台焊接电源中间串接一定电阻后向两个电弧供电。其中的转移弧主要用来加热焊件和填充金属，非转移弧用来协助转移弧的稳定燃烧（小电流时）和对填充金属进行预热（堆焊时）。混合型等离子弧稳定性好，电流很小时也能保持电弧稳定，主要用在微束等离子弧焊接和粉末等离子弧堆焊等工艺方法中。

4. 等离子弧的双弧现象及防止

（1）双弧现象及危害。在使用转移型等离子弧进行焊接或切割过程中，正常的等离子弧应稳定地在钨极与焊件之间燃烧，但由于某些原因往往还会在钨极和喷嘴及喷嘴和工件之间产生与主弧并列的电弧，如图 8.6 所示，这种现象就称为等离子弧的双弧现象。

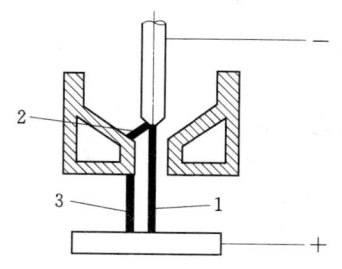

图 8.6 双弧现象示意图
1—主弧；2、3—并列弧

在等离子弧焊接或切割过程中，双弧带来的危害主要表现在下列几方面：

1）破坏等离子弧的稳定性，使焊接或切割过程不能稳定地进行，恶化焊缝成形和切口质量。

2）产生双弧时，在钨极和焊件之间同时形成两条并列的导电通路，减小了主弧电流，降低了主弧的电功率。因而使焊接时熔透能力和切割时的切割厚度都减小了。

3）双弧一旦产生，喷嘴就成为并列弧的电极，就有并列弧的电流通过。此时等离子弧和喷嘴内孔壁之间的冷气膜又受到破坏，因而使喷嘴受到强烈加热，故容易烧坏喷嘴，使焊接或切割工作无法进行。

（2）形成双弧的原因。由于双弧有上述危害，因此了解双弧的产生原因，设法防止双弧的产生，在等离子弧应用中是一个重要问题。

关于双弧的形成原因有多种不同的论点。一般认为，在等离子弧焊接或切割时，等离子弧弧柱与喷嘴孔壁之间存在着由离子气所形成的冷气膜。这层冷气膜由于铜喷嘴的冷却作用，具有比较低的温度和电离度，对弧柱向喷嘴的传热和导电都具有较强的阻滞作用。因此，冷气膜的存在一方面起到绝热作用，可防止喷嘴因过热而烧坏。另一方面，冷气膜的存在相当于在弧柱和喷嘴孔壁之间有一绝缘套筒存在，它隔断了喷嘴与弧柱间电的联系，因此等离子弧能稳定燃烧，不会产生双弧。当冷气膜的阻滞作用被击穿时，绝热和绝缘作用消失，就会产生双弧现象。

（3）防止双弧的措施。双弧的形成主要是喷嘴结构设计不合理或工艺参数选择不当造成的。因此防止等离子弧产生双弧的措施主要有：

1）正确选择电流。在其他条件不变时，增大电流，等离子弧弧柱直径也增大，使冷气膜厚度减小，故容易产生双弧。因此对一定尺寸的喷嘴，在使用时电流应小于其许用电流值，特别注意减少转移弧时的冲击电流。

2）选择合适的离子气成分和流量。当离子气成分不同时对电弧的冷却作用不同，产生双弧的倾向也不一样。例如，采用 $Ar+H_2$ 作为离子气时，由于氢的冷却作用强，弧柱直径缩小，使冷气膜的厚度增大，因此不易产生双弧。同理，增大离子气流量也会增强对电弧的冷却作用，从而减小产生双弧的可能。

3）喷嘴结构设计应合理。喷嘴结构参数对形成双弧起决定性作用。减小喷嘴孔径或增大孔道长度，会使冷气膜厚度减小而容易被击穿，故容易产生双弧。同理，钨极的内缩长度增加时，也容易引起双弧。因此，设计时应注意喷嘴孔道不能太长；电极和喷嘴应尽可能对中；电极内缩量也不能太大。

4）喷嘴的冷却效果。如果喷嘴的水冷效果不良，必然会使冷气膜的厚度减小而容易引起双弧现象。因此，喷嘴应具有良好的冷却效果。

5）喷嘴端面至焊件表面距离不能过小。如果此距离过小，则会造成等离子弧的热量从焊件表面反射到喷嘴端面，使喷嘴温度升高而导致冷气膜厚度减小，故容易产生双弧。

8.2 等离子弧焊

8.2.1 等离子弧焊的基本方法及应用

等离子弧焊是借助水冷喷嘴对电弧的拘束作用，获得高能量密度的等离子弧进行焊接的方法，国际统称为 PAW（plasma arc welding）。按焊缝成形原理，等离子弧焊有下列三种基本方法：穿孔型等离子弧焊、熔透型等离子弧焊、微束等离子弧焊。此外，还有一些派生类型，如脉冲等离子弧焊、交流等离子弧焊、熔化极等离子弧焊等。

1. 穿透型等离子弧焊

穿透型焊接法又称小孔型等离子弧焊。该方法是利用等离子弧直径小、温度高、能量密度大、穿透力强的特点，在适当的工艺参数条件下实现的，焊缝断面呈酒杯状，如图8.7 所示。焊接时，采用转移型等离子弧把焊件完全熔透并在等离子流力作用下形成一个穿透焊件的小孔，并从焊件的背面喷出部分等离子弧（称其为"尾焰"）。熔化金属被排挤在小孔周围，依靠表面张力的承托而不会流失。随着焊枪向前移动，小孔也跟着焊枪移动，熔池中的液态金属在电弧吹力、表面张力作用下沿熔池壁向熔池尾部流动，并逐渐收口、凝固，形成完全熔透的正反面都有波纹的焊缝，这就是所谓的小孔效应。如图 8.8 所示。利用这种小孔效应，不用衬垫就可实现单面焊双面成形。焊接时一般不加填充金属，但如果对焊缝余高有要求的话，也可加入填充金属。目前大电流（100～500A）等离子弧焊通常采用这种方法进行焊接。

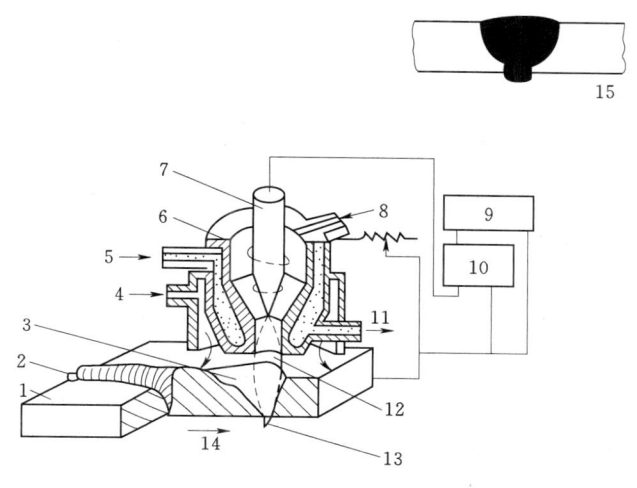

图 8.7　穿透型等离子弧焊示意图

1—焊件；2—焊缝；3—液态熔池中的小孔；4—保护气；5—进水；6—喷嘴；
7—钨极；8—等离子气；9—焊接电源；10—高频发生器；11—出水；
12—等离子弧；13—尾焰；14—焊接方向；15—接头断面

采用穿透型焊接法时，要保证焊件完全熔透且正反面都能成形，关键是能形成穿透性的小孔，并精确控制小孔尺寸，以保持熔池金属平衡的要求。另外，小孔效应只有在足够的能量密度条件下才能形成。板厚增加时所需的能量密度也增加，而等离子弧的能量密度难以再进一步提高。因此，穿透型焊接法只能在一定的板厚条件下才能实现。焊件太薄时，由于小孔不能被液体金属完全封闭，故不能实现小孔焊接法。如果焊件太厚，一方面受到等离子弧能量密度的限制，形成小孔困难。另一方面，即使能形成小孔，也会因熔化金属多，液体金属的质量大于表面张力的承托能

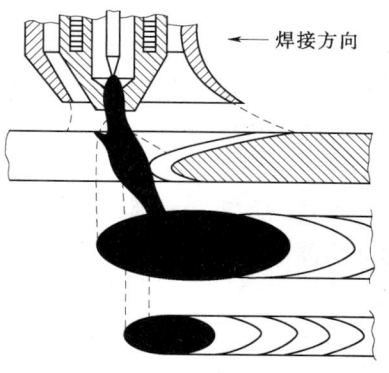

图 8.8　等离子弧的小孔效应

力而流失，不能保持熔池金属平衡，严重时将会形成小孔空腔而造成切割现象。由此可以看出，对在液体时表面张力较大的金属（如钛等），穿透型焊接的厚度就可以大一些。此法在应用上最适于焊接 3～8mm 不锈钢、12mm 以下钛合金、2～6mm 低碳钢或低合金结

构钢以及铜、黄铜、镍及镍合金的对接焊。在上述厚度范围内可在不开坡口、不加填充金属、不用衬垫的条件下实现单面焊双面成形。当焊件厚度大于上述范围时，需开 V 形坡口进行多层焊。

2. 熔透型等离子弧焊

熔透型等离子弧焊又称熔入型焊接法，它是采用较小的焊接电流（30～100A）和较低的离子气流量，采用混合型等离子弧焊接的方法。在焊接过程中不形成小孔效应，焊件背面无"尾焰"。液态金属熔池在弧柱的下面，靠熔池金属的热传导作用熔透母材，实现焊透。焊缝断面形状呈碗状，如图 8.9 所示。熔透型等离子弧焊基本焊法与钨极氩弧焊相似。焊接时可加填充金属，也可不加填充金属。主要用于薄板（0.5～2.5mm 以下）的焊接、多层焊封底焊道以后各层的焊接以及角焊缝的焊接。

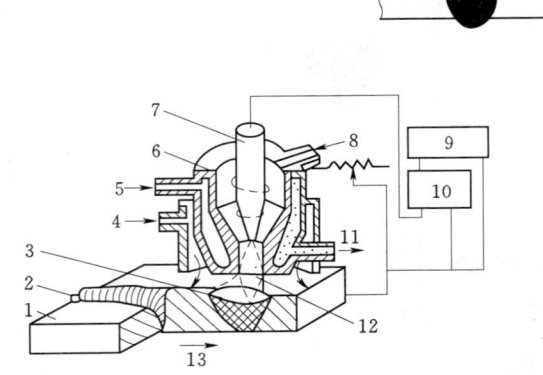

图 8.9　熔透型等离子弧焊示意图
1—焊件；2—焊缝；3—液态熔池；4—保护气；5—进水；
6—喷嘴；7—钨极；8—等离子气；9—焊接电源；
10—高频发生器；11—出水；12—等离子弧；
13—焊接方向；14—接头断面

3. 微束等离子弧焊

焊接电流在 30A 以下的等离子弧焊通常称为微束等离子弧焊。有时也把焊接电流稍大的等离子弧焊归为此类。这种方法使用很小的喷嘴孔径（0.5～1.5mm），得到针状细小的等离子弧，主要用于焊接厚度 1mm 以下的超薄、超小、精密的焊件。

微束等离子弧焊通常采用混合型等离子弧，采用两个独立焊接电源。其一向钨极与喷嘴之间的非转移弧供电，这个电弧称为维弧，其供电电源为维弧电源。维弧电流一般为 2～5A，维弧电源的空载电压一般大于 90V，以便引弧。另一个电源向钨极与焊件间的转移弧（主弧）供电，以进行焊接。焊接过程中两个电弧同时工作。维弧的作用是在小电流下帮助和维持转移弧工作。在焊接电流小于 10A 时维弧的作用尤为明显。当维弧电流大于 2A 时，转移型等离子弧在小至 0.1A 焊接电流下仍可稳定燃烧，因此小电流时微束等离子弧十分稳定。

上述三种等离子弧焊方法均可采用脉冲电流，借以提高焊接过程的稳定性，此时称为脉冲等离子弧焊。脉冲等离子弧焊易于控制热输入和熔池，适于全位置焊接，并且其焊接热影响区和焊接变形都更小。尤其是脉冲微束等离子弧焊，特点更突出，因而应用较广。

交流等离子弧焊具有阴极清理作用，主要用来焊接铝、镁及其合金。熔化极等离子弧焊实质上是一种等离子弧焊和 MIG 焊组合在一起的联焊方法。这两种方法特点不突出，目前用得尚不多。

8.2.2　等离子弧焊设备

按操作方式不同，等离子弧焊设备可分为手工焊设备和自动焊设备两大类。手工等离子弧焊设备主要由焊接电源、焊枪、控制系统、气路系统和水路系统等部分组成；自动等

8.2 等离子弧焊

离子弧焊设备除上述部分外,还有焊接小车和送丝机构(焊接时需要加填充金属)。按焊接电流的大小,等离子弧焊设备可分为大电流等离子弧焊设备和微束等离子弧焊设备。

1. 焊接电源

等离子弧焊设备一般采用具有陡降或垂直下降外特性的直流弧焊电源。电源空载电压根据离子气的种类而定,如用纯氢气作离子气时,电源空载电压只需80V左右;而用氩气加氢气的混合气体作离子气时,电源空载电压则需要110～120V。需要特别指出的是:微束等离子弧焊设备最好采用垂直下降外特性的电源,以提高等离子弧的稳定性。为保证收弧处的焊缝质量,不留下弧坑,等离子弧焊接一般采用电流衰减法熄弧,因此应具有电流衰减装置。

2. 焊枪

等离子弧焊枪的设计应保证等离子弧燃烧稳定,引弧及转弧可靠,电弧压缩性好,绝缘、通气及冷却可靠,更换电极方便,喷嘴和电极对中好。焊枪主要由电极,喷嘴,中间绝缘体,上、下枪体,保护罩,水路,气路,馈电体等组成,如图8.10所示。使用棒状电极的焊枪,其水、

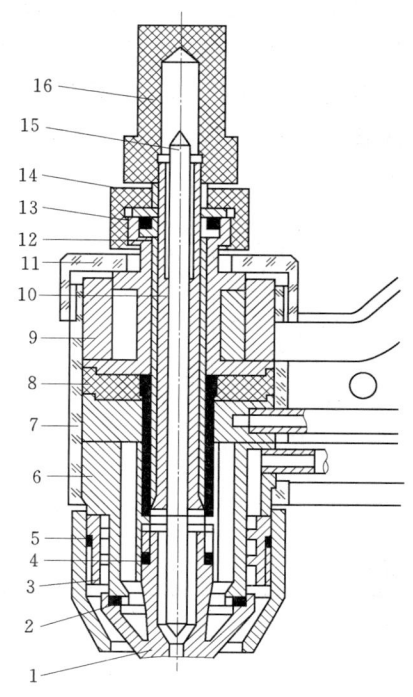

图8.10 等离子弧焊枪示意图
1—喷嘴;2、4、5、13—密封胶圈;3—保护罩;
6—下枪体;7—绝缘外壳;8—绝缘柱;9—上枪体;
10—钨极卡;11—外壳帽;12—钨极卡套;
14—锁紧螺母;15—钨极;16—钨极帽

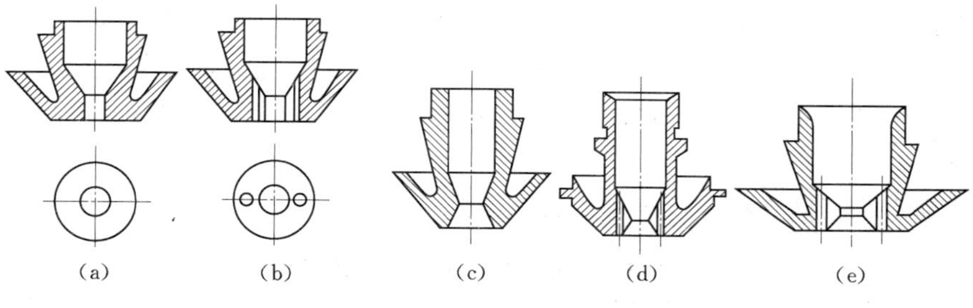

电、离子气及保护气接头一般都从枪体侧面连接。镶嵌式电极的水、电、离子气及保护气接头可从焊枪顶端接入。

图8.11 等离子弧焊常用的喷嘴结构类型
(a) 圆柱单孔型;(b) 圆柱三孔型;(c) 收敛扩散单孔型;
(d) 收敛扩散三孔型;(e) 有压缩段的收敛扩散三孔型

(1) 喷嘴结构 等离子弧焊常用的压缩喷嘴结构类型如图8.11所示。图8.11(a)、(b) 喷嘴的压缩孔道为圆柱形,在等离子弧焊中应用最广。图8.11(c)、(d) 及 (e) 喷嘴的压缩孔道为收敛扩散形,减弱了对等离子弧的压缩作用。但这种喷嘴可以采用更大的

焊接电流而产生（或很少产生）双弧。所以收敛扩散形喷嘴适用于大电流、厚板焊接。喷嘴孔径 d 决定等离子弧的直径和能量密度，须根据焊接电流及离子气的种类和数值来设计。喷嘴孔径 d 确定后，喷嘴孔道长度 l 越长，对等离子弧的压缩效果越好。通常以 l/d 来表征喷嘴孔道对等离子弧的压缩特征，称为孔道比。各种用途的喷嘴主要参数推荐值见表 8.1。

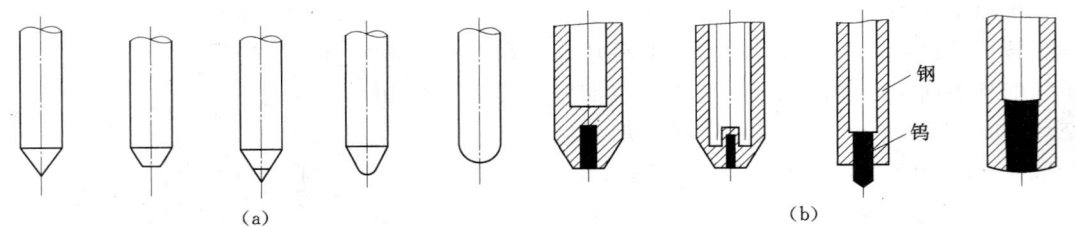

图 8.12　电极形状

(a) 棒状电极；(b) 镶嵌式电极

表 8.1　　　　　　　　　各种用途的喷嘴主要参数

喷嘴用途	孔径/mm	孔道比 l/d	锥角 α	备注
焊接	1.6～3.5	1.0～1.2	60°～90°	转移型弧
切割	0.6～1.2	2.0～6.0	25°～45°	混合型弧
	2.5～5.0	1.5～1.8	—	转移型弧
	0.8～2.0	2.0～2.5	—	
堆焊	—	0.6～0.98	60°～75°	
喷涂	—	5～6	30°～60°	非转移型弧

（2）电极。分棒状和镶嵌式两种，如图 8.12 所示。棒状电极形状与钨极氩弧焊所用的相同，一般为铈钨极，如图 8.12（a）所示。棒状电极端头磨成尖锥形，有利于可靠引弧和提高电弧稳定性。电流较小或电极直径较大时，锥角可以小一些。电流大时，端头可磨成圆台形或球形，以减少电极烧损。镶嵌式电极适用于大电流，端部一般为平的。如果嵌入材料凸出于基体时，嵌入材料端部也可以磨成圆台形或球形。镶嵌式电极宜于直接水冷，如图 8.12（b）所示。

表 8.2 列出了不同直径棒状电极的许用电流范围。

表 8.2　　　　　　　　　等离子弧焊棒状电极的许用电流范围

电极直径/mm	焊接电流范围 I/A	电极直径/mm	焊接电流范围 I/A
0.35	0～15	2.4	150～250
0.50	5～20	3.2	250～400
1.0	15～80	4.0	400～500
1.6	70～150	5.0～9.0	500～1000

电极端点至喷嘴孔道起始端的距离为电极内缩量 l_g，如图 8.13 所示。l_g 的大小对等

8.2 等离子弧焊

离子弧的性能有很大影响，l_g 增大，压缩程度提高，但超过一定值后会引起双弧现象。电极与喷嘴要保持同心，如果偏心，则引起等离子弧偏斜，影响焊缝成形，偏心严重时会破坏等离子弧稳定性，产生双弧。同心度由焊枪加工精度或调节机构来保证。

3. 气路系统

与氩弧焊或 CO_2 气体保护电弧焊相比，等离子弧焊机的供气系统比较复杂。典型供气系统如图 8.14 所示，包括离子气、焊接区保护气、背面保护气等。为保证引弧和收弧处的焊缝质量，离子气可分两路供给，其中一路经放气阀放入大气，以实现离子气衰减。为避免保护气对离子气的干扰，保护气和离子气最好由独立气路分开供给。

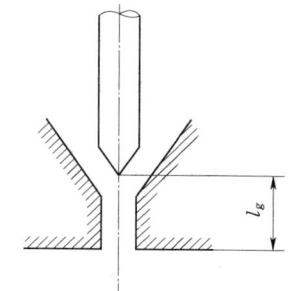

图 8.13　电极内缩量与同心度

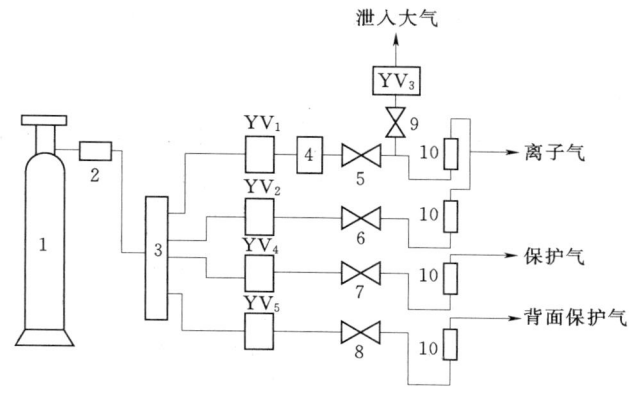

图 8.14　等离子弧焊典型供气系统示意图

1—氩气瓶；2—减压表；3—气体汇流排；4—储气桶；
5~9—调节阀；10—流量计；YV_1~YV_5—电磁气阀

为延长喷嘴及电极的使用寿命，以及对等离子弧产生良好的热收缩效应，等离子弧焊机必须具有合适的水冷系统对焊枪进行良好的冷却。冷却方式有间接冷却和直接冷却两种。间接冷却时冷却水从上枪体进入，从下枪体流出；直接冷却时喷嘴及电极分别进行水冷却，冷却效果好，一般都用在具有镶嵌式电极的焊枪结构中。

4. 控制系统

等离子弧焊设备的控制系统一般包括高频引弧电路、拖动控制电路、延时电路和程序控制电路等部分。控制系统一般应具备如下功能：

(1) 可预调气体流量并实现离子气流的衰减。

(2) 焊前能进行对中调试。

(3) 调节焊接小车行走速度及填充焊丝的送进速度。

(4) 提前送气，滞后停气。

(5) 可靠的引弧及转弧。

(6) 实现起弧电流递增，熄弧电流递减。

(7) 无冷却水时不能开机。

(8) 发生故障及时停机。

8.2.3 等离子弧焊工艺

1. 等离子弧焊的工艺特点

(1) 由于等离子弧的温度高、能量密度大，因此等离子弧焊熔透能力强，可用比钨极氩弧焊高得多的焊接速度施焊。这不仅提高了焊接生产率，而且可减小熔宽、增大熔深，因而可减小热影响区宽度和焊接变形。

(2) 由于等离子弧的形态近似于圆柱形，挺度好，因此当弧长发生波动时熔池表面的加热面积变化不大，对焊缝成形的影响较小，容易得到均匀的焊缝成形。

(3) 由于等离子弧的稳定性好，使用很小的焊接电流也能保证等离子弧的稳定，故可以焊接超薄件。

(4) 由于钨极内缩在喷嘴里面，焊接时钨极与焊件不接触，因此可减少钨极烧损和防止焊缝金属夹钨。

2. 等离子弧焊工艺

(1) 接头形式。用于等离子弧焊接的通用接头形式为 I 形对接接头、开单面 V 形和双面 V 形坡口的对接接头以及开单面 U 形和双面 U 形坡口的对接接头。除此之外，也可用角接接头和 T 形接头。

1) 厚度大于 1.6mm，但小于表 8.3 所列厚度值的焊件，可不开坡口，采用穿透型焊接法一次焊透。

表 8.3　　等离子弧焊一次焊透的焊件厚度　　单位：mm

材料	不锈钢	钛及钛合金	镍及镍合金	低碳钢
厚度范围	≤8	≤12	≤6	≤8

2) 对于厚度较大的焊件，需要开坡口进行多层焊。为使第一层焊缝仍可采用穿透型焊接法，坡口钝边可留至 5mm，坡口角度也可减小。以后各层焊缝可采用熔透型焊接法焊接。

3) 焊件厚度如果在 0.025～1.6mm 之间，通常使用微束等离子弧焊接。常用接头形式如图 8.15 所示。焊接时要采用可靠的焊接夹具，以保证焊件的装配质量。装配间隙和错边量越小越好。

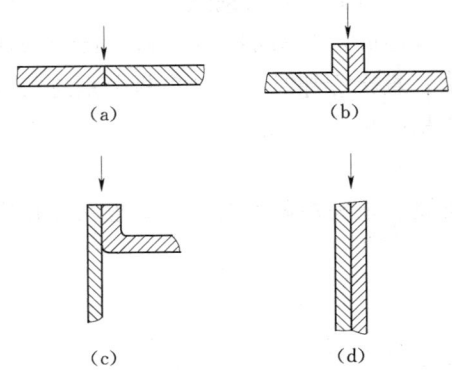

图 8.15　微束等离子弧焊接头形式
(a) I 形对接接头；(b) 卷边对接接头；
(c) 卷边角接接头；(d) 端接接头

(2) 焊接参数的选择。等离子弧焊焊接时，焊透母材的方式主要有穿透焊和熔透焊（包括微束等离子弧焊）两种。在采用穿透型等离子弧焊时，焊接过程中确保小孔的稳定，是获得优质焊缝的前提。影响小孔稳定性的主要焊接工艺参数有：

1)喷嘴孔径。喷嘴孔径直接决定对等离子弧的压缩程度,是选择其他参数的前提。在焊接生产过程中,当焊件厚度增大时,焊接电流也应增大,但一定孔径的喷嘴其许用电流是有限制的,见表8.4。因此,一般应按焊件厚度和所需电流值确定喷嘴孔径。

表8.4 喷嘴孔径与许用电流

喷嘴孔径/mm	1.0	2.0	2.5	3.0	3.5	4	4.5
许用电流/A	≤30	40~150	140~180	180~250	250~350	350~400	450~500

2)焊接电流。当其他条件不变时,焊接电流增加,等离子弧的热功率也增加,熔透能力增强。因此,应根据焊件的材质和厚度首先确定焊接电流。在采用穿孔法焊接时,如果电流太小,则形成小孔的直径也小,甚至不能形成小孔,无法实现穿透法焊接;如果电流过大,则形成的小孔直径也过大,熔化金属过多,易造成熔池金属坠落,也无法实现穿透法焊接。同时,电流过大还容易引起双弧现象。因此,当喷嘴孔径及其他焊接参数一定时,焊接电流应控制在一定范围内。

3)离子气种类及流量。目前应用最广的离子气是氩气,适用于所有金属。为提高焊接生产效率和改善接头质量,针对不同金属可在氩气中加入其他气体。例如,焊接不锈钢和镍合金时,可在氩气中加入体积分数为5%~7.5%的氢气;焊接钛及钛合金时,可在氩气中加入体积分数为50%~75%的氦气。

当其他条件不变时,离子气流量增加,等离子弧的冲力和穿透能力都增大。因此,要实现稳定的穿孔法焊接过程,必须要有足够的离子气流量;但离子气流量太大时,会使等离子弧的冲力过大将熔池金属冲掉,同样无法实现穿透法焊接。

4)焊接速度。当其他条件不变时,提高焊接速度,则输入到焊缝的热量减少,在穿孔法焊接时,小孔直径将减小;如果焊速太高,则不能形成小孔,故不能实现穿透法焊接。焊接速度的确定,取决于焊接电流和离子气流量。

在穿透法焊接过程中,这三个参数应相互匹配。匹配的一般规律是:当焊接电流一定时,若增加离子气流量,则应相应增加焊接速度;当离子气流量一定时,若增加焊接速度,则应相应增加焊接电流;当焊接速度一定时,若增加离子气流量,则应相应减小焊接电流。

5)喷嘴高度。喷嘴端面至焊件表面的距离为喷嘴高度。生产实践证明喷嘴高度应保持在3~8mm较为合适。如果喷嘴高度过大,会增加等离子弧的热损失,使熔透能力减小,保护效果变差;但若喷嘴高度太小,则不便操作,喷嘴也易被飞溅物堵塞,还容易产生双弧现象。

6)保护气成分及流量。等离子弧焊时,除向焊枪输入离子气外,还要输入保护气,以充分保护熔池不受大气污染。大电流等离子弧焊时保护气与离子气成分应相同,否则会影响等离子弧的稳定性。小电流等离子弧焊时,离子气与保护气成分可以相同,也可以不同,因为此时气体成分对等离子弧的稳定性影响不大。保护气一般采用氩气,焊接铜、不锈钢、低合金钢时,为防止焊缝缺陷,通常在氩气中加一定量的氦气、氢气或二氧化碳等气体。保护气流量应与离子气流量有一个适当的比例。如果保护气流量过大,则会造成气流紊乱,影响等离子弧稳定性和保护效果。穿透法焊接时,保护气流量一般选择15~

30L/min。

常用金属穿透型等离子弧焊焊接工艺参数见表8.5。

表8.5　　　　　　　　　穿透型等离子弧焊焊接工艺参数

材料	厚度/mm	焊接电流/A	电弧电压/V	焊速/(cm·min^{-1})	气体成分（体积分数）	坡口形式	气体流量/(L·min^{-1})		备注
							离子气	保护气	
碳钢	3.2	185	28	30	100%（Ar）	I	6.1	28	
低合金钢	4.2	200	29	25	100%（Ar）	I	5.7	28	
	6.4	275	33	36			7.1		
不锈钢	2.4	115	30	61	95%（Ar）、5%（H$_2$）	I	2.8	17	穿透
	3.2	145	32	76			4.7	17	
	4.8	165	36	41			6.1	21	
	6.4	240	38	36			8.5	24	
钛合金	3.2	185	21	51	100%（Ar）	I	3.8	28	
	4.8	175	25	33	100%（Ar）		8.5		
	9.9	225	38	25	25%（Ar）、75%（He）		15.1		
	12.7	270	36	25	50%（Ar）、50%（He）	I	12.7		
	15.1	250	39	18	50%（Ar）、50%（He）	V	14.2		
铜和锌黄铜	2.4	180	28	25	100%（Ar）	I	4.7	28	熔透
	3.2	300	33	25	100%（He）		3.8	5	
	6.4	670	46	51	100%（He）	I	2.4	28	
	2.0[w(Zn)30%]	140	25	51	100%（Ar）		3.8	28	
	3.2[w(Zn)30%]	200	27	41	100%（Ar）		4.7	28	穿透

熔透型等离子弧焊的工艺参数项目和小孔型等离子弧焊基本相同。焊件熔化和焊缝成形过程则和钨极氩弧焊相似。中、小电流（0.2～100A）熔透型等离子弧焊通常采用混合型弧。由于非转移弧（维弧）的存在，使得主弧在很小电流下（1A以下）也能稳定燃烧。但维弧电流过大容易损坏喷嘴，一般选用2～5A，采用熔透焊焊接不锈钢的微束等离子弧焊接工艺参考值见表8.6。

表8.6　　　　　　　　　不锈钢的微束等离子弧焊接工艺

板厚/mm	电流/A	电压/V	焊速/(cm·min^{-1})	离子气Ar/(L·mm^{-1})	保护气/(L·mm^{-1})（体积分数）	喷嘴孔径/mm	备注
0.025	0.3	—	12.7	0.2	8	0.75	
0.075	1.6	—	15.2	0.2	8[99%（Ar）、1%（H$_2$）]	0.75	
0.125	1.6	—	37.5	0.28	7[99.5%（Ar）、0.5%（H$_2$）]	0.75	卷边焊
0.175	3.2	—	77.5	0.28	9.5[96%（Ar）、4%（H$_2$）]	0.75	
0.25	5	30	32.0	0.5	7[100%（Ar）]	0.6	

续表

板厚/mm	电流/A	电压/V	焊速/(cm·min⁻¹)	离子气 Ar/(L·mm⁻¹)	保护气/(L·mm⁻¹)(体积分数)	喷嘴孔径/mm	备注
0.2	4.3	25	—	0.4	5	0.8	
0.2	4	26	—	0.4	6	0.8	
0.1	3.3	24	37.0	0.15	4 100%(Ar)	0.6	
0.25	6.5	24	27.0	0.6	6	0.8	对接焊（背后加铜垫）
1.0	2.7	25	27.5	0.6	11	1.2	
0.25	6	—	20.0	0.28	9.5[99%(Ar)、1%(H₂)]	0.75	
0.75	10	—	12.5	0.28	9.5[99%(Ar)、1%(H₂)]	0.75	
1.2	13	—	15.0	0.42	7[92%(Ar)、8%(H₂)]	0.8	

穿透型、熔透型等离子弧焊也可以采用脉冲电流（脉冲频率在15Hz以下）焊接，借以控制全位置焊接时的焊缝成形，减小热影响区宽度和焊接变形。

8.3 等离子弧堆焊与喷涂

8.3.1 等离子弧堆焊

1. 等离子弧堆焊原理及特点

等离子弧堆焊是利用等离子弧作热源将堆焊材料熔敷在基体金属表面上，从而获得与母材相同或不同成分、性能堆焊层的工艺方法。等离子弧堆焊可使金属表面获得与其基体金属呈冶金结合的堆焊层，用以提高工件的耐磨性、耐蚀性、耐高温性能，或用以弥补已磨损工件的尺寸、被腐蚀工件表面的蚀坑、麻点，达到修旧利废的目的。目前在石油、冶金、造船、军工、化工、矿山机械、阀门等行业得到广泛应用，并取得了巨大的经济效益。

等离子弧堆焊的基本原理与等离子弧焊接相近似，也以转移型等离子弧作热源、多采用直流正极性接法。焊件接焊接电源的正极、钨极接焊接电源的负极。一般情况下，作为焊接，要求母材熔化越多越好，这样可以获得足够的熔深。但作为堆焊，则要求母材熔深尽可能浅，以减小母材对堆焊金属的稀释率（熔敷金属被稀释的程度，用母材或预先堆焊层金属在焊道中所占的百分比来表达）。

等离子弧堆焊与其他堆焊方法的比较见表8.7。可见等离子弧堆焊的主要优点是：

(1) 稀释率较低且可以在5%~30%的较大范围内调节。

(2) 熔敷速度较高，粉末等离子堆焊可达6.8kg/h，双热丝堆焊可达27kg/h。

(3) 填充金属的形态可以是丝，也可以是粉，因而可以进行连续的自动堆焊。

(4) 成本较低，较薄的堆焊层金属即可满足化学成分的要求。

(5) 通过焊枪的摆动，可以在很大范围内调整堆焊焊道的宽度（6~60mm），堆焊层的质量优良。

表 8.7　　　　　　　　　　常用堆焊方法的比较

堆焊方法	应用形式	渗合金方法	稀释率/%	熔敷率/(kg·h^{-1})	单层堆焊最小厚度/mm
氧乙炔气焊	手工	实心焊丝、管状焊丝合金粉末	1～10	0.45～2.7	0.8
	手工		1～10	0.45～6.8	0.8
焊条电弧焊	手工	实心焊条、管状焊条	15～25	0.45～2.7	3.2
熔化极气体保护焊	半自动或自动	实心焊丝、管状焊丝	15～25	2.3～11.3	3.2
钨极氩弧焊	手工或自动	实心焊丝、管状焊丝	10～20	0.45～3.6	2.4
埋弧焊	半自动	管状焊丝	20～60	4.5～9.0	3.2
	单丝自动	管状焊丝	30～60	4.5～11.3	3.2
	多丝自动	管状焊丝	15～25	11.3～27.3	4.8
	串联电弧自动	管状焊丝	10～25	11.3～15.9	4.8
	单带极启动	带极	10	12～36	3
	双带极自动	带极	5	22～68	4
等离子弧焊	自动	合金粉末	5～30	0.45～6.8	0.8
	双热丝自动	焊丝	5	13～27	2.4～6.4
电渣焊	丝极	焊丝	20～60		
	板极	板极		<150	

2. 等离子弧堆焊设备

等离子弧堆焊的设备同样由焊接电源、控制系统、等离子弧堆焊枪等组成。与等离子弧焊设备相比较，主要差别在于：

（1）等离子弧堆焊枪的喷嘴尺寸与等离子弧焊枪不同。充分利用等离子弧压缩程度可调节的特点，采用较大的喷嘴孔径（5～12mm）、较小的钨极内缩（2～6mm）、较小的孔道比小于1，获得弱压缩的柔和等离子弧。利用这种柔和的等离子弧进行堆焊可得到较低的稀释率。

（2）由于送丝的需要，填丝等离子弧堆焊设备中一定有送丝系统（等离子弧焊接可以没有），粉末等离子弧堆焊设备中有送粉机构和摆动系统。

（3）粉末等离子弧堆焊焊枪较为复杂，应有使粉末从焊枪内送入等离子弧的机构。

3. 等离子弧堆焊方法及应用

按照堆焊材料的不同形态，等离子弧堆焊可分为填丝等离子弧堆焊和粉末等离子弧堆焊两大类。

（1）填丝等离子弧堆焊。对于塑性较好，易于加工成焊丝的金属材料，采用填丝等离子弧堆焊有着成本低、加工容易、金属的有效利用率高、堆焊过程简单且易实现自动化等优点。

根据填充焊丝进入等离子弧焊接熔池前预热情况的不同，填丝等离子弧堆焊又可以分成冷丝法和热丝法两种。冷丝法堆焊过程与填丝等离子弧焊接过程几乎完全相同，这种方法因效率不高已很少采用。热丝法等离子弧堆焊通常采用转移弧，用直流正极性堆焊，等离子气和保护气均为氩气。其区别在于填充焊丝中通以交流电,利用电流流经焊丝伸出长度的电阻热来预热焊丝,增加焊丝熔化。由于事先对焊丝进行了预热,进入电弧区后只需很少的热量便能使焊丝熔化进行堆焊。因此送丝速度可以提高,熔敷速度大大增加。这就大大提高了堆焊的生产率。此法适用于可拔成丝的不锈钢、镍合金,铜合金材料的堆焊。

热丝等离子弧堆焊常分为单热丝等离子弧堆焊和双热丝等离子弧堆焊两种。图 8.16 为双热丝等离子弧堆焊方法的示意图。两根焊丝由一交流低压电源供电。该热丝电源的两输出端接在两根焊丝的导电嘴上。当焊丝端头插入液态熔池时,形成导电回路,焊丝中有电流通过,在焊丝自身电阻的作用下产生电阻热使焊丝进行

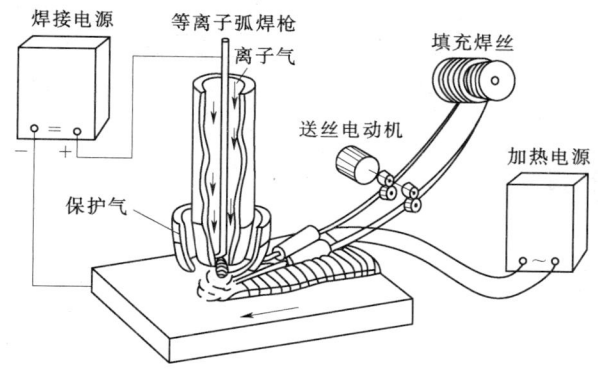

图 8.16　双热丝等离子弧堆焊示意图

预热。再利用等离子弧的热量熔化焊丝和母材,完成堆焊过程。焊丝的预热温度可通过热丝电源电压、送丝速度和焊丝的伸出长度加以控制。其最高温度以焊丝仍能保持挺直,没达到塑性状态为准。双热丝等离子弧堆焊的熔敷率很高,最高可达 27kg/h 以上。热丝电源采用交流电流既可节省用电成本,又可避免其磁场的影响。

（2）粉末等离子弧堆焊。对于硬而脆的堆焊材料,如硬质合金,很难加工成焊丝,这时可以将其制成粉末,进行粉末等离子弧堆焊。

粉末等离子弧堆焊是将合金粉末装入送粉器中,堆焊时用送粉气体将合金粉末送入堆焊枪体的喷嘴中,利用等离子弧的热能将其熔敷到焊件表面形成堆焊层的工艺方法。粉末等离子弧堆焊也称为等离子弧喷焊。其优点是堆焊层稀释率低,质量好,生产效率高,便于自动化。目前应用较广泛,特别适合在轴承、阀门、工具、推土机零件、涡轮叶片等的制造和修复工作中堆焊硬质耐磨合金。

粉末等离子弧堆焊一般多采用混合型等离子弧,需要两台垂直陡降或下降特性的直流电源独立供电。转移弧是等离子弧堆焊的主要热源,其作用一是加热焊件,在工件表面形成熔池;二是熔化合金粉末。通过调节转移弧的电流,可以控制熔池的温度和热量,从而达到控制堆焊层质量的目的。非转移弧作为辅助热源使合金粉末预先在弧柱中加热熔化。由于非转移弧的存在使转移弧电流减小,堆焊层稀释率降低,并使转移弧电流能稳定地衰减到很小的数值,避免堆焊层出现弧坑和缩孔。

送粉气体也采用氩气,主要用于把从送粉器出来的球形粉末状填充金属送入等离子弧堆焊枪中。焊枪中的粉末经过均布之后,在压缩喷嘴的下方进入等离子弧柱。合金粉末被等离子弧加热并堆敷在焊件表面,在与熔池接触时完全熔化,并与焊件熔合在一起形成堆焊层,如图 8.17 所示。

粉末等离子弧堆焊的主要优点如下：

1) 几乎可以堆焊任何金属。特别是硬、脆、无法加工成丝或不能加工成盘状焊丝的

金属都可加工成球形粉末而进行粉末等离子弧堆焊。

2) 堆焊层厚度可调，一般为 0.4～6.3mm。

3) 通过摆动或不摆动焊枪，焊道宽度可为 1.2～44mm（一道）。

4) 堆焊层表面平整光滑，加工量小。

5) 堆焊层的稀释率较低并可在较大范围内调节，稀释率为 5%～30%，熔敷率为 0.45～6.8kg/h。

8.3.2 等离子弧喷涂

1. 等离子弧喷涂的原理

等离子弧喷涂是利用等离子弧的高温、高速焰流，将粉末喷涂材料加热和加速后再喷射、沉积到工件表面上形成特殊涂层的一种热喷涂方法。目前应用的热喷涂方

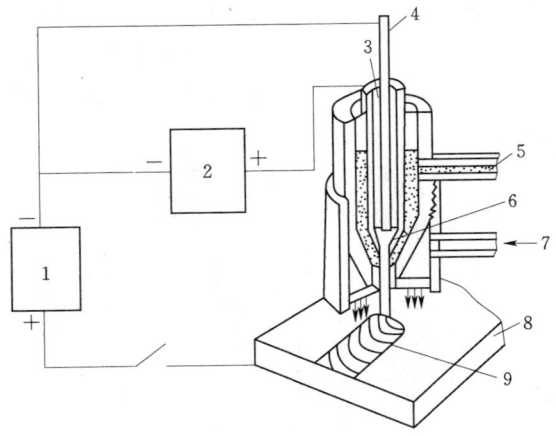

图 8.17　粉末等离子弧堆焊示意图
1—转移弧电源；2—非转移弧电源；3—等离子气；
4—钨极；5—合金粉末及送粉气；6—喷嘴孔；
7—保护气；8—焊件；9—堆焊层

法有火焰喷涂、电弧喷涂、爆炸喷涂等多种，等离子弧喷涂是其中应用最广泛的方法。

图 8.18 为等离子弧喷涂原理示意图。工作气体从喷嘴与钨电极间的缝隙中通过。当电源接通后，在喷嘴与钨电极端部之间产生高频电火花，将等离子弧引燃。连续送入的工作气体穿过电弧后，成为由喷嘴喷出的高温等离子焰流。喷涂粉末悬浮在送粉气流内，被送入等离子焰流，迅速达到熔融状态。在等离子焰流作用下，高温粉粒具有很大动能，撞击到工件表面时产生极大的塑性变形，填充到工件预制的粗糙表面上，然后凝固并与工件结合，随后的粉粒喷射到先喷的粉粒上面，填充其间隙中而形成完整的涂层。喷涂层与工件表面并不发生冶金作用，而是机械结合。在喷涂过程中，工件不与电源相接，因此工件表面不会形成熔池，并可以保持较低的温度（200℃ 以下），不会发生变形或改变原来的淬火组织。利用等离子弧喷涂可在工件表面喷涂一层特殊材料，使工件表面获得耐磨、耐腐蚀、耐高温和抗氧化等性能，主要用于异种材料零件的制造和旧零件的修复。

等离子喷涂设备主要包括喷枪，电源、送粉器，冷却水供给系统，气体供给系统及控制系统。等离子喷涂均采用直流电源。等离子弧喷涂采用非转移弧，只需一个电源（均采用直流电源），对电源的要求与等离子弧焊接相同。

2. 等离子弧喷涂的特点

与其他热喷涂方法相比，等离子弧喷涂具有如下特点：

（1）等离子弧温度高，可熔化任何固体材料，因此可喷涂的材料几乎不受限制，尤其适合高熔点材料的喷涂。

（2）由于喷涂时使用非转移型等离子弧，工件不接电源，因此，可对金属和非金属工件进行喷涂。可喷涂金属涂层，也可喷涂非金属涂层（如碳化物、氧化物、硼化物等）。

（3）等离子焰流速度高，所得涂层致密度和结合强度高，喷涂生产率高。

（4）采用惰性气体保护，涂层质量好，且可喷涂活泼易氧化的金属材料。

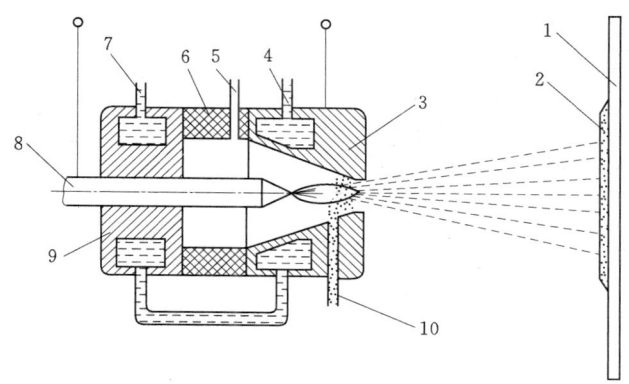

图 8.18 等离子弧喷涂示意图
1—工件;2—喷涂层;3—前枪体;4—冷却水出口;5—等离子气进口;
6—绝缘套;7—冷却水进口;8—钨电极;9—后枪体;10—送粉口

(5) 工件基体加热温度低,不发生组织和性能变化,涂层稀释率很低(几乎为零)。

粉末等离子弧喷涂的缺点是涂层与工件表面呈机械结合,结合强度不高;涂层的使用性能取决于喷涂的粉末材料。

8.4 等离子弧切割

8.4.1 等离子弧切割原理及特点

1. 等离子弧切割原理

等离子弧切割是利用等离子弧的热能实现切割的方法。国际统称为 PAC(plasma arc cutting)。

等离子弧切割的原理与氧气的切割原理有着本质的不同。氧气切割主要是靠氧与部分金属的化合燃烧和氧气流的吹力,使燃烧的金属氧化物熔渣脱离基体而形成切口的。因此氧气切割不能切割熔点高、导热性好、氧化物熔点高和黏滞性大的材料。等离子弧切割过程不是依靠氧化反应,而是靠熔化来切割工件的。等离子弧的温度高(可达 50000K),目前所有金属材料及非金属材料都能被等离子弧熔化,因而它的适用范围比氧气切割要大得多。

等离子弧切割原理如图 8.19 所示,其中图 8.19(a)采用转移弧,适用于金属材料切割,图 8.19(b)采用非转移弧,既可用于非金属材料切割,也可用于金属材料切割,但由于工件不接电源。电弧挺度差,故能切割的金属材料厚度较小。

2. 等离子弧切割特点

(1) 切割速度快,生产率高。它是目前常用的切割方法中切割速度最快的。

(2) 切口质量好。等离子弧切割切口窄而平整,产生的热影响区和变形都比较小,特别是切割不锈钢时能很快通过敏化温度区间,故不会降低切口处金属的耐蚀性能;切割淬火倾向较大的钢材时,虽然切口处金属的硬度也会升高,甚至会出现裂纹,但由于淬硬层的深度非常小,通过焊接过程可以消除,所以切割边可直接用于装配焊接。

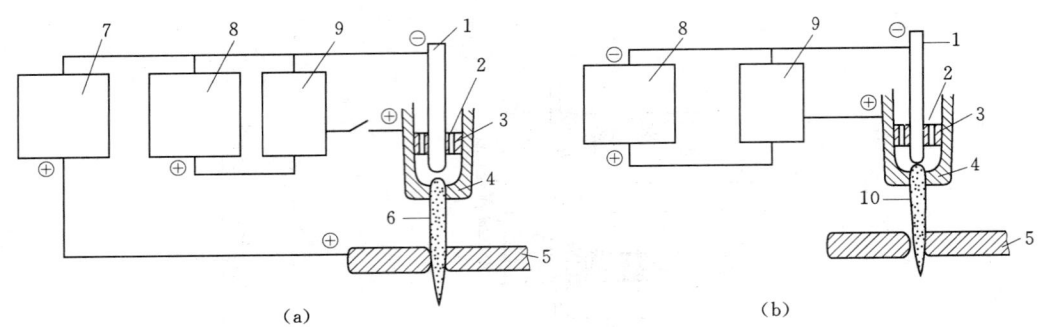

图 8.19 等离子弧切割原理示意图
(a) 转移型等离子弧切割；(b) 非转移型等离子弧切割
1—电极；2—离子气；3—对中环；4—喷嘴；5—工件；6—转移弧；7—转移弧电源；
8—非转移弧电源；9—高频振荡器；10—等离子焰

（3）应用面广。由于等离子弧的温度高、能量集中，所以能切割几乎各种金属材料，钢、铸铁、铝、镁、铜等。在使用非转移型等离子弧时还能切割非金属材料，如石块、耐火砖、水泥块等。

8.4.2 等离子弧切割设备

等离子弧切割设备与等离子弧焊接设备大致相同，主要由电源、割枪、控制系统、气路和水路系统等组成。如果是自动切割，还要有切割小车。主要不同之处是切割时所用的电压、电流和离子气流量都比焊接时高，而且全部是离子气，不需要保护气（没有外喷嘴）。

1. 等离子弧切割电源

等离子弧切割一般采用陡降外特性的直流电源。为提高切割电压，要求切割电源具有较高的空载电压（通常为 150～400V）。一般等离子弧切割设备都有配套使用的专用电源。与 LG－400－1 型等离子弧切割机配套的电源是 ZXG2－400 型硅整流电源，其空载电压较高，分 180V 和 300V 两档。在没有专用切割电源的情况下，也可采用普通的直流电源串联使用。串联台数根据切割厚度而定。但需要注意的是：串联使用时，切割电流不应超过每台电源的额定电流值，以免电源过载。

2. 割枪

等离子弧割枪与等离子弧焊枪的结构类同，如图 8.20 所示。也由电极、喷嘴、冷却水套、中间绝缘体、上、下枪体、气室、水路、气路、馈电体等组成。其关键是电极与喷嘴须有严格的同心度，

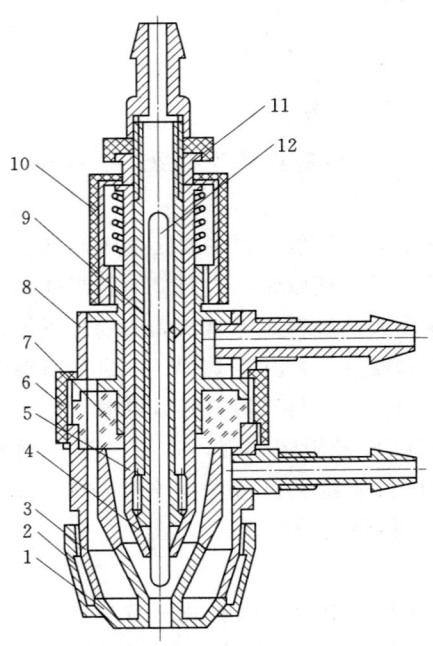

图 8.20 等离子弧割枪示意图
1—喷嘴；2—喷嘴压盖；3—下枪体；4—导电夹头；5—电极杆外套；6—绝缘螺母；7—绝缘柱；8—上枪体；9—水冷电极杆；10—弹簧；11—调整螺母；12—电极

8.4 等离子弧切割

喷嘴孔径也比等离子弧焊枪的大。喷嘴尺寸与选用的进气方式有关,在相同功率下,旋转进气式不易烧损喷嘴,轴向进气式易烧损喷嘴,但切割板材的厚度要大些。等离子弧切割用喷嘴与等离子弧焊接用喷嘴的尺寸比较见表 8.8。

表 8.8　　　　　　等离子弧切割用喷嘴与焊接用喷嘴的尺寸比较

用途	孔径/mm	孔道比 l/d	压缩角/(°)
切割	0.8~2.0	2.0~2.5	30~45
焊接	2.5~5.0	1.5~1.8	30~45

3. 控制系统

等离子弧切割时,控制系统应满足下列要求:

(1) 能提前送气和滞后停气,以免电极氧化。

(2) 采用高频引弧,在等离子弧引燃后高频振荡器应能自动断开。

(3) 离子气流量有递增过程。

(4) 无冷却水时切割机应不能起动;若切割过程中断水,切割机应能自动停止工作。

(5) 在切割结束或切割过程断弧时,控制线路应能自动断开。

等离子弧切割过程的程序由控制系统完成,其典型程序控制循环图如图 8.21 所示。

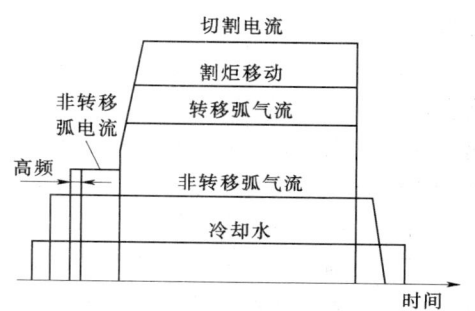

图 8.21　等离子弧切割典型程序控制循环图

4. 气路和水路系统

等离子弧切割设备的供气系统比等离子弧焊接的供气系统简单,不用保护气体和气流衰减回路。

在割枪中通入离子气除了起压缩电弧和产生电弧冲力外,还可减少钨极的氧化烧损,因此切割时必须保证气路畅通。为防止割枪的喷嘴被烧坏,切割时必须对割炬进行通水强制冷却。供水系统与等离子弧焊接的供水系统相同。水路系统一般装有水压开关,以保证在没有冷却水时不能引弧;切割过程中断水或水压不足时,则能立即自动停止工作。冷却水一般可采用自来水,但当水压小于 0.098MPa 时,必须安装专用液压泵供水,以提高水压,保证冷却效果。表 8.9 列出了国产等离子弧切割机的型号及技术数据。

表 8.9　　　　　　国产等离子弧切割机的型号及技术数据

技术数据	型　号				
	LG-400-2	LG-250	LG-100	LGK-90	LGK-30
空载电压/V	300	250	350	240	230
切割电流/A	100~500	80~320	10~100	45~90	30
工作电压/V	100~500	150	100~150	140	85
负载持续率/%	60	60	60	60	45
电极直径/mm	6	5	2.5		
备注	自动型	手工型	微束型	压缩空气型	压缩空气型

8.4.3 等离子弧切割工艺

1. 切割工艺参数的选择

等离子弧切割工艺参数较多,主要有离子气种类和流量、喷嘴孔径、空载电压、切割电流和切割电压、切割速度和喷嘴高度等。各种参数对切割过程的稳定性和切割质量均有不同程度的影响,切割时必须依据切割材料种类、工件厚度和具体要求来选择。

(1) 离子气的种类和流量。等离子弧切割时,气体的作用是压缩电弧,防止钨极氧化,吹掉割缝中的熔化金属,保护喷嘴不被烧坏。离子气的种类和流量对上述作用有直接影响,从而影响切割质量。一般切割 100mm 以下的不锈钢、铝等材料时,可以使用纯氮气或适当加些氩气,既经济又能保证切割质量;当使用 Ar＋ϕ（H_2）35％混合气体时,由于 H_2 的热焓大,热导率高,对电弧的压缩作用更强,气体喷出时速度极高。电弧吹力大,有利于切口熔化金属的去除,所以切割效果更佳,一般用于切割厚度大于 100mm 的板材。

提高离子气流量,既能提高切割电压又能增强对电弧的压缩作用;有利于提高切割速度和切割质量。但离子气流量过大,反而使切割能力下降和电弧不稳定。一种割枪使用的离子气流量大小,在一般情况下不变动,当切割厚度变化较大时才作适当改变。切割厚度小于 100mm 的不锈钢时,离子气流量一般为 2500～3500L/h;切割厚度大于 100mm 的不锈钢时,离子气流量一般为 4000L/h。

(2) 喷嘴。喷嘴孔径的大小应根据切割工件厚度和选用的离子气种类确定。切割厚度较大时,要求喷嘴孔径也要相应增大;使用 Ar＋H_2 混合气体时,喷嘴孔径可适当小一些,使用 N_2 时应大一些。

每一直径的喷嘴都有一个允许使用的电流极限值,如超过这个极限值,则容易产生双弧现象。因此,当工件厚度增大时,在提高切割电流的同时喷嘴直径也要相应增大(孔道长度也应增大)。切割喷嘴的孔道比 l/d 一般为 1.5～1.8。

(3) 空载电压。等离子弧切割要求电源有较高的空载电压（一般不低于 150V）,因空载电压低将使切割电压的提高受到限制,不利于厚件的切割。切割厚度大的工件空载电压必须在 220V 以上,最高可达 400V。由于等离子弧切割空载电压较高,操作时必须注意安全。

(4) 切割电流和切割电压。切割电流和切割电压是决定切割电弧功率的两个重要参数。

选择切割电流 I 应根据选用的喷嘴孔径 d 的大小而定,其相互关系大致为 $I=(30～100)d$。电流增大会使弧柱变粗,切口加宽,且易烧损喷嘴;对于一定的喷嘴孔径存在一个最大许用电流,超过时就会烧损喷嘴。因此切割大厚度工件时,以提高切割电压最为有效。但电压过高或接近空载电压时,电弧难以稳定,为保证电弧稳定,要求切割电压不大于空载电压的 2/3。

(5) 切割速度。切割速度应根据等离子弧功率、工件厚度和材质来确定。在切割功率相同的情况下,由于铝的熔点低,切割速度应快些;钢的熔点较高,切割速度应较慢;铜的导热性好,散热快,故切割速度应更慢些。

(6) 喷嘴高度。喷嘴端面至工件表面的距离为喷嘴高度。随喷嘴高度的增大,等离子弧的切割电压提高，功率增大；但同时使弧柱长度增大，热量损失增大，导致切割质量下降。

喷嘴高度太小时，既不便于观察，又容易造成喷嘴与工件短路。一般在手工切割时取喷嘴高度为 8～10mm；自动切割时取 6～8mm。

常用金属材料等离子弧切割参数见表 8.10。

表 8.10　　　　　　　　　　常用金属材料等离子弧切割参数

材料	厚度/mm	喷嘴孔径/mm	空载电压/V	切割电流/A	切割电压/V	氮气流量/(L·h^{-1})	切割速度/(m·h^{-1})
不锈钢	8	3	160	185	120	2100～2300	45～50
	20	3	160	220	120～125	1900～2200	32～40
	30	3	230	280	135～140	2700	35～40
	45	3.5	240	340	145	2500	20～25
铝及铝合金	12	2.8	215	250	125	4400	78
	21	3.0	230	300	130		75～80
	34	3.2	340	350	140		35
	80	3.5	245	350	150		10
纯铜	5			310	70	1420	94
	18	3.2	180	340	84	1660	30
	38	3.2	252	304	106	1570	11.3
碳钢	50	10	252	300	110	1230	10
	85	7		300	110	1050	5
铸铁	5			300	70	1450	60
	18			360	73	1510	25
	35			370	100	1500	8.4

2. 提高切割质量的途径

良好的切割质量应该是切口面光洁、切口窄，切口上部呈直角、无熔化圆角，切口下部无毛刺（熔瘤）。为实现上述质量要求，应注意下面几点：

（1）切口宽度和平直度。等离子弧切割的切口宽度一般为氧气切割时的 1.5～2.0 倍。随板厚增大，切口宽度也要增大。这时往往会形成切口顶部宽度大于底部宽度，即顶部较底部切除较多的金属，而且顶部边缘有时会出现熔化圆角。但只要切割工艺参数选择合适，操作得当，上述现象并不严重。用小电流切割板厚在 25mm 以下的不锈钢或铝材时，可获得平直度很高的切口，8mm 以下板材切口不需加工，可直接用于焊接。

（2）切口毛刺的消除。用等离子弧切割不锈钢时，由于熔化金属的流动性比较差，不易全部从切口处吹掉；又因不锈钢的导热性较差，切口底部金属容易过热，因此切口内没被吹掉的熔化金属容易与切口底部的过热金属熔合在一起，冷却凝固后形成毛刺。由于这种不锈钢毛刺的强度高，韧性又好，因此难以去除，给加工带来很大困难。消除不锈钢切口毛刺可采用增大等离子弧功率、选择合适的离子气流量、保证钨极与喷嘴同心、选择合适的切割速度等方法。切割铜、铝等导热性好的材料时，一般不易产生毛刺，即使产生毛刺，也容易除掉，对切割质量影响不大。

（3）避免产生双弧。在等离子弧切割过程中，为保证切割质量，必须防止产生双弧现象。因为一旦产生双弧,一方面使主弧电流减小,即主弧功率减小,导致切割参数不稳,切口质量下降;另一方面喷嘴成为导体而易被烧坏,影响切割过程,同样会降低切口质量,甚至使切割无法进行。所以在进行等离子弧切割时,必须设法防止产生双弧。避免产生双弧的措施与等离子弧焊接类似。

(4) 大厚度工件的切割。为保证大厚度工件的切口质量,应采取下列工艺措施:

1) 适当提高切割功率。随切割厚度增大,等离子弧的功率必须相应增大,以保证切透工件。一般是采用提高切割电压的方法来提高等离子弧的功率。

2) 适当增大离子气流量。增大离子气流量可提高等离子弧的挺度和增大电弧吹力,以保证切透工件。切割大厚度工件时,最好采用氮加氢混合气作离子气,以提高等离子弧的温度和能量密度。

3) 采用电流递增或分级转弧。等离子弧切割时一般采用转移型等离子弧。在转弧过程中,由于有大的电流突变,往往会引起转弧中断或烧坏喷嘴,因此切割设备应采用电流递增或分级转弧。为此,可在回路中串联一个限流电阻,以降低转弧时的电流值,转弧后再将其短路掉。

4) 切割前进行预热。为使开始切割处能顺利割穿,在开始切割前要对切割处进行预热,预热时间视被切割材料的性能和厚度确定。厚度为 50mm 的不锈钢材料,预热时间约为 2.5~3.5s。厚度为 200mm 的不锈钢材料,则要预热 8~20s。开始切割时要等工件完全割穿才能移动割枪,收尾时要等工件完全割开后才能断弧。大厚度工件的切割参数参见表 8.11。

表 8.11 大厚度工件切割参数

材料	厚度 /mm	空载电压 /V	切割电流 /A	切割电压 /V	功率 /kW	切割速度 /(m·h^{-1})	气体流量/(L·h^{-1})		气体混合比 /%		喷嘴直径 /mm
							氮	氢	氮	氢	
铸铁	100	240	400	160	64	13.2	3170	960	77	23	5
	120	320	500	170	85	10.9	3170	960	77	23	5.5
	140	320	500	180	90	8.56	3170	960	77	23	5.5
不锈钢	110	320	500	165	82.5	12.5	3170	960	77	23	5.5
	130	320	550	175	87.5	9.75	3170	960	77	23	5.5
	150	320	440~430	190	91	6.55	3170	960	77	23	5.5

8.4.4 其他等离子弧切割方法

1. 空气等离子弧切割

采用压缩空气作为离子气的等离子弧切割称为空气等离子弧切割。一方面由于空气来源广,因而切割成本低,为使等离子弧切割用于普通钢材开辟了广阔的前景;另一方面用空气作离子气时,等离子弧能量大,加之在切割过程中氧与被切割金属发生氧化反应而放热,因而切割速度快,生产率高。近年来,空气等离子弧切割发展较快,应用越来越广泛。不仅能用于普通碳钢与低合金钢的切割,也可用于切割铜、不锈钢、铝及其他材料。空气等离子弧切割特别适合切割厚度在 30mm 以下的碳钢、低合金钢。

空气等离子弧切割中存在的主要问题有两个:一是电极受到强烈的氧化烧损,电极端

头形状难以保持;二是不能采用纯钨电极或含氧化物的钨电极。因此限制了该方法的广泛应用。在实际生产中,采用的措施有:

(1)采用镶嵌式锆(或铪)电极,并采用直接水冷式结构,由于在空气中工作可形成锆(或铪)的氧化物,易于发射电子、且熔点高,延长了电极的使用寿命。

(2)增加一个内喷嘴,单独对电极通以惰性气体加以保护,减小电极的氧化烧损。

空气等离子弧切割方法如图 8.22 所示,分为两种形式。图 8.22(a)所示的为单一空气式,它的离子气和切割气都为压缩空气,因而割枪结构简单,但压缩空气的氧化性很强,不能采用钨电极,而应采用纯锆、纯铪或其合金做成镶嵌式电极。图 8.22(b)所示的为复合式,它的离子气为惰性气体,切割气为压缩空气,因而割枪结构复杂,但可以采用钨电极。

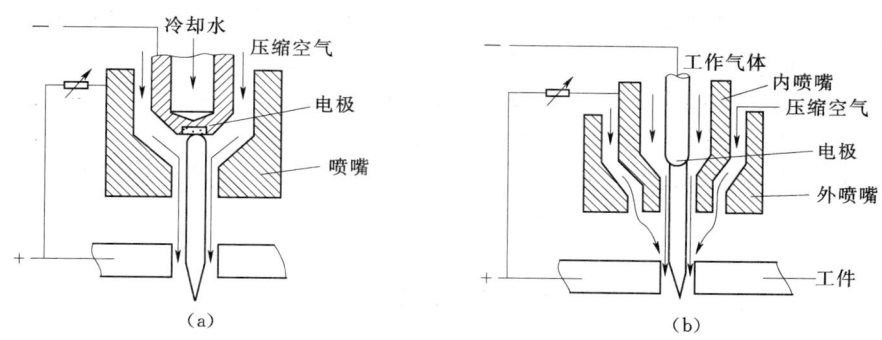

图 8.22 空气等离子弧切割方法示意图
(a)单一空气式;(b)复合式

2. 水再压缩等离子弧切割

该方法是在普通的等离子弧外围再用高速水束进行压缩。切割时,从割枪喷出的除等离子气体外,还伴有高速流动的水束,共同迅速地将熔化金属排开,形成切口。其切割方法如图 8.23 所示。

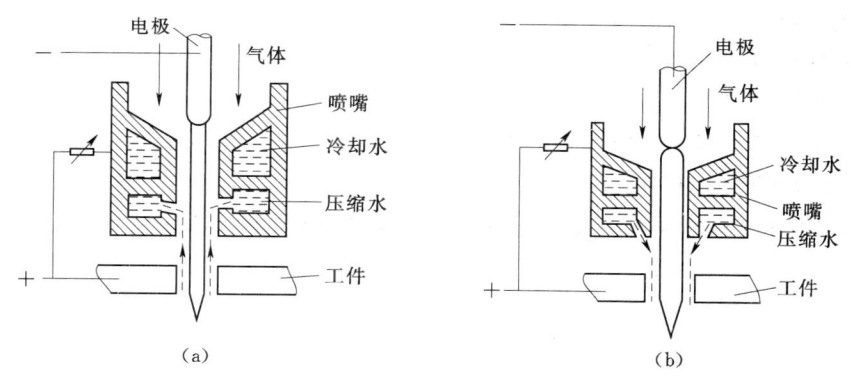

图 8.23 水再压缩等离子弧切割方法示意图
(a)径向喷水式;(b)轴向喷水式

高速水束有三种作用:① 增强喷嘴的冷却,从而增强等离子弧的热收缩效应;② 一部分压缩水被蒸发,分解成氢与氧一起参与构成切割气体;③ 由于氧的存在,特别在切割低碳钢和低合金钢时,引起剧烈的氧化反应,增强了材质的燃烧和熔化。图 8.23 (a)、(b) 分别表示了压缩水的两种喷射形式,其中径向喷水式对电弧的压缩作用更强烈。

水再压缩等离子弧切割由于高速水束的水压很高,切割时水喷溅严重,因此一般是在水槽中进行的。将工件浸入水中切割,可有效防止切割时产生的金属蒸气、烟尘、弧光等,大大改善了工作条件。同时,由于水的冷却作用,可使切口平整、宽度小,割后工件变形小,因而提高了切口质量。

水再压缩等离子弧切割的缺点是:① 由于割枪置于水中,引弧时先要排开枪体内的水,因而离子气流量增大,引弧困难,必须提高电源的空载电压;② 水对引弧高频电有强烈的吸收作用,因而在割枪结构上要增强枪体与水的隔绝,必须提高高频振荡器的功率;③ 水中切割降低了电弧的热能效率,为保证一定的切割生产率,则必须提高切割电流或电压;④ 水的电阻比空气小得多,因而易形成双弧现象。

高速水流由一高压水源提供,在割枪中既对喷嘴起冷却作用,又对等离子弧起再压缩作用。同时,割枪喷出的水束一部分被电弧蒸发分解成氧与氢,它们与工作气体共同组成切割气体,使等离子弧具有更高的能量;另一部分水对电弧有强烈的冷却作用,使等离子弧的能量更为集中,因而可增加切割速度。

复习思考题

1. 等离子弧是如何形成的?从本质上讲形成等离子弧的主要原因是什么?
2. 与自由电弧相比等离子弧有哪些特点?
3. 等离子弧分哪几种?各适用于什么场合?
4. 与钨极氩弧焊相比,等离子弧焊接具有哪些工艺特点?其基本方法有哪几种?各适用于什么范围?
5. 什么是双弧现象?双弧现象有什么危害?如何防止?
6. 等离子弧堆焊与喷涂有哪些异同点?
7. 与氧气切割相比,等离子弧切割具有哪些特点?
8. 等离子弧切割时如何选择工艺参数?
9. 简述提高等离子弧切割质量的途径。
10. 大厚度工件切割时,如何保证切口质量?
11. 空气等离子弧切割有什么优越性?存在哪些问题?如何解决?

第9章 其他焊接方法

9.1 电 渣 焊

9.1.1 概述

1. 电渣焊的基本原理

电渣焊是利用电流通过液态熔渣产生的电阻热进行焊接的方法，其原理如图 9.1 所示。焊前先把焊件垂直放置，两焊件间预留一定间隙（一般为 20～40mm）并在焊件上、下两端分别装好引弧板（槽形）和引出板，在焊件两侧表面装好强迫成形装置。焊接开始时，通常先使焊丝与引弧板短路起弧，然后不断加入少量焊剂，利用电弧的热量使焊剂熔化形成液态熔渣，待渣池达到一定深度时，增加焊丝送进速度并降低焊接电压，使焊丝插入渣池，电弧熄灭，转入电渣焊接过程。

由于高温的液态熔渣具有一定的导电性，焊接电流流经渣池时在渣池内产生大量电阻热将焊件边缘和焊丝熔化，熔化的金属沉积到渣池下面形成金属熔池。随着焊丝的不断送进，熔池不断上升并冷却凝固形成焊缝。由于熔渣始终浮于金属熔池的上部，不但保证了电渣过程的顺利进行，而且对金属熔池起到了良好的保护作用。随着熔池不断上升，焊丝送进装置和强迫成形装置亦随之不断提升，焊接过程得以连续进行。

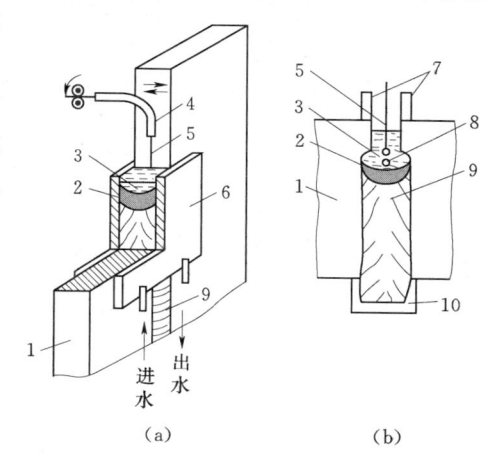

图 9.1 电渣焊原理示意图
（a）立体示意图；（b）断面图
1—焊件；2—金属熔池；3—渣池；4—导电嘴；
5—焊丝；6—强迫成形装置；7—引出板；
8—金属熔滴；9—焊缝；
10—引弧板（槽形）

2. 电渣焊的种类

根据所采用电极的形状和电极是否固定，电渣焊方法主要有丝极电渣焊、熔嘴电渣焊（包括管极电渣焊）和板极电渣焊。此外，电渣焊与压力焊结合的电渣压力焊在建筑工程中获得了较为广泛的应用。

（1）丝极电渣焊。丝极电渣焊时采用焊丝作为电极，焊丝通过导电嘴送入渣池，导电嘴和焊接机头随金属熔池的上升同步向上提升，如图 9.2 所示。焊接较厚的焊件时可以采用多根焊丝，但焊接设备和技术较为复杂。为了增加所焊焊件的厚度并使母材在厚度方向上受热熔化均匀，还可以同时使焊丝在接头间隙中往复摆动以获得较均匀的熔宽和熔深。这种焊接方法由于焊丝在接头间隙中的位置及焊接参数都容易调节，从而易于控制熔宽和熔深,故适合于环焊缝焊接和高碳钢、合金钢对接接头及 T 形接头的焊接,常用于焊接厚度为 40~50mm 和焊缝较长的焊件。但这种焊接方法的设备及操作较复杂,而且由于机头位于焊缝一侧,只能在焊缝另一侧安设控制变形的定位铁,以致焊后会产生角变形,故在一般对接焊缝、T 形焊缝中较少采用。

(2) 熔嘴电渣焊。熔嘴电渣焊的电极为固定在接头间隙中的熔嘴(通常由钢板和钢管点焊而成)和由送丝机构不断向熔池中送进的焊丝构成,如图 9.3 所示。随焊接厚度的不同,可以采用单个熔嘴或多个熔嘴;根据焊件的具体形状,熔嘴可以相应地是规则或不规则的形状。

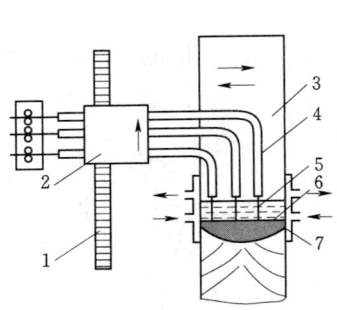

图 9.2 丝极电渣焊示意图
1—导轨;2—焊机机头;3—焊件;
4—导电杆;5—渣池;6—金属
熔池;7—水冷成形滑块

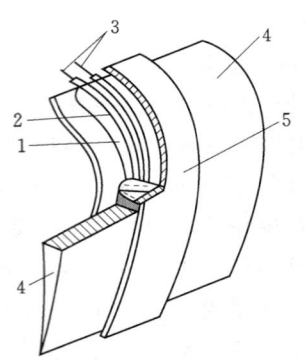

图 9.3 熔嘴电渣焊示意图
1—熔嘴;2—导丝管;3—焊丝;
4—焊件;5—强迫成形装置

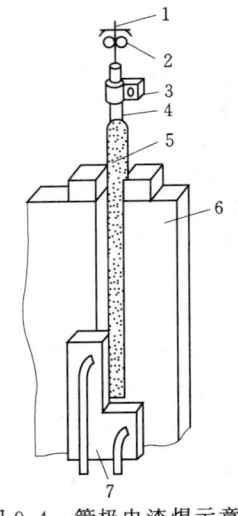

图 9.4 管极电渣焊示意图
1—焊丝;2—送丝滚轮;3—管极夹持机构;4—管极钢管;
5—管极涂料;6—焊件;
7—水冷成形滑块

熔嘴电渣焊设备简单、操作方便,目前已成为对接焊缝和 T 形焊缝的主要焊接方法,此外,熔嘴电渣焊设备体积小,焊接时机头位于焊缝上方,故适合于梁体等复杂结构的焊接;由于可采用多个熔嘴且熔嘴固定于接头间隙中,不易产生短路等故障,所以很适合于大截面结构的焊接,同时熔嘴可以做成各种曲线或曲面形状,适合于曲线及曲面焊缝如大型船舶的艉柱等的焊接。

当被焊件厚度不太大时,熔嘴可简化为一根或两根管子,这种方法也称为管极电渣焊(图 9.4),它是熔嘴电渣焊的一个特例。

管极电渣焊的电极也叫管状焊条,其外表涂有 2~3mm 厚的涂料。管极涂料具有一定的绝缘性能以防管极与焊件发生电接触,故管极不会和焊件短路,可以缩小装配间隙,因而管极电渣焊可节省焊接材料和提高焊接生产率。此外,还可以通过管极上的涂料适当地向焊缝中掺入合金,对细化焊缝晶粒有一定作用。由于焊件厚度不太大时可只采用一根管极,操作方便且管极易于弯成各种曲线形状,故管极电渣焊多用于中等厚度(约20~60mm)的焊件及曲线焊缝的焊接。

另外,也有采用空心矩形断面的熔嘴来代替管极,同时采用厚度为1mm或0.8mm的带钢代替焊丝来进行焊接,形成所谓的"窄间隙电渣焊",如图9.5所示。由于采用了带状电极,使焊接电流流经带极端部时的主通电点会沿带极宽度方向往复移动,从而克服了管极电渣焊间隙较小时焊件沿厚度方向加热不均、易于在焊件表面产生未熔合的缺陷,因而可以采用更小的装配间隙(一般为10~15mm),与一般的电渣焊相比,焊接生产率可显著提高,而材料、电能的消耗和焊接热输入大为降低。

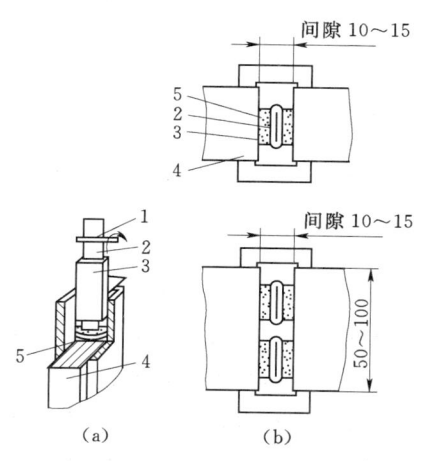

图9.5 窄间隙电渣焊的两种形式示意图
(a) 窄间隙电渣焊示意图;(b) 采用一根带极、两根带极的情况
1—带极输送轮;2—带极;3—熔嘴;
4—焊件;5—焊剂

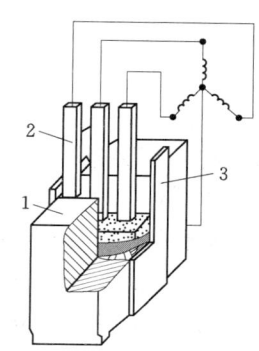

图9.6 板极电渣焊示意图
1—焊件;2—板极;3—强迫
成形装置

(3) 板极电渣焊。板极电渣焊的电极为板条状,通过送进机构将板极不断向熔池中送进,根据被焊件厚度不同可采用一块或数块金属板条进行焊接,如图9.6所示。单板极由于沿板极宽度方向热能分布不均,使焊缝熔宽不均匀,呈明显的腰鼓形。如用多板极,成形可有所改善。板极可以是铸造的也可以是锻造的,甚至可用边角料制成,焊材的来源经济方便,尤其适于不宜拉拔成焊丝的合金钢材料的焊接和堆焊;板极在焊接过程中无须做横向摆动,因而设备、工艺简单。板极电渣焊的板极一般为焊缝长度的4~5倍,因此送进设备高大,焊接过程中板极易在接头间隙中晃动而导致和焊件短路,操作较为复杂,所以一般不用于普通材料的焊接。

板极电渣焊目前多用于模具钢的堆焊、轧辊的堆焊等。

除上述的电渣焊方法外,生产中应用较多的还有一种被称为电渣压力焊的方法。电渣压力焊主要用于钢筋混凝土建筑工程中竖向钢筋的连接,所以也叫钢筋电渣压力焊,其原理如图9.7所示。它具有电弧焊、电渣焊和压力焊的特点,在焊接方法的分类上属于熔化压力焊的范畴。钢筋电渣压力焊是将两钢筋安放在竖直位置,采用对接形式,利用焊接电流通过端面间隙，在焊剂层下形成电弧过程和电渣过程，产生电弧热和电阻热熔化钢筋端部，最后加压完成连接的一种焊接方法。其焊接过程包括引弧过程、电弧过程、电渣过程、顶压过程四个阶段。

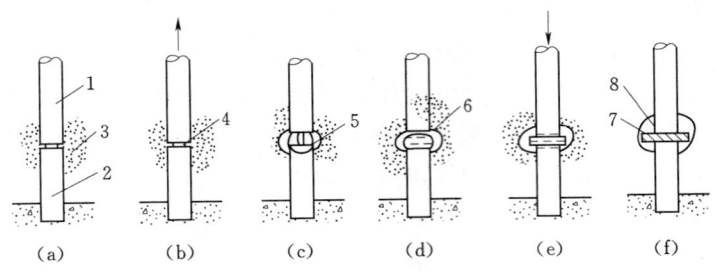

图 9.7　电渣压力焊接过程示意图

(a) 引弧前；(b) 引弧过程；(c) 电弧过程；(d) 电渣过程；(e) 顶压过程；(f) 凝固后
1—上钢筋；2—下钢筋；3—焊剂；4—电弧；5—熔池；6—熔渣（渣池）；7—焊缝；8—焊渣

9.1.2　电渣焊的材料和设备

1. 电渣焊焊接材料

电渣焊所用的焊接材料主要包括电极（焊丝、熔嘴、板极、管极等）和焊剂。

（1）电极。电渣焊由于渣池温度较低、冶金反应缓慢而且焊剂用量少、更新率低，一般不通过焊剂来向焊缝金属掺合金，而是主要通过调整电极材料的合金成分来对焊缝金属的化学成分和力学性能加以控制。在选择电渣焊电极时应考虑到母材对焊缝的稀释作用。

在焊接碳素钢和低合金钢时，为使焊缝具有良好的抗裂性和抗气孔能力，除控制电极的硫、磷含量外，电极的含碳量通常应低于母材［一般控制在 $w(C)=0.10\%$ 左右］，由此引起焊缝力学性能的降低可通过提高锰、硅和其他合金元素的含量来补偿。

在丝极电渣焊中，焊接 $w(C)<0.18\%$ 的低碳钢时，可采用 H08A 或 H08MnA 焊丝；焊接 $w(C)=0.18\%\sim0.45\%$ 的碳钢及低合金钢时，可采用 H08MnMoA 或 H10Mn2 焊丝。在丝极、熔嘴、管极电渣焊时，常用的焊丝直径是 2.4mm 和 3.2mm，其熔敷效率、给送性能、焊接电流范围和可矫直性等综合性能较全面。常用钢材电渣焊丝选用见表 9.1。

表 9.1　　　　　　　　　常用钢材电渣焊焊丝选用表

焊件种类	钢　号	焊　丝
钢板	Q235A、Q235B、Q235C、Q235D	H08A、H08MnA
	20g、22g、25g、Q345（16Mn）、Q295（09Mn2）	H08Mn2Si、H10MnSi、H10Mn2、H08MnMoA
	Q390（15MnV、15MnTi、16MnNb）	H08Mn2MoVA
	Q420（15MnVN、14MnVTiRE）	H10Mn2MoVA
	14MnMoV、14MnMoVN、15MnMoVN、18MnMoNb	H10Mn2MoVA、H10Mn2NiMo
铸锻件	15、20、25、35	H10Mn2、H10MnSi
	20MnMo、20MnV	H10Mn2、H10MnSi
	20MnSi	H10MnSi

9.1 电渣焊

板极和熔嘴板使用的材料也可按上述原则选用。在焊接低碳钢和低合金钢时,通常可用 Q295(09Mn2)钢板作为板极和熔嘴板,熔嘴板厚度一般取 10mm,熔嘴管一般用 ϕ10mm×2mm 的 20 号钢无缝钢管,熔嘴板宽度及板极尺寸按接头形状和焊接工艺需要确定。

管极电渣焊所用的电极——管状焊条,由焊芯和涂料层(药皮)组成。焊芯一般采用 10 钢、15 钢或 20 钢冷拔无缝钢管,根据焊接接头的形状和尺寸,可以选用 12mm×3mm、12mm×4mm、14mm×2mm、14mm×3mm 等多种型号的钢管。国内也有焊条厂生产电渣焊专用的管状焊条。

(2) 焊剂。电渣焊用焊剂的主要作用与一般埋弧焊用焊剂不同。电渣焊过程中焊剂熔化成熔渣后,由于渣池具有相应的电阻而使电能转化成熔化填充金属和母材的热能,此热能还起到预热焊件、延长金属熔池存在时间和使焊缝金属缓冷的作用,但不像埋弧焊用焊剂那样还要具有对焊缝金属掺合金的作用。电渣焊用焊剂必须能容易、迅速地形成电渣过程并能保证电渣过程的稳定性,因此,要求液态熔渣有适当的导电性。但熔渣的导电性也不能过高,否则将增加焊丝周围的电流分流而减弱高温区内液流的对流作用,使焊件熔宽减小甚至产生未焊透。另外,液态熔渣应具有适当的黏度,熔渣太黏稠易在焊缝金属中产生夹渣和咬肉现象;熔渣太稀则会使熔渣易从焊件与滑块之间的缝隙中流失,严重时会破坏焊接过程而导致焊接中断。

电渣焊用焊剂一般由硅、锰、钛、钙、镁和铝的复合氧化物组成。由于焊剂用量仅约为熔敷金属的 1%~5%,故在电渣焊过程中不要求通过焊剂向焊缝掺合金。

目前,国内生产的最常用的电渣焊专用焊剂为 HJ360。与 HJ431 相比,HJ360 由于适当提高了 CaF_2 和降低了 SiO_2 的含量,故可使熔渣的导电性和电渣过程的稳定性得到改善。

HJ170 也作为电渣焊专用焊剂,由于它含有大量 TiO_2,使焊剂在固态下具有导电性(俗称导电焊剂),在电渣焊造渣阶段,可利用这种固体导电焊剂的电阻热使焊剂加热熔化完成造渣过程,渣池建立后再根据需要添加其他焊剂。除上述两种电渣焊专用焊剂外,HJ431 也被广泛用于电渣焊。

2. 电渣焊设备

电渣焊设备主要包括焊接电源、机头以及成形(滑)块等,下面以丝极电渣焊设备为例介绍。

(1) 电渣焊电源。从经济方面考虑,电渣焊多采用交流电源。为保持稳定的电渣过程及减小网路电压波动的影响,电渣焊电源应避免出现电弧放电过程或电渣电弧的混合过程,否则将破坏正常的电渣过程。因此,电渣焊电源必须是空载电压低、感抗小(不带电抗器)的平特性电源。另外,电渣焊的变压器必须是三相供电,其二次电压应具有较大的调节范围。由于电渣焊焊接时间长且中间无停顿,因此电渣焊焊接电源的负载持续率应按 100% 考虑。

目前国内常用的电渣焊电源有 BP1-3×1000 和 BP1-3×3000 电渣焊变压器,典型电渣焊机如 HS-1000 型等。

(2) 电渣焊机头。丝极电渣焊机头包括送丝机构、摆动机构及上下行走机构。

1) 送丝机构和摆动机构。电渣焊送丝机构与熔化极电弧焊使用的送丝机构类似，送丝速度可均匀无级调节。摆动机构的作用是扩大单根焊丝所焊的焊件厚度，它的摆动距离、行走速度以及在每一行程终端的停留时间均可控制和调整。

2) 升降机构。焊接垂直焊缝时，焊接机头借助升降机构随着焊缝金属熔池的上升而向上移动。升降机构可分为有轨式和无轨式两种，焊接时升降机构的垂直上升可通过控制器用手工提升或自动提升，自动提升运动可利用传感器检测渣池位置而加以控制。

(3) 水冷成形（滑）块（强迫成形装置）。为了提高电渣焊过程中金属熔池的冷却速度，水冷成形（滑）块一般用纯铜板制成。环缝电渣焊用的固定式内水冷成形圈，当允许在焊件内部留存时，也可用钢板制成。

1) 固定式水冷成形块（图9.8）该成形块的一侧加工成与焊缝加厚部分形状相同的成形槽，一侧焊上冷却水套。单块固定式水冷成形块的长度通常为300～500mm。

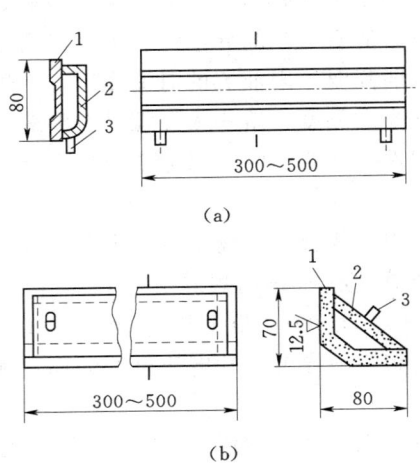

图9.8 固定式水冷成形块
(a) 对接接头用；(b) T形接头用
1—铜板；2—水冷罩壳；3—管接头

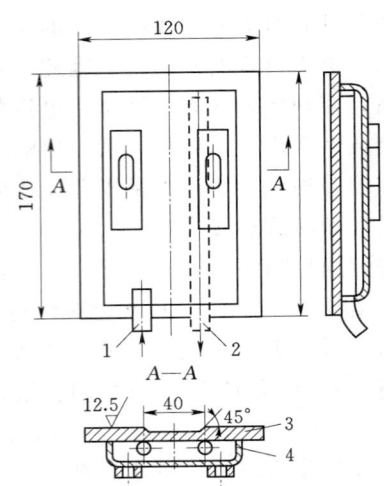

图9.9 移动式水冷成形块
1—进水管；2—出水管；3—铜板；
4—水冷罩壳

2) 移动式水冷成形滑块（图9.9）它的形状和结构与固定式成形块相似，只是长度较短。

3) 环缝电渣焊用的内成形滑块（图9.10）它可以根据焊件的内圆尺寸制成相应的弧形。内成形滑块要求固定在支架上，用来保持滑块的位置和将滑块压紧在焊件的内表面上。

(4) 控制系统。电渣焊控制系统主要由送进焊丝的电机速度控制器、焊接机头横摆距离及停留时间控制器、升降机构垂直运动控制器以及电流表、电压表等组成。

9.1.3 电渣焊的特点和应用

1. 电渣焊特点

和其他熔化焊方法相比，电渣焊有如下特点：

(1) 只适宜在垂直位置焊接。当焊缝中心线处于铅垂位置时，电渣焊形成熔池及焊缝成形条件最好,故最适合于垂直位置焊缝的焊接,也可用于小角度倾斜焊缝(与水平面垂直线的夹角小于30°)的焊接,因此焊缝金属中不易产生气孔及夹渣。

(2) 厚大焊件能一次焊成。由于整个渣池均处于高温下,热源体积大,故不论焊件厚度多大都可以不开坡口,只要留一定装配间隙便可一次焊接成形,生产率高。与开坡口的焊接方法(如埋弧焊)相比,热效率高(达80%,埋弧焊约为60%),焊接材料消耗较少(仅约为埋弧焊的1/20),能节省大量的电能、金属和加工时间。

(3) 焊缝成形系数和熔合比调节范围大。通过调节焊接电流和电压,可以在较大范围内调节焊缝成形系数和熔合比,较易调整焊缝的化学成分以获得所需的力学性能以及降低焊缝金属中的有害杂质,防止产生焊缝热裂纹。

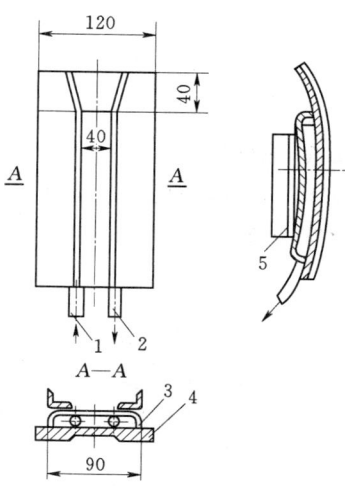

图 9.10 环缝电渣焊内成形滑块
1—进水管;2—出水管;3—薄钢板外壳;
4—铜板;5—角铁支架

(4) 渣池对被焊件有较好的预热作用。焊接碳当量较高的金属不易出现淬硬组织,冷裂倾向较小;焊接中碳钢、低合金钢时均可不预热。

(5) 焊缝和热影响区晶粒粗大。焊缝和热影响区在高温停留时间长,易产生晶粒粗大和过热组织,焊接接头冲击韧度较低,一般焊后应进行正火和回火热处理,但这对厚大焊件来说有一定的困难。

2. 电渣焊的适用范围

电渣焊适用于焊接厚度较大的焊件(目前焊接的最大厚度达300mm);难于采用埋弧焊或气电立焊的某些曲线或曲面焊缝的焊接;由于现场施工或起重设备的限制必须在垂直位置焊接的焊缝以及大面积的堆焊;某些焊接性较差的金属如高碳钢、铸铁的焊接等。

钢板越厚、焊缝越长,采用电渣焊焊接越合理。推荐采用电渣焊焊接的板厚及焊缝长度见表9.2。

表 9.2　　　　　　　　　推荐采用电渣焊的板厚及焊缝长度

板厚/mm	30~50	50~80	80~100	100~150
焊缝长度/mm	>1000	>800	>600	>400

电渣焊不仅是一种优质、高效、低成本的焊接方法,而且它还为生产、制造大型构件和重型设备开辟了新途径。一些外形尺寸和重量受到生产条件限制的大型铸造和锻造结构,借助于电渣焊方法,可用铸—焊、锻—焊或轧—焊结构来代替,从而使工厂的生产能力得到显著提高。

目前,电渣焊已成为大型金属结构制造的一种重要、成熟的加工手段,在重型机械、钢结构、大型建筑、锅炉、石油化工等行业中获得了较为广泛的应用。

9.2 电子束焊

9.2.1 概述

电子束焊是把高速运动的电子流会聚成束,轰击焊件接缝处,把机械能转变为热能,使被焊金属熔化形成焊缝的一种熔化焊方法。图 9.11 是真空电子束焊接装置的示意图。

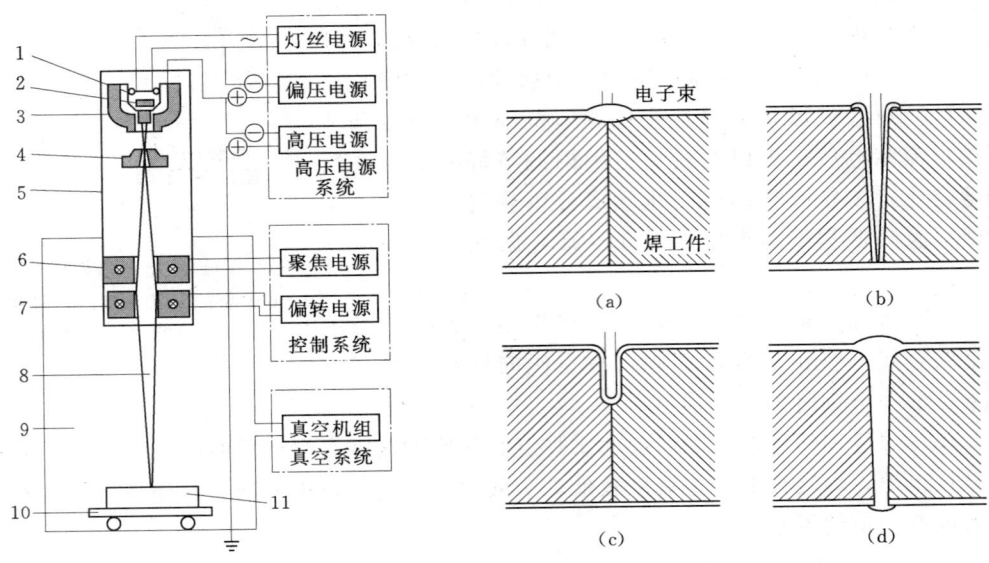

图 9.11 真空电子束焊接装置示意图
1—灯丝;2—阴极;3—聚束极;4—阳极;5—电子枪;6—聚焦透镜;7—偏转线圈;8—电子束;9—真空焊接室;10—焊接台;11—焊件

图 9.12 电子束焊接焊缝形成的原理
(a) 接头局部熔化、蒸发;(b) 金属蒸气排开液体金属,电子束"钻入"母材;(c) 电子束穿透焊件,小孔由液态金属包围;(d) 电子束后方形成焊缝

1. 电子束焊的原理

从电子枪中产生的电子在 25~300kV 的电压下,被加速到 0.3~0.7 倍的光速,经静电透镜和电磁透镜会聚成功率密度很高的电子束流,撞击到焊件表面,电子的动能转变为热能,使金属迅速熔化和蒸发。在高压金属蒸气的作用下熔化的金属被排开,电子束就能继续撞击深处的固态金属,在被焊件上很快形成一个锁形小孔(图 9.12),小孔周围被液态金属包围。随着电子束与焊件的相对移动,液态金属沿小孔周围流向熔池后部,因远离热源而逐渐冷却、凝固形成焊缝。

电子束焊接过程中焊接熔池始终存在的这个小孔,从根本上改变了焊接熔池的传质、传热规律,由一般熔焊方法的热传导焊转变为深熔焊(穿孔焊),这是高能束流焊接的共同特点。

2. 电子束焊的特点

(1) 电子束作为焊接热源有两个显著的特征。

1) 极高的功率密度。电子束焊接时常用的加速电压范围为 30~150kV,电子束电流为 20～1000mA，而电子束焦点直径仅为 0.1～1mm，这样，电子束的功率密度可高达 $10^6 W/cm^2$ 以上。

2）精确、快速的可控性。电子的质量极小（$9.1×10^{-13}$ kg）而带有一定的负电荷（$1.6×10^{-19}$ C），其荷质比高达 $1.76×10^{-7}$ C/kg，通过电场、磁场可对电子束作快速而精确地控制。电子束的这一特点明显优于激光，后者只能用光学透镜和反射镜控制，速度较慢。

基于电子束的上述特征，电子束焊接具有下列主要特点。

(2) 优点。

1）焊缝深宽比大。电子束的穿透能力强，焊缝的深宽比可达到 50∶1 甚至更高。由此可见电子束焊时可以不开坡口实现大厚度单道焊接，与电弧焊相比可以节省辅助材料和能源消耗数十倍。

2）焊接速度快，热影响区小、焊接变形小。电子束焊接速度一般在 1m/min 以上，焊缝热影响区很小，有时甚至几乎不存在。焊接热输入小以及可获得近似平行焊缝的特点使电子束焊接的变形很小，对于精加工的焊件，电子束焊可用作最后的连接工序，焊后仍能保持足够高的精度，无须再作加工而直接装配使用。

3）焊缝质量高。真空电子束焊接不仅可以防止熔化金属受到有害气体的污染，而且有利于焊缝金属的除气和净化，因而特别适于活泼金属和高纯度金属的焊接，也常用于焊接真空密封元件，焊后元件内部保持在真空状态。

4）适应性强。电子束焊的各个规范参数能方便地独立调节且调节范围很宽，可以焊接各种金属以及复合材料如陶瓷等，既可以焊接厚板也可以焊接薄板。

5）焊接可达性好。电子束在真空中可以传到较远的位置上进行焊接，因而能够焊接一般焊接方法难以接近的部位。

6）可控性好。通过控制电子束的偏移，可以实现复杂接缝的自动焊接，也可以通过电子束扫描熔池来消除缺陷，提高接头质量。

(3) 缺点。

1）设备比较复杂，价格昂贵。

2）焊前对接头加工、装配要求严格，必须保证接头位置准确、间隙小而均匀。

3）真空电子束焊接时，被焊件尺寸和形状常受到真空室的限制。

4）电子束易受杂散电磁场干扰，影响焊接质量。

5）电子束焊接时会产生 X 射线，需要严加防护以确保操作人员的健康和安全。

9.2.2 电子束焊的分类和应用

1. 分类

电子束焊的分类方法很多，通常多按照加速电压和焊件所处环境的真空度来分类。

按电子束加速电压高低可分为高压电子束焊（120kV 以上）、中压电子束焊（60～100kV）和低压电子束焊（40kV 以下）三类。工业领域常用的高压真空电子束焊机的加速电压为 150kV，功率一般都小于 60kW；中压真空电子束焊机的加速电压多为 60kV，功率一般都小于 75kW。

在相同功率的情况下，高压电子束焊接所需的束流小、加速电压高，这样就易于获得直径小、功率密度大的束斑和深宽比大的焊缝，对大厚度板材的单道焊及难熔金属和热敏感性强的材料的焊接特别适宜。高压电子束焊接的缺点是：屏蔽焊接时产生的 X 射线比较困难，电子枪的静电部分为防止高压击穿需用耐高压的绝缘子，使其结构复杂而笨重。

当电子束的功率不超过 30kW 时，中压电子束焊机的电子枪能保证束斑的直径小于 0.4mm。除极薄的材料外，这样的束斑尺寸完全能满足焊接要求。30kW 的中压电子束焊机可焊接的最大钢板厚度可达 70mm 左右，中压电子束焊接时产生的 X 射线完全能由适当厚度的钢制真空室壁所吸收，不需要采用铅板防护；电子枪极间不要求特殊的绝缘子，所以电子枪可以做成固定式或移动式。

低压电子束焊机不需要采取铅板的特别防护，也不存在电子枪间跳高压的危险，所以设备简单，电子枪可做成小型移动式的。其缺点是在相同功率的情况下，低压电子束的束流大、加速电压低，束流的会聚较困难，通常低压电子束的束斑直径难于达到 1mm 以下，其功率也仅限于 10kW 以内。所以低压电子束焊接只适宜于焊缝深宽比要求不高的薄板材料的焊接。

按被焊件所处环境的真空度可分为三种：高真空电子束焊、低真空电子束焊和非真空电子束焊。

高真空电子束焊是在 $10^{-4} \sim 10^{-1}$Pa 的压强下进行的。良好的真空条件可以保证对熔池的"保护"，防止金属元素的氧化和烧损，适用于焊接活泼金属、难熔金属和质量要求高的焊件，是目前电子束焊接应用最广的一种方法，但也存在诸如被焊件的大小受工作室尺寸的限制、真空系统复杂、抽真空时间长等缺点，既降低了生产率也增加了焊接的成本。

低真空电子束焊是使电子束通过隔离阀及气阻孔道进入在 $0.1 \sim 10$Pa 压强下的工作室进行的，低真空电子束焊接熔池周围的污染程度不超过 12×10^{-6}，仍比焊接用的氩气要纯洁；一定压强时的低真空电子束流密度及其相应的功率密度的最大值与高真空的最大值相差很小，因此，低真空电子束虽然有些散射，但只要适当提高束流的加速电压，基本上仍然保持束流密度和功率密度高的特点。由于只需抽到低真空，所以适用于大批量零件的焊接和在生产线上使用。

非真空电子束焊接也称为大气压电子束焊接。在非真空电子束焊接中，电子束仍然在高真空条件下产生，然后引入到大气压力的环境中对工件进行施焊，但由于气体压强增加，电子束会产生散射，其功率密度明显下降。这种焊接方法的最大优点是摆脱了工作室的限制，因而扩大了电子束焊接的应用范围，并推动这一技术向更高阶段的自动化方向发展。目前，非真空电子束焊接已开始在工业中应用，如用于薄板高速（大于 15m/min）焊接，特别是不等厚接头的焊接。当前世界上建立的最大的非真空焊接工作站的容积达到 $300m^3$，电子枪在工作室内运动，在工业电视和焊缝跟踪系统的帮助下进行焊接。

2. 应用

随着电子束焊接工艺及设备的发展，特别是近 10 年来工业生产中对高精度、高质量连接技术需求的不断扩大，电子束焊接在航空、航天、核、能源工业、电子、兵器、汽车制造、纺织、机械等许多工业领域已经获得了广泛应用。

在能源工业中，各种压缩机转子、叶轮组件等；在核能工业中，反应堆壳体、送料控制系统部件、热交换器等；在飞机制造业中，发动机机座、转子部件、起落架等；在化工和金属结构制造业中，高压容器壳体等；在汽车制造业中，齿轮组合体、后桥、传动箱体等；在仪器制造业中，各种膜片、继电器外壳、异种金属的接头等都成功地应用了电子束焊。

另外，电子束焊还是一种适合于在太空进行的焊接方法，早在 1984 年，人类已在太空环境中利用一种手工电子束焊枪进行了焊接试验。电子束焊将成为太空环境中焊接人造天体的一种重要的焊接方法。

9.3 激 光 焊

1. 激光焊的原理及分类

随着生产的发展，对焊接技术的要求越来越高，激光焊接已成为对很多材料和结构不可缺少的焊接手段。激光焊就是利用激光器产生的高能量密度的激光光束作为热源的一种熔焊方法。激光器的种类很多，目前用于焊接的激光器主要有两大类：气体激光器和固体激光器，前者以 CO_2 激光器为代表，后者以 YAG（钇铝石榴子石）激光器为代表。图 9.13 为固体激光器的结构示意图。

根据激光对焊件的作用方式，激光焊分为脉冲激光焊和连续激光焊。脉冲激光焊时，激光以脉冲的方式输出，其脉冲宽度、脉冲能量均精确可调，所以输入到焊件上的能量是断续

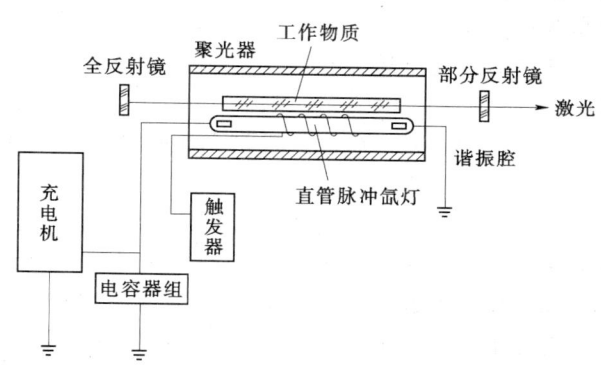

图 9.13　固体激光器结构示意图

的，因此，小功率的脉冲激光焊接尤其适合于 0.5mm 以下金属丝与丝、丝与板或薄膜之间的点焊，特别是微米级细丝、箔的点焊。脉冲激光焊中大量使用的脉冲激光器主要是 YAG 激光器，也可将连续输出的 YAG 激光器和 CO_2 激光器通过打开或关闭装在激光器上的光闸用于脉冲焊接。

连续激光焊时，激光连续稳定地输出，焊缝成形主要由激光功率及焊速确定。连续激光焊在激光器输出功率较低时，光的反射损失较大，为减少光能反射损失，通常要对被焊材料表面进行适当的处理（如黑化）。高功率激光焊时，熔池表面还会形成金属蒸气的等离子云，使激光束能量的反射损失显著增大、熔深减小，必须采用脉冲调制或气流吹除的办法来排除这一影响，保证焊接过程的顺利进行。连续激光焊可以使用大功率的钇铝石榴子石激光器，但用得最多的还是 CO_2 激光器，因为 CO_2 激光器的效率更高，功率更大，而且因为是连续稳定地输出，因而可以进行从薄板精密焊到 50mm 厚板深熔焊等各种焊接。

根据实际作用在焊件上的功率密度，激光焊接还可分为热传导焊接（功率密度小于 $10^5 W/cm^2$）和深熔焊接（功率密度大于等于 $10^5 W/cm^2$）。

热传导焊接时，焊件表面温度不超过材料的沸点，焊件吸收的光能转变为热能后，通过热传导将焊件熔化，无小孔效应发生，焊接过程与非熔化极电弧焊相似，熔池形状近似为半球形。

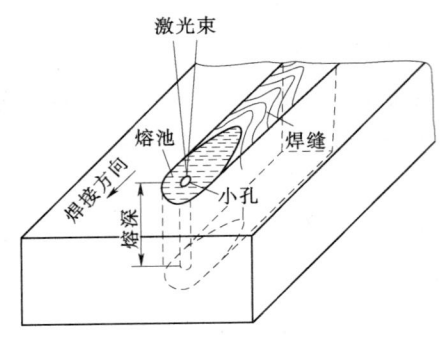

图 9.14　激光深熔焊接示意图

深熔焊接时，金属表面在光束作用下，温度迅速上升到沸点，金属迅速蒸发形成的蒸气压力、反冲力等能克服熔融金属的表面张力以及液体的静压力等而形成小孔，激光束可直接深入材料内部，所以也称为小孔型或穿孔型焊接。光斑的功率密度更高时，所产生的小孔能贯穿整个板厚，因而能获得深宽比大的焊缝。图 9.14 为激光深熔焊接示意图。

2. 激光焊的特点

激光具有如下特性：

（1）亮度高。激光束可以通过光学系统汇聚成面积很小的斑点（小于 1mm），所以其亮度要比普通光源高百万倍，有些脉冲激光器的光脉冲持续时间还可压缩至 $10^{-9}\sim10^{-12}$ s 甚至更短，这样其亮度甚至比太阳还亮 16 个数量级。

（2）方向性好。激光的发散角很小，可以达到 0.1mrad 甚至更小，接近于理想的平行光。

（3）单色性强。单色性是指激光的频率宽度很窄，或者说波长的变化范围很小，激光的单色性比普通光源好万倍以上。

（4）相干性好。相干性是指在不同的空间点上以及不同的时刻光波场相位的相关性。

激光上述的四个特性可以使激光能量在空间和时间上高度集中，因而是进行焊接和切割的理想热源。所以激光焊具有如下特点：

（1）聚焦后的功率密度可达 $10^5\sim10^7$ W/cm² 甚至更高，加热集中，热影响区窄，因而焊件产生的应力和变形极小，特别适宜于精密焊接和微小零件的焊接。

（2）可获得深宽比大的焊缝，焊接厚件时可不开坡口一次成形，激光焊缝的深宽比目前已达 12∶1，不开坡口单道焊接的厚度已达 50mm。

（3）适宜于难熔金属、热敏感性强的金属以及热物理性能相差悬殊、尺寸和体积悬殊焊件的焊接，甚至可以焊接陶瓷、有机玻璃等非金属材料。

（4）能透射、反射，有的还可以用光纤传输，在空间远距离传播而衰减很小，可焊接一般焊接方法难以施焊的部位和对密闭容器内的焊件进行焊接。

（5）激光束不受电磁干扰，无磁偏吹现象，适宜于焊接磁性材料。

（6）与电子束焊接相比，不需要真空室，不产生 X 射线，观察及对中方便。

（7）一台激光器可以完成多种工作，既可以焊接，还可以切割、合金化和热处理等。

激光焊的不足之处是设备的一次性投资大，对高反射率的金属直接进行焊接比较困难，可焊接的焊件厚度尚比电子束焊的小，对焊件加工、组装、定位要求高，激光器的电光转换及整体运行效率低。

3. 激光焊复合技术

激光焊复合技术是指将激光焊与其他焊接组合起来的集约式焊接技术，它是为了克服单纯激光焊的一些不足、扩展激光焊的应用而于近年来发展起来的一种新的工艺技术。其优点是能充分发挥组合中每种焊接方法的优点并克服某些不足。

单纯的激光焊接由于激光束流细小，因此对接头的间隙要求比较高（小于 0.10mm），熔池的搭桥能力较差，同时由于反射、等离子云等问题，严重影响焊接过程的稳定性，光能利用率低，能量浪费大，严重影响了激光焊接应用的进一步扩展。运用激光焊接复合技术能够较好地解决这些问题。近几年来，激光焊接复合技术发展很快，已应用于实际生产。目前，激光焊接复合技术主要有激光—电弧焊、激光—高频焊、激光—压焊等形式。

4. 激光焊的应用

激光焊接的一些应用实例见表 9.3。

表 9.3　　　　　　　　　激光焊接的部分应用实例

应用行业	实　　例
航空	发动机壳体、风扇机匣、燃烧室、流体管道、机翼隔架、电磁阀、膜盒等
航天	火箭壳体、导弹蒙皮与骨架、陀螺等
造船	舰船钢板拼焊
石化	滤油装置多层网板
电子仪表	集成电路内引线、显像管电子枪、全钽电容、速调管、仪表游丝、光导纤维
机械	精密弹簧、针式打印机零件、金属薄壁波纹管、热电偶、电液伺服阀等
钢铁	焊接厚度 0.2～8mm，宽度为 0.5～1.8mm 的硅钢、高中低碳钢和不锈钢，焊接速度为 1～10m/min
医疗器械	心脏起搏器以及心脏起搏器所用的锂碘电池等
食品	食品罐（用激光焊代替传统的锡焊或电阻高频焊，具有无毒、焊接速度快、节省材料以及接头美观、性能优良等特点）
汽车	汽车底架、传动装置、齿轮、蓄电池阳极板、点火器中轴拨板组合件等

9.4　摩　擦　焊

摩擦焊是在压力作用下，通过待焊界面的摩擦使界面及其附近温度升高，材料的变形抗力降低、塑性提高、界面的氧化膜破碎，伴随着材料产生塑性变形与流动，通过界面上的扩散及再结晶而实现连接的固态焊接方法。

9.4.1　摩擦焊原理和特点

1. 摩擦焊原理

在压力作用下，待焊界面通过相对运动进行摩擦，机械能转变为热能。对于给定的材料，在足够的摩擦压力和足够的相对运动速度条件下，被焊材料的温度不断上升。随着摩擦过程的进行，焊件产生一定的塑性变形量，在适当时刻停止焊件间的相对运动，同时施加较大的顶锻力并维持一定的时间，即可实现材料间的固相连接。

以连续驱动摩擦焊为例，其焊接过程可分为如下六个阶段：

第9章 其他焊接方法

（1）初始摩擦阶段。由于焊接表面凹凸不平，加上存在氧化膜、锈、油、灰尘以及吸附的气体等杂质，所以初始摩擦阶段的摩擦系数很小。随着摩擦压力的逐渐增加，摩擦加热功率也逐渐增加，凹凸不平互相压入的表面产生塑性变形和机械挖掘现象。

（2）不稳定摩擦阶段。摩擦破坏了待焊表面的原始状态，使未受污染的材质互相接触，实际接触面积增大，材料的塑性、韧性有较大的提高，摩擦系数增大、摩擦加热功率提高。

加热达到峰值后，由于界面区的温度进一步升高使塑性增加和强度下降，加热功率又迅速降低。这个阶段摩擦变形量开始增大并以飞边的形式出现。

（3）稳定摩擦阶段。在这个阶段，材料的摩擦系数很小，摩擦加热功率稳定在较低的水平。变形层在压力的作用下，不断从摩擦表面挤出，摩擦变形量不断增大，飞边增大同时被附近高温区的材料所补充而处于动态平衡之中。

（4）停车阶段。在此阶段，伴随焊件间相对运动的减慢和停止，摩擦转矩增大，界面附近的高温材料被大量挤出，变形量也随之增大，具有顶锻的特点。

（5）纯顶锻阶段。从焊件停止相对运动到顶锻力上升到最大值所对应的阶段。顶锻压力、顶锻速度和顶锻变形量对焊接质量具有关键性的影响。

（6）顶锻维持阶段。顶锻压力达到最大值到压力开始撤除所对应的阶段。

从停车阶段开始到顶锻维持阶段结束，变形层和高温区的部分金属被不断地挤出，焊缝金属产生变形、扩散以及再结晶，最终形成结合牢固的接头。

2．摩擦焊的特点

优点：

（1）接头质量高。摩擦焊属于固相焊接，正常情况下接合面不发生熔化，焊合区金属为锻造组织，不会产生与熔化和凝固相关的焊接缺陷；压力与转矩的力学冶金效应使得晶粒细化、组织致密、夹杂物弥散分布，不仅接头质量高，而且延性好。

（2）适合异种材料的连接。对于通常难以焊接的金属材料组合如铝-钢、铝-铜、钛-铜等都可进行焊接。一般来说，凡是可以进行锻造的金属材料都可以进行摩擦焊接，摩擦焊还可以焊接非金属材料，甚至曾通过普通车床成功地对木材进行过焊接。

（3）生产效率高、质量稳定。如发动机排气门双头自动摩擦焊的生产率可达800～1200件/h；外径127mm、内径95mm的石油钻杆与接头的焊接，连续驱动摩擦焊仅需十几秒，如采用惯性摩擦焊，所需时间更短，也曾经产生过用摩擦焊焊接200万件汽车后桥无一废品的记录。

此外，摩擦焊还具有节能省电；环境清洁，劳动条件好；设备操作简单，易实现机械化、自动化等优点。但也存在如下的缺点与局限性：

（1）对非圆形截面焊接较困难，设备复杂；对盘状薄零件和薄壁管件，由于不易夹持固定，施焊也很困难。

（2）焊机的一次性投资较大，大批量生产时才能降低生产成本。

9.4.2 摩擦焊的分类和应用

1．摩擦焊的分类

摩擦焊的具体形式有很多，分类的方法也各种各样。图9.15就是摩擦焊的一种分类图。通常根据焊件相对摩擦运动的轨迹，将摩擦焊分为旋转式和轨道式两大类。旋转式摩擦焊主要用于焊接接头部分具有圆形截面的焊件，根据焊接过程中将机械能输入焊件的方式，旋转式摩擦焊又分为连续驱动摩擦焊和惯性摩擦焊。轨道式摩擦焊用于焊接非圆形截面的焊件。除此之外，摩擦焊还可以从焊接时的界面温度、所采取的工艺措施等方面进行分类。

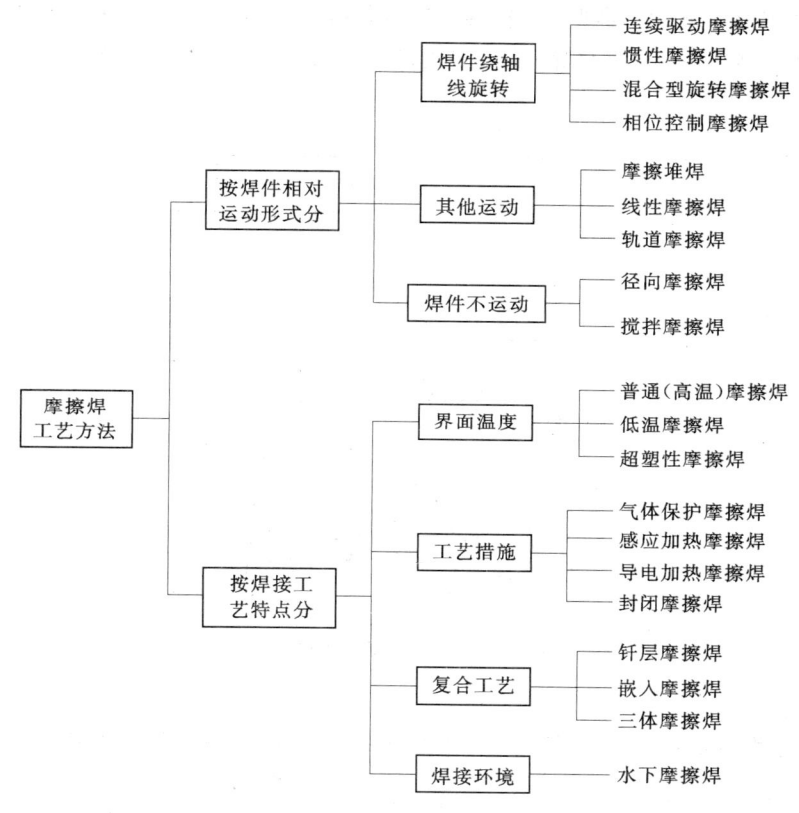

图 9.15　摩擦焊工艺方法及分类

2. 摩擦焊的应用

摩擦焊是一种专业性较强的焊接方法，其具体形式已由原来的几种发展到现在的十几种。起初主要用于杆、轴、管类零件的接长焊接，在这些领域中的应用具有其他焊接方法无可比拟的优越性。后来发展的线性摩擦焊、嵌入摩擦焊、搅拌摩擦焊等形式则进一步扩展了摩擦焊的应用，可以焊接板件、航空发动机叶片等形状更加复杂的零件，也扩展了摩擦焊所焊材料的范围和组合，同时极大地提高了焊接质量。摩擦焊所焊材料已由传统的金属材料（包括不同种类金属材料的组合）拓宽到粉末合金、复合材料、功能材料、难熔材料以及陶瓷—金属等新型材料和异种材料领域。除了通常以连接为目的的焊接外，还用于零件的堆焊。目前，摩擦焊已在各种工具、轴瓦、阀门、石油钻杆、电机与电力设备、工程机械、交通运输工具以至于航空、航天设备制造等方面获得了越来越广泛的应用。

9.4.3 典型摩擦焊介绍

1. 连续驱动摩擦焊

典型的连续驱动摩擦焊过程如图 9.16 所示。首先，两待焊焊件分别固定在旋转夹具（通常轴向固定）和移动夹具内。焊件被夹紧后，移动夹具夹持焊件向旋转端移动，旋转端焊件开始旋转，待两边焊件接触后开始摩擦加热。此后，则可进行摩擦时间控制或摩擦缩短量（又称摩擦变形量）控制，当控制量达到设定值时停止旋转并开始顶锻，通常施加较大的顶锻力并维持一定时间以便接头牢固连接。最后，夹具松开、退出，取出焊件，焊接结束。

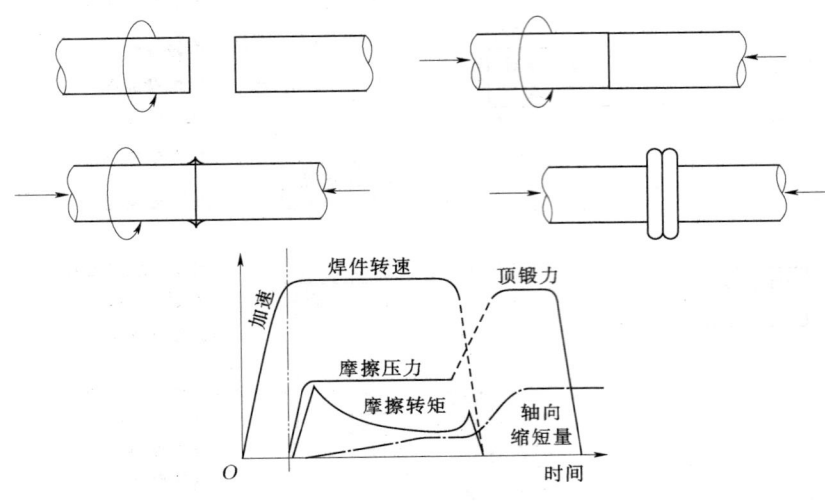

图 9.16 连续驱动摩擦焊接过程示意图

2. 惯性摩擦焊

图 9.17 是惯性摩擦焊示意图。焊件的旋转端被夹持在飞轮里，焊接过程开始时，首先将飞轮和焊件的旋转端加速到一定的转速。然后飞轮与主电动机脱开，同时，焊件的移动端向前移动，两焊件接触后开始摩擦加热。在摩擦加热过程中，飞轮受摩擦转矩的制动作用，转速逐渐降低，当转速为零时，焊接过程结束。这种方法在焊接大截面焊件时可以降低主轴电动机的功率。

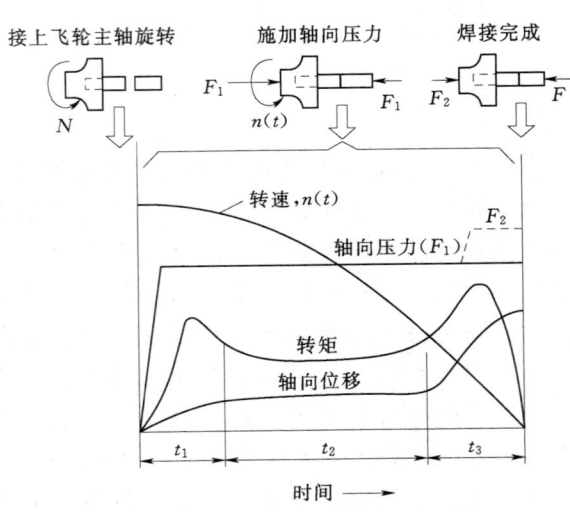

图 9.17 惯性摩擦焊示意图

3. 相位摩擦焊

相位摩擦焊用于焊接六方钢、八方钢、汽车操纵杆等相对位置有匹配要求的焊件，如要求焊件焊后棱边对齐、方向对正或相位满足要求等。根据实现相位配合不同的途径，主要有机械同步相位摩擦焊、插销配合摩擦焊和同步驱动摩擦焊三种类型。

4. 径向摩擦焊

径向摩擦焊的原理如图 9.18 所示，其焊接过程是：首先将管内套上芯棒，将开有坡口的两个管端对齐找正，然后装上带有斜面的圆环。焊接时圆环旋转并向两个管端施加径向摩擦压力，当摩擦加热过程结束时，停止圆环的旋转，并向圆环施加顶锻压力。径向摩擦焊接时，被焊管子本身不转动，管子内部不产生飞边，主要用于管子的现场装配焊接，它不但保持了一般摩擦焊的优点，而且操作简单。

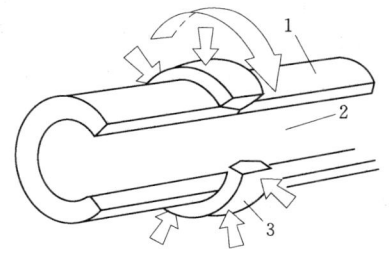

图 9.18 径向摩擦焊原理示意图
1—待焊圆管；2—芯棒；3—圆环

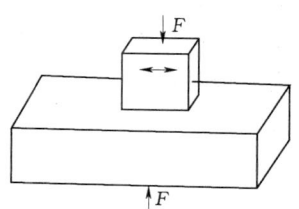

图 9.19 线性轨道摩擦焊示意图

5. 轨道摩擦焊

轨道摩擦焊分为线性轨道摩擦焊和环形轨道摩擦焊。图 9.19 是线性轨道摩擦焊示意图，在焊接过程中，摩擦副中的一侧焊件被往复机构驱动相对于另一侧被夹紧的焊件表面做相对运动，其主要优点是不管焊件是否对称，均可进行焊接，可焊接方形、圆形、多边形截面的金属或塑料焊件，配以合适的工夹具，它还可以焊接更加不规则的构件如叶片与涡轮等。图 9.20 为环形轨道摩擦焊的示意图，其特点是两待焊件均不作绕自身轴线的旋转，仅其中一个焊件绕另外一个焊件转动，主要用于焊接非圆截面件。

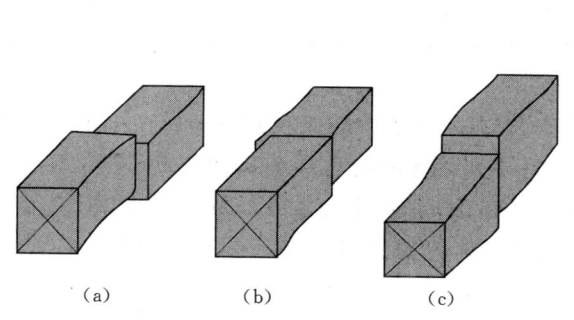

图 9.20 环形轨道摩擦焊示意图

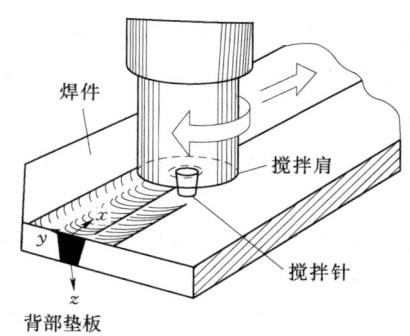

图 9.21 搅拌摩擦焊原理示意图

6. 搅拌摩擦焊

图 9.21 是搅拌摩擦焊的原理示意图。焊接主要由搅拌头完成，搅拌头由特型指棒（搅拌针）、夹持器和圆柱体组成。焊接开始时，搅拌头高速旋转，特型指棒迅速钻入被焊板件的接缝，与特型指棒接触的金属摩擦生热，形成很薄的热塑性层。当特型指棒钻入焊

件表面以下时，有部分金属被挤出表面。由于正面轴肩和背面垫板的密封作用，一方面轴肩与被焊板表面摩擦产生辅助热，另一方面搅拌头相对焊件运动时，在搅拌头前面不断形成的热塑性金属转移到搅拌头后面，填满后面的空腔。在整个焊接过程中，空腔的产生与填满连续进行，焊缝区金属经历着被挤压、摩擦生热、塑性变形、转移、扩散以及再结晶等过程。

搅拌摩擦焊是英国在1991年发明的一项焊接新技术，近年来发展非常迅速，我国于2002年引进了其专利并开展了技术开发和生产应用。搅拌摩擦焊可以完成铝、铜等材料的对接、搭接、T形接头的焊接。与传统的氩弧焊相比有很多独特的优点，尤其在制造成本、性能及环境方面显示出巨大的优越性，它的出现使铝合金等有色金属的连接技术产生了革命性的进步。目前已在航空、航天、船舶、高速列车等的轻型结构上得到成功的应用并正在不断扩大其应用范围。

9.5 高 频 焊

高频焊是利用流经焊件连接面的高频电流所产生的电阻热作为热源，使焊件的待焊区表层被加热到熔化或塑性状态，同时通过施加（或不加）顶锻力，使焊件达到金属间结合的一种焊接方法。高频焊是一种固相电阻焊方法（除高频熔焊外），既与普通电阻焊相类似，又存在着许多重要的差别。

9.5.1 高频焊概述

1. 高频焊的原理

高频焊的基础在于它应用于高频电流的两大效应：集肤效应和邻近效应。

（1）集肤效应。集肤效应是指当导体通以交流电流时，导体断面上会出现电流分布不均匀，电流密度由导体中心向表面逐渐增加，大部分电流仅沿导体表层流动的一种物理现象。

集肤效应通常用电流的穿透深度来度量。导体的电阻率越低、磁导率越大、电流的频率越高，其穿透深度越小，亦即电流的集肤效应越显著。另外，由于导体的磁导率和电阻率会随温度而变化，所以电流的穿透深度即使在材料、电流频率相同的前提下，还会随温度的变化而发生变化。

（2）邻近效应。邻近效应就是当高频电流在两导体中彼此反向流动或在一个往复导体中流动时，电流会集中于导体邻近侧流动的一种特殊的物理现象，如图9.22所示。当高频电流由A处导入金属板后，它不像低频电流那样电流会沿最短的路径流到B处［图9.22（a）］，而是会沿着与导线相邻的金属板边缘流动到B处（导线与金属板互为邻近导体）［图9.22（b）］，这样的路径虽然距离更长，但其上的电流密度却最高。产生这种现象的原因是由于感抗在高频电路阻抗中所占的分量大，具有决定性的作用。对高频电流而言，导线与金属板边缘间相当于构成了往复导体，其间形成的感抗小，而电流总是趋向于走感抗最小的路径。邻近效应随频率的增加和随邻近导体之间距离的减小而加强，从而使电流的集中与加热程度更加显著。

由以上可见，借助高频电流的集肤效应可以使高频电能量集中于焊件的表层，而利用邻近效应，又可控制高频电流流动路线的位置和范围。当要求高频电流集中于焊件的某一部位时,只要将导体与焊件构成电流回路并使导体靠近焊件上的这一部位,使它们相互之间构成邻近导体,就能实现这个要求(图 9.23 焊件上电流集中的部位和被加热的图形与邻近导体的投影图一致)。高频焊就是根据焊件结构的具体形式和特殊要求,主要运用集肤效应和邻近效应,使焊件待焊处的表层金属得以快速加热而实现焊接。

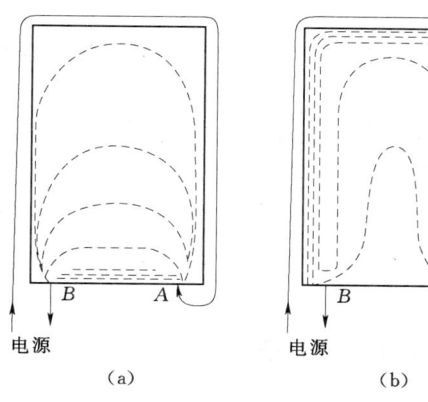

图 9.22 邻近效应的产生
(a) 直流或低频电流;(b) 高频电流

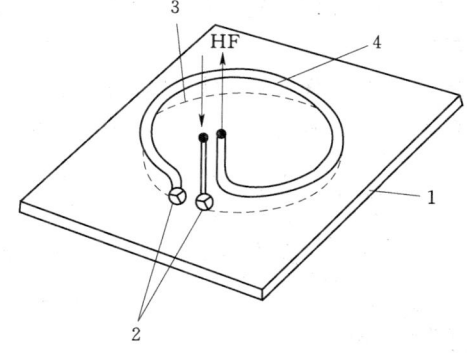

图 9.23 用邻近导体控制高频电流流动的路线
1—焊件;2—触头接触位置;3—电流路线;
4—邻近导体;HF—高频电源

高频焊通常使用的电流频率范围为 300～450kHz,有时也使用低至 10kHz 的频率;能使用比普通电阻焊小得多的电流(能量耗损也小得多)使焊接区达到焊接温度,从而可使用比较小的电极触头和触头压力,并能极大地提高焊接速度和焊接效率。

高频焊时,通过闪光过程、挤压作用,可以有效地清除接头上的氧化物和其他杂质,所以焊前对待焊部位可不使用焊剂清理。而且只有在焊接如钛等与氧和氮反应非常快的一类金属时,才需用惰性气体进行保护。

2. 高频焊的特点

与其他焊接方法相比,高频焊具有以下的特点:

(1) 焊接速度高。由于高频焊电流能够高度集中于焊接区,加热速度极快,在高速焊接时不会产生"跳焊"现象,因此焊速可高达 150m/min 以上。

(2) 热影响区小。因高频焊的焊速高,焊件自冷作用强,不仅热影响区小,而且还不易发生氧化,从而可获得具有良好组织与性能的焊缝。

(3) 焊件清理要求低。高频焊时,通过闪光过程和挤压作用,可以有效地清除接头上的氧化物和其他杂质,所以焊前对待焊部位可不清理。因此减少了工序,有助于提高生产效率。

(4) 适用范围广。高频焊不但能焊接碳钢、合金钢,而且还能焊接不锈钢、铝及铝合金、铜及铜合金,以及镍、钛、铬等金属。用高频焊生产的型材和管材其尺寸规格远比普通轧制或挤压法的多,而且可制造出异种材料的结构件。

高频焊的缺点主要在于电源的高压部分对人身与设备的安全有威胁,因而对绝缘的要求高;另外,回路中振荡管等元件的工作寿命较短,而且维修费用较高。

3. 高频焊的分类及应用

高频焊可按下列的不同方法进行分类：

(1) 根据高频电能导入方式，可分为接触高频焊和感应高频焊。

(2) 根据焊接时接头加热、加压状态的不同，可分为高频闪光焊、高频锻压焊和高频熔化焊。

(3) 根据焊接所得焊缝长度的不同，可分为高频连续缝焊、高频短缝对接焊和高频熔点焊等。

和摩擦焊一样，高频焊是一种专业化较强的焊接方法，它主要在管材制造方面获得了广泛的应用。高频焊除能制造各种材料的有缝管、异型管、散热片管、螺旋散热片管、电缆套管等管材外，还能生产各种断面的型材或双金属板和一些机械产品，如汽车轮圈、汽车车厢板、工具钢与碳钢组成的双金属锯条等。

9.5.2 典型高频焊方法介绍

1. 高频焊制管

(1) 接触高频焊制管。接触高频焊制管原理如图 9.24 所示。带材由成形机组制成大径管后，在挤压辊轮挤压下，使接头两边会合成 V 形会合角。高频电流借助置于会合角两侧的一对滑动触头导入，由一个触头经会合点传回到另一触头，从而在会合角两边的表层形成往复回路，产生邻近效应，使两边的电流密度增大，使会合角两边特别是会合点附近表层加热到焊

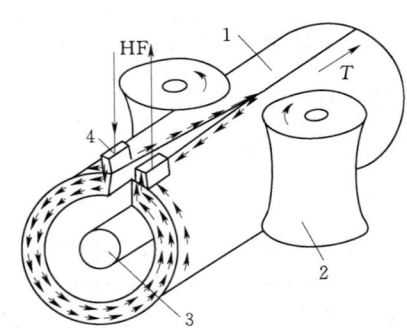

图 9.24 管材纵缝接触高频焊接原理图
HF—高频电源；T—管坯运动方向
1—焊件；2—挤压辊轮；3—阻抗器；
4—触头接触位置

接温度或熔化温度，并引起会合点到焊合点中的一段区域产生连续的闪光。挤压辊轮除将管坯两边挤到一起，挤出两边的氧化物、杂质和熔化金属外，还将管坯周长挤去一定的挤压量，并在接头两面间产生强烈的顶锻，使金属牢固地结合在一起。最后机组后边的刨刀将挤出的氧化物及墩粗部分切除，再用定径和校直装置将管子定径并校直。

根据会合角两侧金属加热的程度和焊接时是否产生闪光，接触高频焊制管还可分为闪光焊法和锻压焊法两种。由于闪光焊法易于排除金属氧化物，焊接质量高而且稳定，所以它是高频焊制管中最常用的方法。

(2) 感应高频焊制管。感应高频焊制管与接触高频焊制管的主要区别是向 V 形会合角的两侧管坯导入电流的方法不是用直接导电的触头，而是采用套于其上的感应圈（也称感应器），如图 9.25 所示。当感应圈中通入高频电流时，管坯中所产生的感应电流的一部分（焊接电流）由管坯一边的外周表面经会合点后又回到另一边的外周表面，形成往复回路，产生邻近效应，焊接电流

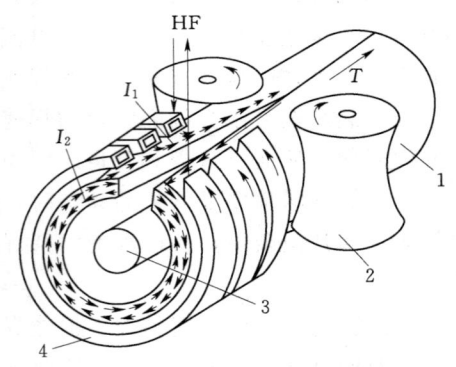

图 9.25 管材纵缝感应高频焊接原理图
HF—高频电源；T—管坯运动方向；
I_1—焊接电流；I_2—无效电流
1—管坯；2—挤压辊轮；3—阻抗器；4—感应圈

高度集中于会合面上,使管坯边缘迅速被加热到焊接温度甚至熔化,会合点到焊合点的一段区间内产生连续闪光。最后,经过挤压实现管子纵缝的连续焊接。

感应电流的另一部分从管坯的外周流向管坯的内周表面形成循环流动,由于此部分电流只使管坯背面加热而对形成焊缝没有贡献,故称为无效电流。为减小无效电流,需在管坯内安放阻抗器以增加管内壁的阻抗,以减小无效电流,降低电能损耗。

2. 薄壁管搭接纵缝高频焊

用高频焊制造薄壁管时,挤压辊轮、挤压管坯易产生错边,很难形成对接焊缝。要焊接这类薄壁管材,采用的办法是将管坯边缘搭接,同时把辊轮挤压处作为顶点,则管坯接合处仍然能形成 V 形会合角。在其上安放触头,接通高频电源,随着管坯连续送进并在内外辊轮挤压下,就可实现薄壁管搭接纵缝的焊接,如图 9.26 所示。用这种办法生产薄壁管,焊接速度可高达 150m/min,不仅可焊接低碳钢而且能焊接不锈钢、铝及铝合金、铜及黄铜等管材,应用于手电筒坯料、罐头筒、散热器用管等薄壁管件的生产。

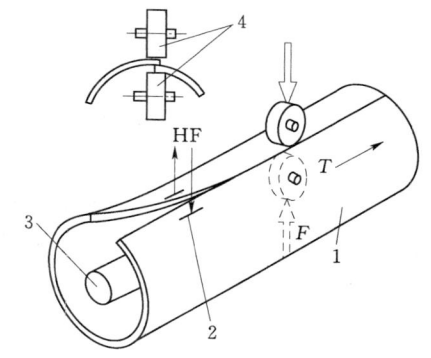

图 9.26 薄壁管搭接纵缝高频焊接示意图
HF—高频电源;T—管坯运动方向;F—挤压力
1—管坯;2—触头位置;3—阻抗器;4—挤压辊轮

3. 螺旋管高频焊

通过对纵缝进行高频焊来生产中大直径的管子时,因钢厂条件的限制,每一块板材的宽窄并不严格一致,所以很难得到宽度都合适、一致的管坯,给管子的生产带来很大的不便。

采用螺旋管、接缝用高频焊的办法可以较好地克服这个困难,它除了能使用较窄的管坯焊出直径很大的管子外,还能用同一宽度的管坯方便地焊出不同直径的管子。

螺旋管高频焊如图 9.27 所示。焊接时将管坯连续地送入成形轧机,使之绕心轴螺旋弯曲成圆筒状,并使接缝边缘形成对接(用于厚壁管)或搭接(用于薄壁管)的同时构成合适的 V 形会合角,然后再用接触高频焊法对接缝进行连续焊接。为避免对接端面加热不均匀,通常将接头两边加工,使对接的两边形成 60°~70°的坡口。搭接缝的搭接量随管

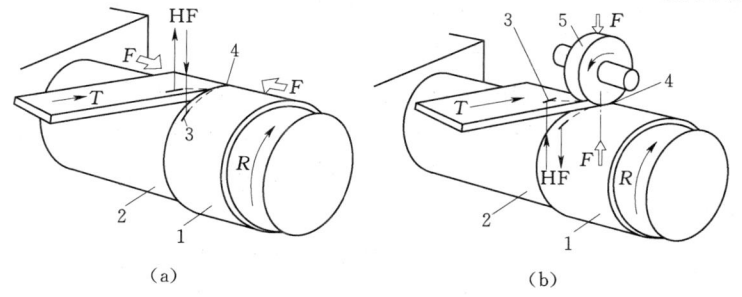

图 9.27 管材螺旋接缝高频焊示意图
(a) 对接螺旋缝;(b) 搭接螺旋缝
HF—高频电源;T—送料方向;F—挤压力;R—管子旋转方向
1—成品管;2—心轴;3—触头位置;4—焊合点;5—挤压辊轮

坯厚度不同而不同。

用200kW的高频电源可制造壁厚为6~14mm、直径达1024mm的大直径螺旋管，焊接速度可达30~90m/min。螺旋管比纵缝管承载能力大，多用于输送石油、天然气等重要场合。

4. 管子的高频对焊

管子高频对焊的原理如图9.28所示。将两段待连接的管子固定在夹头中，并使之相互接触；感应圈套在管子接头处的外围。当感应圈内通入高频电流时，接头处便产生感应电流，使两端头很快加热到焊接温度（不熔化），然后施加顶锻压力，完成焊接。

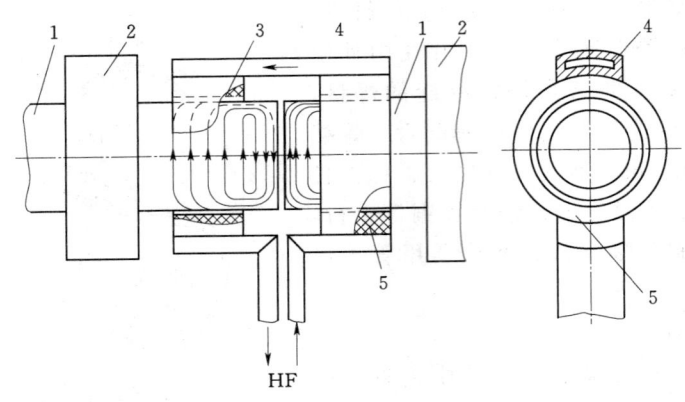

图9.28 管子高频对焊原理图
1—管子；2—夹头；3、5—感应圈；4—过桥；HF—高频电源

这种方法的特点是接头内侧没有毛刺，只呈缓慢的凸起状，对流体的阻力小，因而常被用于重要结构如锅炉钢管的焊接。接头加热温度有时可能不均匀，但采用管坯相对感应圈转动的办法就可以克服。应用于高压锅炉管制造，可焊接壁厚小于10mm、直径25~320mm的管子，其焊接时间为10~60s。

5. 板（带）材的高频对焊

可采用高频对焊的办法连接宽度较短的板材或带材，其原理如图9.29所示。将两待焊的带材或板坯端头放于铜制的条形座上，加以轻微压力使之相互接触，同时将邻近导体置于接缝上方，将其一端与条形座相连，另一端与条形座的另一端分别和高频电源相连接。当高频电流通过时，接缝区便在邻近效应作用下迅速被加热到焊接温度（不熔化），随即在顶锻压力作用下连接为一体。

通过合理地选择频率，可以调节电流的穿透深度，使接缝沿厚度方向刚好能够均匀地加热。此法比普通电阻闪光对焊具有焊速高、顶锻量小、材料消耗少、接头毛刺小、无火花喷溅等优点，所以它很适用于连接带卷终端和制造冲压件所需的带材与板坯，也可用于直接生产零件，例如，焊

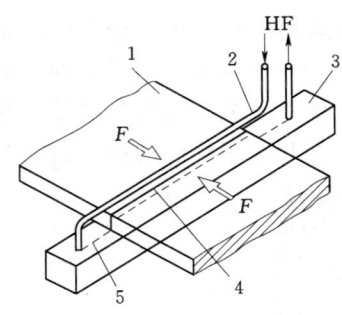

图9.29 板（带）材高频
对焊原理图
1—焊件；2—邻近导体；3—条形座；
4—接缝；5—电流路线
HF—高频电源；F—压力

接汽车轮圈坯等。

6. 结构型材纵缝的高频焊接

高频焊是高效率地生产型材的一种好方法，用它可以制造 T 形、H 形等多种型材，特别是用它可以制造厚度相差很大、形状很不对称和由不同材料组成的型材，而使用普通热轧法则很难轧制或无法轧制。

用高频焊制造 H 形结构型材的过程及机组如图 9.30 所示。首先将翼板上弯或下弯，使其与腹板形成 V 形会合角，然后用滑动触头导入高频电流，加热会合角部分，最后再连续通过挤压辊轮进行挤压和焊接。

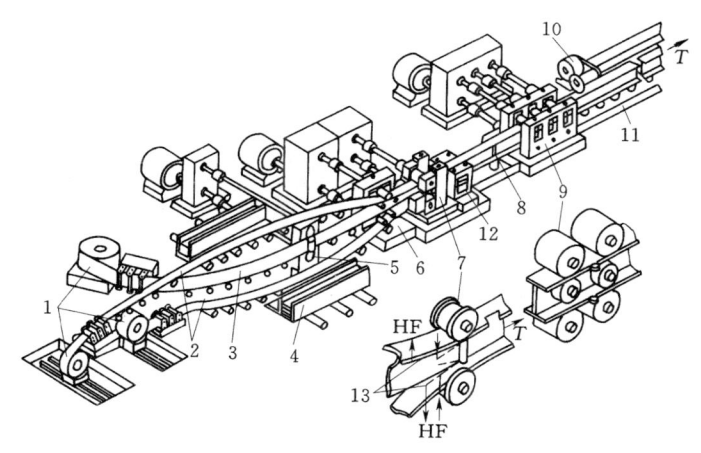

图 9.30　用高频焊制造结构型材的过程及机组

T—送料方向；HF—高频电源

1—开卷机和校平机；2—翼板；3—腹板；4—翼板送料器；5—腹板镦粗机；6—翼板预弯机；
7—焊接工位；8—冷却区；9—矫直机；10—飞锯；11—成品输送区；
12—表面缺陷清除工位；13—触头位置

高频焊制造型材时，V 形会合角附近板材两边的加热程度也是不相等的，腹板上下边缘温度高，翼板近缝处温度低。因此，必须采取措施将电极触头偏置，使翼板能有比腹板更长的电流通路以增大加在翼板上的热量，使两板近缝处温度趋于一致。

用高频焊制造 H 形型材的焊缝宽度一般仅为腹板厚度的 85%，因而限制了高频焊的应用。为使型材金属得到充分利用，必须设法将焊缝宽度至少增大到等于腹板厚度，其办法就是在作业线上用轧机将腹板边缘冷镦，使厚度增加 30% 左右，然后再进行焊接。此法不仅有利于增加焊缝宽度，而且还因腹板镦厚，有利于缩小与翼板温度的差异。

复 习 思 考 题

1. 什么是电渣焊？电渣焊的特点如何？
2. 电渣焊有哪几种形式？简述它们各自的特点和适用范围。
3. 什么是电子束焊？它有哪些特点和应用？

4. 电子束焊可以分为哪些类型？各有什么特点？
5. 激光有哪些特性？激光焊有什么特点？
6. 试简述脉冲激光焊和连续激光焊的特点和应用。
7. 摩擦焊的原理是什么？它有哪些特点和应用？
8. 摩擦焊有哪些形式？分别适用于什么场合？
9. 高频焊的原理是什么？高频焊总体上有哪些特点和应用？
10. 按所焊焊件的不同，高频焊有哪些具体形式？

第三部分　焊接工艺与生产

第 10 章　焊接生产工艺及设计

在新产品投产之前和对旧产品进行改造时，都要编制工艺规程。工艺规程是指导焊接生产工艺的技术文件。本章介绍工艺规程的基本知识、作用、内容及编制的步骤，并阐述对焊接生产工艺过程分析的内容与方法。

10.1　焊接结构的焊接工艺

10.1.1　焊接工艺制定的内容和原则

1. 制定焊接工艺的原则

（1）能获得满意的焊接接头，无论焊缝的外形尺寸或内部质量都要达到技术条件的要求。

（2）焊接应力与变形要小，焊接后构件的变形量应在技术条件许可的范围内。

（3）可达性好，施焊方便，能最大限度地减轻工人的劳动强度，改善生产条件。

（4）翻转次数少，生产效率高。可利用胎夹具及机械化辅助装置使工件在最方便的位置施焊，或实现机械化和自动化焊接。

（5）成本低，经济效益好。尽量使用高效率低能耗的焊接方法。

2. 焊接工艺制定的内容

（1）合理选择并审定焊接结构中各接头焊缝所采用的焊接方法，并确定相应的焊接设备和焊接材料。

（2）确定合理的焊接参数，如焊条电弧焊时的焊条直径、焊接电流、电弧电压、焊接速度、施焊顺序和方向、焊接层数等；埋弧焊时的焊丝及焊剂牌号；气体保护焊时的气体种类、气体流量、焊丝伸长度等。

（3）焊接热参数的选择，如预热、中间加热、后热及焊后热处理的工艺参数，主要是加热温度、加热部位和范围、保温时间及冷却速度等要求。

（4）选择实用的焊接工艺装备，如焊接胎具、焊件变位机、自动焊机的引导移动装置等。

10.1.2 焊接方法、焊接材料及焊接设备的选择

选择焊接方法，应根据产品的结构尺寸、形状、材料成分、接头形式以及对焊接接头的质量要求，加之现场的生产条件、技术水平等，选择最经济、最方便、高效率并且能保证焊接质量的焊接方法。

1. 选择焊接方法

为了正确地选择焊接方法，必须要了解各种焊接方法的生产特点及适用范围（如焊件厚度、焊缝空间位置、焊缝长度和形状等）。同时，考虑各种焊接方法对装配工作的要求（工件坡口要求、所需工艺装备等），焊接质量及其稳定程度，经济性（劳动生产率、焊缝成本、设备复杂程度等），以及工人劳动条件等。

2. 选择焊接材料

选择了焊接方法以后，就可以根据焊接方法的工艺特点来确定焊接材料。确定焊接材料时，还必须考虑到焊缝的力学性能、化学成分以及在高温、低温或腐蚀介质工作条件下的性能要求等。总之，在综合考虑后才能合理选用焊接材料。

3. 选择焊接设备

焊接设备的选择应根据已选定的焊接方法和焊接材料，还要考虑焊接电流的种类、焊接设备的功率、工作条件等方面，使选用的设备能满足焊接工艺的要求。

10.1.3 焊接参数的选定

焊接参数的选定主要考虑以下几方面因素：

（1）深入地分析产品的材料及其结构形式，着重分析材料的化学成分和结构因素共同作用下的焊接性。

（2）考虑焊接热循环对母材和焊缝的热作用，这是获得合格产品及焊接接头最小的焊接应力和变形的保证。

（3）根据产品的材料、焊件厚度、焊接接头形式、焊缝的空间位置、接缝装配间隙等，去查找各种焊接方法有关标准、资料。

（4）通过试验确定焊缝的焊接顺序、焊接方向以及多层焊的熔敷顺序等对焊接接头形成的影响。

（5）确定焊接参数不应忽视焊接操作者的实践经验。

10.1.4 确定合理的焊接热参数

除低碳钢外，低合金中、高强度结构钢也已为焊接结构广泛采用，这类钢优点虽多，但焊接工艺比较复杂，通过选择合适的焊接热参数，可以改善焊接接头的组织和性能，消除焊接应力，防止裂纹产生。

焊接热参数主要包括预热、后热及焊后热处理。

1. 预热

预热是焊前对焊件的全部或局部加热，预热温度的高低，应根据钢材淬硬倾向的大小、冷却条件和结构刚性等因素而定。钢材的淬硬倾向大、冷却速度快、结构刚性大，其预热温度要相应提高，预热目的有以下几方面：

（1）减缓焊接接头加热时温度梯度及冷却速度，适当延长在 800～500℃ 区间的冷却

时间，改善焊缝金属及热影响区的显微组织，提高焊接接头的抗裂性。

（2）有利于扩散氢的逸出，避免焊接接头延迟裂纹的产生。

（3）提高焊件温度分布的均匀性，减小内应力。

2. 后热

后热是焊后立即对焊件全部（或局部）进行加热到 300～500℃ 并保温 1～2h 后空冷的工艺措施。其目的是防止焊接区扩散氢的聚集，避免延迟裂纹的产生，所以后热也称除氢处理。对于焊后要立即进行热处理的焊件，因为在热处理过程中可以达到除氢处理的目的，故不需要另作后热。

3. 焊后热处理

焊接结构的焊后热处理，主要目的是改善焊接接头的组织和性能，消除残余应力，提高结构的几何稳定性。许多承受动载荷的结构件焊后必须经热处理，消除结构内的残余应力后才能保证其正常工作，如大型球磨机、挖掘机框架、压力机等。对于焊接的机器零件，用热处理方法来消除内应力尤为必要，否则，在机械加工之后发生变形，影响加工精度和几何尺寸，严重时会造成焊件报废。合金钢通常是经过焊后热处理来改善其焊接接头的组织和性能之后才能显现出材料性能的优越性。

一般来说，如果结构的板厚不大，又不是用于动载荷，而且是用塑性较好的材料（如低碳钢）来制造，就不需要焊后热处理。对于板厚较大，又是承受动载荷的结构，其外形尺寸越大，焊缝越多越长，残余应力也越大，就需要焊后热处理。

对于一些重要结构，常采用先正火随后立即回火的热处理方法，它既能起到改善接头组织和消除残余应力的作用，又能提高接头的韧性和疲劳强度，是生产中常用的一种热处理方法。

预热、后热、焊后热处理方法的工艺参数，主要由结构的材料、焊缝的化学成分、焊接方法、结构的刚度及应力情况、承受载荷的类型、焊接环境的温度等来确定。

10.1.5 焊接工艺评定

1. 焊接工艺评定的目的

一些重要结构件（如锅炉、压力容器），焊接生产前都必须进行焊接工艺评定，目的是以评定施焊单位是否有能力焊出符合有关规程和产品技术条件所要求的焊接接头，验证施焊单位制定的焊接工艺指导书是否合适。经过焊接工艺评定合格后，提出"焊接工艺评定报告"，作为编制"焊接工艺规程"时的主要依据之一。

2. 焊接工艺评定条件与规则

（1）焊接工艺评定的条件。材料在选用与设计前必须经过（或有可靠的依据）严格的焊接性试验。焊接工艺评定的设备、仪表与辅助机械均应处于正常工作状态，钢材与所使用的焊接材料必须符合相应的标准，并需由本单位技能熟练的焊工施焊和进行热处理。

（2）焊接工艺评定的规则。当评定对接焊缝与角焊缝的焊接工艺时均可采用对接焊缝接头形式；板材对接焊缝试件评定合格的焊接工艺，适用于管材的对接焊缝；板材角焊缝试件评定合格的焊接工艺，适用于管与板的角焊缝。

凡有下列情况之一者，需要重新进行焊接工艺评定。

1) 改变焊接方法。
2) 新材料或施焊单位首次焊接的钢材。
3) 改变焊接材料，如焊丝、焊条、焊剂和保护气体的成分。
4) 改变坡口形式。
5) 改变焊接参数，如焊接电流、电弧电压、焊接速度、电源极性、焊道层数等。
6) 改变热参数，如预热温度、层间温度、后热和焊后热处理等。

3. 焊接工艺评定方法

焊接工艺评定的方法是通过对焊接试板做力学性能试验，判断该工艺是否合格。焊接工艺评定是评定焊接工艺的正确性，而不是评定焊工技艺。因此，为减少人为因素，试件的焊接应由技术熟练的焊工担任。

4. 焊接工艺评定程序

(1) 统计焊接结构中应进行焊接工艺评定的所有焊接接头的类型及各项有关数据，如材料、板厚、管子直径及壁厚、焊接位置、坡口形式及尺寸等，确定出应进行焊接工艺评定的若干典型接头。

(2) 编制"焊接工艺指导书"或"焊接工艺评定任务书"。其内容应包括焊前准备、焊接方法、设备、焊接材料、焊接参数、热参数等的最佳选择，以及焊接的空间位置及施焊顺序等。

(3) 焊接试件的材质必须与所生产的结构件相同。试件的类型，应根据所统计的焊接接头类型的需要来确定选取哪些试件及其数量。

(4) 焊接工艺评定所用的焊接设备应与结构施焊时所用设备相同。要求焊机状态良好，性能稳定，调节灵活。焊机上应有有关的工艺参数显示所用的仪表，如电流表、电压表、焊接速度、气体压力表和流量计等。

焊接工艺装备就是为了焊接各种位置的各种试件而制作的支架，将试件按要求的焊接位置固定在支架上进行焊接，有利于保证试件的焊接质量。

(5) 如前所述，焊接工艺评定应由本单位技术熟练的焊工施焊，并且焊工需按所提供的"焊接工艺指导书"中规定施焊。

(6) 焊接工艺评定试件的焊接是关键环节，除要求焊工认真操作外，尚应有专人做好实焊记录，如焊接位置、焊接电流、电弧电压、焊接速度、气体流量等实际数值，以便事后填进"焊接工艺评定报告"表内。

(7) 试件焊接完即可交给性能与焊缝质量检验部门进行有关项目的检测。常规性能检测项目包括：焊缝外观检验，探伤检验，力学性能检验（拉伸试验、面弯、背弯或侧弯等弯曲试验及冲击韧性试验等），金相检验，断口检验等。

(8) 编制"焊接工艺评定报告"。各种评定试件的各项试验报告汇集之后，即可按表10.1 编制"焊接工艺评定报告表"。

焊接工艺评定报告中结论为"合格"，即可作为编制"焊接工艺规程"的主要依据。如果出现了焊接工艺评定项目中的一些项目未获得通过，这也是正常的，此时，则需针对问题，重新修改有关焊接参数，甚至改变焊接方法、焊接材料，重新组织试验，直到获得满意的结果。所以说，合理的焊接参数及热参数是在工艺评定的试验过程中确定的，并成为编制焊接工艺规程的主要依据。

表 10.1　　焊接工艺评定报告表

编号				日期		年　月　日	
相应的焊接工艺指导书编号							
焊接方法				接头形式			
工艺评定试件母材	钢板	材质		管子	材料		
		分类号			分类号		
		规格			规格		
质量证明书				复检报告编号			
焊条型号				焊条规格			
焊接位置				焊条烘干温度			
焊接参数	电弧电压 /V		焊接电流 /A	焊接速度 /(cm·min^{-1})		焊工姓名	
试验结果	外观检验	射线探伤	拉伸试验 σ_s　σ_b	弯曲试验 $d_0=$ 面弯　背弯		焊工钢印号	
						宏观金相检验	冲击韧度试验
报告号							
焊接工艺评定结论							
审批						报告编制	

10.2　焊接结构工艺性审查

为了提高设计产品结构的工艺性，企业应对所有新设计的产品和改进设计的产品以及外来产品的图样，在首次生产前进行结构工艺性审查。

10.2.1　焊接结构工艺性审查的目的与步骤

1. 焊接结构工艺性的概念及审查的目的

焊接结构的工艺性，是指所设计的焊接结构在具体的生产条件下能否经济地制造出来，以及采用最有效的工艺方法的可行性。具有同样使用性能的产品其结构可以是多种多样的，同一产品其生产工艺也可以不同，有的简单，有的复杂，结果使产品成本高低不一，企业的生存能力和竞争力出现很大的差别。因此，当用户提出产品的性能要求后，首先应由设计部门进行合理的产品结构设计。经过设计的产品结构，未必会有良好的生产工艺性，那么，设计部门要将设计好的产品结构图样交给工艺部门，由工艺部门的技术人员进行详细的结构工艺性审查。在审查中应实事求是，多分析比较，以便确定最佳方案。例如，图 10.1 (a) 所示的带双孔叉的连杆结构形式，装配和焊接不方便；图 10.1 (b) 所示结构是采用正面和侧面角焊缝连接的，虽然装配和焊接方便，但因为是搭接接头，疲劳强度较低，也不能满足使用性能的要求；图 10.1 (c) 所示结构是采用锻焊组合结构，使焊缝成为对接形式，既保证了焊缝强度，又便于装配施焊，可见是比较合理的结构形式。

焊接结构工艺性的审查是一项认真、仔细、复杂的工作，它不能脱离生产纲领和生产条件（设备能力、技术水平和焊接方法等）。某个焊接结构，对单件或小批量生产来说工艺性是好的，但对大批量生产来说就不一定好；对甲厂的生产条件来说工艺性是好的，但对乙厂的生产条件来说就不一定好。因此，不能笼统地说，凡是工艺性不好的结构，都是设计上的不合理。如图 10.2 所示的弯头，有三种形式，每种形式的工艺性都是适应一定的生产条件的。图 10.2 (a) 由两个半压制件和法兰组成，如果是在大量生产并有大型压

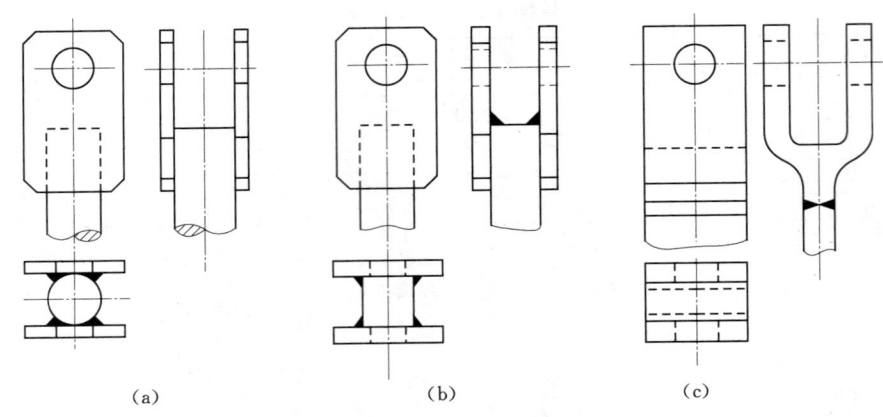

图 10.1 双孔叉的连杆结构形式

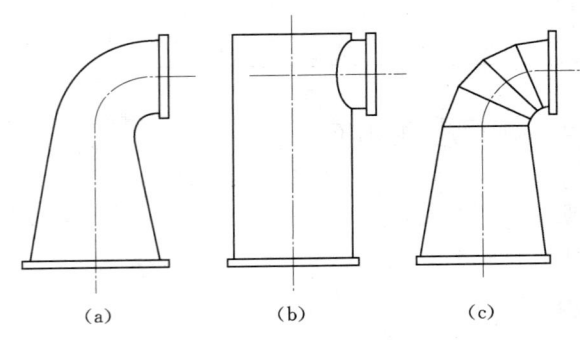

图 10.2 弯头形式

床的条件下，工艺性是好的（焊缝最少），图 10.2（b）、（c）就不好。图 10.2（b）由两段钢管和法兰组成，在流速低、单件生产或缺乏设备的条件下，工艺性是好的（简便、容易制造），图 10.2（a）、（c）就不好。图 10.2（c）由许多环形件和法兰组成，在流速高又是单件生产的条件下，工艺性是好的（性能好、容易制造），图 10.2（a）、（b）就不好。这说明，结构工艺性的好坏，是相对某一具体条件而言的，只能用辩证的观点才能做出正确评价。

从上例分析可知，焊接结构工艺性审查的主要目的是：保证产品结构设计的合理性，工艺的可行性，结构使用的可靠性和经济性。因此，结构工艺性审查仔细与否，直接关系到产品的质量和生产效率，关系到工艺装备设计的繁简，关系到产品成本的高低、使用寿命的长短以及在市场的竞争力，所以意义深远。通过工艺性审查可以及时调整和解决工艺方面的问题，加快工艺规程的编制，缩短新产品的生产准备周期，减少或避免在生产过程中发生重大技术问题。通过工艺性审查，还可以提前发现新产品制造中关键零件或关键加工所需的设备和工装，以便提前安排定货和设计。

概括地讲，工艺部门人员应分工合作，对产品结构各部分进行逐一审查。首先工艺部门人员应明确产品设计要求、技术条件和主要部位的设计思路，并仔细审核图样，查阅有关技术资料，及时发现产品结构的不合理之处。对主要结构的改进，应在确保产品性能、寿命、精度及外观尺寸要求的前提下，按照产品结构工艺及焊接生产工艺规程，提出相应的、有科学依据的对策和建议，并与设计人员协调共同解决。对于有重大异议的问题，应和生产部门、设计、工艺部门的有关领导、技术人员及有经验的技术员工一起讨论研究，并初步拟定产品试制的工艺路线及工装方案。产品试制是对结构工艺性审查是否完善的进一步检验。

在工艺性审查结束后,工艺部门人员和设计部门人员应在"产品工艺性审查记录单"上签字,由工艺部门立案并存档备查。方案确定后设计部门、工艺部门双方还要履行会签手续。

2. **焊接结构工艺性审查的步骤**

(1) 产品结构图样审查。产品图样是工程产品的设计图样,有按实物测绘的图样,也有来自继承性较强的设计图样等。它们的工艺性有的比较成熟,可作一般审查;而有的不够成熟,就要着重审查。但是,在产品生产前无论哪种图样都要对图面进行仔细审查,只有图样审查合格后,才能交付生产准备和生产使对图样的基本要求:

1) 绘制的焊接结构图样,应符合机械制图国家标准中的有关规定。

2) 图样应齐全,除焊接结构的装配图外,还应有必要的部件和零件图。

3) 主要的视图和表达方法,完整地表达出结构的形状、各零部件之间的相对位置和连接方式。

4) 图样上的尺寸标注必须做到正确、完整、清晰、合理。

5) 技术要求应该齐全合理。

焊接结构中,为了方便生产,不能用图形、符号表示时,应在技术要求中加以说明。如图10.3所示为锅筒结构示意图。在图样技术要求中一般写上以下内容:

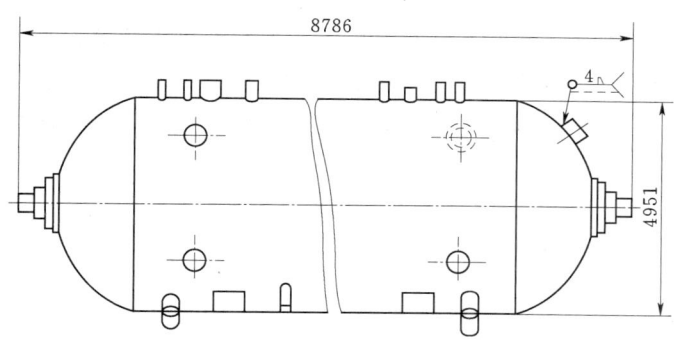

图 10.3 锅筒结构示意图

a. 使用焊条电弧焊时,要注明焊条的牌号;使用埋弧焊时,要注明焊丝及焊剂的牌号。

b. 焊接结构制造所执行的技术条件应在技术要求中写明。如××容器按JB—94"钢制焊接压力容器技术条件"制造和验收。

c. 当焊接结构装焊完毕要进行压力试验时,应注明试验介质、温度、压力和时间等。如锅炉装焊完毕按《锅炉水压试验技术条件》(JB/T 1612—94)进行水压试验,试验压力为××MPa。

d. 产品出厂前若需涂漆,应在技术要求中注明所涂底漆及面漆的层数和颜色。

e. 焊缝一般用焊缝代号来标注。若整个结构的焊缝要求相同,可在技术要求中说明。

3. **产品结构技术要求审查**

焊接结构的技术要求,一般包括使用性能要求和工艺性能要求。使用性能要求是指结构的强度、刚度、耐久性（疲劳、耐磨、耐蚀等），以及在环境介质和温度的相对条件下的几何尺寸稳定性与力学性能、物理性能、致密性要求等；工艺性能要求是指产品结构材料的焊接性、结构的合理性、生产的方便性和经济性。

为了满足焊接结构的技术要求，首先要分析产品的结构，了解焊接结构的工作性质及工作环境，然后必须对焊接结构的技术要求以及所执行的技术标准进行熟悉、消化理解，并结合具体的生产条件来考虑整个生产工艺能否适应焊接结构的技术要求。这样可以做到及时发现问题，提出合理的修改方案，改进生产工艺，使产品全面达到规定的技术要求。

10.2.2 焊接结构工艺性审查的内容

焊接结构工艺性审查，其内容是从所设计的结构的强度、变形与应力，生产工艺性、经济性方面综合审查结构的合理性。

1. 从焊接结构强度的可行性分析结构的合理性

（1）从焊接接头的强度分析。焊接结构和焊接接头的形式多种多样，设计者在设计时有充分的选择余地。但是必须考虑工艺上实现的难易程度以及接头所处的位置对结构强度的影响，以便确定最合理的焊接结构和接头形式。不合理的结构设计不但难于制造，提高生产成本，而且往往可能会降低结构的承载能力和使用寿命。

许多焊接结构是从铆接结构改过来的。如果不加分析地把铆钉去掉换成焊缝，往往会产生严重的应力集中，降低接头强度。如图10.4所示轻便桁架的节点构造，图10.4（a）的铆接节点结构，并不存在严重的应力集中，也不存在很高的内应力。如果直接把它改为焊接结构的搭接接头形式［图10.4（b）］，焊缝密集，应力集中严重，而且焊接残余应力也很高。如果结构承受的是动载荷，则结构的使用寿命将降低。图10.4（c）所示的接头形式较为合理。

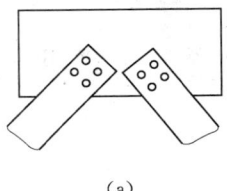
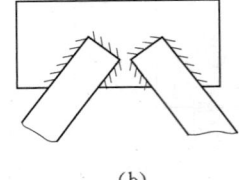
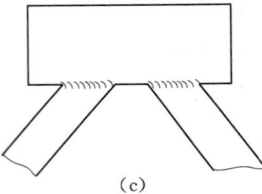

(a)　　　　　　　　(b)　　　　　　　　(c)

图 10.4　铆接与焊接接头比较

这一简单实例说明，不加分析地把铆接接头的铆钉去掉换成焊缝是不合适的，即焊接结构应具有符合其工艺特点的结构形式。应根据接头承载状态及焊接生产特点，在保证强度和使用寿命的条件下选择合理的接头形式。

（2）从焊接结构的接头形式分析。在设计焊接结构时确定接头形式是重要的问题。在各种焊接接头中以对接接头最为理想，其受力均匀，应力集中小。质量优良的对接接头可以与母材等强度。对接接头焊缝的布置合理与否对结构的强度也有较大的影响，例如，小直径的压力容器，采用大厚度平封头［图10.5（a）］的对接形式，应力集中严重，将降低承载能力。合理的结构形式是采用如图10.5（b）所示的热压成形的球面封头，以对接接头的形式连接筒体与封头。

（3）从焊接结构的工作环境分析。当腐蚀介质与焊缝金属表面直接接触时，在缝隙内

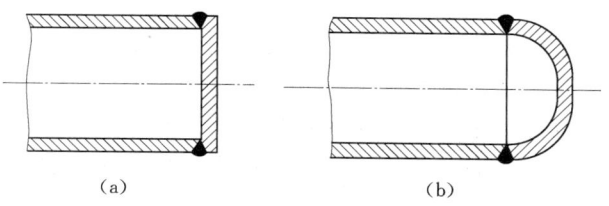

图 10.5 封头的连接形式图

和其他尖角处常发生强烈的局部腐蚀,从而使焊接接头强度下降。当焊接结构在腐蚀介质中工作时力求采用对接焊缝,并要求焊透,同时要避免接头缝隙形成尖角和结构死区,以便流体介质排放与清洗,防止底部沉积。另外,因为焊接热影响区引起的偏析和晶粒长大等组织变化,会降低材料的耐蚀性,所以在焊缝接近非介质接触面时,应选用合理的焊接方法和相应的焊接参数,并保证有足够的壁厚,降低热影响区组织的影响。如图 10.6 所示,图 10.6(a)所示结构不合理,改为图 10.6(b)所示结构较好。

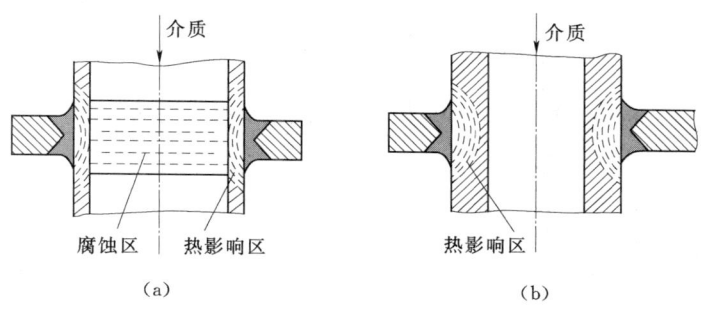

图 10.6 腐蚀性介质中结构的接头形式

2. 从焊接应力和变形分析结构的合理性

焊接是局部加热过程,由于焊缝在高温时产生压缩塑性变形,从而导致焊件冷却后产生残余变形和残余应力。这是焊接生产的客观现象,是不可避免的。它给焊接生产带来诸多不便,也影响结构的精度和使用寿命。为降低焊接变形和应力,应从以下几方面审查:

(1)尽可能减少焊缝数量。这是设计焊接结构时一条最重要的原则。如图 10.7 所示的框架转角,就有两个设计方案。图 10.7(a)是用许多小肋板构成放射形状来加固转角;图 10.7(b)是用少数肋板构成屋顶的形状来加固转角。图 10.7(b)的方案不仅提高了框架转角处的刚度与强度,而且焊缝数量又少,减少了焊后的变形和复杂的应力状态。

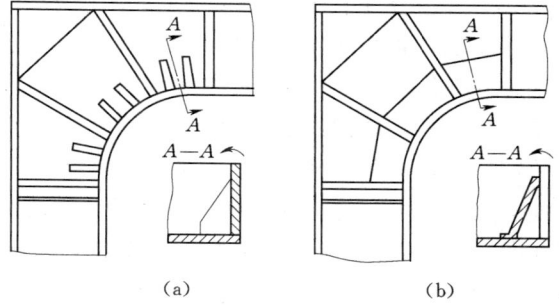

图 10.7 框架转角处加强肋布置的比较

(2)尽可能选用对称的构件截面和焊缝位置。焊缝对称于构件截面的中性轴或使焊缝接近中性轴时,焊后能得到较小的弯曲变形。

如图10.8所示各种截面构件,图10.8(a)构件的焊缝都在$x—x$轴一侧,最容易产生弯曲变形;图10.8(b)构件的焊缝位置对称$x—x$轴和$y—y$轴,焊后弯曲变形较小,且容易防止;图10.8(c)构件由两根角钢组成,焊缝布置与截面重心线并不对称,若把距重心线近的焊缝设计成连续的,把距重心线远的焊缝设计成断续的,就能减少构件的弯曲变形。

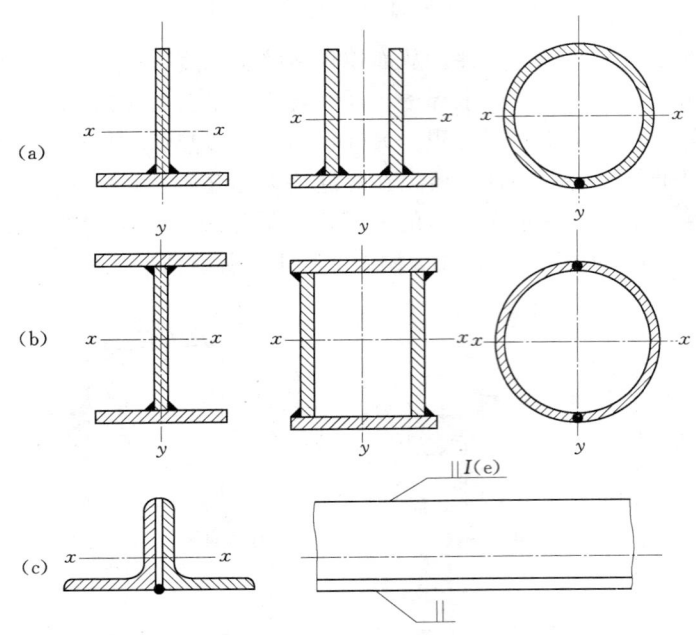

图10.8 构件截面和焊缝位置与焊接变形的关系

(3)尽可能地减小焊缝截面尺寸。在不影响结构的强度与刚度的前提下,可以适当减小焊缝截面尺寸或把连续焊缝设计成断续焊缝。

(4)采用合理的装配顺序。对复杂的结构应采用分部件装配法,尽量减少总装焊焊缝数量并使之分布合理,这样能大大减少结构的变形。为此,在设计结构时就要合理地划分部件,使部件的装配焊接易于进行,并且焊后经矫正能达到要求,这样就便于总装。由于总装时焊缝少,结构的刚性大,焊后的变形就很小。

(5)尽量避免焊缝相交。如图10.9所示三条角焊缝在空间相交。图10.9(a)在交点处会产生三轴应力,使材料塑性降低,同时可焊到性也差,并造成严重的应力集中。若改成图10.9(b)所示形式,则能克服以上缺点。

3. 从降低应力集中角度分析结构的合理性

应力集中不仅是降低疲劳强度的主要原因,而且也是引起结构产生脆性断裂的主要原因,它对结构强度有很坏的影响。为了减少应力集中,应尽量使结构表面平滑过渡并采用合理的接头形式。一般常从以下几个方面考虑:

(1)尽量避免焊缝过于集中。如图10.10(a)用8块小肋板加强轴承套,许多焊缝

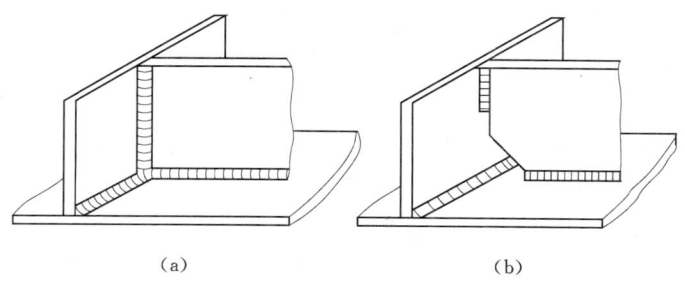

图 10.9　空间相交焊缝的方案比较

集中在一起，存在着严重的应力集中，不适合承受动载荷。如果采用图 10.10（b）所示的形式，不但降低了应力集中，工艺性也得到了改善。

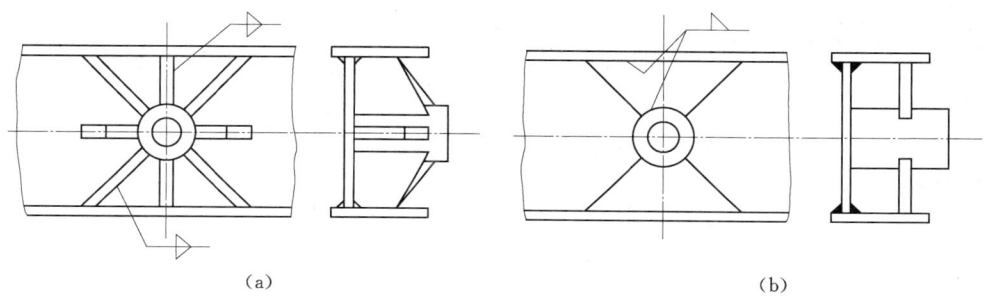

图 10.10　肋板的形状与位置比较

图 10.11（a）中焊缝交叉、密集和重叠，都存在不同程度的应力集中，且可焊到性差，若改成图 10.11（b）所示结构，其应力集中和可焊到性都得到改善。

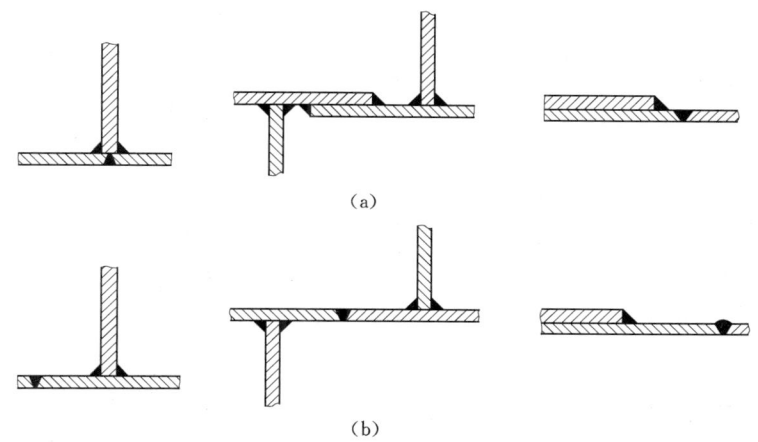

图 10.11　焊缝布置与应力集中的关系

（2）尽量采用合理的接头形式。对于重要的焊接接头应开坡口，防止因未焊透而产生应力集中。应设法将角接接头和 T 形接头，转化为应力集中系数小的对接接头，如图 10.12 所示。将图 10.12（a）的接头转化为图 10.12（b）的形式，实质上是把焊缝从应力集中大的位置转移到应力集中小的地方，同时也改善了接头的工艺性。

（3）尽量避免构件截面的突变。在截面突变的地方必须采用圆滑过渡或平缓过渡，不要形成尖角；在厚板与薄板或宽板与窄板对接时，均应在板的接合处有一定斜度，使之平滑过渡。

4. 从焊接生产工艺性分析结构的合理性

（1）从接头的可焊性进行分析。可焊性是指结构上每一条焊缝都能很方便地施焊。在审查工艺时要注意结构的可焊性，避免因不易施焊而造成焊接质量不合格。图10.13所示构件，图10.13（a）所示结构没有必需的操作空间，很难施焊，如果改成图10.13（b）的形式，就具有良好的可焊到性。

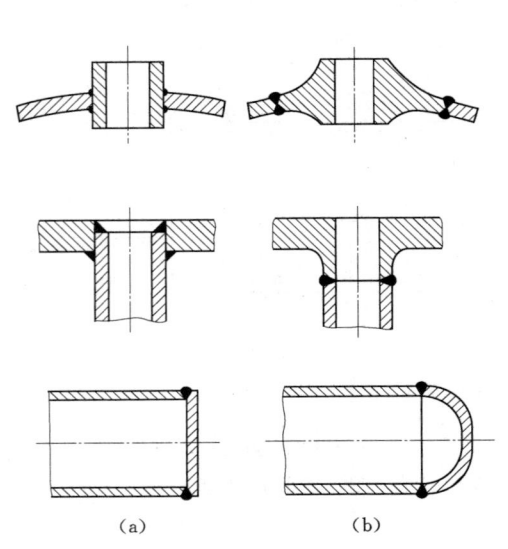

图 10.12　接头转化的应用实例

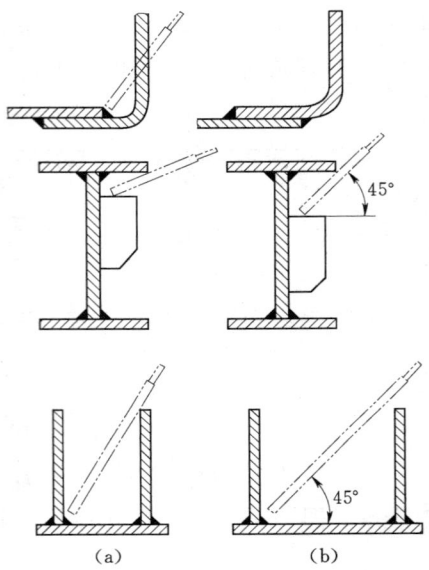

图 10.13　可焊性比较

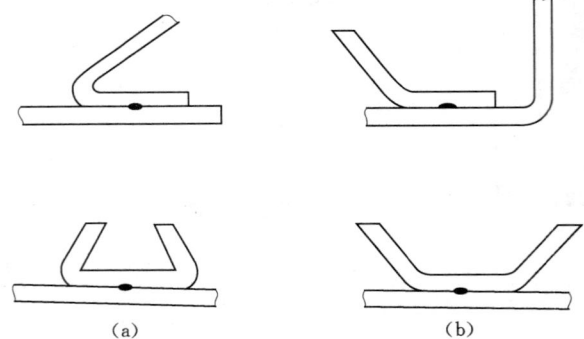

图 10.14　电阻焊可焊到性比较

厚板对接时，一般应开成X形或双U形坡口，若在构件不能翻转的情况下，就会造成大量的仰焊焊缝，增加了劳动强度，焊缝质量也很难保证，这时就必须采用V形或U形坡口来改善其工艺性。

电阻焊（点焊、滚对焊、缝焊）必须考虑电阻焊机的机臂长度和电极尺寸。如图10.14（a）所示结构不符合要求，机臂伸不到位，图10.14（b）所示的结构较为合理。

（2）从接头的可探伤性分析。接头的可探伤性是指接头检测面的可接近性和几何形状与材质的探伤适宜性。焊接质量要求越高的接头，越要注意接头的可探性。对高压容器，其焊缝往往要求100%射线探伤。图10.15（a）所示接头就无法进行射线探伤或探伤结果无效，应改为图 10.15（b）的接头形式。

超声波探伤对接头检测面的可探伤性要求似乎要低些。但是，所有存在间隙的 T 形接头和未熔透的对接接头，都不能或者只能有条件地进行超声波检测。所以，接头的根部处理与焊透是采用超声波探伤的先决条件。

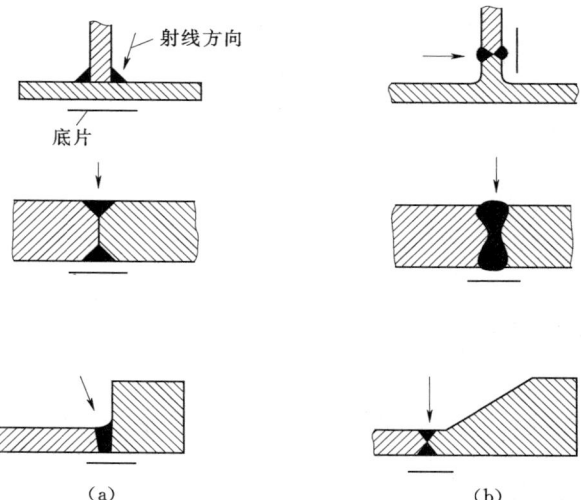

图 10.15　射线探伤可探伤性比较

（3）从材料的焊接性分析。尽量选用焊接性良好的材料来制造焊接结构。在结构选材时，首先应满足结构工作条件和使用性能的要求。从我国实际资源出发，许多焊接结构都选用低合金高强度钢来制造。低合金高强度钢已在我国各工业领域得到广泛应用，它具有强度高，塑性、韧性好，焊接性能及其他加工性能好的特点。使用这类钢不仅能减轻结构重量，还能延长结构的使用寿命，减少维修费用等。

具有相近使用性能的材料很多，如果不考虑材料的可焊性，在生产中往往造成困难，甚至会影响结构的使用性能。例如，许多机器零件用 35 钢和 45 钢制造，这些钢碳含量较高，作为铸钢件是合适的，但作为焊接件，是不适宜的，而应选用强度相当的可焊性较好的低合金结构钢。

5. 从焊接生产的经济性分析结构的合理性

（1）合理利用材料。合理利用材料是降低结构成本的重要方面之一。节省材料与制造工艺有时会发生矛盾，在这种情况下必须全面分析。例如，降低结构的壁厚可以减轻重量，但是为了增强结构的局部稳定性和刚性又必须增加更多的加强肋，这样反而增加了焊接和矫正变形的工作量，产品的成本很可能反而提高。

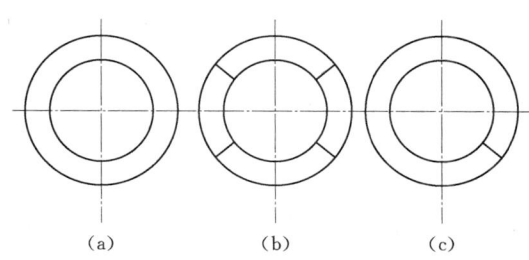

图 10.16　法兰盘备料方案比较

一般来说，零件的形状越简单，材料的利用率就越高。图 10.16 为法兰盘备料的三种方案，图 10.16（a）是用冲床落料而成的，图 10.16（b）是用扇形拼接的，图 10.16（c）是用气割板条热弯而成的。

材料的利用率按图 10.16（a）、（b）、（c）方案顺序提高，但所需工时也按此顺序增加，哪种方案好要综合比较才能确定。若法兰直径小，生产批量大，则应选图 10.16（a）方案；若法兰直径大且窄，批量又小，应选用图 10.16（c）方案；而尺寸大，批量也大时，图 10.16（b）方案就更显优越。又如图 10.17 是锯齿合成梁，如果用工字钢通过气割，按图 10.17（a）下料，再焊成锯齿合成梁，就能节省大量的钢材和焊接工时。

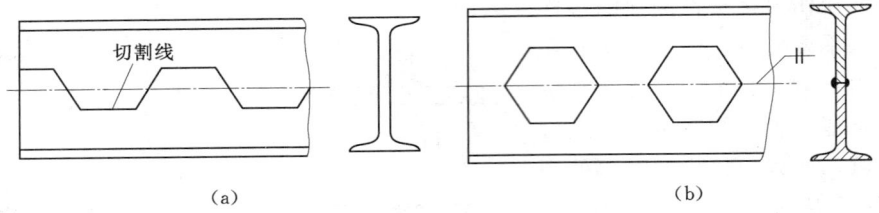

图 10.17 锯齿合成梁

（2）减小焊接辅助时间。

1）尽量取消多余加工。对单面坡口背面不进行清根处理的对接焊缝，若通过修整焊缝表面来提高接头的疲劳强度是多余的，因为焊缝背面依然存在应力集中。对结构中的联系焊缝，若要求开坡口或焊透也是多余的，因为焊缝受力不大。

用盖板加强对接接头是不合理的设计，如图 10.18 所示。钢板对接后能达到与母材等强度，如果再焊上盖板，会使焊缝集中而降低结构承受动载荷的能力。

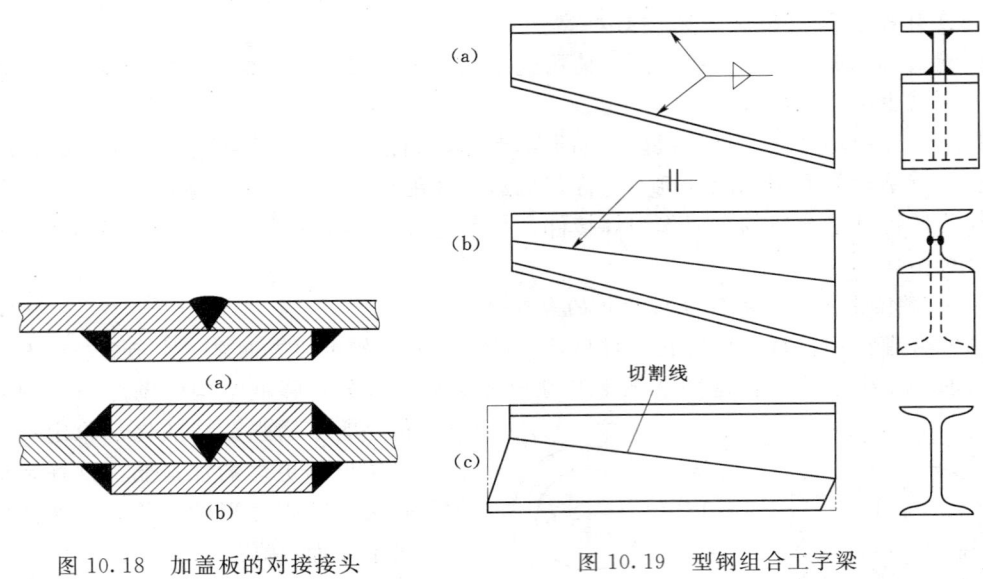

图 10.18 加盖板的对接接头　　图 10.19 型钢组合工字梁

2）尽量减少辅助工时。焊接结构生产中辅助工时一般占有较大的比例，减少辅助工时对提高生产率有重要意义。结构中焊缝所在位置应使焊接设备调整次数最少，焊件翻转的次数最少。

3）尽量利用型钢和标准件。型钢具有各种形状，经过相互组合可以构成刚性更大的各种焊接结构。对同一种结构如果用型钢来制造，其焊接工作量比用钢板制造要少得多。图 10.19 为一根变截面工字梁结构，图 10.19（a）是用三块钢板组成，如果用工字钢组成，可将工字钢用气割分开［图 10.19（c）］，再组装焊接起来［图 10.19（b）］，就能大大减少焊接工作量。

（3）采用先进的焊接技术。当产品批量大、数量多的时候，应该考虑制造过程的机械化和自动化。原则上应该减少零件的数量，减少短焊缝，改为长焊缝，并尽量使焊缝排列规则和采用同一种接头形式。

10.3 焊接工艺的制定

10.3.1 焊接结构生产工艺规程的基本知识

1. 生产过程和工艺过程

通过人们的劳动使原材料或零件毛坯的形状和性质发生变化的过程，叫做生产过程。在生产过程中，除了进行一些直接改变工件形状或性质的主要工作外，还要进行一部分辅助工作，如原材料的准备、原材料或零件的运输、产品的包装等。因此，生产过程是从原材料（或毛坯）到成品（或半成品）之间所有劳动过程的总和。生产过程可以由一家工厂独立完成，也可由多家工厂协作完成。分工协作，将大大提高劳动生产率，降低制造成本。

为了生产某一产品，要经过一个或几个不同的加工工艺完成。如齿轮的制造，首先要经过铸造（或锻造）毛坯、退火处理、机加工铣齿（或磨齿），高频感应加热淬火等加工过程。所谓工艺过程是指逐步改变工件状况的那一部分生产过程，例如，铸造、焊接、热处理、机加工、冲压等。原材料经过整个生产过程中一系列的工艺过程后，得到人们需要的产品。所以说工艺过程是产品生产过程中处理某一技术问题所采取的技术措施。

焊接结构生产工艺过程是指由金属材料（包括板材、型材和其他零、部件）经过一系列加工工序装配焊接成焊接结构的过程。技术要求相同的焊接产品，可以采用不同的方法制造出来，结构形式也不尽相同。如图10.20所示的大型管道的两种设计中，图10.20(a)是先用钢板卷圆，焊纵缝形成圆筒节，然后筒节对接，最后焊环缝形成管道；图10.20(b)是用卷钢在生产线上边卷成螺旋管状的同时边用CO_2气体保护焊焊接，然后切成所需长度的管道。

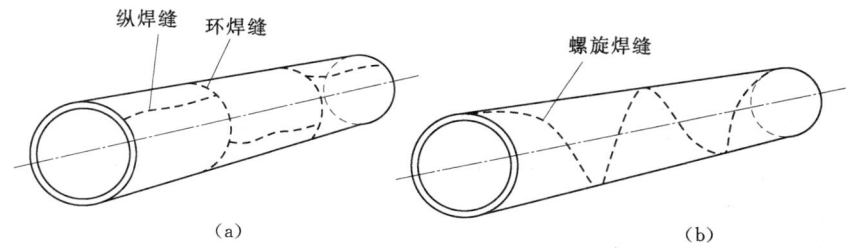

图 10.20　大型管道两种设计

结构形式和技术要求完全相同的焊接结构，其工艺过程也不是唯一的。例如，工字梁的焊接，可以采用先整体定位焊好，然后再焊接的方法（整装—整焊）如图10.21(b)；也可采用边定位边焊接的方法（随装—随焊）如图10.21(c)，最终的结构形式是一样的，如图10.21所示。两种工艺都能达到要求，但过程不尽相同。

2. 工艺过程的组成

在分析工艺过程时，要涉及到工序、工位和工步的概念。分析它们的目的在于了解影

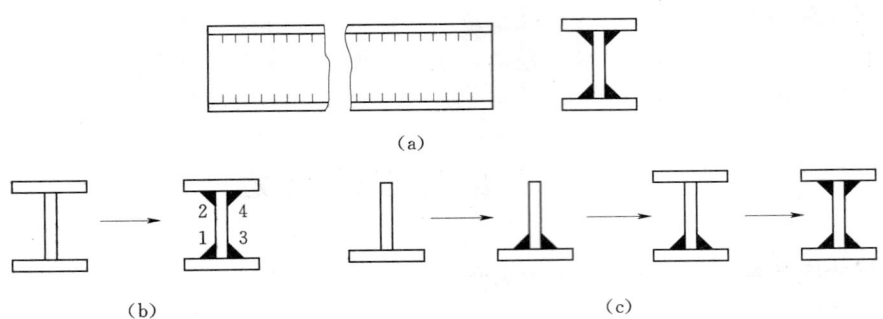

图 10.21 工字梁生产工艺
(a) 工字梁结构形式；(b) 整装—整焊；(c) 随装—随焊

响这些环节的因素，从而为制定合理的工艺过程打下基础。

(1) 工序。金属结构的制造过程不可能只在一个地点完成，往往是在多个地点，由多组人员使用多台设备共同完成的。工序是指一个（或一组）工人，在一个工作地点，对一个（或几个）工件连续完成的那部分工艺过程。工序是组成工艺过程的基本单元。工序划分的依据主要是：

1) 工作地点是否改变，改变即进入新的工序。
2) 加工是否连续，不连续就是两个工序。

例如，平板卷圆之后往往在卷板机上进行筒节的纵缝焊接，卷板和焊接虽然都在卷板机上进行，但加工方法不一样，所以是两道工序。

焊接结构生产工艺过程的主要工序有放样、划线、下料、成形加工、边缘加工、装配、焊接、矫正、检验、油漆等。对于一个产品，其主要工序形成的工艺过程简称工艺路线。表 10.2 列出了大型管道 [图 10.20 (a)] 的工艺路线。

表 10.2　　　　　　　　　　大型焊接管道工艺路线

工序号	工序名称	设备	工序号	工序名称	设备
1	划线		5	焊纵缝	焊机
2	下料	剪板机	6	组对	滚轮支架
3	坡口加工		7	焊环缝	焊机
4	卷板	卷板机	8	清渣、去毛刺	

(2) 工位。工位是工序的一部分。在某一工序中，工件所用的加工设备和所处的加工位置是在变化的。我们把工件在加工设备上所占的每一个工作位置称为工位。例如，如图 10.22 所示是钢板拼焊，焊缝 1、2 焊完后，调整焊机再完成焊缝 3、4 的焊接，即焊机需要调整两次，所以说此焊接工序中包括两个工位。又如在转胎上焊接工字梁上的四条焊缝，如用一台焊机，工件需转动四个角度，即有四个工位，如图 10.23 (a) 所示。如用两台焊机，焊缝 1、4 同时对称焊→翻转→焊缝 2、3 同时对称焊，工件只需装配两次，即有两个工位，如图 10.23 (b) 所示。

(3) 工步。工步是工艺过程的最小组成部分，它还保持着工艺过程的一切特性。在一个工序内工件、设备、工具和工艺规范均保持不变的条件下所完成的那部分动作称为工步。构成工步的某一因素发生变化时,一般认为是一个新的工步。例如,厚板开坡口对接多层焊时,打底层用 CO_2 气体保护焊,中间层和盖面层均用焊条电弧焊,一般情况下,盖面层选择的焊条直径较粗,电流也大一些,则这一焊接工序是由三个不同的工步组成。如果中间层和盖面层焊接参数完全一样,习惯上认为这两层是连续完成的,就合并成为一个工步。

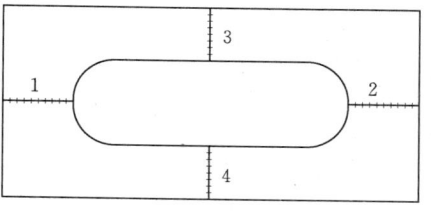

图 10.22　钢板拼焊

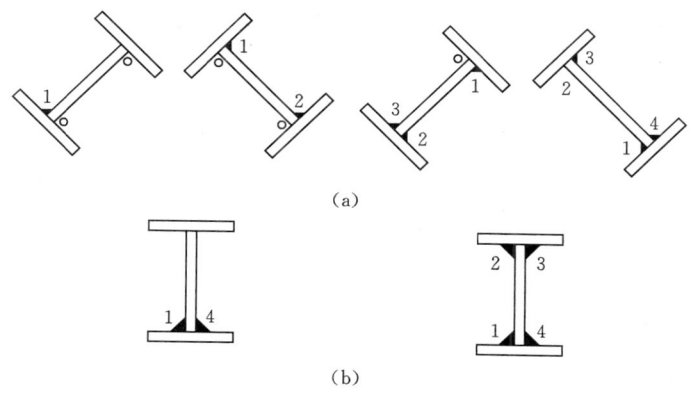

图 10.23　工字梁焊接
(a) 四个工位;(b) 两个工位

10.3.2　焊接结构加工工艺规程的编制

1. 焊接工艺规程的作用

焊接工艺规程是将焊接工艺过程的内容,按一定格式写成的技术文件。它是以科学理论为指导,结合现场的生产条件,在实践的基础上总结制定出来的。具体地说,焊接工艺规程的作用是:

(1) 工艺规程是指导焊接生产的主要技术文件。按照焊接工艺规程进行生产,能保证工人在安全的条件下实现产品质量稳定,可靠地达到用户的要求,提高劳动生产率,获得良好的经济效益。

(2) 工艺规程是组织生产的基础。根据工艺规程,工厂可以进行各方面的准备工作,如焊接材料(焊条、焊丝、气体、焊剂)的准备、钢铁材料的准备、设备的调试与检修和人员的安排等。并及时调度生产任务,调整生产计划。在整个工艺实施中,还可随时随地监控到整个生产过程,减少废品的产生。

(3) 工艺规程是新建工厂或扩建、改建旧厂的基础。在新建工厂或扩建、改建旧工厂或车间时,只有根据生产纲领和工艺规程才能进行车间平面设计、选择设备、确定生产人员及安排辅助部门等。

(4) 工艺规程是交流先进经验的桥梁。学习和借鉴先进工厂的工艺规程,可以大大地缩短工厂研制和开发的周期。同时工厂之间的相互交流,能提高技术人员的专业能力和技术水平。

工艺规程一旦确定下来，任何人都必须严格遵守，不得随意改动。但是随着时间的推移，新工艺、新技术、新材料、新设备的不断涌现，某一工艺规程在应用一段时间后，可能相对会变得落后，所以应定期对工艺规程进行修订和更新，不然工艺规程将失去指导意义。

2. 编制工艺规程的依据

编制人员制定工艺规程时，必须熟悉产品的特点、工厂的生产能力等必要的原始资料，其中包括：

（1）产品图样。产品图样是制定焊接工艺规程的基础，图样包括焊接结构总装图和零、部件图。从总装图中可以掌握结构的技术要求和特点、焊缝的位置、材料的牌号及壁厚、检验的方法和验收标准等。从零、部件图可以掌握零、部件的焊接方法、材料、坡口形式等资料。编制人员在掌握这些资料后就可对设计图样和技术要求进行分析，认为不妥之处应与用户或设计者及时沟通，双方共同协商解决，根据最终图样和技术要求确定制造工艺。

（2）国标和部颁标准。目前，关于焊接方面的国家标准和行业标准已经很多，内容涉及到与产品研制、开发、生产、检验有关的方方面面。要求工艺人员在编制工艺规程时，查阅相关规定，使工艺规程符合这些标准。

（3）产品的生产纲领和生产类型。生产纲领是指某产品或零、部件在一年内的产量（包括废品）。按照生产纲领的大小，焊接生产可分为三种类型：单件生产、成批生产、大量生产。生产类型的划分见表10.3。不同的生产类型，其特点是不一样的，因此所选择的加工路线、设备情况、人员素质、工艺文件等也是不同的。

表 10.3   生 产 类 型 划 分

生 产 类 型		产品类型及同种零件的年产量/件		
		重型	中型	轻型
单件生产		5 以下	10 以下	100 以下
成批生产	小批生产	5～100	10～200	100～500
	中批生产	100～300	200～500	500～5000
	大批生产	300～1000	500～5000	5000～50000
大量生产		1000 以上	5000 以上	50000 以上

1）单件生产。当产品的种类繁多，数量较小，重复制造较少时，其生产性质可认为是单件生产，编制工艺规程时应选择适应性较广的通用装配焊接设备、起重运输设备和其他工装设备，这样可以在最大程度上避免了设备的闲置。使用机械化生产是得不偿失的，所以可选择技术等级较高的工人进行手工生产。应充分挖掘工厂的潜力，尽可能降低生产成本。编制的工艺规程应简明扼要，只需粗定工艺路线并制定必要的技术文件。

2）大量生产。当产品的种类单一，数量很多，工件的尺寸和形状变化不大时，其性质接近于大量生产。因为要长时间重复加工，所以宜采用机械化、自动化水平较高的流水线生产，每道工序都由专门的机械和工装完成，加工同步进行，生产设备负荷越大越好。对于大量生产的产品，要求制定详细的工艺规程和工序，尽可能实现工艺典型化、规范化。

3）成批生产。成批生产的产品具有周期性重复加工的特点，机械化程度介于单件生产和大量生产之间。应部分采用流水线作业,但加工节奏不同步。应有较详细的工艺规程。

(4) 工厂或车间现有的生产条件。编制工艺规程的目的是指导生产,能更好地把产品制造出来。工艺规程应切实可行,不切合工厂生产实际的工艺规程,即使再先进、再合理也是不可取的。制定工艺规程是不能脱离工厂或车间现有的生产条件的,现有生产条件是指:

1) 车间现有的生产设备。主要包括卷板机、剪板机、焊机、冲压设备、胎夹具、工艺装备等。

2) 车间的辅助能力。主要包括起重能力和运输能力,它们是正常生产的保障。

3) 材料的储备情况。包括生产原材料和焊接材料(焊丝、焊条等)。

4) 人员状况和管理水平。

3. 编制工艺规程的步骤

工艺规程是否合理,直接关系到生产组织能否正常运行。制定的工艺规程,既要保证焊接生产质量达到产品图样的各项技术要求,又要有较高的劳动生产率,保证在用户的规定期限内交工,同时还要减少人力、物力等方面的消耗,节约资金。工艺规程编制过程要严谨、细致,其步骤是:

(1) 准备工作。

1) 汇集所需的各种原始资料,做到心中有数。

2) 分析研究生产纲领,根据生产类型确定生产工艺的水平。

3) 研究产品的特点、技术要求和验收标准。

4) 掌握国内外同类产品生产现状及先进的工艺。

(2) 产品的工艺过程分析。所谓的工艺过程分析是指对整个焊接产品的结构、材料、加工方法和技术要求进行研究,提出问题并解决问题的过程。通过对产品结构技术要求的分析,寻求产品从原材料到成品的制造过程中所用的工艺方法,预见可能出现的技术难题并加以研究。其具体内容在 10.3 节中将详细论述。

(3) 拟订工艺路线。拟订工艺路线是把组成产品的零、部件的加工顺序排列出来的过程。它是在工艺分析的基础上完成的,是编制工艺规程的总体构思和布局。拟订工艺路线要完成以下内容:

1) 加工方法的确定。包括备料、成形、装配、焊接、矫正、检验等方法。选择加工方法一定要考虑到企业现有的加工能力和产品生产类型的性质。

2) 加工顺序的确定。合理地安排加工顺序能减少不必要的运输、存储工作,同时能使各个工序衔接紧凑,提高生产效率。这里尤其要注意装配—焊接顺序的确定,零、部件的装配—焊接和最后的总装顺序不同,结构的残余应力和变形是不一样的,因此对产品的尺寸、加工质量有很大影响。

3) 加工设备和工装的确定。根据加工方法选择合适的加工设备和工装。

拟订工艺路线和工艺过程分析的关系十分密切,拟订工艺路线的过程就是产品生产方案论证、确定的过程。产品的工艺路线并不是唯一的,要对不同的工艺路线进行分析,确定最合理的、最经济的工艺路线。在拟订工艺路线时,从粗略到详细,最后经过试验或试生产确定最佳方案。图 10.24 为某一框架结构,图 10.25 为它的工艺流程图。设计人员、

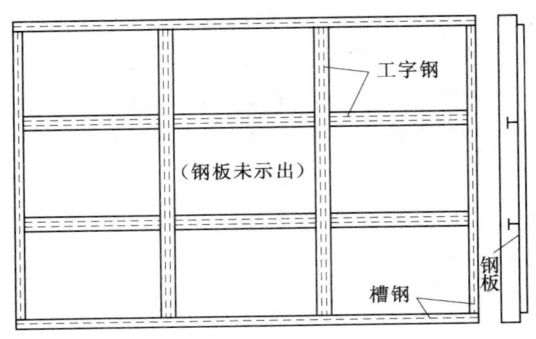

图 10.24 框架结构图

生产人员、技术人员要对其进行试生产，找出不妥之处加以改进，确定最后的工艺路线，用来填写工艺文件，指导生产。最佳的工艺路线是：

a. 在保证产品质量的前提下，工艺路线最短，工序少，采用了较为先进的设备和方法，生产率高。

b. 设备的利用率高，消耗的材料少，材料的利用率高。

c. 在产品制造过程中，生产路线应符合车间的布置，零、部件无折返现象。

d. 生产中要保证安全，工人劳动强度低，劳动条件好。

e. 工艺路线应符合工厂的条件，产品能顺利地制造出来且经济效益可观。

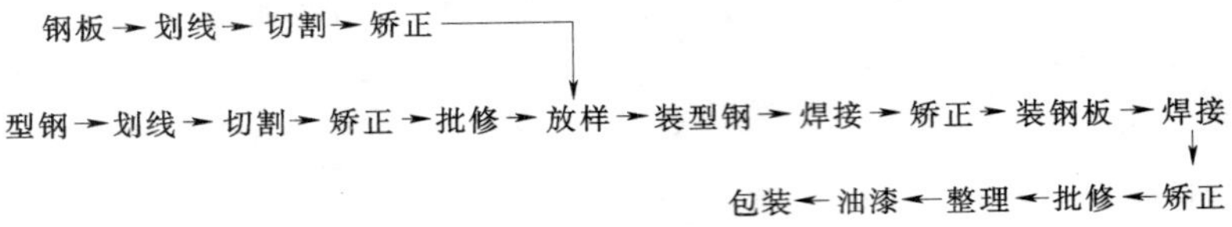

钢板→划线→切割→矫正

型钢→划线→切割→矫正→批修→放样→装型钢→焊接→矫正→装钢板→焊接

包装←油漆←整理←批修←矫正

图 10.25 框架结构的工艺流程图

（4）填写工艺规程。拟订的工艺路线经审查确定后，就要填写工艺文件。工艺文件是生产活动中所遵循的规律和依据，工艺文件有多种形式，如产品零部件明细表、工艺流程图等。工艺规程是一种重要的工艺文件形式，它反映了设计的基本内容。常用的工艺规程有工艺过程卡片、工艺卡片、工序卡片、工艺守则等，见表 10.4。

表 10.4　　　　　　　　　　工艺规程常用的文件形式

文件形式	特　点	选用范围
工艺过程卡片	以工序为单位，简要说明产品或零、部件的加工或装配过程	单件小批生产
工艺卡片	按产品或零、部件的某一工艺过程阶段编制，以工序为单位详细说明各工序内容、工艺参数、操作要求及所用设备与工装	各种批量生产
工序卡片	在工艺卡片基础上，针对某一工序而编制，比工艺卡片更详尽，规定了操作步骤、每一工步内容、设备、工艺参数、工艺定额等，常用工序简图来表示	大批量生产和单件小批生产中的关键工序
工艺守则	按某一专业工种而编制的基本操作规程，具有通用性	单件、小批多品种生产

为了便于组织生产和工厂管理，原机械工业部颁布了《工艺规程格式》（JB/T 9165.2—1998），其中规定了 30 多种，现给出与焊接有关的几种格式：①工艺规程幅面和表头、表尾及附加栏，见表 10.5；②焊接工艺卡片，见表 10.6；③装配工艺过程卡片，见表 10.7；④装配工序卡片，见表 10.8；⑤工艺守则，见表 10.9。

10.3 焊接工艺的制定

表 10.5 工艺规程幅面样表

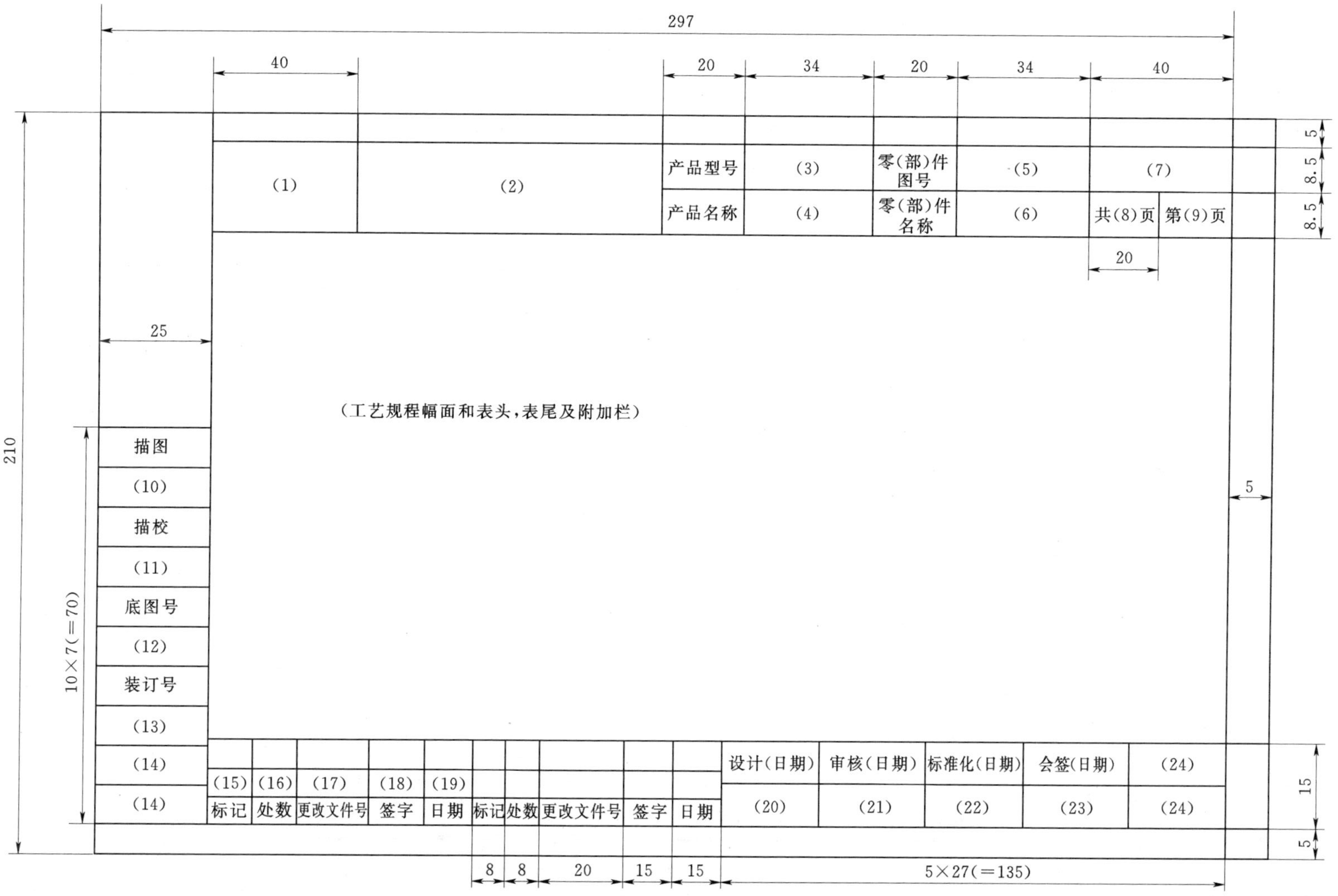

（工艺规程幅面和表头、表尾及附加栏）

表 10.6　焊接工艺卡片样表

焊接工艺卡片		产品型号		零件图号		共 页	第 页
		产品名称		零件名称			
简图：(17)			主要组成件				
		序号	图号	名称	材料	件数	
		(1)	(2)	(3)	(4)	(5)	
工序号	工序内容	设备	工艺装备	电压或气压	电流或焊嘴号	焊条、焊丝、电极型号	焊条、焊丝、电极直径	焊剂	其他规范	工时
(6)	(7)	(8)	(9)	(10)	(11)	(12)	(13)	(14)	(15)	(16)
				设计（日期）	审核（日期）	标准化（日期）		会签（日期）		
描图										
描校										
底图号	标记	处数	更改文件号	签字	日期	标记	处数	更改文件号	签字	日期
装订号										

10.3 焊接工艺的制定

表10.7 装配工艺过程卡片样表

装配工艺过程片		产品型号		零件图号		共 页	
		产品名称		零件名称		第 页	
工序号	工序名称	装配部门	工序内容	设备及工艺装备	辅助材料	工时定额 min	
(1)	(2)	(4)	(3)	(5)	(6)	(7)	
8	12	12	8 → 19×8(=152)	60	40	10	

				设计(日期)	审核(日期)	标准化(日期)	会签(日期)
标记	处数	更改文件号	签字	日期			
标记	处数	更改文件号	签字	日期			

描图
描校
底图号
装订号

表 10.8 装配工序卡片样表

		装配工序卡片			产品型号	(4)		零件图号		
					产品名称			零件名称		
工序号	工序名称	车间	(3)	工段	设备		工序工时		共页	第页
(1)		(2)						(5)		(6)
简图:										
				(7)						
工步号	工步内容				工艺装备			辅助材料		工时定额 min
(8)	(9)				(10)			(11)		(12)

描 图						设计(日期)	审核(日期)	标准化(日期)	会签(日期)
描 校									
底图号									
装订号	标记	处数	更改文件号	签字	日期	标记	处数	更改文件号	签字	日期

10.3 焊接工艺的制定

表 10.9　　　　　　　　　　　工 艺 守 则 样 表

		（工厂名称）		（　）工艺守则(1)		（2）		
						共(3)页	第(4)页	
描图 (6)	(5)							
描校 (7)								
底图号 (8)					资料来源	编制	(签字)(18)	（日期）
装订号						审核	(19)	(23)
	5				(16)	标准化	(20)	
(9)	(11)	(12)	(13)	(14)	(15)	编制部门	批准	(21)
(10)	标记	处数	更改文件号	签字	日期	(17)	(22)	

注　表中填写内容：
(1)工艺守则的类别，如"热处理"、"电镀"、"焊接"等。
(2)按 JB/T 9166 填写工艺守则的编号。
(3)、(4)该守则的总负数和顺序负数。
(5)工艺守则的具体内容。
(6)分别用阿拉伯数字填写每个零件卡片的总页数和顺序数。
(7)、(8)分别由描图员和校对者签字。
(9)、(10)分别填写底图号和装订编号。
(11)可根据需要填写。
(12)填写每次更改所使用的标记，一律用ⓐ、ⓑ、ⓒ…
(13)填写同一次更改处数，一律用 1,2,3…填写。
(14)填写更改通知单的编号。
(15)更改人签字。
(16)编制该守则的参考技术资料。
(17)编制该守则的部门。
(18)~(22)责任者签字。
(23)各责任者签字后填写日期。

编制工艺规程时要注意以下几点：
1) 工艺规程应做到正确、完整、统一和清晰。
2) 工艺规程的格式、填写方法、使用的名词术语和符号均应符合有关标准规定，计量单位采用法定计量单位。
3) 同一产品的各种工艺规程应协调一致，不得相互矛盾。结构特征和工艺特征相似的零、部件，尽量设计具有通用性的工艺规程。
4) 每一栏中填写的内容要简明扼要、文字规范，语言清晰易懂。对于难以用文字说明的工序或工序内容，应绘制示意图，并标注加工要求。

4. 焊接工艺规程的编制内容与要求

(1) 焊接材料。
1) 焊接材料包括焊条、焊丝、焊剂、气体、电极和衬垫等。
2) 应根据母材的化学成分、力学性能、焊接性能并结合产品的结构特点和使用条件综合考虑，选用合适的焊接材料。
3) 焊缝金属的性能应高于或等于相应母材标准规定值的下限或满足图样规定的技术要求。

(2) 焊接准备。
1) 焊接坡口的选择应使焊缝金属填充量尽量少；避免产生焊接缺陷，减小焊接残余变形和应力,有利于操作。

2)坡口制备时,对碳素钢和 $\sigma_b \leqslant 540\text{MPa}$ 的碳锰低合金钢,可采用冷、热加工方法;$\sigma_b > 540\text{MPa}$ 的碳锰低合金钢、铬钼低合金钢和高合金钢应采用冷加工,若采用热加工,则用冷加工方法去除表面层。

3)焊接坡口应平整,不得有裂纹、分层、夹渣等缺陷,尺寸符合图样规定。

4)应将坡口表面及两侧的水、锈、油污和其他有害杂质清除干净。

5)奥氏体钢坡口两侧应刷隔离剂,防止飞溅粘附在母材上。

6)焊条、焊剂要按规定烘干、保温,焊丝需除油、锈,保护气体应干燥。

7)根据母材的化学成分、焊接性能、厚度、焊接接头拘束度、焊接方法和焊接环境等综合因素确定预热与否及其预热温度。

8)采用局部预热时,应防止局部应力过大,预热范围为焊缝两侧各不小于焊件厚度的3倍,且不小于100mm。

9)焊接设备等应处于正常工作状态,安全可靠,仪表应定期检验。

10)定位焊缝不得有裂纹、气孔、夹渣。

11)避免强行组装。

(3)焊接要求。

1)焊接环境的风速:气体保护焊时大于2m/s,其他焊接方法大于10m/s;相对湿度大于90%;雨、雪环境,焊件温度低于-20℃时应采取措施,否则不能焊接。

2)当焊件温度为0~20℃时,应在始焊处100mm范围内预热到15℃以上。

3)禁止在非焊接部位引弧。

4)电弧擦伤处的弧坑应补焊并打磨。

5)双面焊时需清理焊根,显露出正面打底的焊缝金属,对于自动焊并经试验能保证焊透的焊缝,可以不作清根处理。

6)层间温度不超过规定的范围,预热焊时层间温度不得低于预热温度。

7)每条焊缝尽可能一次焊完,当焊接中断时,对于冷裂纹较敏感的焊件应及时采取后热、缓冷等措施,重新施焊时,要按规定进行预热。

8)采用锤击法改善焊缝质量时,第一层及盖面层焊缝不应锤击。

(4)焊后热处理。

1)根据母材的化学成分、焊接性能、厚度、焊接接头拘束度、产品使用条件和有关标准,综合确定是否需要进行焊后热处理。

2)焊后热处理应在补焊后及压力试验前进行。

3)应尽可能进行整体热处理,当采用分段热处理时,焊缝加热的重叠部分长度至少为1500mm,加热区以外的部分应采取措施防止有害的温度梯度。

4)焊件进炉时炉内温度不得高于400℃。

5)焊件升温至400℃以后,加热区升温速度不得超过200℃/h,最小为50℃/h。

6)焊件升温期间,加热区任意5000mm长度内的温差不得大于120℃。

7)焊件保温期间,加热区的最高温度与最低温度的差值不宜大于65℃。

8)焊件温度高于400℃时,加热区冷却速度不得超过260℃/h,最小为50℃/h。

9) 焊件出炉时炉温不得高于 400℃，出炉后应在静止的空气中冷却。

(5) 焊缝返修。

1) 对需要返修的焊接缺陷应分析其产生原因，提出改进的措施，按标准进行焊接工艺评定，编制返修工艺。

2) 焊缝同一部位返修次数不得超过 2 次。

3) 返修前将缺陷彻底清除干净。

4) 如需预热，预热温度应比原焊缝预热温度适当提高。

5) 返修焊缝的质量、性能应与原焊缝相同。

6) 要求热处理的焊件，在热处理后进行返修补焊时，必须重作热处理。

(6) 焊接检验。

1) 焊前检验包括母材、焊接材料、焊接设备、仪表、工艺装备，焊接坡口、接头装配及清理、焊工资格、焊接工艺文件。

2) 焊接过程中检验包括焊接参数、执行工艺情况、执行技术标准及图样规定情况。

3) 焊后检验包括施焊记录、焊缝外观及尺寸、后热处理及焊后热处理、无损检测、焊接工艺纪律、压力试验、密封性试验等。

10.4　焊接结构生产工艺过程分析

工艺过程分析是编制焊接工艺规程的重要环节，是确定工艺路线、制定工艺文件、设计工艺装备和组织焊接生产的基础。不经过全面详细的工艺分析，所制定的焊接生产工艺是很难保证其技术和经济合理性的。工艺过程分析就是要在焊接结构的技术要求和生产实践之间找出矛盾，并解决问题的过程。分析的重点应放在焊接结构的装配和焊接工艺上。工艺过程分析应遵循"在保证技术条件的前提下，取得最大经济效益"的原则，为此，进行工艺过程分析时主要从两方面着手：

(1) 从保证焊接结构的技术要求方面着手。目的是保证结构尺寸及偏差符合要求，并且获得高质量的焊接接头以满足使用要求。

(2) 从采用先进的技术措施方面着手。目的是尽可能采用先进的焊接工艺方法，尽可能实现生产过程的机械化和自动化，创造先进的工艺过程。下面就这两方面内容进行具体分析。

10.4.1　从保证焊接结构的技术要求方面进行工艺过程分析

1. 保证结构尺寸及偏差符合要求

在生产过程中，影响焊接结构尺寸的因素主要是备料质量，装配质量和焊接残余应力与变形。一般来说备料质量和装配质量容易保证，而焊接应力和变形是不可避免的，因此必须从影响焊接变形的各种因素进行分析，分析过程中应注意：

(1) 充分考虑结构因素的影响。结构因素是指接头刚性、焊缝的布置和坡口形状等。例如，薄板结构容易产生波浪变形，应考虑适当增加结构的刚度；T 形截面的焊接梁由于焊缝集中于一面（不对称布置），易产生弯曲变形；单 V 形坡口比双 V 形坡口的角变形大等。改进结构设计可以减少焊接变形，但必须要满足产品的使用要求，否则只能采用适当的工艺措施来保证。

(2) 采用适当的工艺措施。首先应考虑装配焊接顺序和将构件划分成部件进行装配焊接的可行方案，论证后采用焊接应力与变形最小的方案。在此基础上考虑焊接方法、焊接参数、焊接方向的影响，使用反变形法或刚性固定法等措施。

若从结构和工艺两方面都不能完全解决变形问题，那么只能采取焊后进行矫正的方法，矫正时要保证不影响结构的使用性能。在实际生产中，有些情况下焊接时不必严格控制变形而焊后采取有效的矫正措施，成本反而下降。

2. 获得高质量的焊接接头

在通常情况下，焊接质量好是指焊接缺陷少或没有焊接缺陷，接头和母材的力学性能相匹配。进行工艺分析时，应结合材料、冶金、设备和结构学科知识等综合考虑，影响接头性能的因素归纳起来有三个方面：

(1) 材料成分和性能的影响。各种材料的焊接性是不一样的。碳钢中随着含碳量的增加，焊接性变差，容易产生气孔、结晶裂纹和冷裂纹；合金钢中的合金元素对焊接性影响更大，它们增加了焊接接头的淬硬倾向，可能导致延迟裂纹；不锈钢焊接时易产生晶间腐蚀；在焊接热循环作用下，接头的组织和性能易发生变化等。总之，应根据材料成分的不同而采取相应的技术措施。

(2) 焊接方法的影响。焊接方法首先是根据材料成分和性能来选择的。同一结构和材料，焊接方法不同，热源性质和对焊接区的保护方式也不尽相同，所以要采取相应的技术措施来保证接头质量。例如，使用碱性焊条电弧焊时应注意清理工作；电渣焊时加热和冷却速度很慢，接头组织粗大，焊后需进行热处理来改善接头性能等。

(3) 结构形式的影响。在结构设计方面，常常忽略了焊接连接的特点，导致结构刚性过大，焊接应力增大而引起开裂；不恰当的接头形式、坡口类型和结构形式，会造成未焊透、未熔合、咬边、夹渣、气孔等缺陷；焊缝过于集中，受热集中而造成应力很大，由此产生的热裂纹和冷裂纹都将影响到焊接接头的承载能力。

在分析焊接接头的质量时，既要考虑到如何获得优质的焊缝，又要考虑到不同工作条件下对结构所提出的技术要求。例如，容器类结构要求具有较高的致密性，化工类结构要求有良好的耐蚀性等。如不能满足要求，就要找出原因，提出解决方案。必要时，可进行工艺评定。

10.4.2 从采用先进的技术措施方面进行工艺过程分析

在进行工艺分析的过程中，首先应分析使用先进技术的可行性。采用先进技术，可大大简化工序，缩短生产周期，提高经济效益。这里从两个方面介绍：

1. 尽量采用先进的工艺方法

工艺方法的先进性是相对的，对一具体结构的焊缝而言，究竟用哪一种方法比较合适，不仅要考虑工艺方法本身的先进性，还要分析这种工艺方法是否使其他加工工序复杂化。例如，某厂高压锅炉的锅筒纵缝焊接，筒体材料为20钢，壁厚为90mm，如图10.26所示。表10.10是多层埋弧焊与电渣焊两种工艺方法的效果比较，可以看出：

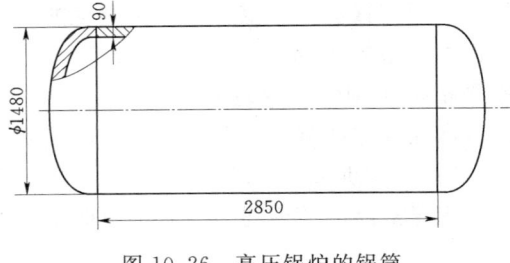

图10.26 高压锅炉的锅筒

10.4 焊接结构生产工艺过程分析

表 10.10　　　　　　　　　　两种工艺方法的对比

方　法			多层埋弧焊	电渣焊
序号		1	划线、下料、拼接板坯	划线、下料、拼接板坯
		2	板坯加热（1050℃）	板坯加热
		3	初次滚圆（对口处留出 300～350mm）	滚圆
		4	机械加工坡口	
		5	再次加热	
		6	再次滚圆	
		7	装配圆筒（装上卡板、引出板）	装配（焊上引出板）
		8	预热（200～300℃）	
		9	手工打底焊（内部焊 2～3 层）	
		10	除去外面卡板和清焊根	
		11	预热（200～300℃）	
		12	埋弧焊（18～20 层）	电渣焊
		13	回火（焊后立即进行）	正火，随后滚圆
		14	除去内部卡板和封底焊缝	
		15	埋弧焊内部多层焊缝	
		16	焊缝表面加工	
经济指标	每公斤熔化金属	电能消耗	1.96kW·h	1.05kW·h
		焊剂消耗	1.07kg	0.05kg
		熔化系数	1.96g（A·h）	39.5g（A·h）

（1）采用电渣焊工艺，完全取消了机加工和预热过程，简化了工序。

（2）焊接一条纵缝的有效工作时间，电渣焊是多层埋弧焊的 44%，提高了生产率。

（3）多层埋弧焊易产生气孔、夹渣，返修率为 15%～20%，改用电渣焊工艺后返修率降至 5%。

（4）从经济指标上看，电渣焊工艺也比较优越。

但这并不是说，电渣焊在中厚板焊接中始终好于埋弧焊。生产实践证明，当板材的厚度在 50mm 时，减少埋弧焊的层数，其综合效益要好于电渣焊。

2. 尽量实现生产过程的机械化和自动化

在考虑实现生产过程的机械化和自动化方面，要因地制宜。可以在整个产品的生产过程中，也可以在某一零、部件或某一工序中实现机械化、自动化。目前在很多工厂半自动 CO_2 气体保护焊的应用比较普遍，用它来代替焊条电弧焊，生产率将成倍提高。一般情况下，将部件装配和焊接的手工操作改为胎夹具全位置焊接，生产率可提高 2 倍以上；全部生产过程（包括备料加工、装配焊接、运输清理等工序）实现机械化后，生产率可提高 10～20 倍以上。

在大量生产和成批生产中，必须考虑生产过程的机械化和自动化问题，对于单件小批生产的产品，一般不必采用。但是如果产品的种类具有相似性，工装设备具有通用性时，可以先进行方案对比再做出选择。

在不影响产品使用性能的情况下，改变产品结构形式，往往是组织生产过程实行机械化和自动化的前提。例如，大型管道制造中（图 10.20），传统设计的工艺过程是：钢板卷圆→焊纵缝→多个筒节装配→焊环缝。这种设计的优点是可选择通用设备和工装，工艺过程易实现；缺点是工序较多，装配和焊接量较大。在单件生产中这种设计还是非常合适的。但如果生产纲领是批量生产或者是大量生产，显然此设计工装多而复杂，就应改变设计而采用流水线作业，采用边卷制边焊接，然后切割，这样连续作业工序少，针对性强，生产率高，效益可观，虽然一次性投资较大，但由于产量大，分摊到每件产品的相对投入就比较少。又如农机用转轴的设计，原来为熔焊接头［图 10.27（a）］，改为摩擦焊接头［图 10.27（b）］后，焊接工作变得简单了，生产率大为提高，而且应力与变形相对较小，质量得到保证，对于各种生产纲领，改进后的方案都是可行的。

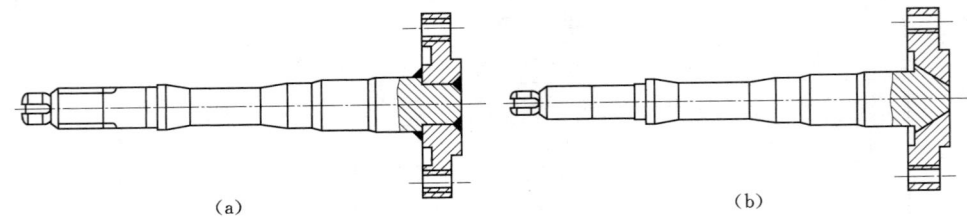

图 10.27 农机用转轴的设计
(a) 熔焊接头；(b) 摩擦焊接头

此外，还应从技术的可行性方面进行分析。制定工艺规程时，必须从本工厂的实际情况出发，充分利用现有的设备和工装，挖掘工厂的潜力，结合具体的生产条件合理有效地制造出来。如果本工厂现有技术对某一零、部件不能生产，应考虑新增人员、设备等或者外协，两方面相比较，既保证质量又节省资金。

最后还要考虑安全生产和改善操作者的劳动条件。生产必须安全，只有安全生产才能有效生产，要防触电、防辐射、注意通风等。例如，在焊接带有人孔的容器环缝时，应设计成不对称的双 V 形坡口，内浅外深，这样可以减少容器内的焊接量，劳动条件比对称双 V 形坡口改善了很多。

10.5 桥式起重机桥架的生产工艺

起重机结构形式包括桥式起重机、门式起重机、塔式起重机、汽车起重机等多种。其中，以桥式起重机应用最广，其结构的制造技术具有典型性，掌握了它的制造技术，对于其他起重机结构的制造都可借鉴。

10.5.1 桥式起重机概述

1. 桥式起重机桥架的组成

桥式起重机的桥架结构如图 10.28 所示，它主要由主梁（或桁梁）、栏杆（或辅助桁架）、端梁、走台（或水平桁架）、轨道及操纵室等组成。桥架的外形尺寸取决于起重量、跨度、起升高度及主梁结构形式。

桥式起重机桥架常见的结构形式如图10.29所示。

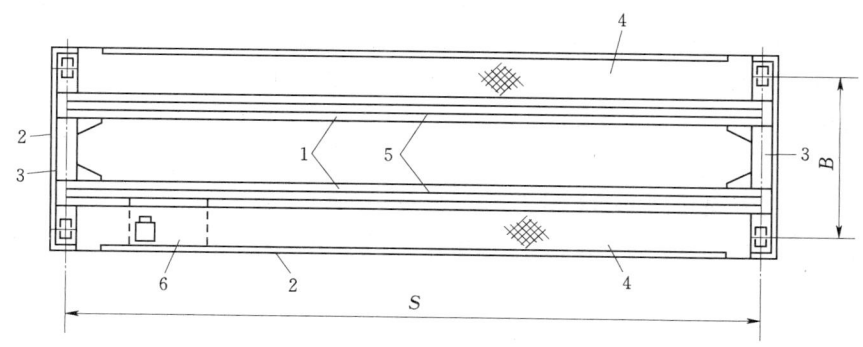

图10.28 桥式起重机桥架
1—主梁；2—栏杆；3—端梁；4—走台；5—轨道；6—操纵室

（1）中轨箱形梁桥架。如图10.29（a）所示，该桥架由两根主梁和两根端梁组成。主梁外侧分别设有走台，轨道放在箱形梁的中心线上，小车载荷依靠主梁上翼板和肋板来传递。该结构工艺性好，主梁、端梁等部件可采用自动焊接，生产率高；制造过程中主梁的变形量较大。

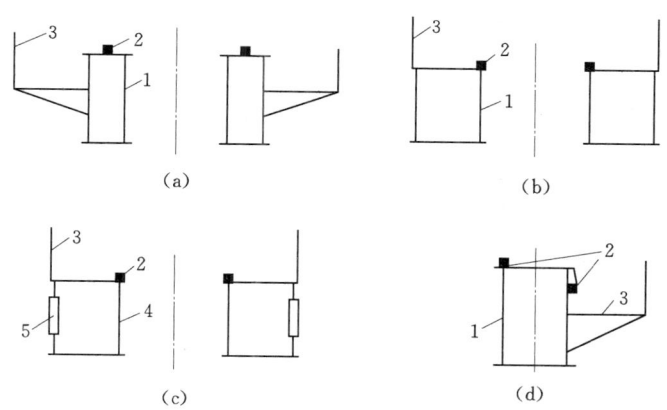

图10.29 桥式超重机桥架结构形式
(a) 中轨箱形梁桥架；(b) 偏轨箱形梁桥架；(c) 偏轨空腹箱形梁桥架；(d) 箱形单主梁桥架
1—箱形主梁；2—轨道；3—走台；4—工字形主梁；5—空腹梁

（2）偏轨箱形梁桥架。如图10.29（b）所示，它由两根偏轨箱形梁和两根端梁组成。小车轨道是安装在上翼板边缘主腹板处，载荷直接作用在主腹板上。主梁多为宽主梁形式，依靠加宽主梁来增加桥架水平刚性，同时可省掉走台，主梁制造变形较小。

（3）偏轨空腹箱形梁桥架。如图10.29（c）所示，该桥架与偏轨箱形梁桥架基本相似，只是副腹板上开有许多矩形孔洞，可减轻自重，使梁内通风散热，同时便于内部维修，但制造比偏轨箱形梁麻烦。

(4) 箱形单主梁桥架。如图 10.29 (d) 所示，它由一根宽翼缘偏轨箱形主梁与端梁不在对称中心连接，以增大桥架的抗倾翻力矩能力。小车偏跨在主梁一侧使主梁受偏心载荷，最大轮压作用在主腹板顶面轨道上，主梁上要设置一到两根支承小车反滚轮的轨道。该桥架制造成本低，主要用于起重量较大、跨度较大的门式起重机。

上述几种桥架形式中，以中轨箱形梁桥架最为典型，应用最为广泛，本节所涉及的内容均为该结构。

2. 主要部件结构特点及技术标准

(1) 主梁。主梁是桥式起重机桥架中主要受力部件，箱形主梁的一般结构由左右两块腹板，上下两块翼板以及若干长、短肋板组成。当腹板较高时，尚需加水平肋板，以提高腹板的稳定性，减小腹板的波浪变形；长、短肋板主要作用是提高梁的稳定性及上翼板承受载荷的能力。

为保证起重机的使用性能，主梁在制造中应遵循一些主要技术要求，如图 10.30 所示。主梁应满足一定的上挠要求，其上挠度 $f_k=(1/700\sim 1/1000)L$ (L 为主梁的跨度)。为了补偿焊接走台时的变形，主梁向走台一侧应有一定的旁弯 $f_b=(1/1500\sim 1/2000)L$。主梁腹板的波浪变形除对刚度、强度和稳定性有影响外，也影响表面质量，所以对波浪变形要加以限制，以测量长度 1m 计，腹板波浪变形 e，在受压区 $e\leqslant 1.2\delta_f$。主梁翼板和腹板的倾斜会使梁产生扭曲变形，影响小车的运行和梁的承载能力，因此一般要求上翼板平面度 $c\leqslant B/250$。腹板垂直度 $a\leqslant H/200$。

另外，各肋板之间距离公差应在 ±5mm 范围之内。

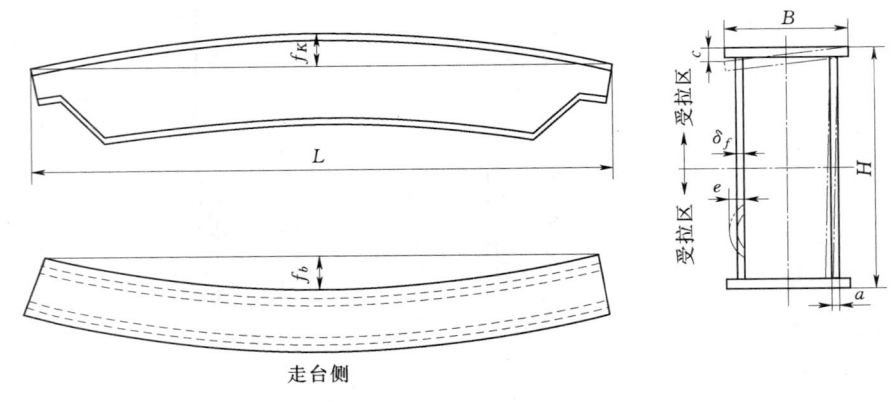

图 10.30 箱形主梁主要技术要求

(2) 端梁。端梁是桥式起重机桥架组成部分之一，一般采用箱形结构，并在水平面内与主梁刚性连接。端梁按受载情况可分为下述两类：

1) 端梁受有主梁的最大支承压力，即端梁上作用有垂直载荷。结构特点是大车车轮安装在端梁的两端部，如图 10.31 (a) 所示。此类端梁应计算弯矩，弯矩的最大截面是在与主梁连接处 A—A、支承截面 B—B 和安装接头螺孔削弱的截面。

2) 端梁没有垂直载荷，结构特点是车轮或车轮的平衡体直接安装在主梁端部，如图 10.31 (b) 所示。此类端梁只起联系主梁的作用，它在垂直平面几乎不受力，在水平面内仍属刚性连接并受弯矩的作用。

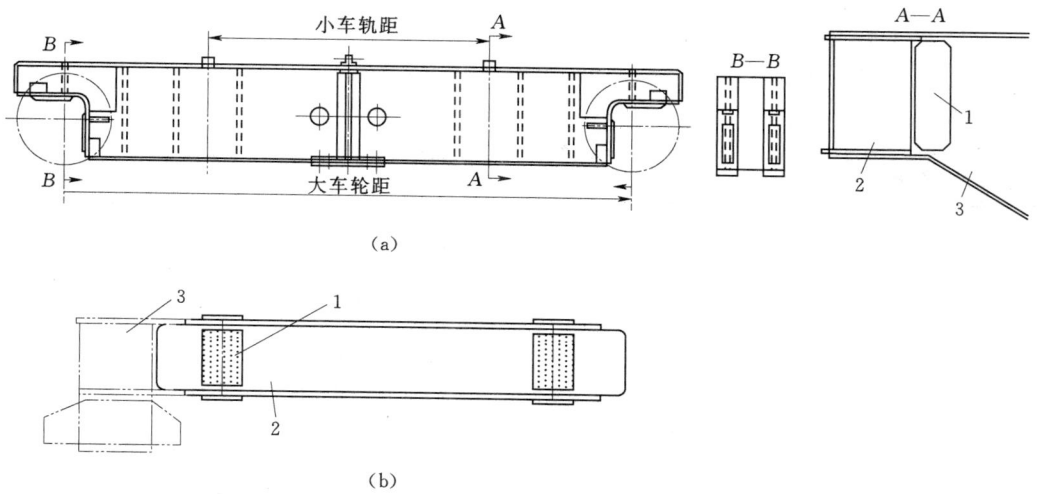

图 10.31 端梁的两种结构形式
1—连接板；2—端梁；3—主梁

依据桥架宽度和运输条件，在端梁上设置一个或两个安装接头 [图 10.31（b）中为两个接头]，即将端梁分成两段或三段，安装接头目前都采用高强螺栓连接板。对端梁的主要技术要求是：盖板水平倾斜 $b \leqslant B/250$（B 为盖板宽度）；腹板垂直偏斜 $h \leqslant H/250$（H 为腹板高度）；同时对两端的弯板有特殊要求，端梁两端弯板 [图 10.32（a）] 是安装角型轴承箱及走轮的，大车轮、轴和轴承等零部件装在角型轴承箱内，然后用螺栓紧固在端梁的弯板上，弯板压制成 90°焊接在腹板上。角型轴承箱两直角面及止口板均经过机械加工，而弯板是非加工面。如弯板直角偏大，则安装角型轴承箱止口板与弯板的间隙大，需加垫片调整。这样，既费事，又难以保证质量，因而通常要求弯板直角偏差，折合最外端间隙不大于 1.5mm。同时为保证桥架受力均匀和行走平稳，应控制同一端梁两端弯板高低差小于等于 5mm，并且要求同一车轮两弯板高低差 $g \leqslant 2mm$，如图 10.32（b）所示。

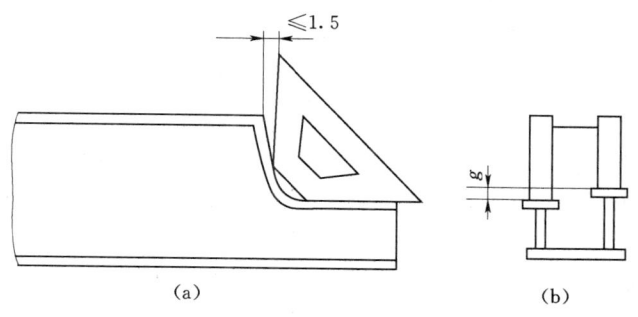

图 10.32 对端梁弯板的要求

（3）小车轨道。起重机轨道有四种：方钢、铁路钢轨、重型钢轨和特殊钢轨。中小型起重机采用方钢和轻型铁路钢轨，重型起重机采用重轨和特殊钢轨。中轨箱形梁桥架的小车轨道安放在主梁上翼板的中部。轨道多采用压板固定在桥架上，如图10.33所示。

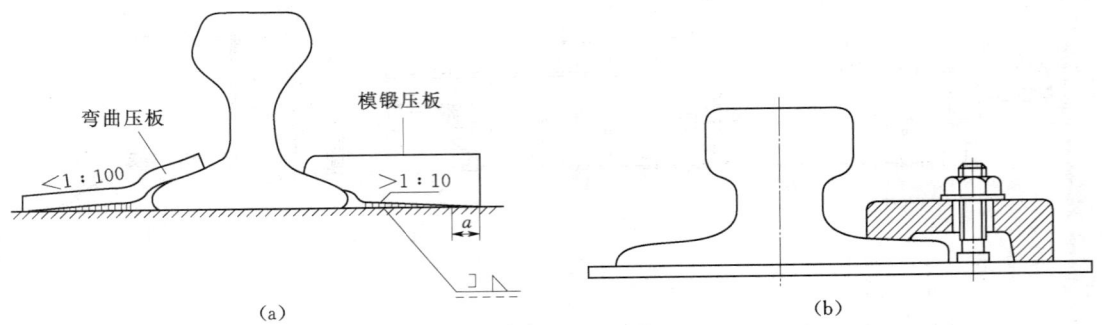

图10.33 轨道压板形式（$a=10$mm，无斜度）
(a) 焊接压板；(b) 螺栓压板

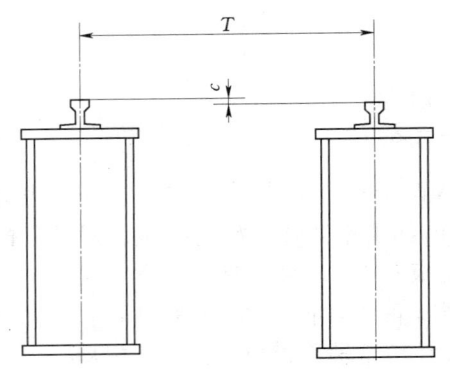

图10.34 同一截面小车轨道高低差

为保证小车正常运行和桥架承载的需要，小车轨道安装时应满足以下主要要求：①对同截面小车两轨道的高低差c有一定限制，一般当轨距$T\leqslant 2.5$m时，$c\leqslant 3$mm；②轨距$T>2.5$m时，$c\leqslant 5$mm，如图10.34所示；③同时，两轨道应相互平行，轨距偏差为±5mm；④小车轨道的局部弯曲也有限制，一般在任意2m范围内不大于1mm。

3. 主梁及端梁的制造工艺

(1) 主梁制造工艺要点。

1) 拼板对接焊工艺。主梁长度一般为10～40m，腹板与上下翼板要用多块钢板拼接而成，所有拼缝均要求焊透，并要求通过超声波或射线检验，其质量应满足起重机技术条件中的规定。根据板厚的不同，拼板对接焊工艺包括：开坡口双面焊条电弧焊；一面焊条电弧焊，另一面埋弧焊；双面埋弧焊；气体保护焊；单面焊双面成形埋弧焊。前四种工艺拼接时，一面拼焊好后，必须把焊件翻转并进行清根等工序。如拼板较长，翻转操作不当，会引起翘曲变形。若采用单面焊双面成形埋弧焊，具有焊缝一次成形、不需翻转清根、对装配间隙和焊接规范要求不十分严格等优点，因此，当钢板厚度在5～12mm时，应用十分广泛。考虑到焊接时的收缩，拼板时应留有一定的余量。

为避免应力集中，保证梁的承载能力，翼板与腹板的拼接接头不应布置在同一截面上，错开距离不得小于200mm。同时，翼板及腹板的拼板接头不应安排在梁的中心附近，一般应离梁中心2m以上。

为防止拼接板时角变形过大，可采用反变形法。双面焊时，第二面的焊接方向要与第一面的焊接方向相反，以控制变形。

2) 肋板的制造。长肋板中间一般开有减轻孔，可用整料或零料拼接制成；短肋板用整料制成。由于肋板尺寸影响到装配质量，要求其宽度不能大，只能为1mm左右；长度尺寸允许有稍大一些的误差。肋板的四个角应保证90°，尤其是肋板与上盖板接触处的两个角更应严格保证直角,这样才能保证箱形梁在装配后腹板与上盖板垂直,并且使箱形梁在长度方向不会产生扭曲变形。

3) 腹板上挠度的制备。考虑支梁的自重和焊接变形的影响,为满足技术要求规定的主梁上挠度要求,腹板应预制出数值大于技术要求的上挠度,上挠沿梁跨度对称跨中

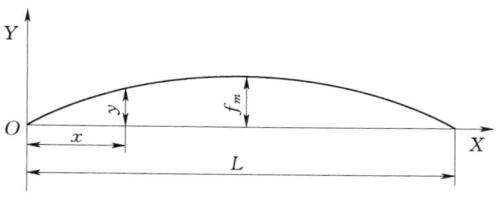

图 10.35 预制腹板上挠线

均匀分布。具体可根据生产条件和所用的工艺程序等因素来确定,一般跨中上挠度的预制值 f_m 可取 $(1/350 \sim 1/450)L$。目前,上挠曲线主要有二次抛物线、正弦曲线以及四次函数曲线等制作方法,如图 10.35 所示。

距主梁端部距离为 x 的任意一点的上挠值:

二次抛物线上挠计算

$$y = 4f_m x(L-x)/L^2 \tag{10.1}$$

正弦曲线上挠计算

$$y = f_m \sin(180°x/L) \tag{10.2}$$

四次函数曲线上挠计算

$$y = 16 f_m x(L-x)^2/L^2 \tag{10.3}$$

国内起重机制造一般采用二次抛物线上挠计算法,此法与正弦曲线上挠计算法的共同问题是端头起挠太快。生产中,开始几点的上挠计算值必须加以修整,以减缓挠度。采用四次函数作上挠曲线,是取在移动载荷与自重载荷作用下梁下挠曲线的相反值,端头起挠较为平缓,故称为理想挠度曲线。

腹板上挠度的制备方法多采用先划线后气割,切出具有相应的曲线形状。在专业生产时,也可采用靠模气割。图 10.36 为腹板靠模气割示意图,气割小车 1 由电动机驱动,四个滚轮 4 沿小车导轨 3 做直线运动,运动速度为气割速度且可调节。小车上装有可作横向自由移动的横向导杆 7,导杆的一端装有靠模滚轮 6 沿着靠模 5 移动。靠模制成与腹板上挠曲线相同形状的导轨,导杆上装有两个可调节的割嘴 2,割嘴间的距离应等于腹板的高度加割缝宽

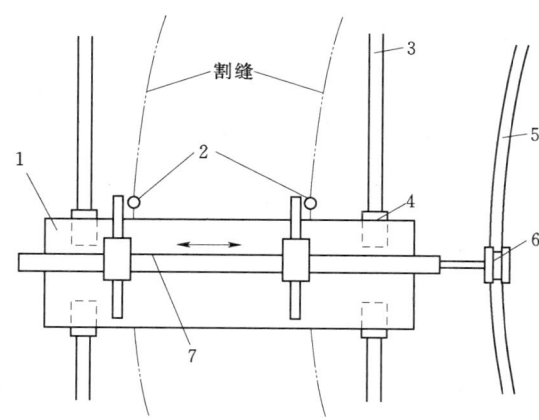

图 10.36 腹板靠模气割示意图
1—气割小车;2—割嘴;3—小车轨道;4—滚轮;
5—靠模;6—靠模滚轮;7—横向导杆

度。当小车沿导轨运动时,就能割出与靠模上挠曲线一致的腹板。

4) 装焊 Π 形梁。Π 形梁由上翼板、腹板和肋板组成,组装定位焊有夹具组装和平台组装两种。目前以上翼板为基准的平台组装应用较广。装配时,先在上翼板用划线定位的方法装配肋板,用 90°角尺检验垂直度后进行定位。为减小梁的下挠变形,装好肋板后应进行肋板与上翼板焊缝的焊接。如翼板未预制旁弯,焊接方向应由内侧向外侧进行〔图

10.37（a）]，以满足一定旁弯的要求；如翼板预制有旁弯，则方向应如图 10.37（b）所示，以控制变形。

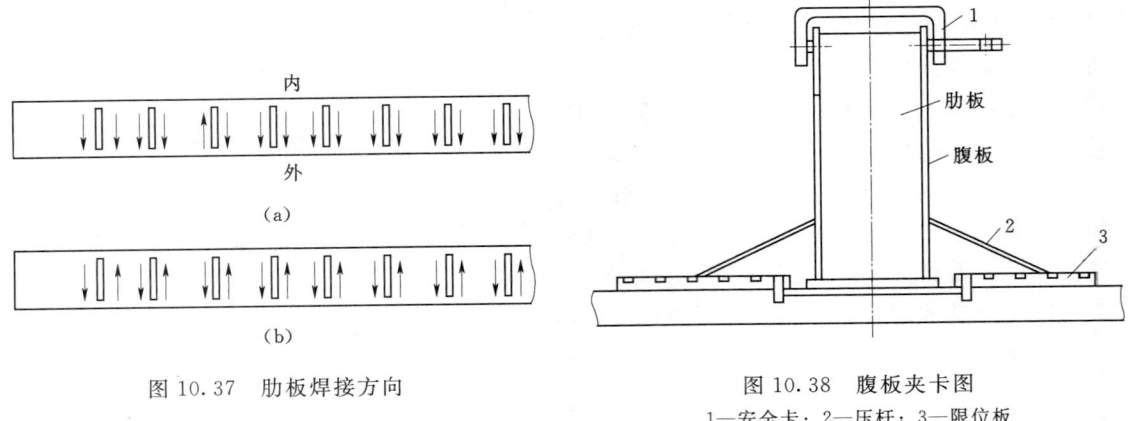

图 10.37　肋板焊接方向

图 10.38　腹板夹卡图
1—安全卡；2—压杆；3—限位板

组装腹板时，首先要求在上翼板和腹板上分别划出跨度中心线，然后用吊车将腹板吊起与翼板、肋板组装，使腹板的跨度中心线对准上翼板的跨度中心线，之后再在跨中点定位焊。腹板上边用安全卡 1（图 10.38）将腹板临时紧固到长肋板上，可在翼板底下打楔子使上翼板与腹板靠紧，通过平台孔安放沟槽限位板 3，斜放压杆 2，并注意压杆要放在肋板处。当压下压杆时，压杆产生的水平力使下部腹板靠严肋板。为了使上部腹板与肋板靠紧，可用专用夹具式腹板装配胎夹紧。由跨中组装后定位焊至腹板一端，然后用垫块垫好（图 10.39），再装配定位焊另一端腹板。

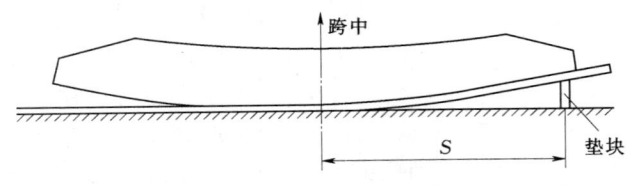

图 10.39　腹板装配过程

腹板装好后，即应进行肋板与腹板的焊接。

焊前应检查变形情况以确定焊接次序。如旁弯过大，应先焊外腹板焊缝；如旁弯不足，应先焊内腹板焊缝。对 Π 形梁内壁所有焊缝，尽可能采用 CO_2 气体保护焊，以减小变形，提高生产效率。为使 Π 形梁的弯曲变形均匀，应沿梁的长度由偶数焊工对称施焊。

5）下翼板的装配。下翼板的装配关系到主梁最后成形质量。装配时先在下翼板上画出腹板的位置线，将 Π 形梁吊装在下翼板上，两端用双头螺杆将其压紧固定（图 10.40）；然后用水平仪和线锤检验梁中部和两端的水平和垂直度及挠度，如有倾斜或扭曲时，用双头螺杆单边拉紧。下翼板与腹板的间隙应不大于 1mm，定位焊时应从中间向两端两面同时进行。主梁两端弯头处的下翼板可借助起重机的拉力进行装配定位焊。

6）主梁纵缝的焊接。主梁四条纵缝的焊接顺序视梁的挠度和旁弯的情况而定，当挠度不够时，应先焊下翼板左右两条纵缝；挠度过大时，应先焊上翼板左右两条纵缝。

10.5 桥式起重机桥架的生产工艺

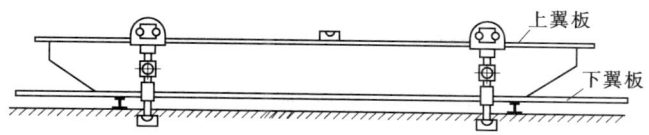

图 10.40 下翼板的装配

采用自动焊焊接四条纵缝时，可采用图 10.41 所示的焊接方式，焊接时从梁的一端直通焊到另一端。图 10.41（a）为"船形"位置单机头焊，主梁不动，靠焊接小车移动完成焊接工作。平焊位置可采用双机头焊［图 10.41（b）、(c)］，其中图 10.41（b）为靠移动工件完成焊接，图 10.41（c）为通过机头移动来完成焊接操作。

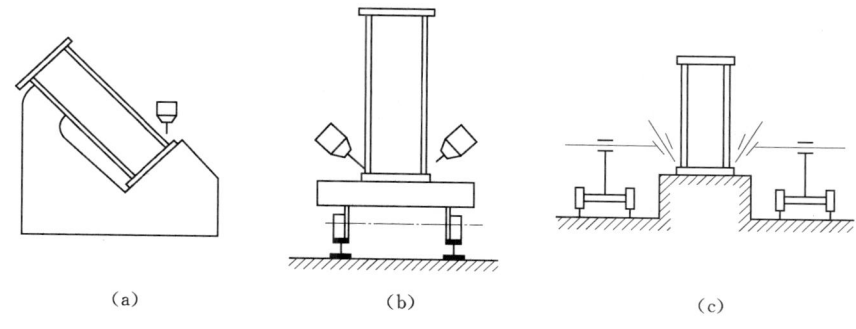

图 10.41 主梁纵缝自动焊

当采用焊条电弧焊时，应采用对称的焊接方法，即把箱形梁平放在支架上，由四名焊工同时从两侧的中间分别向梁的两端对称焊接，焊完后翻身，以同样的方式焊接另外一边的两条纵缝。

7）主梁的矫正。箱形主梁装焊完毕后应进行检查，如果变形超过了规定值，应根据变形情况采用火焰矫正法选择好加热的部位与加热方式进行矫正。

8）流水线生产主梁实例。图 10.42 所示为生产桥式起重机主梁流水作业线上几个主要生产环节及其所用的装备。图 10.42（a）是用埋弧焊机头 4 焊接上翼板 5 的拼接焊缝（内侧），依靠龙门架 2 通过真空吸盘 3 把上翼板送至拼焊地点；图 10.42（b）是安装长短肋板 6；图 10.42（c）由龙门架 8 运送和安装腹板，再由龙门架 9 上的气动夹紧装置使腹板贴紧肋板和上翼板，然后定位焊；图 10.42（d）有两个工作台同时工作，主梁翻转 90°处于倒置状态后，焊接腹板里侧的拼接焊缝和肋板焊缝，焊完一侧后，翻转 180°再焊另一侧；图 10.42（e）所示是装配下翼板，用液压千斤顶 10 压住主梁两端，再由翻转机 11 送进下翼板，在龙门架 12 的气动夹紧装置的压紧下进行定位焊，全部定位后松开主梁，然后焊接上翼板外面的拼接焊缝；图 10.42（f）是焊接箱形主梁外侧的纵向角焊缝和腹板的拼接焊缝；图 10.42（g）是进行质量检验，整个箱形主梁即告完成。

（2）端梁的制造工艺要点。端梁一般都焊成箱形结构。生产中，一般将端梁焊接成整体后再从安装接头部割开制成安装接头。安装接头可采用连接板连接或角钢连接两种形式，如图 10.43 所示。

考虑到端梁与主梁连接焊缝均在端梁内侧，因此在组装焊接端梁时应注意各焊缝的方

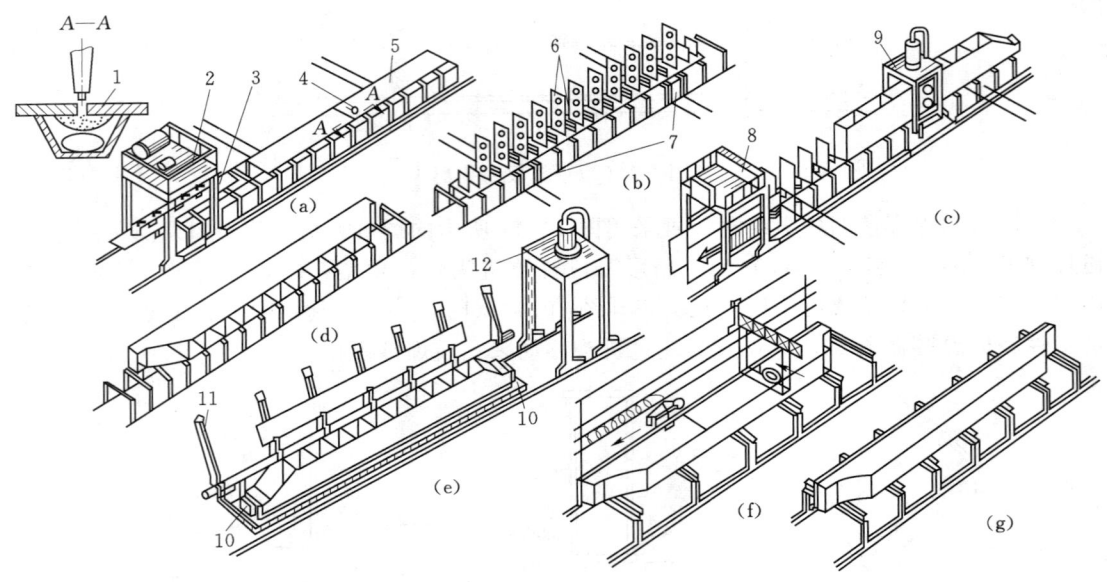

图 10.42 流水线上装焊主梁

1—焊剂垫；2、8、9、12—行走龙门架；3—真空吸盘；
4—焊机头；5—上翼板；6—肋板；7—小车；10—液压千斤顶；11—翻转机

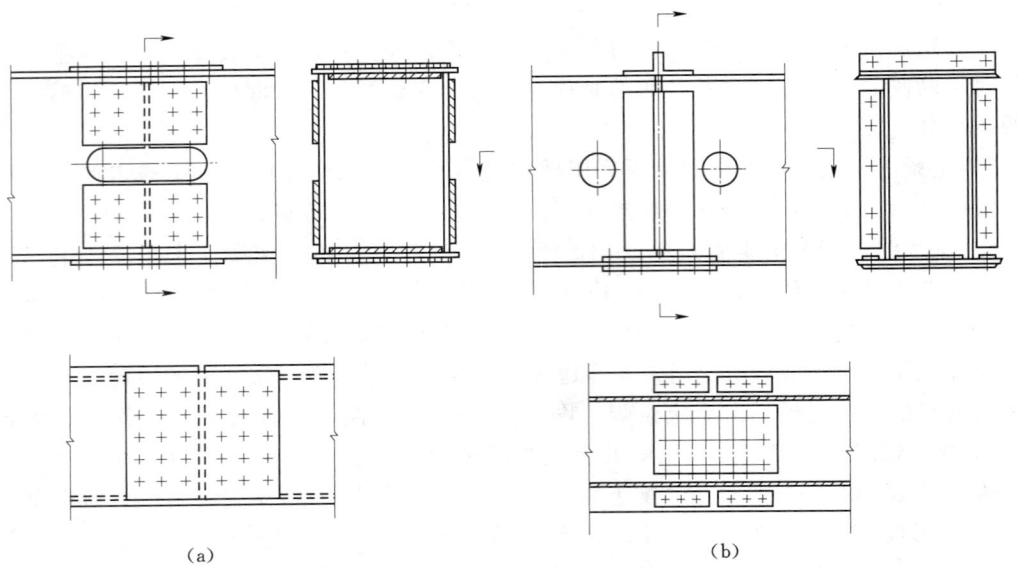

图 10.43 端梁安装接头形式
(a) 连接板连接；(b) 角钢连接

向与顺序，使端梁与主梁装焊前有一定的外弯量。端梁制造的大致工艺过程如下：

1) 备料。包括上翼板、下翼板、腹板、肋板及两端的弯板。弯板采用压制成形，各零件应满足技术规定。

2) 装焊。首先肋板与上翼板装配并焊接，再装配两腹板并定位，然后装弯板。为保证一端的一组弯板能在同一平面内，可预先在平台上用定位胎架将其连成一体。组装弯板后，要用水平尺检查弯板水平度并调节两端弯板的高度公差在规定范围内。接着进行端梁内壁焊缝的焊接，先焊外腹板与肋板、弯板的焊缝，再焊内腹板与肋板、弯板的焊缝，然后装配下翼板并定位。最后焊接端梁四条纵焊缝，并且下翼板与腹板纵缝应先焊。端梁制好后同样应对主要技术要求进行检查，不符合规定的应进行矫正。

10.5.2 桥架的装配与焊接工艺

桥架组装焊接工艺，包括已制好的主梁与端梁组装焊接、组装焊接走台、组装焊接小车轨道与焊接轨道压板等工序。主梁的外侧焊有走台，主梁腹板上焊有纵向角钢与走台相连。

1. 桥架装焊工艺选择

（1）作业场地的选择。由于户外环境易造成桥架外形尺寸的变化，所以组装应尽量选择在厂房内进行。必须在露天条件下作业时应随时进行测量，以便对尺寸进行修正。

（2）垫架位置的选择。由于自重对主梁挠度有影响，主梁垫架位置应选择在主梁的跨端或接近跨端的位置。起重量较小的桥架在最后测量调整时应尽量垫到端梁处。

（3）桥架组装基准。为使桥架安装车轮后能正常运行，两个端梁上的四组弯板组装时应在同一水平面内，以该水平面为组装调整桥架各部基准。为此，可穿过端梁上翼板的吊装孔立 T 形标尺，图 10.44 所示为一个端梁上的两组弯板，四个 T 形标尺的下部分别固定到四组弯板上，用水平仪依次测量四个 T 形标尺上的测量点并作调整。如果四个 T 形标尺的测量点在同一水平面上，则四组弯板即在同一水平面内。

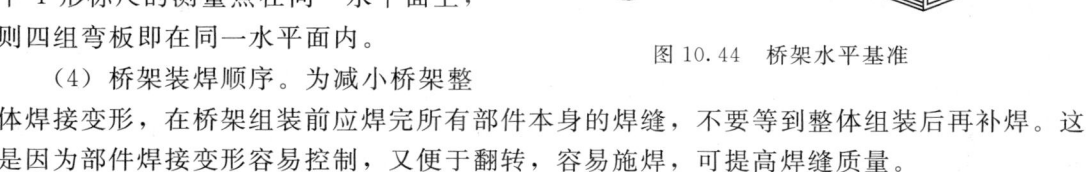

图 10.44　桥架水平基准

（4）桥架装焊顺序。为减小桥架整体焊接变形，在桥架组装前应焊完所有部件本身的焊缝，不要等到整体组装后再补焊。这是因为部件焊接变形容易控制，又便于翻转，容易施焊，可提高焊缝质量。

2. 桥架组装焊接工艺要点

（1）主、端梁组装焊接。将分别经过阶段验收的两根主梁摆放到垫架上，通过调整，应使两主梁中心线距离、对角线差及水平高低差等均在相应的规定之内。然后，在端梁上翼板画出纵向中心线，用直尺将弯板垂直面的位置引到上翼板，与端梁纵向中心线相交得基准点，以基准点为依据画出主梁装配时的纵向中心线，而后将端梁吊起划线部位与主梁装配，用夹具将端梁固定于主梁上翼板上，调整端梁应使端梁上翼板两端的 A'、C'、B'、D' 四点水平度差及对角线 $A'D'$ 与 $B'C'$ 之差在规定的数值内，如图 10.45 所示。同时，穿过吊装孔立 T 形标尺，用水准仪测量调整，保证同一端梁弯板水平面的标高差及跨度方向标高差不超过规定数值，所有这些检查合格后，再进行定位焊。

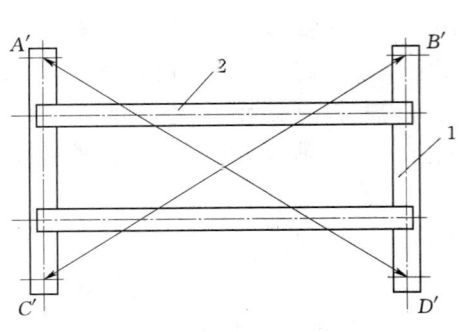

图 10.45 主梁与端梁组装
1—端梁；2—主梁

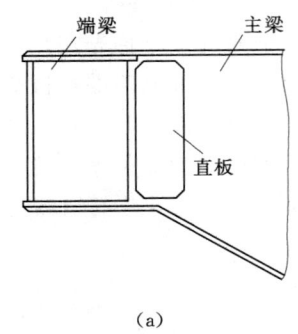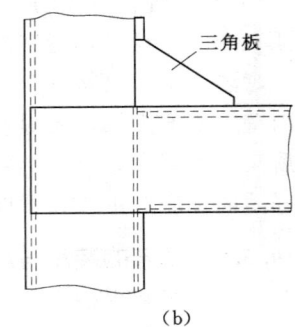

图 10.46 主梁与端梁焊接连接
(a) 直板连接；(b) 三角板连接

主梁与端梁采用的焊接连接方式有直板和三角板连接两种，如图 10.46 所示。主要焊缝有主梁与端梁上下翼板焊缝、直板焊缝或三角板焊缝。为减小变形与应力，应先焊上翼板焊缝，然后焊下翼板焊缝，再焊直板或三角板焊缝；先焊外侧焊缝，后焊内侧焊缝。

(2) 组装焊接走台。为减小桥架的整体变形，走台的斜撑与连接板（图 10.47）要按图样尺寸预先装配焊接成组件，再进行桥架组装焊接。组装时，按图样尺寸划走台的定位线，走台应与主梁上翼板平行，即具有与主梁一致的上挠曲线。装配横向水平角钢时，用水平尺找正，使外端略高于水平线定位焊于主梁腹板上，然后组装定位焊斜撑组件，再组装定位焊走台边角钢。走台边角钢应具有与走台相同的上挠度。走台板应在拼接宽的纵向焊缝完成后进行矫平，然后组装定位焊在走台上。整个走台

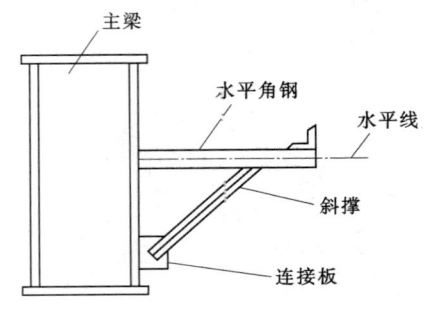

图 10.47 组装水平角钢

的焊缝焊接时，为减小应力变形，应选择好焊接顺序，水平外弯大的一侧走台应先焊，走台下部焊缝应先焊。

(3) 组装焊接小车轨道。小车轨道用电弧焊方法焊接成整体，焊后磨平焊缝。小车轨道应平直，不得扭曲和有显著的局部弯曲。轨道与桥架组装时，应预先在主梁的上翼板画出轨道位置线，然后装配，再定位焊轨道压板。为使主梁受热均匀，从而使下挠曲线对称，可由多名焊工沿跨度均匀分布，同时焊接。

桥式起重机桥架组装焊接后应全面检测，符合技术要求。

10.6 压力容器的生产工艺

10.6.1 压力容器的基本知识

压力容器是使用时能承受一定内压力作用的密闭容器，广泛用于石油化工、能源工业、科研和军事工业等方面；同时在民用工业领域也得到应用，如煤气或液化气罐、各种

蓄能器、换热器、分离器以及大型管道工程等。

1. 压力容器的分类

压力容器按其承受压力的高低分为常压容器和压力容器。两种容器无论在设计、制造方面，还是结构、重要性等方面均有较大的差别。按国家劳动部1990年5月颁发的《压力容器安全技术监察规程》的规定，其所监督管理的压力容器定义是指最高工作压力大于等于0.1MPa，容积大于或等于25L，工作介质为气体、液化气体或最高工作温度大于等于标准沸点的液体的容器。

压力容器的分类方法很多，主要的分类方法有以下两种。

(1) 按设计压力划分。可分为四个承受等级：

低压容器（代号 L）$0.1\text{MPa} \leqslant p < 1.6\text{MPa}$

中压容器（代号 M）$1.6\text{MPa} \leqslant p < 10\text{MPa}$

高压容器（代号 H）$10\text{MPa} \leqslant p < 100\text{MPa}$

超高压容器（代号 U）$p \geqslant 100\text{MPa}$

(2) 按综合因素划分。在承受等级划分的基础上，综合压力容器工作介质的危害性（易燃，致毒等程度），可将压力容器分为Ⅰ、Ⅱ和Ⅲ类。

1) Ⅰ类容器。一般指低压容器（Ⅱ、Ⅲ类规定的除外）。

2) Ⅱ类容器。属于下列情况之一者：①中压容器（Ⅲ类规定的除外）；②易燃介质或毒性程度为中度危害介质的低压反应容器和储存容器；③毒性程度为极度和高度危害介质的低压容器；④低压管壳式余热锅炉；⑤搪玻璃压力容器。

3) Ⅲ类容器。属于下列情况之一者：①毒性程度为极度和高度危害介质的中压容器和 $pV \geqslant 0.2\text{MPa} \cdot \text{m}^3$ 的低压容器；②易燃或毒性程度为中度危害介质且 $pV \geqslant 0.5\text{MPa} \cdot \text{m}^3$ 的中压反应容器或 $pV \geqslant 10\text{MPa} \cdot \text{m}^3$ 的中压储存容器；③高压、中压管壳式余热锅炉；④高压容器。

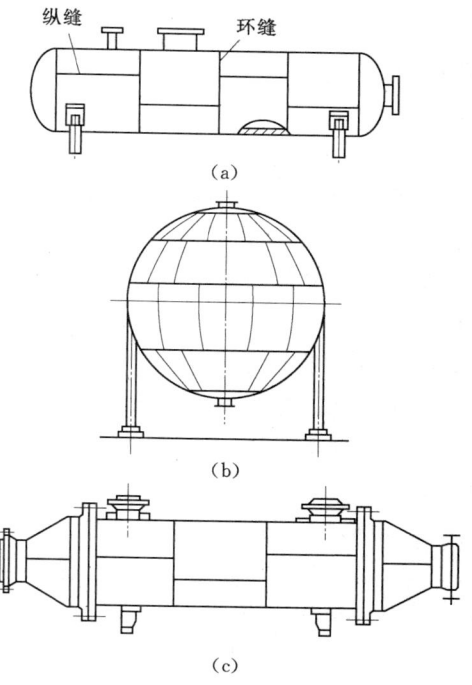

图 10.48 容器的典型形式
(a) 圆柱形；(b) 球形；(c) 圆锥形

2. 压力容器的结构特点

常见压力容器结构形式有圆柱形、锥形和球形三种，如图10.48所示。圆柱形和锥形容器在结构上大同小异，故这里只介绍圆柱形容器的结构特点。

(1) 筒体。筒体是压力容器最主要的组成部分，由它构成储存物料或完成化学反应所需要的大部分压力空间。当筒体直径较小（小于500mm）时，可用无缝钢管制作。当直径较大时，筒体一般用钢板卷制或压制（压成两个半圆）后焊接而成。

由于该焊缝的方向与筒体的纵向（即轴向）一致，故称纵焊缝。当筒体较短时可做成完整的一节。当筒体的纵向尺寸大于钢板的宽度时可由几个筒节拼接而成。由于筒节与筒节或筒体与封头之间的连接焊缝呈环形，故称为环焊缝。所有的纵、环焊缝焊接接头，原则上均采用对接接头。

(2) 封头。根据几何形状的不同，压力容器的封头可分为凸形封头、锥形封头和平盖封头三种，其中凸形封头应用最多。

1) 凸形封头包括椭圆形封头、碟形封头、无折边球面封头和半球形封头（图10.49）。

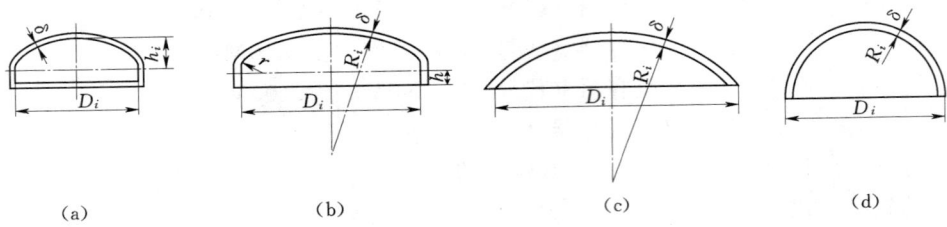

图 10.49　凸形封头
(a) 椭圆形封头；(b) 碟形封头；(c) 无折边球面封头；(d) 半球形封头

椭圆形封头的纵剖面呈半椭圆形，是目前应用最普遍的封头形式。一般采用长短轴比值为 2 的标准。

碟形封头又称为带折边的球形封头。它是由三部分组成：第一部分为内半径为 R_i 的球面；第二部分为高度为 h 的圆形直边；第三部分为连接第一、二部分的过渡区（内半径为 r）。该封头特点为深度较浅，易于压力加工。

无折边球面封头又称球缺封头。虽然它深度浅，容易制造，但球面与圆筒体的连接处存在明显的外形突变，使其受力状况不良。这种封头在直径不大、压力较低、介质腐蚀性很小的场合可考虑采用。

2) 锥形封头分为无折边锥形封头、大端折边锥形封头和折边锥形封头三种，如图10.50 所示。从应力角度上分析，锥形封头大端的应力最大，小端的应力最小。因此，其壁厚是按大端设计的。

锥形封头由于其形状上的特点，有利于流体流速的改变和均匀分布，有利于物料的排出，而且对厚度较薄的锥形封头来说，制造比较容易，顶角不大时其强度也较好，较适用于某些受压不高的石油化工容器。

3) 平盖封头的结构最为简单，制造也很方便，但在受压情况下平盖中产生的应力很大，因此，要求它不仅有足够的强度，还要有足够的刚度。平盖封头一般采用锻件，与筒体焊接或螺栓连接，多用于塔器底盖和小直径的高压及超高压容器。

(3) 法兰。法兰按其所连接的部分，分为管法兰和容器法兰。用于管道连接和密封的法兰叫管法兰；用于容器顶盖与筒体连接的法兰叫容器法兰。法兰与法兰之间一般加密封元件，并用螺栓连接起来。

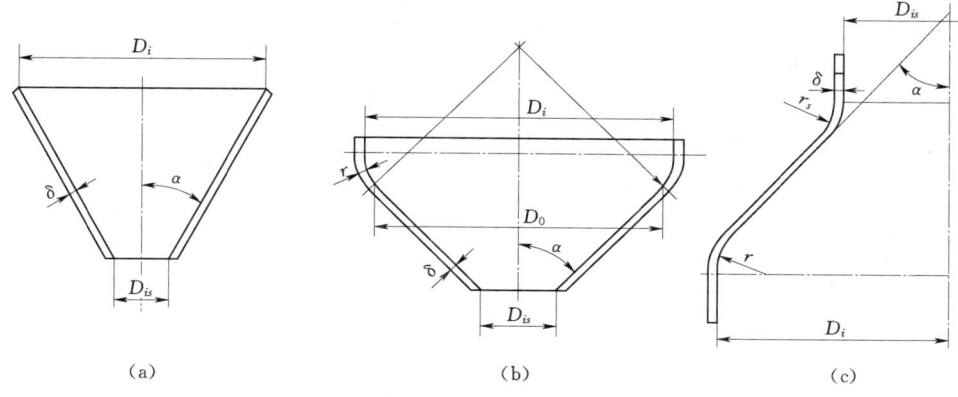

图 10.50 锥形封头
(a) 无折边锥形封头；(b) 大折边锥形封头；(c) 折边锥形封头

(4) 开孔与接管。由于工艺要求和检修时的需要，常在某些容器的封头上开设各种孔或安装接管，如人孔、手孔、视镜孔、物料进出接管，以及安装压力表、液位计、流量计、安全阀等接管开孔。

手孔和人孔是用来检查容器的内部并用来装拆和洗涤容器内部的装置。手孔的直径一般不小于 150mm。容器直径大于 1200mm 时应开设人孔。位于筒体上的人孔一般开成椭圆形，净尺寸为 300mm×400mm；封头部位的人孔一般为圆形，直径为 400mm。筒体与封头上开设孔后，开孔部位的强度被削弱，一般应进行补强。

(5) 支座。压力容器靠支座支承并固定在基础上。随着圆筒形容器的安装位置不同，有立式容器支座和卧式容器支座两类。对卧式容器主要采用鞍式支座，对于薄壁长容器也可采用圈座，如图 10.51 所示。

3. 压力容器制造的技术要求和技术条件

压力容器不仅是工业生产中常用的设备，同时也是一种比较容易发生事故的特殊设备。它与其他生产装置不同，压力容器一旦发生事故，不仅使容器本身遭到破坏，而且往往还诱发一连串的恶性事故，如破坏其他设备和建筑设施，危及人员的生命和健康，污染环境，给国民经济造成重大损失，其结果可能是灾难性的。所以，必须严格控制压力容器的设计、制造、安装、选材、检验和使用监督。目前，我国压力容器的生产厂家多半执行综合性的国家标准《钢制压力容器》（GB 150—1989），内容包括压力容器用钢标准及在不同温度下的许用应力，板、壳元件的设计计算，容器制造技术要求、检验方法与检验标准。为贯彻执行上列基础标准，各部门还制定了各种相关的专业标准和技术条件。

在 GB 150—1989 标准中规定，压力容器受压元件用钢应具有钢材质检证书，制造单位应按该质检证书对钢材进行验收，必要时尚应进行复检。把压力容器受压部分的焊缝按其所在的位置分为 A、B、C、D 四类，如图 10.52 所示。

(1) A 类焊缝。受压部分的纵向焊缝（多层包扎压力容器层板的层间纵向焊缝除外），各种凸形封头的所有拼接焊缝，球形封头与圆筒连接的环向焊缝以及嵌入式接管与圆筒或封头对接连接的焊缝，均属于此类焊缝。

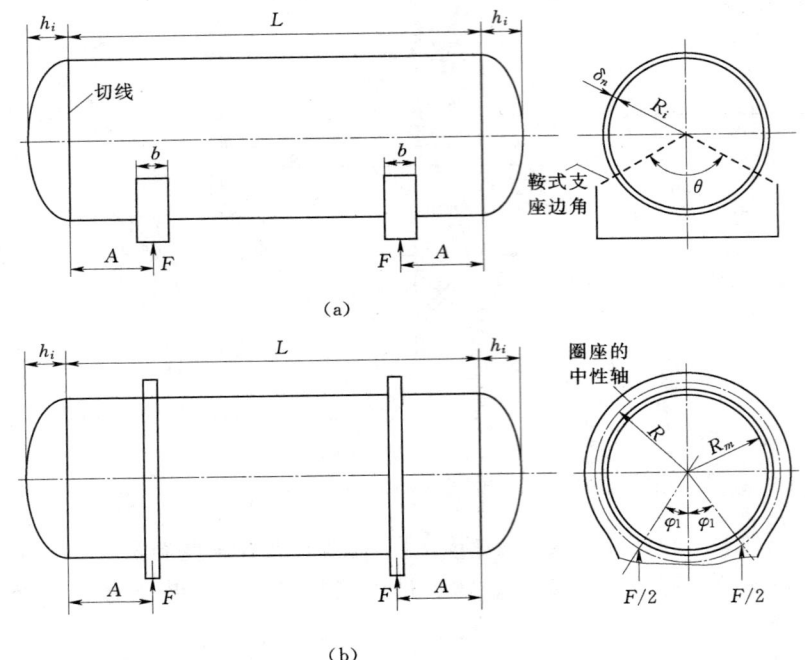

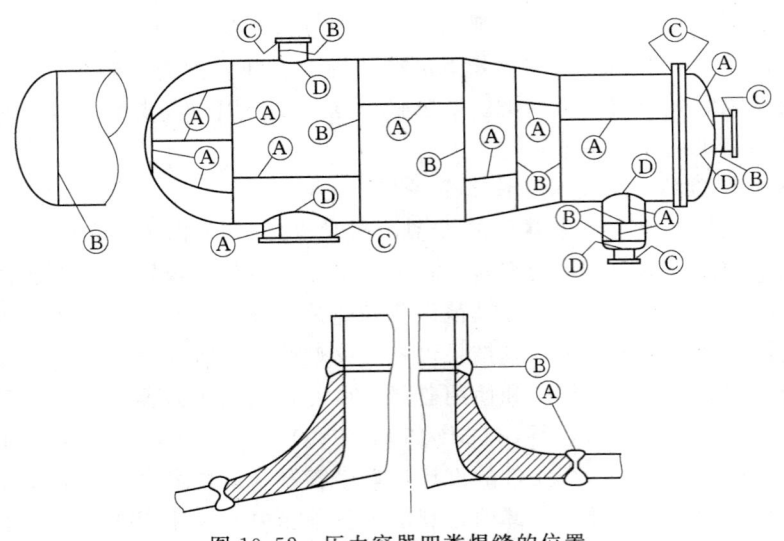

图 10.51　卧式容器典型支座
(a) 鞍形支座；(b) 圈形支座

图 10.52　压力容器四类焊缝的位置

(2) B 类焊缝。受压部分的环形焊缝、锥形封头小端与接管连接的焊缝均属于此类焊缝（已规定为 A、C、D 类的焊缝除外）。

(3) C 类焊缝。法兰、平封头，管板等与壳体、接管连接的焊缝，内封头与圆筒的搭接角焊缝以及多层包扎压力容器层板层纵向焊缝，均属于此类焊缝。

(4) D 类焊缝。拉管、人孔、凸缘等与壳体连接的焊缝，均属于此类焊缝（已规定为 A、B 类的焊缝除外）。

其他有关压力容器生产的技术规定可查阅有关标准。

10.6.2 中、低压容器的制造工艺

中、低压容器结构及制造较为典型，应用也最为广泛。这类容器一般为单层筒形结构，其主要受力元件是封头和筒体，现分析它的生产工艺。

1. 封头的制造

目前广泛采用冲压成形工艺加工封头。现以椭圆形封头为例说明其制造工艺。

封头制造工艺大致如下：原材料检验→画线→下料→拼缝坡口加工→拼板的装焊→加热→压制成形→二次画线→封头余量切割→热处理→检验→装配。

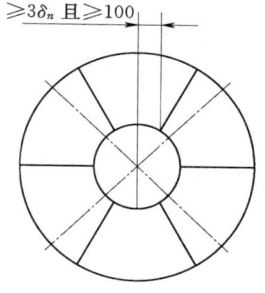

图 10.53 封头拼缝位置

椭圆形封头压制前的坯料是一个圆形，其坯料直径可按公式进行计算。坯料尽可能采用整块钢板，如直径过大，一般采用拼接。这里有两种方法：一种是用两块或由左右对称的三块钢板拼焊，其焊缝必须布置在直径或弦的方向上；另一种是由瓣片和顶圆板拼接制成，焊缝方向只允许是径向和环向的。径向焊缝之间最小距离应不小于名义厚度 δ_n 的 3 倍，且不小于 100mm，如图 10.53 所示。

封头拼接焊缝一般采用双面埋弧焊。

封头成形有热压和冷压之分。采用热压时，为保证热压质量，必须控制始压和终压温度。低碳钢始压温度一般为 1000～1100℃，终压温度为 850～750℃。加热的坯料在压制前应清除表面的杂质和氧化皮。封头的压制是在水压机（或油压机）上，用凸凹模一次压制成形，不需要采取特殊措施。

已成形的封头还要对其边缘进行加工，以便于筒体装配。一般应先在平台上划出保证直边高度的加工位置线，用氧气切割割去加工余量，可采用图 10.54 所示的封头余量切割机。此机械装备在切割余量的同时，可通过调整割炬角度直接割出封头边缘的坡口（V形），经修磨后直接使用；如对坡口精度要求高或其他形式的坡口，一般是将切割后的封头放在立式车床上进行加工，以达到设计图样的要求。封头加工完后，应对主要尺寸进行检查，合格后才可与筒体装配焊接。

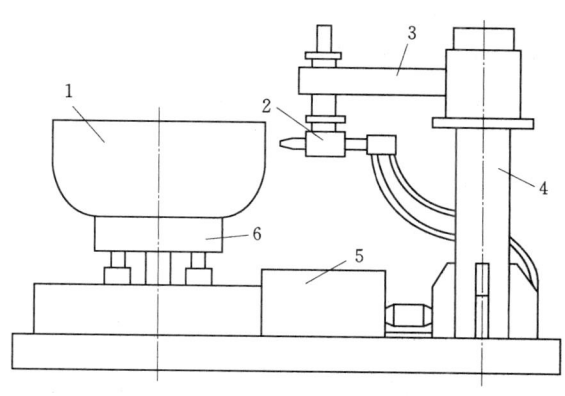

图 10.54 封头余量切割机示意图
1—封头；2—割炬；3—悬臂；4—立柱；
5—传动系统；6—支座

2. 筒节的制造

筒节的制造一般过程为：原材料检验→画线→下料→边缘加工→卷制→纵缝装配→纵

缝焊接→焊缝检验→矫圆→复检尺寸→装配。

筒节一般在卷板机上卷制而成,由于筒节的内径比壁厚要大许多倍,所以,筒节下料的展开长度 L,可用筒节的平均直径 D_p 来计算,即

$$L = 2\pi D_p$$
$$D_p = D_g + \delta \tag{10.4}$$

式中　D_g——筒节的内径;
　　　δ——筒节的壁厚。

筒节可采用剪切或半自动切割下料,下料前先画线,包括切割位置线、边缘加工线、孔洞中心线及位置线等,其中管孔中心线距纵缝及环缝边缘的距离不小于管孔直径的 0.8 倍,并打上样冲标记,图 10.55 为筒节画线示意图。这里需注意,筒节的展开方向应与钢板轧制的纤维方向一致,最大夹角也应小于 45°。

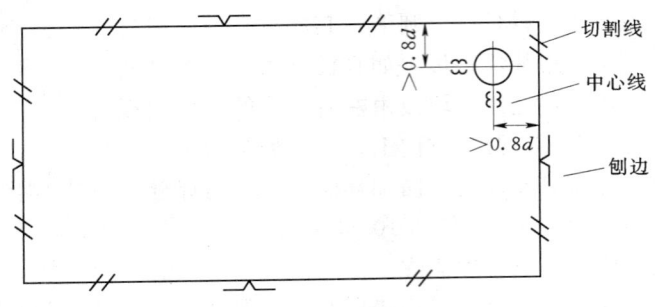

图 10.55　筒节的画线

中、低压压力容器的筒节可在三辊或四辊卷板机上冷卷而成,卷制过程中要经常用样板检查曲率,卷圆后其纵缝处的棱角、径纵向错边量应符合技术要求。

筒节卷制好后,在进行纵缝焊接前应先进行纵缝的装配,主要是采用杠杆—螺旋拉紧器、柱形拉紧器等各种工装夹具来消除卷制后出现的质量问题,满足纵缝对接时的装配技术要求,保证焊接质量。装配好后即进行定位焊。筒节的纵环缝坡口是在卷制前就加工好的,焊前应注意坡口两侧的清理。

筒节纵缝焊接的质量要求较高,一般采用双面焊,顺序是先里后外。纵缝焊接时,一般都应做产品的焊接试板;同时,由于焊缝引弧处和灭弧处的质量不好,故焊前应在纵向焊缝的两端装上引弧板和引出板,图 10.56 为筒节两端装上引弧板、焊接试板和引出板的情

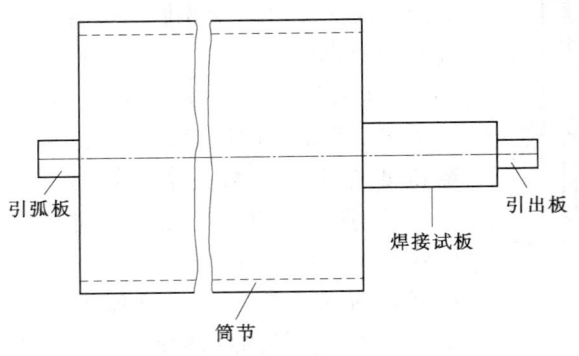

图 10.56　焊接试板、引弧板和引出板
　　　　　与筒节的组装情况

况。筒节纵缝焊接完后还须按要求进行无损探伤,再经矫圆,满足圆度的要求后才送入装配。

3. 容器的装配工艺

容器的装配是指各零部件间的装配，其接管、人孔、法兰、支座等的装配较为简单，下面主要分析筒节与筒节以及封头与筒节之间的环缝装配工艺。

筒节与筒节之间的环缝装配要比纵缝装配困难得多，其装配方法有立装和卧装两种。

(1) 立装适合于直径较大而长度不太长的容器，一般在装配平台或车间地面上进行。装配时，先将一筒节吊放在平台上，然后再将另一筒节吊装其上，调整间隙后，即沿四周定位焊，依相同的方法再吊装上其他筒节。

(2) 卧装一般适合于直径较小而长度较长的容器。卧装多在滚轮架或 V 形铁上进行。先把将要组装的筒节置于滚轮架上，将另一筒节放置于小车式滚轮架上，移动辅助夹具使筒节靠近，端面对齐。当两筒节连接可靠，将小车式滚轮架上的筒节推向滚轮架上，再装配下一筒节。

筒节与筒节装配前，可先测量周长，再根据测量尺寸采用选配法进行装配，以减少错边量；或在筒节两端内使用径向推撑器，把筒节两端整圆后再进行装配。另外，相邻筒节的纵向焊缝应错开一定的距离，其值在周围方向应大于筒节壁厚的 3 倍以上，并且不应小于 100mm。

封头与筒体的装配也可采用立装和卧装，当封头上无孔洞时，也可先在封头外临时焊上起吊用吊耳（吊耳与封头材质相同），便于封头的吊装。立装与前面所述筒节之间的立装相同；卧装时如是小批量生产，一般采用手工装配的方法，如图 10.57 所示。装配时，在滚轮架上放置筒体，并使筒体端面伸出滚轮架外 400~500mm，用起重机吊起封头，送至筒体端部，相互对准后横跨焊缝一些刚性不太大的小板，以便固定封头与筒体间的相互位置。移去起重机后，用螺旋压板等将环向焊缝逐段对准到适合的焊接位置，再用"Π形马"横跨焊缝并用定位焊固定。批量生产时，一般是采用专门的封头装配台来完成封头与筒体的装配。封头与筒体组装时，封头拼接焊缝与相邻筒节的纵焊缝也应错开一定的距离。

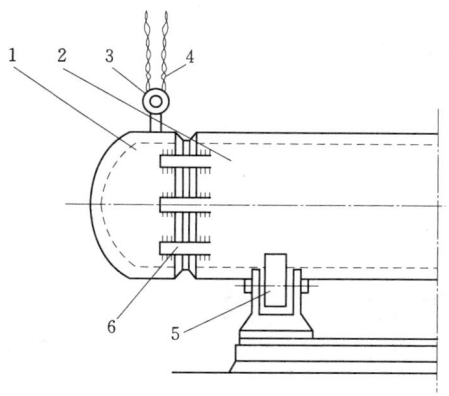

图 10.57 封头简易装配法
1—封头；2—筒体；3—吊耳；
4—吊钩；5—滚轮架；6—Π形马

4. 容器的焊接

容器环缝的焊接一般采用双面焊。采用在焊剂垫上进行双面埋弧焊时，经常使用的环缝焊剂垫有带式焊剂垫和圆盘式焊剂垫两种。带式焊剂垫[图 10.58 (a)]是在两轴之间的一条连续带上放有焊剂，容器直接放在焊剂垫上，靠容器自重与焊剂贴紧，焊剂靠容器转动时的摩擦力带动一起转动，焊接时需要不断添加焊剂。圆盘式焊剂垫是一个可以转动的圆盘装满焊剂放在容器下边，圆盘与水平面成 15°角，焊剂紧压在工件与圆盘之间，环缝位于圆盘最高位置，焊接时容器旋转带动圆盘随之转动，使焊剂不断进入焊接部位，如图 10.58 (b) 所示。

容器环缝焊接时，可采用各种焊接操作机进行内外缝的焊接，但在焊接容器最后一条环缝时，只能采用手工封底的或带垫板的单面埋弧焊。

容器的其他部件，如入孔、接管、法兰、支座等，一般采用焊条电弧焊焊接。容器焊接完以后，还必须用各种方法进行检验，以确定焊缝质量是否合格。对于力学性能试验、金相分析、化学分析等破坏性试验是用于对产品焊接试板的检验；而对容器本身焊缝则应进行外观检查、各种无损探伤、耐压及致密性试验等。凡检验出超过规定的焊接缺陷，都应进行返修，直到重新探伤后确认缺陷已全部清除才算返修合格。

10.6.3 球形容器的制造工艺

1. 球形容器的结构形式

球形容器一般称为球罐，它主要用来储存带有压力的气体或液体。

球罐按其瓣片形状分为足球瓣式、橘瓣式及混合式，如图10.59所示。橘瓣式球罐因安装较方便，焊缝位置较规则，目前应用最广泛。按球罐直径大小和钢板尺寸分为三带、四带、五带和七带橘瓣式球罐。足球瓣式的优点是所有瓣片的形状、尺寸都一样，材料利用率高，下料和切割比较方便，但大小受钢板规格的限制。混合式球罐的中部用橘瓣式，上极和下极用足球瓣式，常用于较大型球罐。一个完整的球体，往往需要数十或数百块的瓣片。

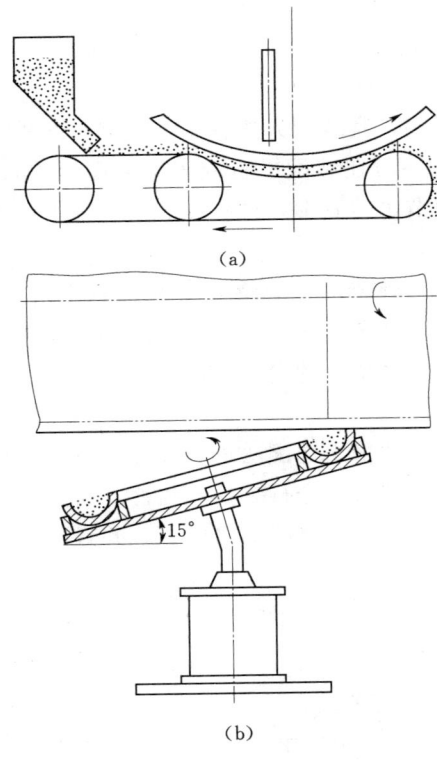

图 10.58 焊剂垫形式
(a) 带式焊剂垫；(b) 圆盘式焊剂垫

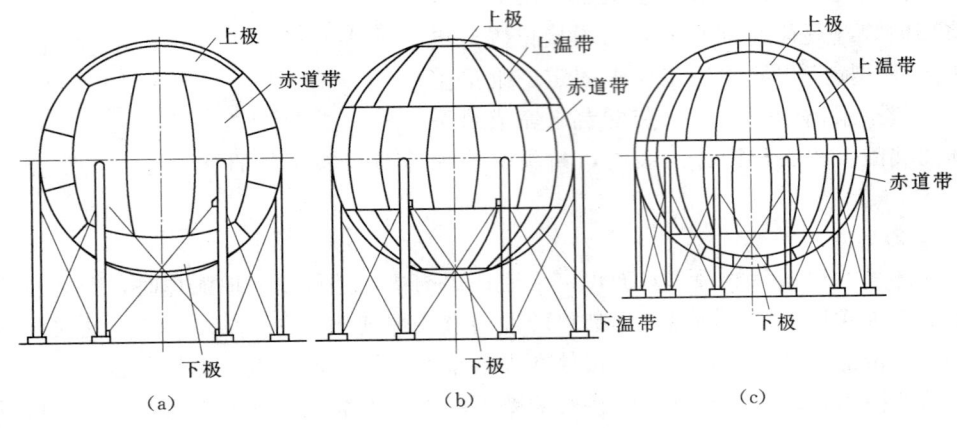

图 10.59 球罐形式
(a) 足球瓣式；(b) 橘瓣式；(c) 混合式

10.6 压力容器的生产工艺

2. 技术条件及其分析

球罐的各球瓣下料、坡口、装配精度等尺寸均要确保质量,这是保证球罐质量的先决条件。另外,由于工作介质和压力、环境的要求,且返修困难,故焊接质量要严格控制,要保证受压均匀。焊接变形也要严格控制,这必须有合适的工夹具来配合及正确的装焊顺序。

一般球罐多在厂内预装,然后将零件编号,再到工地上组装焊接。球罐的焊缝多数采用焊条电弧焊,要求焊工的技术水平较高,并要有严格的检验制度,对每一生产环节都要认真对待。

3. 球罐的制造工艺

(1) 瓣片制造。球瓣的下料及成形方法较多。由于球面是不可展曲面,因此多采用近似展开下料。通过计算(常用球心角弧长计算法),放样展开为近似平面,然后压延成球面,再经简单修整即可成为一个瓣片,此法称为一次下料。还可以按计算周边适当放大,切成毛料,压延成形后进行二次画线,精确切割,此法称为二次下料法。如果采用数学放样,数控切割,可大大提高精度与加工效率。

对于球瓣的压形,一般直径小、曲率大的瓣片采用热压;直径大、曲率小的瓣片采用冷压。压制设备为水压机或油压机等。冷压球瓣采用局部成形法。具体操作方法是:钢板由平板状态进入初压时不要压到底,每次冲压坯料一部分,压一次移动一定距离,并留有一定的压延重叠面,这可避免工件局部产生过大的突变和折痕。当坯料返程移动时,可以压到底。

(2) 支柱制造。球罐支柱形式多样,以赤道正切式应用最为普遍。

赤道正切支柱多数是管状形式,小型球罐选用钢管制成;大型球罐由于支柱直径大而长,所以用钢板卷制拼焊而成。如考虑到制造、运输、安装的方便,大型球罐的支柱制造时分成上、下两部分,其上部支柱较短。上、下支柱的连接,是借助一短管,使安装时便于对拢。

支柱接口的划线、切割一般是在制成管状后进行。画线前应先进行接口放样制样板,其画线样板应以管子外壁为基准。支柱制好后要按要求进行检查,合格后还要在支柱下部的地方,约离其端部 1500mm 处取假定基准点,以供安装支柱时测量使用。

(3) 球罐的装焊。球罐的装配方法很多,现场安装时,一般采用分瓣装配法。分瓣装配法是将瓣片或多瓣片直接吊装成整体的安装方法。分瓣装配法中以赤道带为基准来安装的方法运用得最为普遍。赤道带为基准的安装顺序是先安装赤道带,以此向两端发展。它的特点是由于赤道带先安装,其重力直接由支柱来支承,使球体利于定位,稳定性好,辅助工装少。图 10.60 所示是橘瓣式球罐分瓣装配法中以赤道带为基准的装配流程简图。

装配时,在基础中心一般都要放一根中心柱(图 10.61)作为装配和定位的辅助装置。

它由 $\phi 300 \sim 400$ mm 的无缝钢管制成,分段用法兰连接。装赤道板时,用以拉住瓣片中部,用花篮螺钉调节并固定位置。温带球瓣可先在胎具上进行双拼,胎具制成与球瓣具有相同形状的曲面。

胎具分两种:正曲胎,胎具制成凸形,用于球瓣外缝的焊接;反曲胎,胎具制成凹

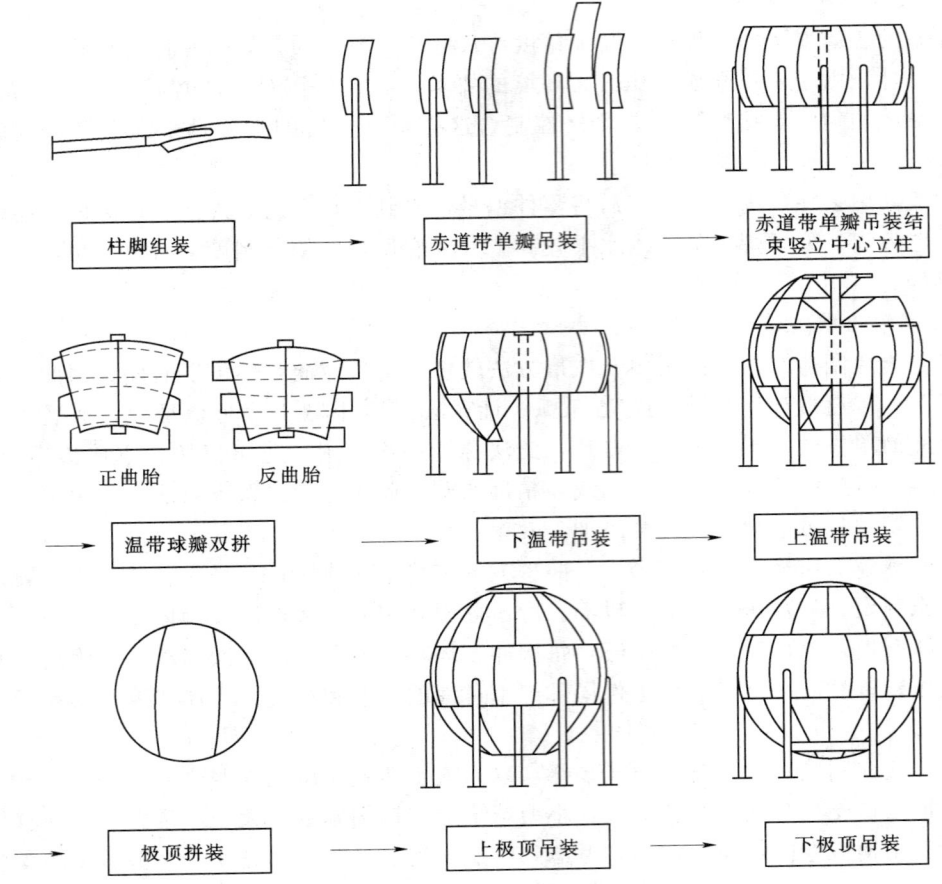

图 10.60 球罐的装配流程图（橘瓣式球罐）

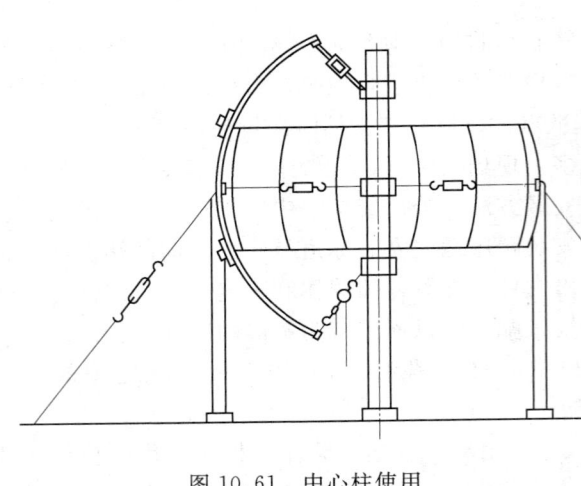

图 10.61 中心柱使用

形，用于球瓣内缝的焊接。装下温带时，先把下温带板上口挂在赤道板下口，再夹住瓣片下口，通过钢丝绳吊在中心柱上（图 10.61）。钢丝绳中间加一倒链装置，把温带板拉起到所需位置。装上温带时，它的下口搁在赤道板上口，再用固定在中心柱上的顶杆顶住它的上口，通过中间的双头螺柱调节位置。也可以在中心柱上面做成一个倒伞形架，上温带板上口就搁在其上。温带板都装好后，拆除中心柱。

球罐制造时，一般装焊交替进行，其安装、焊接及焊后的各项工作为：支柱组合→吊装赤道板→吊装下温带板→吊装上温带板→装里外脚手→赤道纵缝焊接→下温带纵缝焊接→上温带纵缝焊接→赤道下环缝焊接→赤道上环缝焊接→上极板安装→上极板环缝焊接→下极板安装→下极板环缝焊接→射线探伤和磁粉探伤（赤道带焊接结束即可穿插探伤）→水压试验→磁粉探伤→气密性试验→热处理→油漆、包保温层→交货。

球罐的焊接大多数情况下采用焊条电弧焊完成，焊前应严格控制接头处的装配质量，并在焊缝两侧进行预热。同时，应按国家标准进行焊接工艺评定，焊工也须取得合格证书。现场焊接时，要参照有关条例严格控制施焊环境。焊缝坡口形式为：一般厚18mm以下的板采用单面V形坡口，厚20mm以上的板采用不对称X形坡口。一般赤道和下温带环缝以上焊缝，大坡口在里，即里面先焊；下温带环缝及以下的焊缝，大坡口在外，即外面先焊。焊接材料的干燥、发放和使用均按该材料和压力容器焊接的要求执行。纵缝焊接时，每条焊缝要配一名焊工同时焊接。如焊工不够，可以间隔布置焊工，分两次焊接。环缝则按焊工数均匀分段，但层间焊接接头应错开，打底焊应采用分段退焊法。

焊条电弧焊焊接球罐工作量大，效绪率低，劳动条件差。因此，一直在探索应用机械化焊接方法，现已采用的有埋弧焊、管状丝极电渣焊、气体保护电弧焊等。

（4）球罐的焊后热处理 球罐焊后一般进行整体退火处理。

10.7 船舶及舾装件的焊接工艺

10.7.1 船体结构的类型及特点

船舶是一座水上浮动结构物，而作为其主体的船体则由一系列板架相互连接而又相互支持构成的（图10.62）。

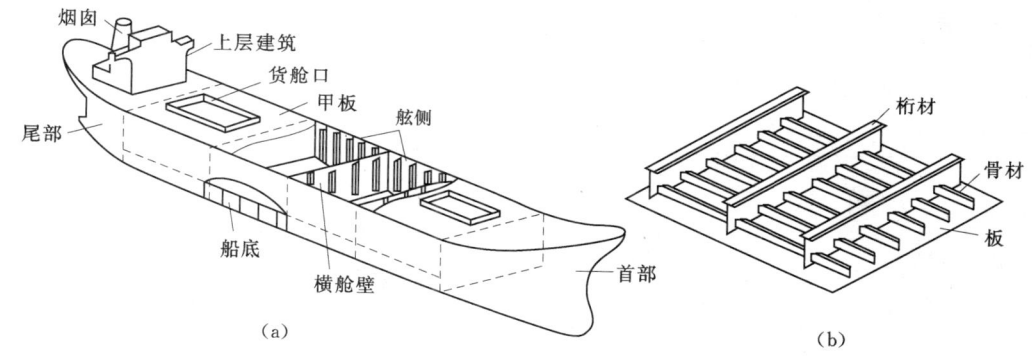

图10.62 船体结构的组成及其板架简图
(a) 船体结构简图；(b) 板架结构简图

1. 船舶板架结构的类型及使用范围

船体板架结构可分为纵骨架式、横骨架式及混合骨架式三种，其特征和使用范围见表10.11。

2. 船体结构的特点

船体结构与其他焊接结构相比，具有以下特点：

表 10.11　　　　　　　　　　　　船体板架结构的类型及特征

板架类型	结　构　特　征	适　用　范　围
纵骨架式	板架中纵向（船长方向）构件较密、间距较小，而横向（船宽方向）构件较稀、间距较大	大型油船的船体、大中型货船的甲板和船底、军用船舶的船体
横骨架式	板架中横向构件较密、间距较小，而纵向构件较稀、间距较大	小型船舶的船体，中型船舶的舷侧、甲板，民船的首尾部
混合骨架式	板架中纵、横向构件的密度和间距相差不多	除特种船舶外，很少使用

（1）零部件数量多。1 艘万吨级货船的船体其零部件数量在 2 万个以上。

（2）结构复杂、刚性大。船体中纵、横构架相互交叉又相互连接，使整个船体成为一个刚性的焊接结构。一旦某一焊缝或结构不连续处衍生微小的裂纹，就会快速地扩展到相邻构件，造成部分结构乃至整个船体发生破坏。

（3）钢材的加工量和焊接工作量大。各类船舶的船体结构重量和焊缝长度列于表 10.12，焊接工时一般占船体建造总工时的 30%～40%。因此，设计时要考虑结构的工艺性，同时也要考虑采用高效焊接的可能性，并尽量减少焊缝的长度。

表 10.12　　　　　　　　　　　各类船舶的船体钢材重量和焊缝长度

船种 \ 项目	载重量 /t	主尺度/m			船体钢材 重量/t	焊缝长度/km		
		长	宽	深		对接	角接	合计
油船	88000	226	39.4	18.7	13200	28	318	346
油船	153000	268	53.6	20.0	21900	48	437	485
汽车运输船	16000	210	2.2	27.0	13000	38	430	468
集装箱船	27000	204	31.2	18.9	11100	28	331	359
散装货船	63000	211	31.8	18.4	9700	22	258	280

（4）使用的钢材品种少各类船舶所使用的钢材见表 10.13。

表 10.13　　　　　　　　　　　　各类船舶的使用钢材种类

船　舶　类　型	使　用　钢　种	备　　注
一般中小型船舶	船用碳钢	—
大中型船舶、集装箱船和油船	船用碳钢 $\sigma_s=320\sim400\mathrm{MPa}$ 船用高强钢	用于高应力区构件
化学药品用船	船用碳钢和高强钢、奥氏体不锈钢、双相不锈钢	用于货舱
液化气船	船用碳钢和高强钢，低合金高强钢 0.5Ni、3.5Ni、5Ni 和 9Ni 钢，36Ni，5083-0 铝合金	用于全压式液罐、半冷半压和全冷式液罐和液舱

10.7.2　船体结构焊接的工艺原则

1. 船体结构焊接顺序的基本原则

船体结构庞大，需要分段进行焊接。所谓焊接顺序就是减小结构变形，降低焊接残余

应力,并使其分布合理的按一定次序进行的过程。船体结构焊接顺序的基本原则是:

(1) 船体外板、甲板的拼缝,一般应先焊横向焊缝(短焊缝),然后焊纵向焊缝(长焊缝),如图10.63所示。对具有中心线且左右对称的构件,应左右对称地进行焊接,避免构件中心线产生移位。

(2) 对接焊缝和角接焊缝同时存在,应先对接焊后角接焊。立焊缝和平焊缝同时存在时,应先立焊后平焊。所有焊缝应采取由中间向左右,由下往上的焊接顺序。

(3) 凡靠近总段和分段合拢处的板缝和角焊缝应留出200~300mm,暂时不焊,以利船台装配对接,待分段、总段合拢后再进行焊接。

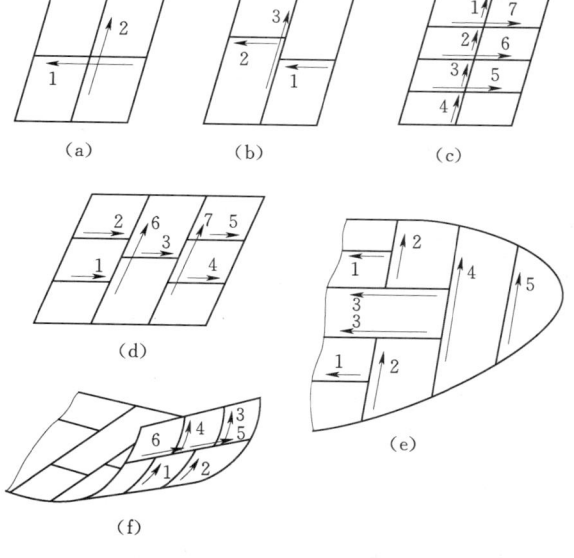

图10.63 拼板接缝的焊接顺序

(4) 焊条电弧焊时,焊缝长度小于1000mm时,可采用直通焊;焊缝长度大于1000mm时,采用分段退焊法。

(5) 在结构中同时存在厚板与薄板构件时,先将收缩量大的厚板进行多层焊,后将薄板进行单层焊。多层焊时,各层的焊接方向最好相反,各层焊缝的接头应相互错开。

(6) 刚性大的焊缝,如立体分段的对接焊缝,焊接过程不应间断,应力求迅速连续完成。

(7) 分段接头呈T形和十字形交叉时,对接焊缝的焊接顺序是:T字形对接焊缝可采用直接先焊好横焊缝(立焊),后焊纵焊缝(横焊),如图10.64(a)所示。也可以采用图10.64(b)所示的顺序,先在交叉处各留出200~300mm,留在最后焊接,这可防止在交叉部位由于应力过大而产生裂纹。同样,十字形对接焊缝的焊接顺序如图10.64(c)所示,横缝错开的T字形交叉焊缝的焊接顺序,如图10.64(d)所示。

(8) 船台大合拢时,先焊接总段中未焊接的外板、内底板、舷侧板和甲板等的纵焊缝,同时焊接靠近大接头处的纵横构架的对接焊缝,然后焊接大接头环形对接焊缝,最后焊接构架与船体外板的连接角焊缝。

2. 工艺守则

在船体结构的焊接过程中,焊工应该遵守以下几项守则:

(1) 凡担任船结构焊接的电焊工,必须按我国《钢质海船入级与建造规范》(英文简称《ZC船规》),以及相对应的国外船检局(如NK、GL、ABS等)规则进行考试(包括定位焊的焊工),并取得合格证。

(2) 为了保证焊透和避免产生弧坑等缺陷,在埋弧焊焊缝两端应安装引弧板和引出板,其尺寸最小为150mm×150mm,厚度与焊件相同。

(3) 当环境温度低于-5℃,施焊一般强度钢的船体主要结构(船体外板和甲板的接

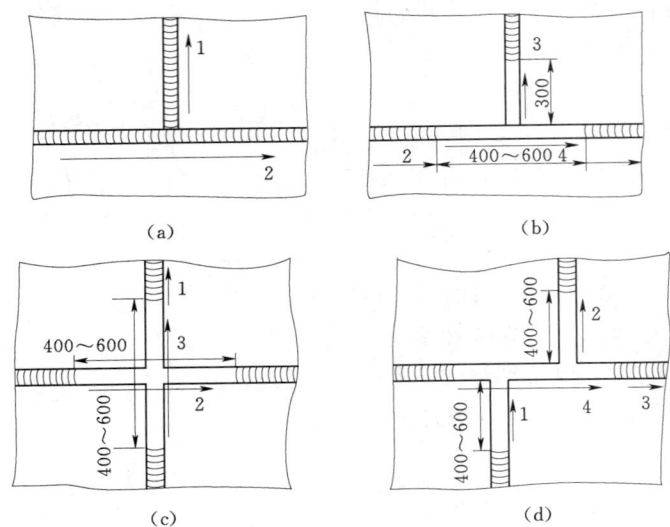

图 10.64 T 字形、十字形交叉对接焊缝的焊接顺序示意图

缝、艉柱、挂舵臂等）时，均需进行预热，预热温度一般为 100℃ 左右。

（4）所有对接焊缝（包括 T 形构件的面板、腹板）正面焊好后，反面必须清根，未出现金属光泽的不得焊接。

（5）各分段结构产生的焊接缺陷和焊接变形，应在修正和矫正完毕后，再吊上船台。

（6）焊条、焊剂等材料的烘焙、发放应按有关技术要求严格执行，一次使用不得超过 4h，而且回收烘焙只允许重复二次。

（7）在焊接时，不允许在焊缝的转角处或焊缝交叉处起弧或收弧，焊缝的接头应避开焊缝交叉处。引弧应在坡口中进行，严禁在焊件上缘引弧。

（8）装配使用的定位焊条必须与焊工施焊焊条牌号相同。

（9）当构件连续角焊缝与拼接焊缝相交时，可采取如下工艺措施：①可将相交部分焊缝打平，但不允许该处焊缝呈突变的缺口。②允许在构件腹板上开 R30mm 半圆孔或长形孔 60mm×4mm。让平焊缝增强量高出部分通过，而施行角焊时将长孔填满。③当构件要求水密时，其腹板上开长 60mm、高 3mm、剖面削斜 45°的长形孔，即使平焊缝增高部分通过，又能保证施焊角焊缝焊透。④当构件穿越液舱时，应采取隔水孔或其他等效措施，距水密边界两侧各 100mm 处构件开 R40mm 的半圆孔，保证半圆孔处有良好的包角，孔与水密边界之间加大角焊缝焊脚尺寸 10%。

（10）按《ZC 船规》规定，一般船体结构中对下列部位在包角焊缝的规定长度内应采用双面连续的角焊缝：①肋板趾端的包角焊缝长度应不小于连接骨材的高度，且不小于 75mm；②型钢端部，特别是短型钢的端部削斜时，其包角焊缝的长度应为型钢的高度或不小于削斜长度；③各种构件的切口、切角和开孔的端部处和所有相互垂直连接构件的垂直交叉处的板厚大于 12mm 时，包角焊缝的长度应不小于 75mm，板厚小于或等于 12mm 时，其包角焊缝长度应不小于 50mm。

包角焊操作时，包角焊缝应有和顺的过渡，焊脚尺寸不能小于设计尺寸，在构件的端部更不能以点焊代替。

（11）焊接时，对以下船体结构和构件，按《ZC 船规》规定，应采用低氢型焊条：①船体大合拢时的环形对接焊缝和纵桁材对接焊缝；②具有冰区加强级的船舶，其外板的端接缝和边接焊缝；③桅杆、吊货杆、吊艇架、拖钩架和系缆桩等承受强大载荷的舾装件及其所有承受高应力的零部件；④要求具有较大刚度的构件，如艏框架、艉框架和艉轴架等，及其与外板和船体骨架的接缝；⑤主机基座以及与其相连接的构件；⑥用低合金钢材建造的所有船体焊缝；⑦船长大于 90m 的舷顶列板与强力甲板边板在舯 0.5L 区域内的角焊缝；⑧蒸汽锅炉及一、二类受压容器。

（12）当焊接 D、E 级高强度船体结构用钢时，严格按 D、E 级钢焊接的操作要求执行。

（13）按《ZC 船规》规定，船体主要结构中的平行焊缝应保持一定距离。对接焊缝之间的平行距离应不小于 100mm，且避免尖角相交；对接焊缝与角焊缝之间的平行距离应不小于 50mm，如图 10.65 所示。

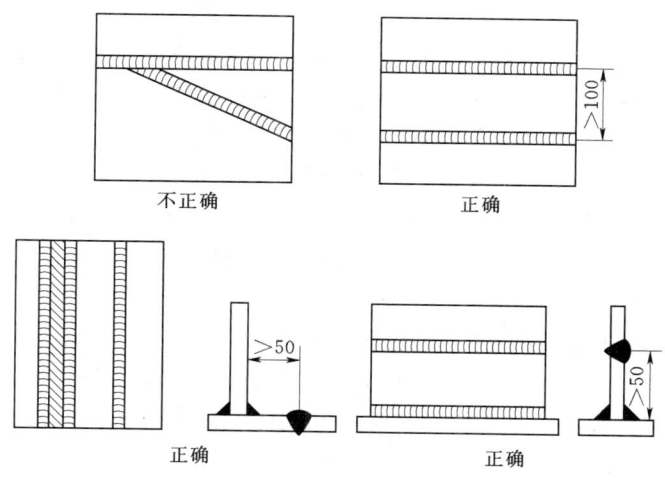

图 10.65　焊缝之间的平行距离

10.7.3　整体造船中的焊接工艺

整体造船法只有在起重能力小、不能采用分段造船法和中小型船厂才使用，一般适用于吨位不大的船舶。

整体造船法，就是直接在船台上由下至上，由里至外先铺全船的龙骨底板，然后在龙骨底板上架设全船的肋骨框架、舱壁等纵横构架，最后将船板、甲板等安装于构架上，待全部装配工作基本完毕后，才进行主船体结构的焊接工作。这种整体造船法的焊接工艺是：

（1）先焊纵横构架对接焊缝，再焊船壳板及甲板的对接焊缝，最后焊接构架与船壳板及甲板的连接角焊缝。前两者也可同时进行。

（2）船壳板的对接焊缝应先焊船内一面，然后外面碳刨扣槽封底焊。甲板对接焊缝可先焊船内一面（仰焊），反面刨槽进行平对接封底焊或采用埋弧焊。也可以采用外面先焊平对接，船内刨槽仰焊封底。两种方法各有利弊，一般采用后者较多，因后者易保证质量，减轻劳动强度。或者直接采用先进的单面焊双面成形工艺（包括焊条电弧焊和CO_2气体保护焊）。

（3）按船体结构顺序的基本原则要求，船壳板及甲板对接缝的焊接顺序是：若是交叉接缝，先焊横缝（立焊），后焊纵缝（横焊）；若是平列接缝，则应先焊纵缝，后焊横缝。

（4）船艏板缝的焊接顺序应待纵横焊缝焊完后，再焊船艏柱与船壳板的接缝。

（5）所有焊缝均采用由船中向左右，由中向艏艉，由下往上的焊接，以减少焊接变形和应力，保证建造质量。

复 习 思 考 题

1. 焊接工艺制定的内容有哪些？制定的原则是什么？
2. 焊接方法应如何选择？
3. 焊接参数应如何选择？
4. 焊接热参数包括哪些内容？作用是什么？应如何选择？
5. 桥式起重机的桥架由哪些主要部件组成？各部件的结构有什么特点？
6. 分析桥工起重机主梁及端梁制造的工艺要点。
7. 压力容器有哪些类型？Ⅰ、Ⅱ、Ⅲ类压力容器是如何划分的？
8. 圆筒形压力容器有哪些主要部件？为什么压力容器制造必须严格执行国家标准？
9. 分析中、低压压力容器各主要部件的装焊工艺要点。
10. 分析球形容器的制造工艺。
11. 制定船体结构焊接顺序的基本原则有哪些？
12. 在船体结构的焊接过程中，遇到坡间隙过大时，应采取哪些措施补救？
13. 当构件连续角焊缝与已焊完的拼接缝相交时，应采用什么工艺措施？

第 11 章 焊接缺陷与质量控制

11.1 焊 接 缺 陷

焊接缺陷是指由焊接过程在焊接接头中发生的金属不连续、不致密或连接不良的现象。

焊接结构（件）中一般都存在缺陷，缺陷的存在将影响焊接接头的质量，例如，气孔首先影响焊缝的致密性，其次减小焊缝的有效面积，显著降低焊缝的强度和韧性；而裂纹的危害比气孔更为严重，因为裂纹两端的缺口效应会造成严重的应力集中，很容易引起扩展，形成宏观裂纹或整体断裂。因此焊接缺陷的存在将直接影响到焊接结构的安全使用。但是，要获得无缺陷的焊接接头在技术上是相当困难的，也是不经济的。焊接缺陷的种类很多，各类缺陷的形态不同，对接头质量的影响也不相同。因此根据焊接结构（件）使用的场合不同，对其质量要求也不一样，有些结构（件）的焊接接头中允许有一定数量和一定尺寸的缺陷存在；而有些重要结构（件）则不允许存在任何缺陷。

评定焊接接头质量优劣的依据是缺陷的种类、大小、数量、形态、分布及危害程度。焊接接头中的缺陷，可通过补焊来修复，或者铲除焊道后重新焊接，有的直接作为报废的依据。

1. 焊接缺陷的分类

焊接缺陷的种类很多，有熔焊产生的缺陷，也有压焊、钎焊产生的缺陷，但这里只介绍熔焊缺陷。

根据《金属熔化焊焊缝缺陷分类及说明》（GB/T 6417.1—2005）可将熔焊缺陷分为以下六类：第一类裂纹；第二类孔穴；第三类固体夹杂；第四类未熔合和未焊透；第五类形状缺陷；第六类其他缺陷。

上述六类缺陷的名称见表 11.1。

2. 焊接缺陷的特征及分布

表面焊接缺陷可以直接观察到；而焊缝的内部缺陷是看不到的，只有用无损探伤的方法才可以发现。因此，了解焊接缺陷的特征及分布规律是检查和判断焊接缺陷性质和种类的基础。

（1）焊接裂纹的特征及分布。焊接裂纹具有尖锐的缺口和长宽比大的特点，是焊接结构中最危险的缺陷。

1) 按裂纹的外观形态和产生的部位来分，各种裂纹的特征和分布见表 11.2。

表 11.1　　　　　　　　　　熔焊接头中常见缺陷及名称

分类	名称	分类	名称
裂纹	横向裂纹	形状缺陷	咬边
	纵向裂纹		焊瘤
	弧坑裂纹		下塌
	枝状裂纹		下垂
	放射状裂纹		烧穿
	间断裂纹		未焊满
	微观裂纹		角焊缝凸度过大
孔穴	球形气孔		角变形
	均布气孔		错边
	局部密集气孔		焊角不对称
	链状气孔		焊缝超高
	条形气孔		焊缝宽度不齐
	虫形气孔		焊缝表面粗糙
	表面气孔		焊缝表面不平滑
固体夹杂	夹渣	其他缺陷	电弧擦伤
	焊剂或熔剂夹渣		飞溅
	氧化物夹渣		钨飞溅
	皱褶		定位焊缺陷
	金属夹渣		表面撕裂
未熔合和未焊透	未熔合		层间错位
			打磨过量
			凿痕
	未焊透		磨痕

表 11.2　　　　　　　　按外观形态划分的裂纹特征和分布

名称	特征	分布
横向裂纹	裂纹长度方向与焊缝轴线相垂直	焊缝、热影响区和母材中
纵向裂纹	裂纹长度方向与焊缝轴线相平行	
弧坑裂纹	形态有横向、纵向或星状	焊缝收弧弧坑处

2) 按裂纹产生的温度范围来分, 各种裂纹的特征和分布见表 11.3。

表 11.3　　　　　　　　按温度范围划分的裂纹特征和分布

名称	特征	分布
热裂纹	发生在晶界处, 形成温度较高, 与空气接触的开口表面呈深蓝色或天蓝色	焊缝表面或内部
冷裂纹	在较低温度下形成, 表面光亮	热影响区

(2) 气孔的特征及分布。气孔是指焊接时，熔池中的气泡在凝固时未能逸出而残留下来所形成的空穴。气孔可分为密集气孔、条虫状气孔和针状气孔等。焊缝中的气孔主要有氢气孔、氮气孔和一氧化碳气孔。气孔有时单个出现，有时成堆地聚集在局部区域。气孔的特征及分布见表 11.4。

表 11.4 气孔的特征与分布

名 称	特 征	分 布
氢气孔	断面形状多为螺丝形，从焊缝表面上看呈圆喇叭形，内壁光滑	出现在焊缝表面上
氮气孔	与蜂窝相似，常成堆出现	出现在焊缝表面上
CO 气孔	表面光滑，像条虫状	出现在焊缝内部，沿结晶方向分布

(3) 夹渣。夹渣是指焊后残留在焊缝中的焊渣。其形状有线状、长条状、颗粒状及其他形状等。主要发生在坡口边缘和每层焊道之间非圆滑过渡的部位，在焊道形状发生突变或存在深沟的部位也容易产生夹渣。

(4) 未熔合和未焊透。未熔合主要发生在坡口的侧壁、多层焊的层间及焊缝的根部；未焊透常出现在单面焊的坡口根部及双面焊的坡口钝边。

3. 常用焊接结构（件）及其焊缝质量等级

焊接结构（件）被广泛应用于核工业、航空航天、石油、化工、汽车、船舶、桥梁等各个领域，其种类繁多。由于焊接结构（件）使用的环境、条件不同，对其质量的要求也不相同。根据焊缝射线探伤时所要达到的质量等级，将焊接结构（件）进行分类。表 11.5 为常用焊接结构（件）的类型及其质量等级。

表 11.5 常用焊接结构（件）的类型及其质量等级

焊接结构（件）类型	检 验 方 法	焊缝质量等级
核容器、航空航天器件、化工设备中的重要构件等	1. 外观检验； 2. 射线探伤； 3. 压力试验	Ⅰ级
锅炉、压力容器、球罐、化工机械、潜水器、起重机等	1. 外观检查； 2. 射线或超声波探伤； 3. 磁粉或渗透探伤； 4. 压力试验	Ⅱ级
船体、公路钢桥、液化气钢瓶	1. 外观检查； 2. 射线或超声波探伤； 3. 致密性试验	Ⅲ级
一般不重要结构	外观检查	Ⅳ级

4. 焊接常见缺陷

(1) 焊缝表面尺寸不符合要求。

1) 焊缝形状及尺寸。焊缝参数主要包括焊缝宽度、余高、熔深、焊缝厚度、焊缝成形系数等，如图 11.1 所示。

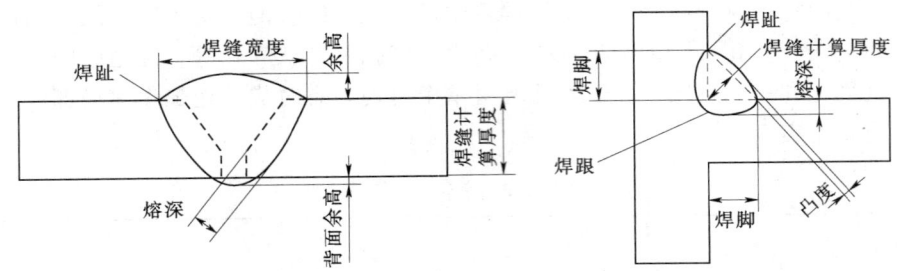

图 11.1　焊缝形状及参数示意图

　　a. 焊缝表面与母材的交界称作焊趾，两焊趾之间的距离称焊缝宽度。

　　b. 余高是焊接完成以后，超出母材表面连线上面的那部分焊缝金属的最大高度。在静载下余高具有一定的加强作用，又称加强高。但在动载荷或交变载荷作用下，它非但起不到加强作用，反而因焊趾处应力集中易于脆断，故余高不能低于母材但也不能太高，一般取 0～3mm。

　　c. 熔深是在焊接接头横截面上母材熔化的深度。当填充金属材料一定时，熔深的大小决定了焊缝的化学成分。一般情况下，熔深不足，焊道窄余高大，容易造成未焊透、夹渣、焊瘤和冷裂纹等问题；焊缝熔深大，焊道宽余高大，容易造成烧穿、咬边、夹钨、气孔、热裂纹等缺陷。

　　d. 焊缝厚度是焊缝横截面中，焊缝正面到背面的距离。

　　e. 焊脚是角焊缝的横截面中，从一个焊件上的焊趾到另一个焊件表面的最小距离。

　　f. 焊缝成形系数 GB/T 375—1994 中定义为：熔焊时，在单道焊缝横截面上焊缝宽度（B）与焊缝计算厚度（H）的比值（$\varphi=B/H$）焊缝成形系数小时形成窄而深的焊缝，在焊缝中心由于区域偏析会聚集较多的杂质，抗热裂纹性能差，所以形成系数值不能太小，如自动埋弧焊时焊缝的成形系数要大于 1.3，即焊缝的宽度至少为焊缝计算厚度的 1.3 倍。

　　2）焊缝表面尺寸不符合要求。焊缝宽窄不齐、焊缝表面高低不平、尺寸过大或过小、角焊缝单边以及焊脚尺寸不符合要求等，主要是由于焊件坡口角度不对，装配间隙不均匀，焊接速度不当或运条手法不正确，焊条和角度选择不当或改变大多等会造成该种缺陷。选择适当的坡口角度和装配间隙，正确选择焊接工艺参数，特别是焊接电流，采用恰当的运条方法和角度，可保证焊缝成形均匀一致。

　　（2）焊接裂纹。焊接件中最常见的一种严重缺陷。金属的焊接性中包括了两大类问题：一类是焊接引起的材料性能变坏，使焊件失掉了材料原来特有的性能，如不锈钢焊后失掉其耐蚀性等；另一类是在焊接接头或其附近的母材内产生裂纹和气孔等缺陷。裂纹影响焊接件的安全使用，是一种非常危险的工艺缺陷。焊接裂纹不仅发生于焊接过程中，有的还有一定潜伏期，有的则产生于焊后的再次加热过程中。焊接裂纹根据其部位、尺寸、形成原因和机理的不同，可以有不同的分类方法。按裂纹形成的条件，可分为热裂纹、冷裂纹、再热裂纹和层状撕裂等四类。

　　1）热裂纹的防止方法。控制焊缝中的有害杂质的含量（即碳、硫、磷的含量），减少熔池中低熔点共晶体的形成；预热，以减低冷却速度，改善应力状况；采用具有较强脱硫、脱磷能力的碱性焊条；控制焊缝形状，尽量避免窄而深的焊缝；采用收弧板，将弧坑引至焊件外面，即使发生弧坑裂纹也不影响焊件本身。

2) 冷裂纹的防止方法。焊前按规定严格烘干焊条、焊剂，减少氢的来源；采用低氢型碱性焊条和焊剂；焊接淬硬性较强的低合金高强度钢时采用奥氏体不锈钢焊条；焊前预热；后热（即焊后立即将焊件进行加热和保温、缓冷的工艺措施）使焊接接头中的氢有效地逸出；但后热温度低不能消除应力；适当增加焊接电流，减慢焊接速度，以减慢热影响区冷却速度，防止淬硬组织的形成。

3) 再热裂纹的防止方法。防止再热裂纹，首先是控制母材中铬、钼、钒等合金元素的含量。然后减少结构钢焊接残余应力。最后在焊接过程中采取减少焊接应力的工艺措施，使用小直径焊条、小参数焊接等。

4) 层状撕裂的防止方法。防止层状撕裂的措施是严格控制钢材的含硫量，在与焊缝相连接的钢材表面预先堆焊几层低强度焊缝和采用强度级别较低的焊接材料。

(3) 气孔。气孔是焊接时熔池中的气泡在熔池金属凝固时未能逸出残存下来形成的空穴，防止方法主要是焊缝两侧各 10～20mm 内仔细清除焊件表面上的铁锈等污物；焊条焊剂在焊前按规定严格烘干。并存放在保温桶内，随取随用；采用合适的焊接工艺参数，用碱性焊条时一定要短弧焊。

(4) 咬边。咬边是因焊接参数选择不当或操作工艺不正确，沿焊趾的母材部位产生的沟槽或凹陷，防止方法有是选择正确的焊接电流及焊接速度，电弧不能拉得太长，掌握正确的运条方法和运条角度。

(5) 未焊透。未焊透是焊接接头根部未完全熔透的现象，防止方法是正确选用和加工坡口尺寸，保证必须的装配间隙，正确选用焊接电流和焊接速度，认真操作，防止焊偏等。

(6) 未熔合。熔焊时，焊道与母材之间或焊道与焊道间，未完全熔化结合的部分叫未熔合，可通过加强层间清渣，正确选择焊接电流，注意焊条摆动等措施防止。

(7) 塌陷。单面熔化焊时，由于焊接工艺选择不当，造成焊缝金属过量透过背面，而使焊缝出现正面塌陷、背面凸起的现象称为塌陷。塌陷往往是因为装配间隙或焊接电流过大造成的。

(8) 夹渣。焊后残留在焊缝中的熔渣称为夹渣，采用具有良好工艺性能的焊条，正确选用焊接电流和运条速度，焊接坡口角度不宜过小，多层焊时认真做好清渣工作等可防止夹渣缺陷产生。

(9) 焊瘤。焊接过程中，熔化金属流淌到焊缝之外未熔化的母材上所形成的金属瘤，可通过正确选择焊接工艺参数、灵活调整焊接角度、严格控制熔池温度等措施防止焊瘤产生。

(10) 凹坑。焊后在焊缝表面或焊缝背面形成的低于母材表面的局部低洼部分叫凹坑。背面的凹坑通常叫内凹。凹坑会减少焊缝的工作截面。电弧拉得过长，焊条倾角不当和装配间隙过大等都会导致凹坑。

(11) 烧穿。烧穿是焊接过程中，对焊件加热过甚，熔化金属自坡口背面流出，形成穿孔的缺陷。正确选择焊接电流和焊接速度，严格控制焊件的装配间隙可防止烧穿。另外，还可以采用衬垫、焊剂垫或使用脉冲电流防止烧穿。

11.2 焊接检验概述

焊接检验在焊接结构生产中占有重要地位，其作用主要表现在以下三个方面。

（1）确保焊接结构的制造质量通过焊接检验可以控制各生产阶段和控制焊接缺陷，防止废品产生，避免不合格产品出厂。

（2）降低产品成本由于焊接检验贯穿于焊接生产的全过程，这就可能避免出现产品最后报废的现象，大大减少了原材料和工时的浪费，以及因拖延工期而带来的经济损失，无疑会带来显著的社会效益和经济效益。

（3）促使焊接技术的广泛应用由于有焊接检验的可靠保证，可促使焊接技术的应用更加广泛。

焊接检验包括对焊接结构生产过程的检验和对焊接接头的检验。焊接接头的检验可分为非破坏性检验和破坏性检验两大类。

非破坏性检验又称无损检验，是不损坏被检材料或成品的性能与完整性而检测其缺陷的方法。破坏性检验是从焊件上切取试样，或以产品的整体破坏做试验，以检查其各种力学性能、化学成分或焊接性等的试验方法。

焊接检验的分类及方法如图11.2所示。

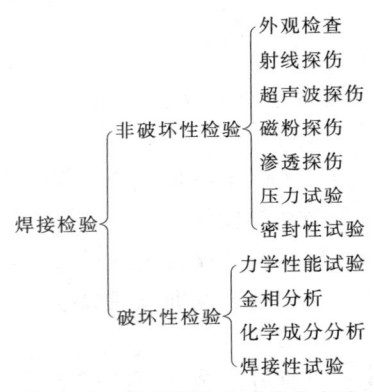

图 11.2 焊接检验的分类及方法

1. *焊接接头破坏性检验*

（1）力学性能试验。用于对接接头的检验，一般是指对焊接试板进行拉伸、弯曲、冲击、硬度和疲劳等试验。焊接试样板的材料、坡口形式、焊接工艺等均同于产品的实际情况。

（2）焊接接头的金相分析。焊接接头的金相分析是通过检验焊缝、热影响区、母材的金相组织，确定内部缺陷，其检验可分为宏观检验和微观检验两种。

1）宏观检验。在焊接试板上截取试样，经过刨削、打磨、抛光、浸蚀和吹干，用肉眼或低倍放大镜观察，以检验焊缝的金属结构及检验未焊透、夹渣、气孔、裂纹、偏析焊接缺陷等。

2）微观检验。将试样的金相磨片放在显微镜下观察，以检验金属的显微组织和缺陷，必要时可把金相组织通过照片制成金相照片。

（3）焊接金属的化学分析。焊缝金属的化学分析是检验焊缝金属的化学成分。通常用直径6mm的钻头，从焊缝中或堆焊层上钻取50～60g。碳钢焊缝分析的元素有碳、锰、硅、硫、磷；合金钢或不锈钢焊缝分析铬、钼、钒、铁、镍、铝、铜等元素。必要时还要分析焊缝中的氢、氧或氮的含量。

（4）焊接性试验。评定母材焊接性的试验称为焊接性试验。例如，焊接裂纹、接头力学性能和接头腐蚀试验等。由于焊接裂纹是焊接接头中最危险的缺陷,所以用得最多的是焊接裂纹试验。通过焊接性试验,选择适用的母材作为焊接材料,确定合适的焊接工艺参数,包括焊接电流、焊接速度以及预热温度等。

2. 焊接接头非破坏性检验

焊接接头非破坏性检验又称无损检验,是指在不破坏被检查焊件的性能和完整性的条件下检测缺陷的方法。

(1) 外观检查。外观检查是用肉眼或不超过 30 倍的放大镜对焊件进行检查,用以判断焊接接头外表的质量。它能测定焊缝的外形尺寸和鉴定焊缝有无气孔、咬边、焊瘤、裂纹等表面缺陷,是一种最简单而不可缺少的检查手段。

(2) 射线探伤。利用 X 射线或 γ 射线在穿透被检物各部分时强度衰减的不同,检测被检物中缺陷的一种无损检测方法。

X 射线是在高真空状态下用高速电子冲击阳极靶而产生的。γ 射线是放射性同位素在原子蜕变过程中放射出来的。两者都是具有高穿透力、波长很短的电磁波。被测物体各部分的厚度或密度因缺陷的存在而有所不同。当 X 射线或 γ 射线在穿透被检物时,射线被吸收的程度也将不同。若将受到不同程度吸收的射线投射在 X 射线胶片上,经显影后可得到显示物体厚度变化和内部缺陷情况的照片 (X 射线底片)。这种方法称为 X 射线照相法。如用荧光屏代替胶片直接观察被检物体,称为透视法。如用光敏元件逐点测定透过后的射线强度而加以记录或显示,则称为仪器测定法。

不同厚度的物体需要用不同能量的射线来穿透,因此要分别采用不同的射线源。例如,由 X 射线管发出的 X 射线(当电子的加速电压为 400kV 时),放射性同位素 ^{60}Co 所产生的 γ 射线和由 20MeV 直线加速器所产生的 X 射线,能穿透的最大钢材厚度分别约为 90mm、230mm 和 600mm。

(3) 超声波探伤。利用材料及其缺陷的声学性能差异对超声波传播的影响来检验材料内部缺陷的无损检验方法。现在广泛采用的是观测声脉冲在材料中反射情况的超声脉冲反射法,此外还有观测穿过材料后的入射声波振幅变化的穿透法等。常用的频率在 0.5～5MHz 之间。

超声波在介质中传播时有多种波型,检验中最常用的为纵波、横波、表面波和板波。用纵波可探测金属铸锭、坯料、中厚板、大型锻件和形状比较简单的制件中所存在的夹杂物、裂缝、缩管、白点、分层等缺陷;用横波可探测管材中的周向和轴向裂缝、划伤、焊缝中的气孔、夹渣、裂缝、未焊透等缺陷;用表面波可探测形状简单的制件上的表面缺陷;用板波可探测薄板中的缺陷。

(4) 磁粉探伤。通过磁粉在缺陷附近漏磁场中的堆积以检测铁磁性材料表面或近表面处缺陷的一种无损检测方法。

将待测物体置于强磁场中或通以大电流使之磁化,若物体表面或表面附近有缺陷(裂纹、折叠、夹杂物等)存在,由于它们是非铁磁性的,对磁力线通过的阻力很大,磁力线在这些缺陷附近会产生漏磁。当将导磁性良好的磁粉(通常为磁性氧化铁粉)施加在物体上时,缺陷附近的漏磁场就会吸住磁粉,堆集形成可见的磁粉痕迹,从而把缺陷显示出来。

(5) 渗透探伤。渗透探伤是利用毛细现象检查材料表面缺陷的一种无损检验方法。

渗透探伤包括荧光法和着色法。荧光法是将含有荧光物质的渗透液涂覆在被探伤件表面，通过毛细作用渗入表面缺陷中，然后清洗去表面的渗透液，将缺陷中的渗透液保留下来，进行显像。典型的显像方法是将均匀的白色粉末撒在被探伤件表面，将渗透液从缺陷处吸出并扩展到表面。这时，在暗处用紫外线灯照射表面，缺陷处发出明亮的荧光。着色法与荧光法相似，只是渗透液内不含荧光物质，而含着色染料，使渗透液鲜明可见，可在白光或日光下检查。一般情况下，荧光法的灵敏度高于着色法。这两种方法都包括渗透、清洗、显像和检查四个基本步骤。

根据从被探伤件上清洗渗透液的方法，渗透探伤的荧光法和着色法又可分别分为水洗型、后乳化型和溶剂去除型三种。

常用的渗透探伤方法有着色渗透探伤、荧光渗透探伤、水洗型渗透探伤、溶剂去除渗透探伤。干式显像渗透探伤、湿式显像渗透探伤，实际探伤时经常是将几种不同方法的组合应用。例如，水洗型、溶剂去除型的渗透剂组合，既可以使用干式显像也可以用湿式显像。

表 11.6 列出了四种常用检验方法的特点及应用。

表 11.6　　　　　　　　　　　四种探伤方法的特点与应用

探伤方法	特　点	应　用
射线探伤	直观性强、准确度高、可靠性好，且底片可长期保存；但设备较复杂、成本较高、并需要严密防护	金属与非金属材料的内部缺陷，例如，焊缝中的气孔、裂纹、夹渣等
超声波探伤	灵敏度高、设备轻巧、操作方便、检测速度快、成本低且对人无害；但无法对缺陷进行准确定性与准确定量	金属与部分非金属材料的内部缺陷，例如，焊缝中的气孔、裂纹、夹渣等
磁粉探伤	成本低、操作灵活、结果可靠	铁磁性材料（碳钢、普通低合金钢等）表面或近表面缺陷，例如，坡口表面裂纹、焊缝表面与近表面裂纹、气孔、夹渣等
渗透探伤	设备简单、操作容易、成本低，缺陷显示直观；但探伤剂有毒，操作时需要防护	金属与非金属材料表面开口缺陷

11.3　焊前的质量控制

随着焊接技术的发展，焊接加工在工业生产、交通运输、建筑结构等许多领域得到了广泛应用。由于焊接结构（如压力容器、航空航天器、原子能工程等）的工作条件的日益苛刻，因此确保焊接结构的高质量是至关重要的。否则，运行中出现事故必将造成惨重的损失。诚然，新的焊接方法、新的焊接工艺和新的焊接材料的应用，已能在很大程度上保证其产品质量，但由于焊接接头性能的不均匀性、应力分布的复杂性、制造过程中又无法做到绝对不产生焊接缺陷。因此为生产出高质量的产品，必须在生产的不同环节和不同阶段，遵循一定的管理程序和管理制度，并采用各种检测手段进行检测，以确保产品质量。

11.3 焊前的质量控制

现代焊接工程管理思想认为:"焊前准备得好,等于已经完成了一半。"这充分说明焊前质量控制的重要性。焊前质量控制包括以下内容。

金属材料是制造焊接结构(件)的基础材料,也是焊接的对象,同时还是选择焊接方法和制定焊接工艺的依据。金属材料的质量直接关系到产品的质量与安全,因此必须首先对其进行严格的验收,必要时应对其材质和性能进行复验,确认合格后方能入库和使用。

1. 金属材料的检查

(1) 验收金属材料入库时,一般按钢厂的质量证明书进行验收,其各项指标均应符合国家标准或订货技术条件的规定。

金属材料验收的主要项目为:牌号、规格、数量、批号、炉号、化学成分和力学性能以及表面质量。验收合格的材料方能入库。

(2) 复验一般情况下金属材料不需要复验,而在下列情况下需要对材料进行重新试验:①无质量检验证明书的材料;②新材料;③重要产品的母材(如高压容器等);④材料质量证明书与实物明显不符。

检验金属材料的试验方法主要有化学分析、无损探伤、各种力学性能试验、工艺试验、焊接性试验等。

至于重新试验的比例、项目、数量以及评定方法等均应根据具体情况和要求,按有关标准和规程执行。

(3) 投料前的检查项目为保证金属材料使用的正确性,投料时应检查以下项目:①投料单据。该单据是材料发放出库的凭证,投料前应检查该材料投料生产号是否与所焊产品生产号一致;材料牌号、规格是否符合图样规定。否则,应办理材料代用或更改材料手续。②实物标记。金属材料的实物标记应清楚、齐全,有入厂检验编号,金属材料的牌号、规格应与投料单据相符,与图样要求一致。③实物表面质量。金属材料表面不应有裂纹、分层及超过标准规定的凹坑、划伤等缺陷。④标记移植。按图样和工艺要求,在投料和划线的同时,必须进行标记移植,以便在生产过程中区分部分材料的用处。

2. 焊接材料的检验

焊接材料是指焊接时使用的焊条、焊丝、焊剂和保护气等,焊接材料的正确选择、管理和使用,是保证焊接质量的基本条件。应根据国家和行业标准及出厂要求对焊条、焊丝及焊剂进行严格检查验收。此外,在焊接材料投入生产时,还应检查以下项目。

(1) 核对焊接材料的选用是否正确焊接材料的出库领用,应根据领料单核对焊接材料的牌号,是否符合图样或技术条件规定,审查焊接材料的规格是否符合工艺文件规定。

(2) 核对焊接材料实物标记检查包装标记或焊接材料本身标记,焊接材料的牌号和规格应符合选用要求。如焊条尾部牌号标记或涂色标记;焊丝盘挂牌或写字、涂色标记等。

(3) 检查焊接材料的表面质量焊条、焊丝表面应无油污、无铁锈,焊条药皮无开裂、脱落及霉变等。

(4) 检查焊接材料的工艺性处理是否符合要求如焊条和焊剂的烘干温度及保温时间、焊丝除锈及酸洗处理、保护气体的预热和干燥处理等。

3. 焊件备料的检验

焊件备料包括放样、画线、下料、加工坡口和成形等过程。

(1) 放样、画线、下料的质量检查。放样、画线是焊前极重要的一项工作，不仅工作量大，而且要求操作者和检查员要有较高的识图能力和细心负责的工作态度，一旦出错，将直接造成下料尺寸的错误，造成毛坯报废。

一般主要从以下几个方面进行检查：

1) 尺寸和形状根据图样进行检查。

2) 公差按要求检查尺寸公差是否在规定值内。

3) 排料检查排料方向是否合理；材料利用率要达到最高。

4) 标记移植进厂的每张钢板上一般只有一个原始标记（材料的牌号、规格、炉号、批号等），若需将其分成若干块时，则必须先将原始标记正确无误地移植到将要分离的各个零件上，以免误用和错用。这是压力容器和其他重要产品质量保证的一个重要环节。

上述内容检查无误后，用剪切或气割的方法进行下料。下料后根据有关标准或技术要求检查切口或气割面质量。

(2) 坡口质量检查。坡口质量检查主要是检查坡口形状、尺寸与表面粗糙度是否符合要求，可用焊接检验尺和样板测量坡口面角度、钝边尺寸及根部半径，如图 11.3 所示；检查坡口清理情况（坡口及其附近不应有毛刺、熔渣、油污、铁锈等杂质）及坡口面探伤（σ_s>392MPa 或 Cr-Mo 低合金钢焊件坡口面进行探伤，发现裂纹要及时去除）。

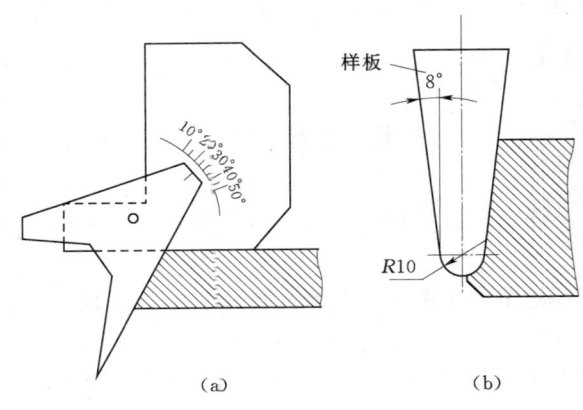

图 11.3　测量坡口加工的形状和尺寸
(a) 测量坡口角度 (30°)；(b) 用样板测量坡口形状

(3) 成形加工的质量检查。焊接产品中有许多零件需要进行成形加工，如冲压、弯曲、折边等。对这些零件的形状和尺寸主要依据图样要求及相关技术标准，采用成形样板和检验尺进行检查，如图 11.4、图 11.5 所示。

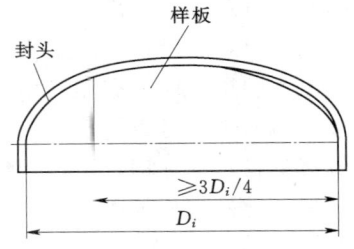

图 11.4　用成形样板检查容器封头内表面的形状偏差

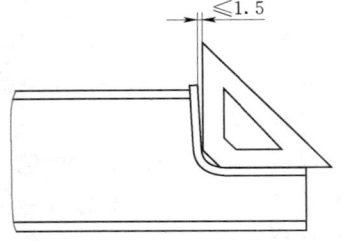

图 11.5　用样板检查桥架端梁弯板的形状偏差

另外，零件在成形加工过程中有可能出现裂纹、表面压伤，热成形件可能出现严重氧化、减薄超差等缺陷。检查中要引起充分重视，必要时应配合无损探伤等方法配合检验。

4. 焊件装配质量的检验

焊件的装配质量对焊接质量有重要影响，因此焊接前应对以下装配质量进行检验，具体内容是：

(1) 装配结构的检验。对装配结构主要是检验零件之间的相对位置、焊缝位置及坡口。

零部件的相对位置和它们的空间角度应符合图样及有关标准的规定，但需要注意的是，检验焊接结构的装配尺寸要充分考虑焊接变形的影响，不能一味地按图样要求来检查。例如，T形接头或角接接头的两板夹角应放大 2.5°～3°，以防焊接后因收缩变形使角度变小，采用反变形的平对接两板间的装配角度也是如此，这是焊接结构装配尺寸检验的特殊性。

焊缝的分布及其位置应符合图样和工艺拼接图的规定。例如，压力容器环缝装配后，应检查相邻筒节的纵缝错开量是否符合要求，一般错开量应大于 3 倍的筒节壁厚，且不小于 100mm。

坡口组装后的形状、间隙、错边量和方位都应符合要求。其测量方法如图 11.6、图 11.7 所示，并且要将其边缘的油污、铁锈和杂质清理干净。

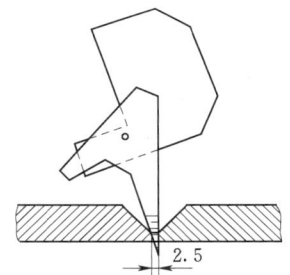

图 11.6　用焊接检验尺
测量坡口间隙

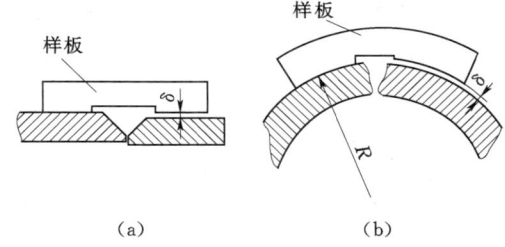

图 11.7　用样板测量坡口错边
(a) 平板对接错边量的测量；(b) 用圆弧样板测量错边

(2) 装配工艺的检验。装配工艺的检验主要是检验定位焊预热和装配顺序。低合金高强度钢和铬钼耐热钢的定位焊缝施焊时应按工艺规定进行预热，以防产生表面裂纹。装配顺序应符合工艺规定。如果焊接结构中有隐藏焊缝或阻碍焊接和检验的零件时，应在完成内藏焊缝的焊接和检验工作后，再继续组装。以压力容器为例，在最后一条环缝装配之前，应特别注意检查那些应该装入的内件是否已经焊装、检查完毕，因为有些内件在最后一条环缝封死以后再也无法装入了。这方面的质量事故在一些工厂并不罕见，因此要引起足够重视。

(3) 定位焊缝质量的检验。当定位焊缝作为正式焊缝的一部分时，其质量和检验方式应与正式焊缝相同，定位焊缝不允许有裂纹、夹渣、气孔等焊接缺陷，如发现缺陷应及时消除；定位焊所用的焊接材料应与正式焊缝一致；锅炉、压力容器等重要产品的定位焊缝，应由经过专业考试并取得合格证的焊工施焊。

5. 焊工资格检查

焊工的操作技术水平是决定焊缝质量的重要因素。焊工操作技术差，会在焊缝中造成各种焊接缺陷,其至使焊接接头性能恶化。因此对重要的焊接结构。例如,锅炉、压力容器等的焊接,必须由经过专业考试并取得合格证的焊工施焊。

焊工资格检查主要是检查以下内容:

(1) 焊工合格证是证明焊工操作技术水平的有效凭证,只有取得相应等级的合格证的焊工,才有资格上岗焊接。

(2) 检查有效期从焊工考试合格之日起计算有效期,超过有效期或在有效期内中断焊接工作的,应重新进行考试,合格后才允许继续上岗焊接。

(3) 检查考试项目、检查焊接方法和焊接位置与焊接产品的一致性;检查考试钢材和焊接材料与产品的一致性;检查试样形式、规格与焊接产品的一致性。考试项目与产品不符者,不能上岗焊接。

11.4　焊接过程中的质量控制

焊接过程不仅仅是焊缝的形成过程,还包括焊接时的环境条件、焊接工艺参数的执行情况、焊接预热、焊接后热等,这些因素都会对接头质量造成影响。

1. 焊接环境的检查

焊接环境对焊接质量有较大影响。例如,过低的环境温度,会使焊件与焊缝之间的温差增大,因而增加了焊缝金属的冷却速度,有可能使材料变脆,在焊接应力作用下出现裂纹;雨雪天气或湿度过大时,由于焊接区水分较多而使焊缝容易出现气孔;风力较大时会影响焊条电弧焊及气体保护焊的保护效果等。而在许多情况下,焊接工作是在露天条件下进行的,如桥梁、大型储罐、长距离输油(气)管道的施工等,焊接质量在很大程度上受季节、地理位置及天气情况的影响。因此有关标准对焊接环境做出具体规定。

例如,《钢制压力容器》(GB 150—1998)中规定,当施焊环境出现以下任一情况,且无有效防护措施时,禁止施焊。

(1) 雨雪天气。

(2) 相对湿度大于90%。

(3) 焊条电弧焊时风速大于10m/s。

(4) 气体保护焊时风速大于2m/s。

气温对焊接过程也有一定影响,且与材料的性能,特别是焊接性有关,上述标准规定:当焊接温度低于0℃时,应在施焊范围内预热到15℃左右。

在现场施焊条件下,不同性能的钢材其允许焊接的最低温度规定为:低碳钢,-20℃;低合金结构钢,-10℃;中、高合金钢,0℃。

2. 焊接规范执行情况的检查

不同焊接方法要求监控的焊接工艺参数各不相同。

(1) 焊条电弧焊焊接工艺的检查。焊条电弧焊的焊缝质量在很大程度上取决于焊工的操作技术,因而对焊接工艺参数要求不严格。通常只规定各层的焊条型号和直径,电源种类和极性。而对焊接电流只规定一个范围,焊工可以根据自己的经验,在该范围之内选择合适的焊接电流。

（2）埋弧焊焊接规范的检查。埋弧焊需要检查的焊接工艺参数较多，主要有焊接电流、电弧电压、焊接速度、焊丝直径和伸出长度等。焊接电流和电弧电压可直接从电流表和电压表上读出；焊接速度则由牵引焊车的一对齿轮的传动比决定，只要检查所选用齿轮的齿数是否符合对应的速度即可。当采用滚轮架组焊环缝时，则要检查滚轮架转速下该直径环缝的线速度是否符合要求。

（3）气体保护焊焊接工艺参数的检查。气体保护焊的种类较多，需要监控的工艺参数也有差别，除各自对应于焊条电弧焊和埋弧焊相同的参数外，各种气体保护焊所共同需要检查的参数是保护气体的流量和混合气体的配比。

3. 预热的检查

预热是减少焊接应力的重要工艺措施。检查预热主要是检查预热方法、预热范围和预热温度。在一般情况下，允许预热温度略高于规定的温度（通常焊接工艺卡给出的预热温度是下限值），特别是在施焊时焊接环境温度较低的情况下，允许超出更多些，以弥补因温差较大而增加的散热损失。

在焊接开始时，检查的次数应频繁些；当预热温度稳定在一定范围内时，说明焊接过程中向焊接接头提供的热量与散失的热量大体平衡，这是正常焊接过程所需要的预热状态。

4. 焊接后热的检查

焊接后热的主要作用是加快焊缝中氢的逸出，为达到这一目的，必须检查以下几点：

（1）及时加热。在焊缝冷却到100℃以上时及时加热。

（2）加热温度。加热温度一般要求200～350℃。加热温度过低，消氢效果不理想；加热温度过高，有可能使某些低合金钢产生回火脆性。因此应检查实际加热温度是否符合要求。

（3）加热持续时间。在上述加热温度下应保持3～4h。

（4）加热宽度范围。加热时要保证足够的加热宽度范围，要求焊缝每侧的加热宽度不小于板厚的5倍，且不小于100mm。

（5）保温措施。热源撤除后应采取良好的保温措施。

5. 产品试板的质量控制

（1）制作产品试板的意义及要求。由于焊接工艺比较复杂，很多情况下需要预热、后热、调质处理及去氢处理等工艺，这些工艺对焊接接头质量影响较大。焊缝内的缺陷可以通过各种无损探伤来检查；而焊接接头的力学性能或某些需经最终热处理才能达到使用要求的产品，显然无法直接在产品上确定其是否合格，也不允许直接从产品上切取试板进行试验。因此，只能通过制作产品试板来进行检验。为了使从试板上得到的试验数据尽可能反映生产条件下的实际情况，要求对试板进行检查并保证以下几点：

1) 试板材料要与产品使用的材料具有相同的钢号、规格和热处理工艺。切取试板时也应进行标记移植。

2) 试板必须采用与产品相同的坡口形式，且加工坡口的方法也必须相同。

3) 试板应由焊接正式产品的焊工焊接，并采用与正式产品焊接相同的工艺条件进行施焊。

4) 对于容器上的试板必须在筒体纵缝的延长部分与筒体连续施焊。在实际生产中是将试板定位在筒节纵缝的端部，以保证试板与产品焊接工艺条件的一致性。

对现场组装的球罐或其他产品，无法直接在产品上与产品一起完成试板的焊接，则应在产品焊接之前，按1)、2)、3)点要求制作立焊、横焊及仰焊三个位置的产品焊接试板各一块，在模拟施焊现场的条件下进行焊接。

5) 对有热处理要求的产品，试板应随产品一起热处理。

按上述要求制作的产品试板的试验数据，可以作为判断产品是否合格的依据。

(2) 压力容器产品试板的种类。按应用条件不同压力容器产品试板分为产品焊接试板、焊接工艺纪律检查试板和母材热处理试板。

1) 产品焊接试板制作产品焊接试板的目的是为了检验焊接接头的力学性能。对工作条件比较恶劣的压力容器来讲，这种试板是按台制作，即每台产品都要制作。

2) 工艺纪律检查试板制作的目的是检查产品制造企业对焊接工艺纪律的执行情况。通常在两种情况下需要制作工艺纪律检查试板，一是对不需要每台产品都做焊接试板的压力容器，例如，采用20R、16MnR等材料制成的压力容器，由于这些材料的焊接性好，工艺简单，焊接质量稳定，因此允许制造企业根据自己的经验和产品质量情况，采用"成批"产品制作焊接试板；二是对已取得压力容器制造资格的企业，生产产品又属于不需要逐台制作焊接试板的，可以采取抽验的方法来监督制造单位对焊接工艺纪律的执行情况，以加强对该企业和产品的质量管理。

工艺纪律检查试板在制备要求、试样的试验方法和评定标准方面与产品焊接试板的要求完全一致。

3) 母材热处理试板有些焊接结构在其制造过程中，必须进行热处理才能达到所要求的力学性能。产品母材能否达到预期目标显然也不能从产品上直接获取，也是通过制作试板进行测定。试板材料要求与母材完全相同，且必须经过相同的热处理。

11.5 焊接结构成品检验

焊接结构的成品检验属于对产品的终端检验，其检验内容主要有以下几项：
(1) 焊接结构的几何尺寸。
(2) 焊缝的外观质量及尺寸。
(3) 焊缝的表面、近表面及内部缺陷。
(4) 焊缝的承载能力及致密性。

焊缝的表面、近表面及内部缺陷一般用无损探伤的方法进行检查。

1. 焊接结构几何尺寸的检验

判断焊接结构的几何尺寸是否合格，实际上是判断这些尺寸的公差是否符合要求。焊接结构上的几何尺寸有两类：一类是在图样上直接给出公差要求，对这类尺寸的检验可直接按图样要求进行检查；另一类是图样上不标公差的尺寸（自由公差），对这类尺寸的检验则应根据不同行业和产品的有关标准或国标规定进行检查。也可参见表11.7～表11.9。

11.5 焊接结构成品检验

表 11.7　　　　　焊接结构长度尺寸自由公差　　　　　单位：mm

精度等级	公称尺寸范围								
	>30 ≤120	>120 ≤400	>400 ≤1000	>1000 ≤2000	>2000 ≤4000	>4000 ≤8000	>8000 ≤12000	>12000 ≤16000	>16000 ≤20000	>20000
A	±1	±1	±2	±3	±4	±5	±6	±7	±8	±9
B	±2	±2	±3	±4	±6	±8	±10	±12	±14	±16
C	±3	±4	±6	±8	±11	±14	±18	±21	±24	±27
D	±4	±7	±9	±12	±16	±21	±27	±32	±36	±40

<30mm 的尺寸允许偏差±1mm

注　此表所列公差适用于焊接件的外部尺寸、台阶尺寸、宽度和中心距尺寸等。

表 11.8　　　　　焊接结构件的形位公差　　　　　单位：mm

精度等级	公称尺寸范围								
	>30 ≤120	>120 ≤400	>400 ≤1000	>1000 ≤2000	>2000 ≤4000	>4000 ≤8000	>8000 ≤12000	>12000 ≤16000	>16000 ≤20000	>20000
E	±1	±1	±2	±3	±4	±5	±6	±7	±8	±9
F	±2	±2	±3	±4	±6	±8	±10	±12	±14	±16
G	±3	±4	±6	±8	±11	±14	±18	±21	±24	±27
H	±4	±7	±9	±12	±16	±21	±27	±32	±36	±40

<30mm 的尺寸允许偏差±1mm

表 11.9　　　　　精度等级的应用范围

精度等级		应用范围
长度尺寸	形位公差	
A	E	公差要求较高的结构件
B	F	结构简单、焊接和矫正产生的热变形较小的结构件
C	G	结构复杂的、焊接和矫正产生的热变形较大的结构件
D	H	公差要求较低的结构件

2. 焊缝外观检验

（1）焊缝的目视检验。目视检验是用眼睛直接观察和分辨缺陷。一般情况下，目视检验的距离约为600mm，眼睛与被检工件表面所成的视角不小于30°。在检查过程中，可以采用适当照明、利用反光镜调节照射及观察角度、借助低倍放大镜观察，以提高眼睛发现缺陷和分辨缺陷的能力。

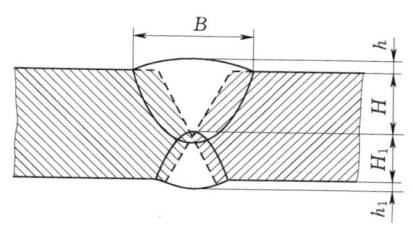

图 11.8　对接焊缝尺寸的检验

对眼睛不能接近的焊缝必须借助望远镜、内孔管道镜等进行观察。借助的设备至少应具有与直接目视检验效果相同的能力。

目视检验应在焊接工作结束后，将工件表面的焊渣和飞溅清理干净，按表 11.10 所列的项目进行检验。

表 11.10　　　　　　　　　　　焊缝目视检验的项目

检验项目	检验部位	质量要求	备注
清理质量	所有焊缝及其边缘	无焊渣、飞溅及阻碍检验的附着物	
几何形状	焊缝与母材连接处	焊缝完整不得有漏焊,连接处应圆滑过渡	可用焊接检验尺测量
	焊缝形状和尺寸急剧变化的部位	焊缝高低、宽窄及结晶焊波应均匀	
焊接缺陷	1. 整条焊缝和热影响区附近; 2. 重点检查焊缝的接头部位、收弧部位、几何形状和尺寸突变部位	1. 无裂纹、夹渣、焊瘤烧穿等缺陷; 2. 气孔、咬边应符合有关标准规定	1. 接头部位易产生焊瘤、咬边等缺陷; 2. 收弧部位易产生弧坑、裂纹等缺陷
伤痕补焊	装配拉肋板拆除部位	无缺肉及遗留焊疤	
	母材引弧部位	无表面气孔、裂纹、夹渣、疏松等缺陷	
	母材机械划伤部位	划伤部位不应有明显棱角和沟槽,伤痕深度不超过有关标准规定	

(2) 焊缝尺寸的检验。焊缝尺寸检验主要是测量焊缝外观尺寸是否符合图样标注尺寸或技术标准规定的尺寸。

1) 对接焊缝尺寸的检验。检查对接焊缝的尺寸,主要是检查焊缝的余高 h 和熔宽 B,如图 11.8 所示,其中又以测量余高 h 为主。因为现行的一般标准只对焊缝余高有明确定量的规定和限制,见表 11.11,而对焊缝宽度无定量规定,只要求焊缝宽度较均匀即可。

表 11.11　　　　　压力容器 A、B 类焊缝余高允许值　　　　　　　　　单位:mm

焊缝熔深 $H(H_1)$	焊缝余高 $h(h_1)$	
	手工焊	自动焊
≤12	0~1.5	0~4
12<H≤25	0~2.5	0~4
25<H≤50	0~3	0~4
>50	0~4	0~4

测量对接焊缝尺寸的方法是用焊接检验尺,如图 11.9 所示。

2) 角焊缝尺寸的检验。检查角焊缝的尺寸主要是检验焊缝的厚度、焊脚尺寸、凸度和凹度,如图 11.10 所示。但多数情况下,只测量焊脚尺寸 K_1、K_2;当图样标注中要求角焊缝厚度时,不但要求实际角焊缝厚度符合尺寸 a,而且还要求焊脚尺寸 $K_1=K_2$,因为只有这样才能准确测量 a 值。

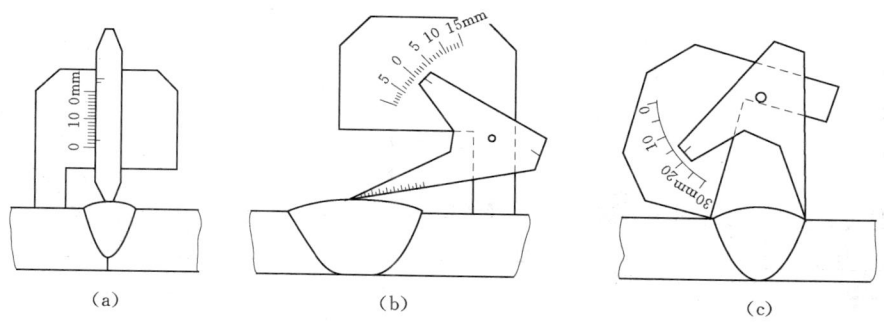

图 11.9 用焊接检验尺测焊缝余高和熔宽
(a) 测较小焊缝的余高；(b) 测较大焊缝的余高；(c) 测焊缝熔宽

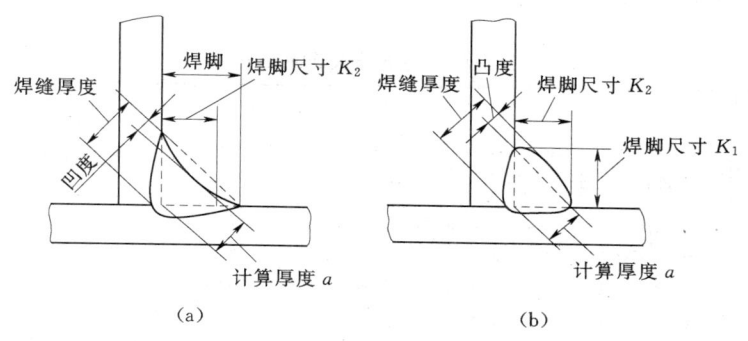

图 11.10 角焊缝尺寸
(a) 凹形角焊缝；(b) 凸形角焊缝

测量角焊缝可以使用焊接检验尺和样板。测量焊脚尺寸的方法如图 11.11、图 11.12 所示；测量角焊缝厚度的方法如图 11.13 所示。

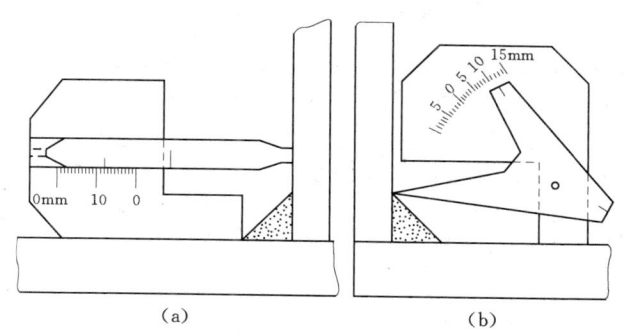

图 11.11 用焊接检验尺测量焊脚尺寸
(a) 测量 Ⅰ $K=12$；(b) 测量 Ⅱ $K=12$

3. 致密性试验和压力试验

(1) 致密性试验。储存液体或气体的焊接容器都有致密性要求。生产中常用致密性试验来检查焊缝的贯穿性裂纹、气孔、夹渣、未焊透等缺陷。常用的致密性试验方法及应用范围见表 11.12。

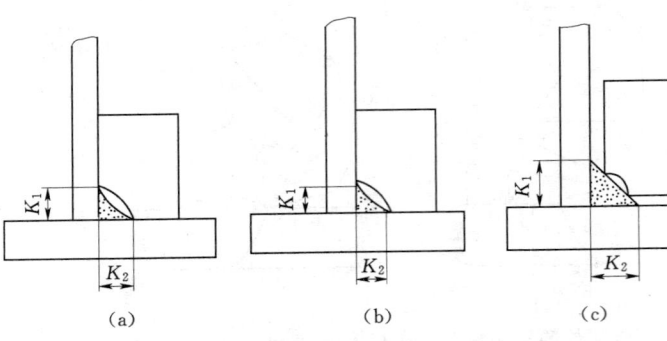

图 11.12 用样板测量焊脚尺寸
(a) K_1、K_2 符合要求；(b) K_1、K_2 尺寸偏小；(c) K_1、K_2 尺寸偏大

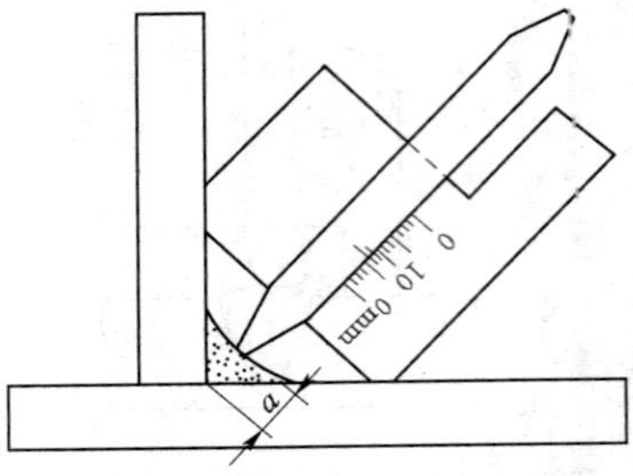

图 11.13 用焊接检验尺测量角焊缝厚度 a

表 11.12　　　　　　　　　　致密性试验方法及应用范围

名　称	试　验　方　法	适　用　范　围
气密性试验	将焊接容器密封，按图样规定的压力通入压缩空气，在焊缝外面涂以肥皂水检查，不产生肥皂泡为合格	密封容器
吹气试验	用压缩空气对着焊缝的一面猛吹，焊缝的另一面涂以肥皂水，不产生肥皂泡为合格。 试验时，要求压缩空气的压力大于 405.3kPa，喷嘴到焊缝表面的距离不超过 30mm	敞口容器
载水试验	将容器充满水，观察焊缝外表面，无渗水为合格	敞口容器
水冲试验	对着焊缝的一面用高压水流喷射，在焊缝的另一面观察，无渗水为合格。 水流的喷射方向与试验焊缝表面夹角大于 70°。水管喷嘴直径为 15mm 以上，水压应使垂直面上的反射水环直径大于 400mm；检查竖直焊缝应从下往上移动喷嘴	大型敞口容器，如船甲板等密封焊缝的检查
沉水试验	先将容器浸到水中，再向容器内充入压缩空气，使检验焊缝处在水面下 50mm 左右的深处，观察无气泡浮出为合格	小型容器密封性检查
煤油试验	煤油的黏度小，表面张力小，渗透性强，具有透过极小的贯穿性缺陷的能力。试验时，将焊缝表面清理干净，涂以白粉水溶液，待干燥后，在焊缝的另一面涂上煤油浸润，经半小时后白粉无油浸为合格	敞口容器，如储存石油、汽油的固定式储器和同类型的其他产品
氨渗透试验	氨渗漏属于比色检漏，以氨为示踪剂，试纸或涂料为显色剂进行渗漏检查和贯穿性缺陷的定位。试验时，在检验焊缝上贴上比焊缝宽的石蕊试纸或涂料显色剂，然后向容器内通以规定压力的含氨的压缩空气，保压 5～30min，检查试纸或涂料，未发现色变为合格	密封容器，如尿素设备的焊缝检验
氦检漏试验	氦气质量轻，能穿过微小的空隙。利用氦气检漏仪可发现千万分之一的氦气存在，是灵敏度很高的致密性试验方法	用于致密性要求很高的压力容器

(2) 压力试验。压力试验又称为强度试验,可用于检查焊接接头的强度和致密性,是对焊接产品整体质量的检验。其检验结果不仅是产品是否合格和等级划分的关键,而且是保证其安全运行的重要依据。

压力试验包括水压试验和气压试验。

1) 水压试验。水压试验是最常用的压力试验方法。水的压缩性很小,倘若容器一旦因缺陷扩展而发生泄露,水压立即下降,不会引起爆炸。水压试验既廉价又安全,操作也很方便,因此得到了广泛应用。对于极少数不能充水的容器,则可采用不会发生危险的其他液体,但要注意试验温度应低于液体的燃点或沸点。

水压试验前的准备:产品在进行水压试验之前,焊接工作必须全部结束,且焊缝的返修、焊后热处理、力学性能检验和无损探伤都必须合格;受压部件充水之前,药皮、焊渣等杂物必须清理干净;根据试验压力选择压力表的量程,并要求表盘直径不小于100mm。压力表的量程应为试验压力的2倍左右,但应不低于1.5倍和高于4倍的试验压力。压力表的精度等级见表11.13。

表 11.13　　　　　　　　压力表精度等级的选择

工作压力/MPa	精 确 度
<2.45	≥2.5 级
≥2.45	≥1.5 级

水压试验的规范　水压试验的规范包括环境温度、水的温度、试验压力和保压时间等:水压试验的环境温度应高于5℃,低于5℃时应采取防冻措施;水压试验时水的温度应高于材料的脆性转变温度,但不能太高,以防汽化,造成检验时渗漏难以发现。我国现行标准规定碳素钢、16MnR 和正火 15MnVR 钢制容器水压试验的水温不得低于5℃;其他低合金钢不低于15℃。一般情况下使用的水温为20~70℃;试验压力见表11.14。

表 11.14　　　　　　　　试　验　压　力

压 力 等 级	耐压试验压力 p_T		气密试验压力
	水压	气压	
低压	1.25p	1.20p	1.05p
中压	1.25p	1.15p	1.05p
高压	1.25p	—	(1.25 或 1.05)p
超高压	1.25p	—	1.00p

注　p_T—试验压力,MPa;p—设计压力,MPa。

试验方法:

试验时容器顶部应设排气口,充满水将空气排净后再密封加压。试验过程中应保持表面的干燥,并注意观察。

试验时,升压或降压应缓慢进行。当达到规定试验压力后,保压时间一般不少于30min。然后将压力降至规定压力的80%,并保持足够长的时间,以便对所有焊缝进行检查。如有渗漏,修补后重新试验。注意必须降压、排水、干燥后才能修补,不得在有压力和与水接触的情况下补焊。

对于夹套容器（如空分设备中的液氧储槽），应先进行内筒水压试验，合格后再焊夹套，然后进行夹套内的水压试验；水压实验完毕后，应将水排净并用压缩空气将内部吹干。

2）气压试验。由于气体的体积压缩比大，气压试验时因缺陷扩展有可能引起爆炸危险，因此只有当容器的结构设计不允许进行水压试验，或者有水渍存在不便清除而有可能参与介质反应发生爆炸时，才能采用气压试验。同时还应采取如下措施，以确保安全。

作气压试验的容器须经100%无损探伤，并保证达到的相应标准规定。

试压环境必须安全可靠，要设有防爆墙及其他安全设施。

试验温度（包括气体温度）应不低于15℃，使材料有足够的韧性储备。

制定合理的试压工艺规程，并使压力缓慢地上升。当升至规定压力的10%时，保持该压力10min，并对焊缝作初次检查（可在焊缝和连接处涂肥皂水检查是否漏气），合格后继续升压至规定压力的50%；之后，按每级为试验压力10%的级差逐级升压到试验压力，并保持30min，再降至设计压力并保持30min，然后作检查。检查中不允许做任何敲击，也不允许在带压条件下进行返修。

气压试验压力见表11.14，所用气体应为干燥、洁净的空气、氮气或其他惰性气体。根据有关规定，气密性试验之前，必须先经水压试验，合格后才能进行气密性试验；而已经做了气压试验且合格的产品，可以免做气密性试验。

复 习 思 考 题

1. 焊接缺陷主要有哪几种？简要说明其特征和分布规律。
2. 如何进行焊接质量控制？
3. 简要说明焊接检验的过程及主要内容。
4. 水压试验能否代替致密性试验？
5. 焊接过程中如何检查焊接预热和焊接后热？

第 12 章 焊接污染及控制

焊接过程与其他工业生产过程一样,也会产生许多环境污染物,如各种有害气体、电焊烟尘、有毒物质和电磁辐射等。这些污染物不仅会直接污染生产场所的工作环境,使操作者受到危害。可见,焊接的污染及控制是制定焊接工艺时确保操作者安全生产的重要内容。

12.1 焊 接 污 染

焊接污染物的种类很多,对人与环境的危害程度也不一样,并因焊接方法的不同,所产生的污染物种类和数量也有所不同。

1. 电焊烟尘与危害

电焊烟尘是指焊接过程中产生的"烟"和"粉尘"。被焊金属材料和焊接材料(焊条和焊丝)熔化时产生的高温金属蒸气,在空气中迅速蒸发—氧化—冷凝形成细小的固态粒子,弥散在电弧周围,从而形成电焊烟尘。固态粒子的直径小于 $0.1\mu m$ 称为"烟",直径在 $0.1\sim 10\mu m$ 称为"粉尘"。这些金属及其化合物的细小微粒飘浮到空气中会造成环境污染。电焊烟尘的成分及浓度主要取决于焊接方法、焊接材料及焊接参数。

电焊烟尘的成分十分复杂,不同焊接方法的烟尘成分及其主要危害也有所不同。例如,焊条电弧焊、二氧化碳气体保护焊、待离子弧焊(切割)等,其电焊烟尘中主要成分是铁、锰、硅、铝等,长时间接触这些烟尘,容易被吸入人的肺部并积聚下来,将有可能引起"焊工尘肺"、"锰中毒"和"金属热"等疾病。

2. 焊接有害气体与危害

在各种熔化焊过程中,焊接电弧的高温和强烈紫外线会使焊接区周围形成一些气体,其中有些气体对人体有害,称为焊接有害气体。这些气体包括臭氧、氮氧化物、一氧化碳、氟化物和氯化物等。

有害气体成分及数量多少与焊接材料、焊接方法及焊接参数有关。如采用熔化极氩弧焊焊接碳钢时,由于紫外线激发作用而产生的臭氧量大于 $73\mu g/min$;而采用二氧化碳焊接碳钢时,仅产生 $7\mu g/min$ 左右的臭氧量。

在氩弧焊、等离子弧焊及等离子弧切割、喷涂、喷焊过程中,电弧温度极高,如钨极氩弧焊电弧温度最高可达标 16000K 以上。因此,在这些焊接方法中电弧发出的紫外线强度很高,可比焊条电弧焊电弧发出的紫外线强度大 30~50 倍。在这样的条件下,电弧区周围必然发生强烈的高温化学反应,而导致较多的臭氧产生。

其次,在焊接铜合金、铝合金的(有色)金属及喷焊、喷涂、切割中,还会产生较多的氮氧化物。

(1) 臭氧（O_3）的产生与危害。焊接区内的臭氧，是空气中的氧气经电弧高温和强烈紫外线光化作用而产生的。电弧与等离子弧辐射出的短波紫外线，特别是波长为185～210mm的紫外线，使空气中的氧分子分解成氧原子。这些氧分子或氧原子在高温下获得一定能量后，激发并互相撞击，生成臭氧。

臭氧是一种淡蓝色气体，具有强烈刺激性气味。当空气中臭氧浓度较高（达到$0.01mg/m^3$）时，可闻到腥臭味；浓度再高时，腥臭味中略带有酸味。

臭氧是属于具有刺激性的有害气体和极强的氧化剂，容易同各种物质起化学反应。臭氧被吸入人体之后，主要是刺激呼吸系统和神经系统，引起咳嗽、头晕、胸闷、全身乏力和食欲不佳等症状，严重时可发生肺水肿和支气管炎。此外，臭氧容易同橡皮和棉织品起化学反应，可使其老化变性，如在$13mg/m^3$浓度作用下，帆布可在半个月内变性，易破碎。

(2) 氮氧化物的产生与危害。在焊接高温作用下，空气中的氮分子、氧分子离解，并重新结合成氮氧化合物。

氮氧化物种类很多，主要有氧化亚氮（N_2O）、一氧化氮（NO）、二氧化氮（NO_2）、三氧化二氮（N_2O_3）、四氧化二氮（N_2O_4）、五氧化二氮（N_2O_5）等。这些气体因其氧化程度不同而具有不同的颜色（从黄白色到深棕色），除NO_2外均不稳定，遇光或热都将变成NO_2及NO。NO在常温下又迅速氧化成NO_2。因此，焊接时常见的氮氧化物为NO_2，其次为NO和N_2O_4。

NO_2为红褐色气体，其毒性为NO的4～5倍，遇水可变成硝酸或亚硝酸，产生强烈的刺激作用。

氮氧化物对人体的危害主要是可通过呼吸道吸入肺部，其中80%滞留在肺泡，逐渐与水作用形成硝酸或亚硝酸，对肺组织产生强烈的刺激及腐蚀作用，引起急性哮喘症或产生肺水肿。主要表现是剧烈咳嗽、呼吸困难、虚脱、全身软弱无力等症状。以上是急性中毒。

若长期吸入含氮氧化物浓度超过$5mg/m^3$的空气，可引起慢性中毒，主要表现是头晕、头痛、食欲不佳、体重减轻及四肢无力等。

在实际焊接过程中，氮氧化物单独存在的可能性很小，一般都是和臭氧同时存在，两者叠加后的毒害作用倍增。一般情况下，两种有害气体同时存在比单独存在时，对人体的有害作用增大15～20倍。

(3) 一氧化碳（CO）的产生与危害。焊接过程中产生的一氧化碳（CO）主要来源于二氧化碳（CO_2）在电弧高温作用下的分解。在各种焊接方法中，二氧化碳气体保护焊产生的一氧化碳的浓度最高。

一氧化碳是无色、无味、无臭、无刺激性的气体，密度比空气略小，几乎不溶于水，它属于一种窒息性气体。一氧化碳对人体的有害作用是使氧在人体内的输送和氧的利用功能发生障碍，造成组织缺氧坏死而中毒。其表现是头晕、头痛、面色苍白、全身不适、四肢无力等神经衰弱症。一氧化碳轻度中毒主要表现为眩晕、恶心、呕吐、两腿发软以及有昏厥感。发生上述症状应立即离开现场，吸入新鲜空气，症状即可消失。中度中毒除上述症状加重外，脉搏加快、不能行动且易进入昏迷状态。重度中毒可导致人的死亡，但在焊接时不会发生。

3. 焊接电弧光辐射的危害

焊接电弧的光辐射主要是由红外线（波长为 760～345000nm）辐射、强可见光（波长为 400～750nm）辐射和紫外线（波长为 180～400nm）辐射组成。光辐射是能的传播方式，波长越短，则每个量子具有的能量越大，对机体的作用越强。不同焊接方法和不同焊接参数的光辐射强度及其组成是不同的，尤其是紫外线辐射的强度不同，见表 12.1。

表 12.1　　　　　　　　　几种焊接方法的紫外线辐射相对强度

波　长/nm	相　对　强　度		
	焊条电弧焊	氩弧焊	等离子弧焊
200～233	0.025	1.0	1.91
233～260	0.059	1.0	1.32
260～290	0.60	1.2	2.21
290～320	3.90	1.0	4.4
320～350	5.61	1.2	7.0
350～400	9.35	1.0	7.8

(1) 红外线对人体的危害。红外线对人体的危害主要是引起人体组织的热作用。波长较长的红外线可被皮肤表面吸收，使人产生热的感觉；波长较短的红外线可被深部组织吸收，使血液和深部组织灼伤。眼睛若受到强烈的红外线照射，可立即感到强烈的灼伤和灼痛，发生闪光幻觉；若长期受到红外线照射，可造成红外线白内障和视网膜灼伤，严重时能导致失明。

电弧焊均可产生各种波长的红外线。但是，只有气焊是以红外线辐射的危害为主。

(2) 紫外线对人体的危害。适量的紫外线照射对人的健康是有益的。但焊接电弧的强烈紫外线过度照射，对人体健康有一定的危害。

紫外线对人体伤害的程度与其波长有关，研究表明，波长为 180～290nm 的紫外线对人体的伤害作用最大，它主要对皮肤和眼睛造成伤害。当皮肤受到强烈紫外线作用时，可引起皮炎、弥漫性红斑，有时出现小水泡和水肿，有发痒和热灼感；作用强烈时表现为头痛、头晕、发烧、失眠及神经兴奋等。紫外线对眼睛有一定的伤害作用，如直接照射眼睛会引起电光性眼炎，就是由于紫外线过度照射引起的急性角膜炎，主要表现为两眼流泪、刺痛、异物感、怕光等，并伴有头痛、视物模糊等症状。

此外，焊接电弧的紫外线辐射对纤维的破坏力很强，尤其是棉织品为甚。

在等离子弧焊、氩弧焊、二氧化碳气体保护焊和焊条电弧焊中，主要以紫外线辐射的危害为主。

(3) 强可见光。焊接电弧的可见光的亮度，比肉眼正常承受的亮度约大 1 万倍。被强可见光照射后眼睛看不见东西、疼痛，通常也称为电弧"晃眼"，短时间内失去视觉，长时间的照射会引起视力减弱。

12.2 焊接污染物的控制途径

在焊接污染物中,电焊烟尘的危害最大,《车间空气中电焊烟尘卫生标准》(GB 16194—1996)标准中规定,车间空气中电焊烟尘最高容许浓度为 6mg/m³。对焊接污染物的控制主要应从以下几个方面考虑:

1. 改革工艺

以无污染或污染较少的焊接方法(如埋弧焊和电阻焊等)来代替污染较严重的焊接方法(如焊条电弧焊、二氧化碳保护焊、氩弧焊和等离子弧焊)。这些方法对减少污染是有利的,但是,由于技术条件的要求和客观条件的限制,只有局部的可行性。例如,用埋弧焊代替焊条电弧焊,焊接长而直的焊缝或者直径较大的环缝;而短小的、不规则的焊缝则不能代替。

2. 改革焊条

焊条电弧焊时产生的烟尘和有害气体都来自焊条药皮,所以焊条药皮是该焊接方法的污染源。因而改革焊条,减少发尘量和烟尘中致毒物质含量应从焊条药皮着手,也就是从污染源的改革着手,这对减少或消除焊接污染有重要意义。

(1) 将高锰焊条改为低锰焊条,可减少烟尘中致毒物质(锰)的含量。

(2) 使用已研制成功的低尘低毒碱性焊条,该焊条药皮采用不易蒸发(沸点高)且可减少氟化物产生的药皮材料,达到减少总发尘量和烟尘中致毒物质含量的目的。

3. 采取局部通风除尘系统

局部通风除尘系统是由排气罩、风机、风管及净化装置四部分组成,如图 12.1 所示。

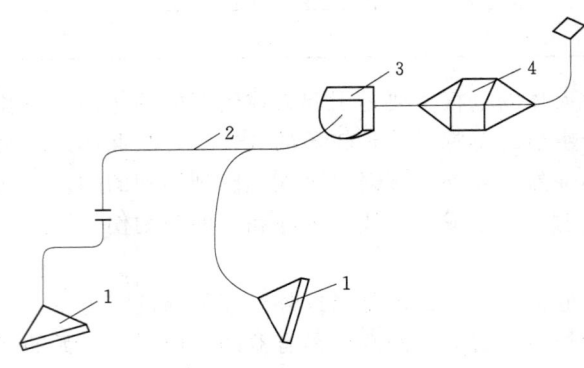

图 12.1 固定式局部通风除尘系统
1—排气罩;2—风管;3—风机;4—净化装置

(1) 排气罩。一般是由薄钢板或薄铁皮制成的吸风罩口,安装于焊接工作点附近,用于吸排焊接过程中产生的有害气体和电焊烟尘。

(2) 风机。风机是局部通风系统的重要组成部分,用于克服除尘系统中罩口、风管及净化装置的压力损失,推动通风排尘系统内的气流流量,保证系统的排气量。

(3) 风管。风管主要用来输送电焊烟尘和有害气体或净化后的空气。

(4) 净化装置。用于捕集电焊烟尘和有害气体的净化器有多种形式,如静电除尘器、袋式除尘器和洗涤除尘器。静电除尘器和袋式除尘器对电焊烟尘的净化效率较高,可达 99%。此两种除尘器都属于干式除尘,捕集到的粉尘易于处理,因此被广泛应用。

局部排风系统的排气罩可以是固定的(用于小型焊件);也可以是随焊接电弧一起移动的(用于大型焊件的自动化焊接)。

4. 实行密闭化生产

密闭化生产是将污染源控制在一定的空间里,不让污染物向外散发,如将等离子弧堆焊工艺置于密闭罩内进行。密闭罩的结构比较简单,一般可利用屏蔽材料制成罩体,并连接排风系统,将弧光、有害气体、电焊烟尘限制在罩内,防止任意散发,再通过排风除尘系统进行妥善处理。

12.3 焊接生产中的劳动保护

在焊接结构生产中,焊工和冷作工需要与各种电机电器、机械设备、压力容器和易燃易爆气体接触,焊接过程中又会产生有毒气体、有害粉尘、弧光辐射、高频电磁场、噪声等,有可能发生触电、爆炸、烧伤、中毒和机械损伤等事故,以及尘肺、慢性中毒等职业病。这些都严重地危害着焊工及其他人员的生命安全与健康,同时也会给国家财产带来损失。因此,使焊接人员广泛深入了解安全技术,加强各项安全防护的措施和组织措施,加强焊接技术人员的责任感,防止事故和灾害的发生,是十分必要的。

1. 焊接生产中的危害与防护

焊接对劳动卫生与环境危害的因素可分为物理因素(弧光、噪声、高频磁场、热辐射、放射线等),化学因素(有毒气体、烟尘)。

(1) 光辐射。

1) 光辐射的危害。弧光辐射是所有明弧焊共同具有的有害因素。例如,焊条电弧焊的弧温为 5000~6000℃,因而可产生较强的光辐射。CO_2 气体保护焊光辐射强度为焊条电弧焊电弧光辐射强度的 2~3 倍。

光辐射作用到人体被体内组织吸收,致使人体组织发生急性或慢性的损伤。焊接过程中的光辐射由紫外线、红外线和可见光等组成。

2) 光辐射的防护。光辐射防护主要是保护焊工的眼睛和皮肤不受伤害。为了防护电弧对眼睛的伤害,焊工在焊接时必须使用镶有特制滤光镜片的面罩,身着有隔热和屏蔽作用的工作服,以保护人体免受热辐射、弧光辐射和飞溅物等伤害。主要防护措施有护目镜、防护工作服、电焊手套、工作鞋等,有条件的车间还可以采用不反光而又能吸收光线的材料做室内墙壁的饰面进行车间弧光防护。

(2) 高频电磁场。

1) 高频电磁场的危害。氩弧焊和等离子弧焊都广泛采用高频振荡器来激发引弧。焊接中高频振荡器的峰值电压可达 3500V,高频电压在数十微秒内即衰减完毕。这种脉冲高频电,通过焊钳电缆线与人体空间的电容耦合,即有脉冲电流通过人体。人体在高频电磁场的作用下能吸收一定的辐射能量,产生生物学效应,长期接触强度较大的高频电磁场,会引起头晕、头痛、疲劳乏力、心悸、胸闷及神经衰弱及植物神经功能紊乱。

2) 高频电磁场的防护。为防止高频振荡器电磁辐射对作业人员的不良影响与危害,可采取如下措施:

a. 工件良好接地,它能降低高频电流,焊把对地高频电位可大幅度地降低,从而减少高频感应的有害影响。

b. 在不影响使用情况下，降低振荡器频率。脉冲频率越高，通过空间与绝缘体的能力越强，对人体影响越大，因此，降低频率能使情况有所改善。

c. 屏蔽把线及地线。因高频电是通过空间和手把的电容耦合到人，加装屏蔽能使高频电场局限在屏蔽内，可大大减少对人体的影响。其方法为采用细铜线编织软线，套在电缆胶管外面。

d. 降低作业现场的温度、湿度。温度越高，肌体所表现的症状越突出；湿度越大，越不利人体散热。所以，加强通风降温，控制作业场所的温度和湿度，可减少高频电磁场对肌体影响。

（3）噪声。

1）噪声的危害。噪声存在于一切焊接工艺中，其中尤以旋转直流电弧焊、等离子焰切割、碳弧气刨、等离子弧喷涂噪声强度为最高，等离子焰切割和喷涂工艺，都要求有一定的冲击力，等离子流的喷射速度可达 10000m/min，噪声强度较高，大多在 100dB 以上，喷涂作业可达 123dB，且噪声的频率均在 1000Hz 以上。

噪声对人体的影响是多方面的。首先是对听觉器官，强烈噪声可以引起听觉障碍、噪声性外伤、耳聋等症状。此外，噪声对中枢神经系统和血管系统也有不良作用，引起血压升高，心跳过速，还会使人厌倦、烦躁等。

2）噪声的控制。焊接车间的噪声不得超过 90dB（A）。控制噪声的方法有以下几种：

a. 采用低噪声工艺及设备。如采用热切割代替机械剪切，采用电弧气刨、热切割坡口代替铲坡口，采用整流器、逆变电源代替旋转直流电焊机，采用先进工艺提高零件下料精度，以减少组装锤击等。

b. 采取隔声措施。对分散布置的噪声设备，宜采用隔声罩；对集中布置的高噪声设备，宜采用隔声间；对难以采用隔声罩或隔声间的某些高噪声设备，宜在声源附近或受声处设置隔声屏障。

c. 采取吸声降噪措施，降低室内混响声。

d. 操作者佩戴隔音耳罩或隔音耳塞等个人防护器。

（4）射线。

1）射线的危害。焊接工艺过程的放射性危害，主要来自氩弧焊与等离子弧焊时的钍放射性污染和电子束焊接时的 X 射线。氩弧焊和等离子弧焊使用的钍钨电极中的钍，是天然放射性物质，钍蒸发产生放射性气溶胶、钍射气。同时，钍及其蜕变产物产生 α、β、γ 射线。当人体受到的射线辐射剂量不超过允许值时，不会对人体产生危害。但是，人体长期受到超过容许剂量的照射，则可造成中枢神经系统、造血器官和消化系统的疾病。电子束焊接时，产生低能 X 射线，对人体只会造成外照射，危害程度较小，主要引起眼睛晶状体和皮肤损伤。如长期接受较高能量的 X 射线照射，则可出现神经衰弱和白细胞下降等症状。

2）射线的防护。射线的防护主要采取以下措施：

a. 综合性防护。如用薄金属板制成密封罩，在其内部完成施焊；将有毒气体、烟尘及放射性气溶胶等最大限度地控制在一定空间，通过排气、净化装置排到室外。

b. 钍钨极储存点应固定在地下室封闭箱内，钍钨极磨尖点应安装除尘设备。

c. 对真空电子束焊等放射性强的作业点，应采取屏蔽防护。

(5) 粉尘及有害气体。

1) 粉尘及有害气体的危害。焊接电弧的高温将使金属剧烈蒸发，焊条和母材在焊接时也会产生各种金属气体和烟雾，它们在空气中冷凝并氧化成粉尘；电弧产生的辐射作用于空气中的氧和氮，将产生臭氧和氮的氧化物等有害气体。

粉尘与有害气体的多少与焊接参数、焊接材料的种类有关。例如，用碱性焊条焊接时产生的有害气体都比酸性焊条高；气体保护焊时，保护气体在电弧高温作用下能离解出对人体有影响的气体。焊接粉尘和有害气体如果超过一定浓度，而工人又在这些条件下长期工作，又没有良好的保护条件，焊工就容易生成尘肺病、锰中毒、焊工金属热等职业病，影响焊工的身心健康。

2) 粉尘及有害气体的防护。减少粉尘及有害气体措施有以下几点：

a. 首先设法降低焊接材料的发尘量和烟尘毒性，如低氢型焊条内氟石和水玻璃是强烈的发尘致毒物质，就应尽可能采用低尘、低毒低氢型焊条，如"J506"低尘焊条。

b. 从工艺上着手，提高焊接机械化和自动化程度。

c. 加强通风，采用换气装置把新鲜空气输送至厂房或工作场地，并及时把有害物质和被污染的空气排出。通风可自然通风也可机械通风，可全部通风也可局部通风。目前，采用较多的是局部机械通风。

2. 焊接生产安全管理

焊接生产发生工伤的事故很多，一般来说，都是与安全技术措施不完善或安全管理措施不健全有关。实践证明，如果没有安全管理措施和安全技术措施，工伤事故肯定会发生。安全管理措施与安全技术措施之间是互相联系、互相配合的，它们是做好焊接安全工作的两个方面，缺一不可。

(1) 焊工安全教育和考试。焊工安全教育是搞好焊接安全生产工作的一项重要内容，它的意义和作用是使广大焊工掌握安全技术和科学知识，提高安全操作技术水平，遵守安全操作规程，避免工伤事故。

焊工刚入厂时，要接受厂、车间和生产小组的三级安全教育。同时，安全教育要坚持经常化和宣传多样化，例如，举办焊工安全培训班、报告会、图片展览、设置安全标志、进行广播等多种形式，这都是行之有效的方法。按照安全规则，焊工必须经过安全技术培训，并经过考试合格后才允许上岗独立操作。

(2) 建立焊接安全责任制。安全责任制是把"管生产的必须管安全"的原则从制度上固定下来，是一项重要的安全制度。通过建立焊接安全责任制，对企业中各级领导、职能部门和有关工程技术人员等，在焊接安全工作中应负的责任明确地加以确定。

工程技术人员对焊接安全也负有责任，因为关于焊接安全的问题，需要仔细分析生产过程和焊接工艺、设备、工具及操作中的不安全因素。因此，从某种意义上讲，焊接安全问题也是生产技术问题。工程技术人员在从事产品设计、焊接方法的选择、确定施工方案、焊接工艺规程的制定、工夹具的选用和设计等时，必须同时考虑安全技术要求，并应当有相应的安全措施。

总之，企业各级领导、职能部门和工程技术人员，必须保证与焊接有关的现行劳动保护法令中所规定的安全技术标准和要求得到认真贯彻执行。

(3) 焊接安全操作规程。焊接安全操作规程，是人们在长期从事焊接操作实践中，为克服各种不安全因素和消除工伤事故的科学经验总结。经多次分析研究事故的原因表明，焊接设备和工具的管理不善以及操作者失误是产生事故的两个主要原因。因此，建立和执行必要的安全操作规程，是保障焊工安全健康和促进安全生产的一项重要措施。

应当根据不同的焊接工艺来建立各类安全操作规程，如气焊与气割的安全操作规程、焊条电弧焊安全操作规程及气体保护焊安全操作规程等。还应当按照企业的专业特点和作业环境，制定相应的安全操作规程，如水下焊接与切割安全操作规程、化工生产或铁路的焊接安全操作规程等。

(4) 焊接工作场地的组织。在焊接与气割工作地点上的设备、工具和材料等应排列整齐，不得乱堆乱放，并要保持必要的通道，便于一旦发生事故时的消防、撤离和医务人员的抢救。安全规则中规定，车辆通道的宽度不小于 3m，人行通道不小于 1.5m。操作现场的所有气焊胶管、焊接电缆线等，不得相互缠绕。用完的气瓶应及时移出工作场地，不得随便横躺竖放。焊工作业面积不应小于 $4m^2$，地面应基本干燥。工作地点应有良好的天然采光或局部照明，须保证工作面照度 50~100lx。

在焊割操作点周围 10m 直径的范围内严禁堆放各类可燃易爆物品，诸如木材、油脂、棉丝、保温材料和化工原料等。如果不能清除时，应采取可靠的安全措施，如用水喷湿或用防火盖板、湿麻袋、石棉布等覆盖，以隔绝火星，然后才能开始焊割。若操作现场附近有隔热保温等可燃材料的设备和工程结构，必须预先采取隔绝火星的安全措施，防止在其中隐藏火种，酿成火灾。

室内作业应通风良好，不使可燃易爆气体滞留。

室外作业时，操作现场的地面与登高作业以及与起重设备的吊运工作之间，应密切配合，秩序井然而不得杂乱无章。在地沟、坑道、检查井、管段或半封闭地段等处作业时，应先用仪器判明其中有无爆炸和中毒的危险。用仪器进行检查分析时，禁止用火柴、燃着的纸张及其在不安全的地方进行检查。对施焊现场附近的敞开的孔洞和地沟，应用石棉板盖严，防止焊接时火花进入其内。

复 习 思 考 题

1. 焊接的污染主要包括哪些方面？各自危害是什么？
2. 控制焊接污染的途径有哪些？
3. 焊工如何在焊接生产中进行自我保护？
4. 焊接安全操作规程设立原则是什么？
5. 焊接生产场地如何组织？

参 考 文 献

[1] 余承辉. 焊工操作技术 [M]. 合肥：安徽科学技术出版社，2008.
[2] 沈惠塘. 焊接技术与高招 [M]. 北京：机械工业出版社，2002.
[3] 李继三. 电焊工 [M]. 北京：中国劳动出版社，2002.
[4] 陈倩清. 电焊工 [M]. 北京：中国劳动出版社，2001.
[5] 王云鹏. 焊接结构生产 [M]. 北京：机械工业出版社，2002.
[6] 李荣雪. 焊接检验 [M]. 北京：机械工业出版社，2002.
[7] 陈云祥. 焊接检验 [M]. 北京：机械工业出版社，2001.
[8] 雷世明. 焊接方法与设备 [M]. 北京：机械工业出版社，2008.
[9] 余承辉，余嗣元. 金工实习教材 [M]. 合肥：合肥工业大学出版社，2006.